Heidi Salaverría

Spielräume des Selbst
Pragmatismus und kreatives Handeln

Philosophische Anthropologie   Band 4

Herausgegeben von Hans-Peter Krüger und Gesa Lindemann

Was bisher Leben und Bewusstsein, Sprache und Geist genannt wurde, steht in den neuen biomedizinischen, soziokulturellen und kommunikationstechnologischen Verkörperungen zur Disposition. Diese neuen Sozio-Technologien führen zu einer tief greifenden anthropologischen Entsicherung, die eine offensive Erneuerung der Selbstbefragung des Menschen als vergesellschaftetes Individuum und als Spezies herausfordert.

Die philosophische Anthropologie reflektiert die Grenzen sowie die interdisziplinären Grenzübergänge zwischen den verschiedenen erfahrungswissenschaftlichen Disziplinen und ihren jeweiligen Anthropologien. Sie behandelt diese Grenzfragen philosophisch im Hinblick auf die Fraglichkeit der Lebensführung im Ganzen.

Diese Reihe ist ein Ort für die Publikation von Texten zur philosophischen Anthropologie. In ihr werden herausragende Monographien und Diskussionsbände zum Thema veröffentlicht.

Heidi Salaverría

Spielräume des Selbst

Pragmatismus und kreatives Handeln

Akademie Verlag

Einbandgestaltung unter Verwendung eines Fotos von Sven Schwebel

Bibliografische Information der Deutschen Nationalbibliothek

Die Deutsche Nationalbibliothek verzeichnet diese Publikation in der Deutschen Nationalbibliografie; detaillierte bibliografische Daten sind im Internet über http://dnb.d-nb.de abrufbar.

ISBN 978-3-05-004297-8

© Akademie Verlag GmbH, Berlin 2007

Das eingesetzte Papier ist alterungsbeständig nach DIN/ISO 9706.

Lektorat: Mischka Dammaschke
Satz: Veit Friemert, Berlin
Druck: MB Medienhaus Berlin
Bindung: Druckhaus „Thomas Müntzer", Bad Langensalza
Einbandgestaltung: Petra Florath, Berlin

Printed in the Federal Republic of Germany

Alleine weiß ich nicht weiter. Wie wäre es denn schön?
Kurd Alsleben

Use your faults, use your defects. Then you're gonna be a star.
Grace Jones

Inhalt

I. Kritischer Common Sense zwischen Zweifel und Überzeugung

Vorwort: Vor dem Gesetz

In der Parabel ‚Vor dem Gesetz' von Franz Kafka kommt ein ‚Mann vom Lande' vor das Gesetz und bittet den Türhüter um Einlass. Der Türhüter gewährt ihm keinen Zutritt, lässt aber offen, ob es später möglich sein könnte. Der Mann wartet sein Leben lang vor der Tür. Kurz bevor er stirbt, fragt er den Wächter, warum niemand außer ihm Einlass verlangt habe. Dieser erwidert: „Hier konnte niemand sonst Einlaß erhalten, denn dieser Eingang war nur für dich bestimmt. Ich gehe jetzt und schließe ihn."[1]

‚Vor dem Gesetz' von Kafka kann als Parabel auf das grundlegende Problem abendländischen neuzeitlichen Philosophierens gelesen werden: Das Problem der scheinbar unlösbaren Spannung zwischen dem unerreichten Gesetz der Metaphysik und der Partikularität des endlichen Selbst. Diese philosophische Spannung, so meine ich, kann theoretisch nicht aufgelöst werden, ihre theoretischen Lösungsversuche führen auf die eine oder andere Weise in paradoxe Situationen, die an Kafkas Parabel erinnern. Eine Möglichkeit des Umgangs mit dieser Spannung besteht jedoch darin, sie in Hinblick auf das Handeln des partikularen Selbst fruchtbar zu machen. Diesen Weg beschreibt, wie ich meine, die Philosophie des Pragmatismus. Damit ist zugleich die Hauptthese dieser Arbeit benannt: In der vorliegenden Interpretation des Pragmatismus wird behauptet, *dass das Selbst gerade aus seiner Partikularität heraus Handlungsspielräume entwickeln kann.*

Dabei werden folgende Voraussetzungen getroffen: Das Selbst wird weder als transzendentales Subjekt, noch als physikalistisch deterministierter Organismus, noch als ausschließlich diskursiv gewobenes Netz betrachtet, sondern es wird als *partikulares Selbst*, d.h. in seiner Singularität und in seiner leibkörperlichen Kontingenz gedacht. Es ist also zweierlei gemeint: Seine Besonderheit *und* seine Situiertheit.[2] Das Selbst ist nicht nur formal einzigartig, seine Einzigartigkeit hängt material von seiner besonderen Weise der Situiertheit und Verkörperung ab. Damit ist die Partikularität des Selbst zugleich Teil eines größeren Kontextes, dem es angehört, der jedoch nicht länger formal als transzen-

---

[1] Franz Kafka, Vor dem Gesetz, in: *Sämtliche Erzählungen*, Frankfurt/M. 1970, 132.

[2] Der Begriff des partikularen Selbst, wie er im Folgenden entfaltet wird, weist einige Parallelen zum Begriff der exzentrischen Positionalität in der philosophischen Anthropologie von Helmuth Plessner auf. Vgl. dazu Helmuth Plessner: *Die Stufen des Organischen und der Mensch*, Berlin/New York 1975, insbesondere das siebente Kapitel über die Sphäre des Menschen, 288–349. Die differenzierteste Verhältnisbestimmung von Pragmatismus und Philosophischer Anthropologie findet sich m.E. bei Hans-Peter Krüger. *Zwischen Lachen und Weinen*, Band II: *Der dritte Weg Philosophischer Anthropologie und die Geschlechterfrage*, Berlin 2001.

dentale Vernunft bezeichnet und ebenso wenig auf seine physikalistische Struktur reduziert werden kann. Damit ist ein Kernbegriff dieser Arbeit benannt. Zugleich ist das pragmatistisch konzipierte Selbst immer innerhalb eines alltäglichen Kontextes situiert, welcher beweglich und heterogen ist, dies ist der Kontext des *Common Sense*. Damit ist ein weiterer zentraler Begriff der Arbeit benannt. Die Annahme eines dem Selbst unzugänglichen Kontextes (physikalistischer Gesetze oder diskursiver Strukturen) ist mit dem Pragmatismus nicht in Übereinstimmung zu bringen, da zu dieser Feststellung ein metaphysischer ‚Gottesstandpunkt' vorausgesetzt werden müsste, der aus pragmatistischer Sicht nicht zur Verfügung steht. Jede Setzung einer übergeordneten Struktur, sei es der *transzendentalen Vernunft*, der *logischen Sätze*, der *Ordnung der Diskurse* oder auch der notwendigen *différance* der Diskurse, mündet in einer Art Gesetz, in welches das Selbst nicht eintreten kann – weil es seine Partikularität übersteigt, weil das Selbst keinen handlungsrelevanten Bezug zu ihm hat und weil es dieses Gesetz möglicherweise gar nicht gibt. Die andere, nur scheinbare Alternative, wäre ein konsequenter Relativismus. Doch sie führt bekanntlich in das Paradox, selbst wieder zum Gesetz erhoben zu werden, wodurch der Relativismus selbstwidersprüchlich wird. *Eine* Verallgemeinerungsmöglichkeit des partikularen Standpunktes besteht indessen darin, einen partikularen Common Sense zu denken, er bleibt gleichwohl utopisch. Diese ästhetische Aufblendung des partikularen Standpunktes kann mit Kant als *Sensus Communis* bezeichnet werden. Damit ist ein weiterer Kernbegriff der Arbeit benannt. Im Sensus Communis kommt die Hoffnung zum Ausdruck, mit anderen einen partikular-ästhetischen Gemeinsinn teilen zu können, dadurch, dass anderen zwanglos die eigene Partikularität angesonnen werden kann. So könnte eine solidarische Verbindung zu anderen realisierbar sein. Der Sensus Communis wird hier gleichwohl stärker an den alltäglichen Handlungsraum zurückgebunden: Das partikulare Selbst handelt zwischen Common Sense und Sensus Communis.

Der Pragmatismus benennt mit dem Common Sense den heterogenen Raum, in dem das Selbst teilnehmerperspektivisch verortet ist, in ihm wird zugleich eine alltägliche Wirklichkeitsverankerung hergestellt. Mit den Begriffen des partikularen Selbst und des Common Sense wird das Problem einer gesetzesartigen Metaphysik handelnd umgangen. In der jeweils alltäglich spezifischen Situation ist der historische, gesellschaftliche, biographische, gewohnheitsmäßige, etc. Kontext für das partikulare Selbst selbstverständlich, und darin zunächst selbstverständlich wahr. Die alltäglichen Überzeugungen, so behauptet der Pragmatismus, können nicht willkürlich und noch weniger alle auf einmal in Frage gestellt werden, ebensowenig wie der historische, gesellschaftliche, politische, etc. Kontext, in dem das Selbst situiert ist. Die kontingente Ordnung des Kontextes ist dem Selbst nicht äußerlich. Der Vorteil des Common Sense gegenüber einer rein diskursiven Verankerung ist, dass er die alltägliche Situiertheit des Selbst auch in seiner ‚Innenperspektive' benennt. Seine Annahmen erweisen sich bei näherem Hinsehen als in sich widersprüchlich und heterogen. In diesen inneren Reibungspunkten liegt ihr Transformationspotenzial. Unter diesem Gesichtspunkt betrachtet, werde ich – in Anknüpfung an Charles S. Peirce – von einem *kritischen Common Sense* sprechen. Eine zentrale Figur des Pragmatismus ist dabei *das Spannungsverhältnis von Zweifel und Überzeugung* im Horizont des kritischen Common Sense, aus ihm erwachsen Handlungsimpulse.

Der Pragmatismus vertritt also eine philosophische Position, der zufolge Denken sich in einer Kontinuität mit dem alltäglichen Handeln und den Alltagsgewohnheiten befindet. Die Tätigkeit des Philosophierens knüpft so an die alte Tradition von Philosophie als einer Lebenspraxis an, ihre Funktion wird nicht auf das akademische Leben beschränkt. Dabei ist die Philosophie des Pragmatismus nicht als kruder Praktikalismus zu verstehen, sondern es geht ihr darum, die praktische Alltagsverankerung philosophischer Fragestellungen zu reflektieren, um auf diese Verankerung handelnd zurückwirken zu können. Kritisches Denken setzt im undurchsichtigen alltäglichen Common Sense an, welcher im Vollzug der Kritik erst Kontur erhält. Doch von welchem Ort aus kann das Selbst sich kritisch zum Common Sense verhalten? Eine Antwort des Pragmatismus lautet: Vom Ort des Zweifels. Denn das partikulare Selbst bewegt sich als handelndes und sich verhaltendes Wesen außerhalb absoluter Gewissheit und metaphysischer Gesetze. Dennoch handelt es ausgehend von seinen vorliegenden *Überzeugungen*, die zum jeweiligen Zeitpunkt des Handelns als absolut wahr erscheinen, weil das Selbst ihnen gegenüber abstandslos ist. Das Selbst *glaubt* daran. Zugleich werden sie *als Gewohnheiten verkörpert*. Das metaphysische Gesetz scheint für das Selbst gerade deswegen unantastbar und unerreichbar zu sein, weil es ihm aufgrund einer vagen Mélange abstandslosen Glaubens und verkörperter Überzeugungen, die als Gewohnheiten quasi unsichtbar geworden sind, als unumstößlich gegeben erscheint, obwohl das Selbst ihm diesen Status doch selbst verleiht. Dass die Überzeugungsgewohnheiten weniger absolut selbstverständlich sind, als sie dem Selbst zunächst erscheinen, zeigt sich *handelnd anhand der Reibungen und Brüche*, die das Selbst mit dem Common Sense und seiner vermeintlichen Wirklichkeitsverankerung, mit anderen oder mit seinen eigenen divergierenden Überzeugungsgewohnheiten erfährt. Durch diese Reibungen und Brüche *ist das Selbst in seiner Partikularität Zweifeln ausgesetzt*. Das nur prozessual und handelnd auflösbare Wechselverhältnis von Überzeugungen (beliefs) und Zweifeln (doubts) ist für den Pragmatismus grundlegend. Implizit wird darin zugleich die Einschränkung mitgeliefert, dass es weder Universalzweifel noch Universalüberzeugungen geben kann, solange Denken als kritisches Weiterhandeln aufgefasst wird, welches nicht in einem Fundamentaldogmatismus erstarren darf. Mit der hier vertretenen pragmatistischen Position ist also ein emanzipatorischer Anspruch verknüpft, denn die Tendenz metaphysischer Setzung als Gesetz ist nicht nur eine akademisch-philosophische Angelegenheit, sondern als gesellschaftlich-politisches Problem ernst zu nehmen. Deswegen ist es wichtig, die Sensibilität für partikulare (Gegen-)Stimmen zu schulen, die in einem gesetzesartigen faktisch-fiktiven Common Sense jeder Art unterzugehen drohen. Die Partikularität ist also auch ein widerständiger Begriff, der sich im beständigen Spannungsverhältnis zu den unterschiedlichen Formen eines Common Sense befindet. Die beschriebene Bewegung des Selbst zwischen Zweifel und Überzeugung enthält ein transformatives Potenzial, welches ich als *Kollision des Bekannten* bezeichnen möchte. Das erste Kapitel der Arbeit wird diese Problematik entfalten. Es werden darin anhand des frühen Pragmatismus von Charles S. Peirce, William James und John Dewey die Handlungsspielräume des partikularen Selbst innerhalb des skizzierten Spannungsfeldes entfaltet. Unter Berücksichtigung neuerer pragmatistischer Positionen (insbesondere derer von Hilary Putnam und Stanley Cavell) wird diese Problematik im Übergang 1 auf das Verhältnis von Alltäglichkeit, Skeptizismus und Metaphysik aufgeblendet. Darin wird die v.a.

für politische Theorien relevante Tendenz des vermeintlich Selbstverständlichen, in Metaphysik umzuschlagen, diskutiert. Putnam und Cavell ziehen daraus die Konsequenz eines partikularen Philosophierens, in welchem der eigene Standpunkt immer wieder – insbesondere durch andere – anfechtbar wird.

Die weiteren Übergänge und die folgenden Kapitel wenden sich vorwiegend den ästhetisch-produktiven Aspekten der pragmatistischen Theorie in ihren unterschiedlichen Facetten eines positiv gefassten Common Sense und Gewohnheitsbegriffs zu. Um einen Ort zur Verfügung zu haben, von dem aus das Selbst transformativ und d.h. auch kreativ handeln kann, muss es sich einen ästhetischen Raum partieller Bejahung zubilligen können. „Das Denken ist in den Zwischenräumen der Gewohnheit versteckt", sagte einst Dewey und rief damit einen Wahlspruch aus, der heute wieder an Aktualität gewinnt.[3] In Zeiten eines sich allmählich erschöpfenden Austausches sprachanalytischer und physikalistischer Argumente, vor deren Gesetz das Selbst verloren zu gehen droht, scheint die Philosophie des Pragmatismus und ihre handlungsorientierte Alltagszugewandtheit eines verkörperten Selbst nicht zuletzt deswegen an Attraktivität wiederzuerlangen, weil mit ihr eine Ästhetik verbunden ist, die das Alltägliche, Leibkörperliche und Gewöhnliche *aufwertet*. In den Zwischenräumen der Gewohnheiten liegt kreatives Potenzial. Die Erweiterung von Handlungsspielräumen scheint ohne diese nicht möglich zu sein, denn in den Gewohnheiten ist jedes Selbst auf partikulare Weise verortet. Diese Verortung philosophisch zu *kultivieren* heißt daher auch, den je subjektiven Ort und Ausgangspunkt gewohnheitsmäßigen Denkens auszuleuchten. Damit übertritt pragmatistisches Denken die Schwelle zum Ästhetischen, in die Sphäre des Partikular-Subjektiven und nicht nur Diskursiven. Das Ästhetische hat dabei im Pragmatismus alles andere als den Sonderrang einer marginalen Spezialsphäre: Wie sich zeigen wird, ist schon für die Forschungstheorie von Peirce das ästhetische ‚Sinnen' als zwanglose Basis der Hypothesenbildung (der Abduktion) zentral. Es soll in vorliegender Arbeit auch diese Kontinuitätslinie vom Begründer pragmatistischer Philosophie bis zu seinen gegenwärtigen neopragmatistischen, explizit ästhetisch argumentierenden Ausformungen aufgezeigt werden.

Mit der daraus hervorgehenden situierten Ästhetik des Selbst wird eine weitere Antwort auf die Frage vorgeschlagen, warum der Mann vom Lande nicht zum Gesetz gelangt, obwohl *der Eingang nur für ihn bestimmt war*. Der Wächter sagt: „Hier konnte niemand sonst Einlaß erhalten, denn dieser Eingang war nur für dich bestimmt."[4] Dieser Hinweis klingt paradox: Denn wenn der Eingang einzig und allein für den partikularen Mann vom Lande bestimmt war, warum wurde er nicht eingelassen? Nun, keine verschlossene Tür hielt ihn davon ab, „da das Tor offensteht wie immer".[5] Die Frage ist also nicht: Warum wurde der Mann nicht eingelassen? Sondern die eigentliche Frage lautet: Warum hat der Mann nicht gehandelt? Und: *Wie* hätte er handeln können? Das zweite Kapitel der Arbeit widmet sich einer möglichen Antwort unter Rekurs auf die pragmatistische Ästhetik. Um seine Handlungsspielräume entfalten zu können, muss das Selbst einen Ort oder mehrere Orte finden, von denen aus es handeln kann. Diese

---

[3] John Dewey, *Die Öffentlichkeit und ihre Probleme*, hg. von Hans-Peter Krüger, Berlin/Wien 2001, 137.

[4] Kafka, a.a.O., 132.

[5] Ebd., 131.

Orte müssen von der handlungslähmenden Last des metaphysischen Gesetzes vorüberge-hend freigestellt werden können. Ihre Freistellung wird durch einen ästhetischen Über-schuss eröffnet. Das zweite und dritte Kapitel münden in ein *Modell ästhetisch-produk-tiver Gewohnheitsbildung*. Aus pragmatistischer Sicht geht es in der Philosophie nicht um die Festlegung *abschließender* Wahrheiten, sondern um Handlung *eröffnende* Perspektiven. Damit verschiebt sich sein Erkenntnisbegriff: Als wahr gilt nicht das, was objektiv korrespondiert, Wahrheit wird, in den Worten von James, als „eine Art des Guten" betrachtet.[6] Wenn man jedoch gleichzeitig mit dem Pragmatismus die Annahme eines unveränderlichen Prinzips des Guten verabschiedet, dann kann die Handlungsori-entierung keinem festgelegten Wertekanon folgen, sondern dieser muss immer wieder korrektiv aus den heterogenen Überzeugungen eines beweglichen Common Sense und seines partikularen Selbst produktiv-ästhetisch *hergestellt* werden. Diese Haltung zielt jedoch nicht, das muss deutlich werden, auf einen privaten Ästhetizismus. Denken beginnt nicht in der Leere, sondern in der Fülle diffuser Hintergrundannahmen. Kein Selbst ist sich durchweg transparent, sein Denken bewegt sich in den Zwischenräumen der Gewohnheit. Dies gilt für Alltagsdenken ebenso wie für philosophisch geschultes Denken. Produktive Gewohnheitsbildung heißt, diesem diffusen Raum eines Common Sense selbstverständlicher Überzeugungen Kontur zu verleihen, *dadurch erst werden Alltagsannahmen und -Praktiken sichtbar und korrigierbar*.

Der Begriff der *Gewohnheit* spielt dabei eine zentrale Rolle. An ihm lässt sich die Unschärfe innerhalb des Begriffsclusters Wahrheit – Überzeugung – Glauben – Ge-wohnheit zeigen. Durch die ästhetische Perspektive wird darüber hinaus der fließende Übergang von der Gewohnheit als einer vermeintlich naturalistischen Verhaltensdispo-sition zu der je partikularen Eigenart des Selbst als Ort von Transformationen entfaltet werden. Die Frage verschiebt sich nun zu der Suche nach einer produktiven Bestim-mung: Selbst wenn der Mann vom Lande am Gesetz gezweifelt hätte: Was hätte ihm ermöglicht, den ersten Schritt zu tun? Die unterschiedlich gelagerten Gewohnheitsbeg-riffe im klassischen Pragmatismus von Peirce, James und Dewey lassen sich als Varian-ten einer Reflexion auf diesen ersten Schritt lesen. Der erste Schritt zum Handeln, das scheint den Ansätzen gemeinsam zu sein, wird deswegen als *zwangloses Ausschwärmen in das naheliegende Unbekannte* umschrieben werden. Der erste Schritt in den Raum kreativer Handlungsspielräume ist der nächste Schritt, aus den naheliegenden Gewohn-heiten heraus. Er wird jedoch nur dadurch ermöglicht, dass das Selbst sich vorüberge-hend als kohärent erfährt. Die momenthafte Zwanglosigkeit enthebt das Selbst dem Kampf von Zweifel und Überzeugung. In Kafkas Parabel hingegen sagt der Türhüter zum Mann vom Lande:

> „‚Wenn es dich so lockt, versuche es doch trotz meines Verbotes hineinzugehn. Merke aber: Ich bin mächtig. Und ich bin nur der unterste Türhüter. Von Saal zu Saal stehn aber Türhüter, einer mächtiger als der andere. Schon den Anblick des dritten kann nicht einmal ich mehr er-tragen.' Solche Schwierigkeiten hat der Mann vom Lande nicht erwartet, das Gesetz soll doch jedem und immer zugänglich sein denkt er, ..."[7]

---

6   William James, *Was ist Pragmatismus?*, Weinheim 1994, 42.
7   Kafka, a.a.O.

Der Mann vom Lande bleibt auf das entfernte und in immer weitere Ferne rückende
Ziel fixiert. Er erwägt nicht das Naheliegende. Die Suche nach dem Gesetz als Suche
nach metaphysischer Gewissheit wird an dieser Stelle in ihrer autoritären Struktur
besonders deutlich. Sie steht nicht nur der kreativen Handlungsfähigkeit des Selbst im
Weg, sondern auch seiner Eigenverantwortung. Dewey sagt es so:

> „Love of certainty is a demand for guarantees in advance of action. Ignoring the fact that truth
> can be bought only by the adventure of experiment, dogmatism turns truth into an insurance
> company. Fixed ends upon one side and fixed ‚principles‘ – that is authoritative rules – on the
> other, are props for a feeling of safety, the refuge of the timid and the means by which the bold
> prey upon the timid.“[8]

Der Grund für die Untätigkeit des Mannes vor dem Gesetz ist, dass er seine eigenen
partikularen Motive aus den Augen verliert und damit die Fähigkeit, das „Abenteuer des
Experiments" einzugehen. Er bleibt gefangen zwischen seinem festgelegten Ziel („fixed
ends") und den festgelegten Prinzipien autoritärer Regeln. Um diese Erstarrungen
aufzubrechen, schlägt Dewey vor, jede Dichotomie als autoritär zu verwerfen: Eine
davon ist die zwischen Mittel und Zweck. Produktives Handeln kann nur in Hinblick
auf das Naheliegende stattfinden, und d.h. auch, die jeweiligen Mittel gegenüber dem
vermeintlichen Endzweck aufzuwerten. Eine weitere Dichotomie, die in diesem Zusammenhang aufgebrochen wird, ist die zwischen einem vermeintlich natürlichen
Körper und der vermeintlich untrüglichen leiblichen Erfahrung. Weder die eine noch
die andere Seite ist Gesetz: Handelnd verschieben sich die Kriterien für ihre jeweils
klare Zuordnung. Basis dieser Verwerfungen autoritärer Prinzipiensetzung bleibt
gleichwohl das partikulare Selbst. Im dritten Kapitel werden mit den neopragmatistischen Theorien von Richard Rorty und Richard Shusterman zwei komplementäre
Modelle vorgeschlagen: Ersterer beschreibt Selbstverortung als idiosynkratische Selbsterschaffung durch Vokabulare. Der Ort des Selbst wird dabei gleichwohl zu diskursiv
und konfliktiv gedacht. Neue Handlungsspielräume entstehen darin v.a. durch eine
Kollision des Bekannten. Indirekt knüpft Rorty damit an die im ersten Kapitel entfalteten Handlungsimpulse an, die sich aus den Reibungen zwischen Zweifel und Überzeugung, zwischen Partikularität und Common Sense ergeben. Bei Shusterman hingegen
werden Handlungsspielräume aus einer vorübergehenden leibkörperlich-ästhetischen
Kohärenz des Selbst heraus erklärt, als einer Art zwanglosen *Ausschwärmens in das
naheliegende Unbekannte.* Beide Modelle knüpfen an Dewey an, interpretieren ihn
gleichwohl sehr unterschiedlich. In der Gegenüberstellung ihrer Positionen sollen die
jeweiligen Grenzen ihrer komplementären Modelle sichtbar werden. Anhand beider
Theorien werden anknüpfende Problematiken daraufhin untersucht, ob sich in ihnen
unversehens Begriffe zu einem Gesetz zu verfestigen drohen. Bei Rorty besteht diese
Gefahr in Hinblick auf sein Sprachmodell, demgegenüber die nichtsprachliche Welt als
das anonym-bedrohliche Andere zuweilen in ein physikalistisches Gegengesetz kippt.
Mit Shusterman wird auf den Aspekt abgehoben, dass weder der subjektiv erfahrene
Leib noch der natürliche Körper abschließend festgesetzt werden dürfen. Die Frage

---

[8]   John Dewey, *Human Nature and Conduct,* in: *The Middle Works,* 1899–1924, Vol. 14, hg. von Jo
      Ann Boydston, Carbondale/Edwardsville 1988, 163.

verschiebt sich davon, was der Körper (oder der Leib) *ist*, zu der Frage, was der Körper *tut*. Mit dem Begriff der Somästhetik wird dieser Raum leibkörperlicher Handlungsspielräume und ihrer Grenzen ausgeleuchtet. Dies wird auch eigens in dem Kapitel zum Leib-Körper-Problem diskutiert.

Im vierten Kapitel der Arbeit wird von dem partikularen Selbst in seiner produktiv-ästhetischen Lesart der Bogen wieder zurückgeschlagen zum Begriff des Common Sense. Der Begriff erfährt dabei eine entscheidende Modifikation, als eine Verbindung zum kantschen *Sensus Communis* hergestellt wird, welcher als subjektive Allgemeinheit die Möglichkeit eines zwanglosen und damit nichtautoritären Ansinnens der Partikularität von Selbst und anderen beschreibt. Dieser wird als utopischer Begriff entfaltet, der an Rortys Begriff der Solidarität anschlussfähig ist. Doch darin, dass auch ein utopischer Sensus Communis nur das Naheliegende ansinnen kann, bleibt im Unterschied zu Kant eine Verankerung im Alltäglichen des Common Sense erhalten. Hier eröffnet sich ein weiteres Spektrum, in dem die oder der *partikulare Andere* einen Ort erhält. Mit Cavell und Shusterman werden Selbst und Anderer zwischen Common Sense und Sensus Communis füreinander exemplarisch. Doch kann dieses Verhältnis theoretisch nicht ausgeschöpft werden. Es zeigt sich im Handeln.

Die vorliegende Arbeit wurde unter dem Titel „Das partikulare Selbst. Zwischen kritischem Common Sense und Sensus Communis" im Sommer 2005 an der Philosophischen Fakultät der Technischen Universität Carolo-Wilhelmina zu Braunschweig als Dissertation angenommen. Für die Druckfassung habe ich sie geringfügig überarbeitet.

Ich möchte an diese Stelle dem Ev. Studienwerk Villigst e.V. für seine großzügige Förderung herzlich danken. Ebenso danken möchte ich meiner Mutter Heidi Salaverría und meinem Vater Jesús Salaverría für ihre Unterstützung dieses Projekts in jeder Hinsicht. Dank schulde ich insbesondere meinem Doktorvater Bernhard Taureck, der mich uneingeschränkt ermutigt hat. Klaus Oehler danke ich für die intensive inhaltliche Auseinandersetzung, Hans-Peter Krüger für fruchtbare Anstöße in der Vorbereitungsphase und Anja Michaelsen und Henrike Hölzer für die kritische Lektüre des Manuskriptes. Christine Oldörp, Antje Eske, Kurd Alsleben, Ole Frahm, Joseph Margolis, Bernhard Schleiser und Christian Gefert haben mir mit Kommentaren und Kritik geholfen. Lilian Anz: Danke für den technischen Beistand in der Schlussphase. Richard Shusterman danke ich für die freundliche Aufnahme in Philadelphia und für alles, was ich von ihm gelernt habe.

Einführung

Das handelnde Selbst zwischen Partikularität und Metaphysik

Neuzeitliches Philosophieren hat in immer neuen Anläufen versucht, die „Suche nach Gewissheit", wie Dewey es nannte, zu einem Abschluss zu bringen.[9] Der Glaube daran, im Denken zu einem Abschluss gelangen zu können, gründet immer auf einer Art Gesetz, welches die Gewissheit des Abschlusses garantiert. Der Pragmatismus, so wie er in dieser Arbeit interpretiert wird, artikuliert einen Zweifel an der unveränderlichen und metaphysischen Haltbarkeit philosophischer Gesetze. Dem Pragmatismus geht es weniger um den Abschluss des Denkens als um dessen Anläufe, die vom Selbst unternommen werde. Aber kann überhaupt von *dem* Pragmatismus gesprochen werden? Bereits in seinen Anfängen wurde der Verdacht geäußert, ob nicht vielmehr von mehreren Pragmatismen ausgegangen werden müsste. So spricht bereits 1908 Arthur Lovejoy nicht ohne Ironie von den dreizehn Pragmatismen.[10] Da in dieser Arbeit die Partikularität des Selbst aufgewertet wird, so soll auch das partikulare Philosophieren seine Berechtigung haben. Es handelt sich hier also ausdrücklich um *eine* partikulare Version des Pragmatismus. Gleichwohl werden sich im Verlauf der Arbeit einige Begriffe und Themenfelder herauskristallisieren, die eine Kontinuitätslinie vom frühen bis zum neueren Pragmatismus aufzeigen. Dazu gehört das Verhältnis von Zweifel und Überzeugung ebenso wie der Begriff der Gewohnheit sowie die Berücksichtigung des ästhetischen Moments in der Entwicklung von Handlungsspielräumen. Allen vorgestellten Denkrichtungen scheint jedoch auch folgendes gemeinsam zu sein: Im Zentrum pragmatistischen Denkens steht die Verzahnung von Denken und Handeln im Horizont der Zukünftigkeit. Der motivational-alltägliche Umraum des Denkens rückt in Hinblick auf Handlungsspielräume in den Blick. Genuin philosophisches Fragen setzt aus pragmatistischer Sicht im ungewissen und undurchsichtigen alltäglichen und gesellschaftlichen Raum an, der durch die Art des Fragens überhaupt erst Gestalt gewinnt. Auf diese Weise interpretiert, befragt der Pragmatismus nicht nur spezifische philosophische Probleme, sondern die Selbstverortung des Denkens. Der Begriff des Selbst ist deswegen für diese Arbeit zentral.

---

[9] John Dewey, *Die Suche nach Gewissheit*, Frankfurt/M. 1998.

[10] Arthur O. Lovejoy, The Thirteen Pragmatisms, in: *The Journal of Philosophy and scientific Methods* 5, 1908, 5–39.

Jedes Denken und Handeln findet also innerhalb eines Kontextes statt, den kein Selbst vollständig überblickt. Ich nenne diesen Kontext mit dem Pragmatismus Common Sense.[11] Da das Selbst an dem Common Sense beteiligt ist, kann es diesen weder durchgängig bezweifeln noch durchgängig von ihm überzeugt sein. Beides setzt eine beobachtende Perspektive voraus, die dem Selbst nicht zur Verfügung steht. Der universalisierte Zweifel des Skeptizismus ebenso wie die universalisierte Überzeugung der Metaphysik sind aus Sicht des Pragmatismus illusorische Enthebungen aus dem Common Sense. Unpragmatistisches Denken droht in diesen Enthebungen zu erstarren. Der Pragmatismus schlägt das Gegenteil vor: Gerade aus dem unauflöslichen Spannungsverhältnis zwischen Überzeugungen (die vorübergehend als metaphysische Gewissheiten erscheinen) und Zweifeln (die vorübergehend eine Ungewissheit bewirken), so eine Pointe des Pragmatismus, *erwächst die Handlungsfähigkeit des Selbst,* und so könnte der Verdacht aufkommen, dass hier aus der Not eine Tugend gemacht wird, wüsste man nicht, dass die vermeintliche philosophische Tugend gesetzesartiger Unanfechtbarkeit überhaupt erst zu dieser Gedankennot geführt hat. Denn: Wären alle Zweifel einer metaphysischen Überzeugung gewichen, träte Handlungsstillstand ein. Und wären alle Zweifel absolut (wirkliche Zweifel, die, wie wir sehen werden, von akademischen Zweifeln zu unterscheiden sind), sähe es nicht besser aus. Diesem Spannungsverhältnis zwischen Zweifel und Überzeugung liegt ein weiteres zugrunde: Das zwischen der defizitären Partikularität und der metaphysischen Universalität des Selbst. Denn die Suche nach Gewissheit, die Dewey an der abendländischen Philosophie kritisiert hatte, hängt eng mit der Konzeption des Selbst zusammen, welche auch heute noch die westliche Philosophie prägt, und die man vielleicht als Mangelkonzeption des Selbst bezeichnen könnte: Das Selbst wird aufgrund seiner Endlichkeit und seiner Partikularität als defizitär betrachtet, und seine Mangelhaftigkeit kann nur durch die Verbindung mit einer höheren Instanz, bspw. durch das Gesetz der allen gemeinsamen Vernunft, durch die Gesetze der Natur, durch das Gesetz der Sprache oder auch durch das Gesetz der Sprachverschiebungen (um nur einige Beispiele zu nennen) aufgehoben werden.[12]

Während die unterschiedlichen neuzeitlichen Philosophien so einander mit unterschiedlichen Begründungen dafür ablösten, inwiefern das jeweils gesetzte Gesetz das Falsche gewesen sei, und deswegen immer wieder neue Begriffe (z.B. das *Cogito,* die *reine Vernunft,* den *absoluten Geist,* die *logischen Sätze,* die *différance*) dafür einsetzten, behauptet der Pragmatismus, dass das Problem in der *Art und Weise des Suchens* nach dem Gesetz liegt. Deswegen kritisiert Dewey die Suche nach *abschließenden Gewissheiten.* Doch unabgeschlossene Gewissheiten, so könnte man nun denken, sind

---

[11] Eine explizite Thematisierung des Common Sense in Hinblick auf die philosophische Anthropologie (und im zweiten Band in Anknüpfung an philosophische Anthropologie und Pragmatismus) findet sich bei Hans-Peter Krüger, Philosophische Anthropologie als Anwalt des Common Sense in der Frage nach dem Menschen, in: *Zwischen Lachen und Weinen,* Band I: *Das Spektrum menschlicher Phänomene,* Berlin 1999, 15–33.

[12] Wenn hier von einer Mangelkonzeption gesprochen wird, so ist damit eine allgemeine Tendenz gemeint und nicht etwa der spezifisch geprägte Begriff des Mangelwesens von Arnold Gehlen, auch wenn ein Vergleich des Pragmatismus mit seiner philosophischen Anthropologie sicher interessant wäre.

ein Widerspruch in sich, denn gewiss ist sich das Selbst einer Sache nur, wenn diese
absolut und damit abschließend zu sein scheint und nicht nur vorübergehend und unab-
geschlossen. Diese Frage zielt in das Zentrum der vorliegenden Untersuchung. Der
Kritik an der Gewissheit des Selbst, welche sich durch die Verbindung mit einer ge-
setzmäßigen Instanz versichert und befestigt, kann nur durch eine Ausarbeitung des
partikularen Ausgangspunktes jeder Suche nach Gewissheit begegnet werden. Nur von
hier aus kann Handeln stattfinden. Abgeschlossenes Denken erträumt den Eintritt in das
Gesetz, unabgeschlossenes Denken, so wird hier behauptet, verwirklicht sich im Handeln. Doch was heißt es, die Partikularität in ihrer Unabgeschlossenheit ernst zu nehmen?

Mit der hier vertretenen Spielart des Pragmatismus möchte ich einen philosophischen
Weg vorschlagen, der das handelnde Selbst in seiner partikularen Alltagsverankerung in
den Mittelpunkt rückt. Dadurch verändert sich die Frage nach dem Subjekt: Um den
Unterschied zu markieren, werde ich im Folgenden vom Selbst und nicht vom Subjekt,
nicht von der Person oder dem Ich sprechen. Sowohl der Begriff des Subjekts als auch
der Begriff des Ich sind in ihrer Verwendungstradition körperlos; der Begriff der Person
ist zu sehr für den Bereich der Moralphilosophie und des Rechts codiert. Mit dem
Begriff des Selbst soll sowohl die subjektive Perspektive aufrechterhalten werden, ohne
bewusstseinsphilosophische Irrtümer zu wiederholen, als auch seine Situiertheit und
Verkörperung mitgedacht werden, doch ohne das Selbst zugunsten übergeordneter
sprachlicher oder physikalistischer Strukturen aufzugeben. Dieses Selbst nenne ich das
partikulare Selbst. Die Handlungsfähigkeit des Selbst soll in seiner besonderen Situiertheit aufrechterhalten werden, und ich möchte noch einen Schritt weitergehen: Seine
Handlungsfähigkeit ist *erst durch* seine partikulare Situiertheit möglich. Die Situiertheit
im heterogenen Common Sense bildet einen Gegenbegriff zum Gesetz, auch wenn der
Common Sense, wie sich noch zeigen wird, nicht immer der Gefahr entgeht, metaphysisch aufgeladen zu werden, dann nämlich, wenn dieser ‚gesunde Menschenverstand‘
als selbstverständlich und untrüglich vorausgesetzt wird.

Das Selbst kann also nicht abgelöst von dem Common Sense gedacht werden, in dem
es situiert ist. Der Common Sense hat gegenüber dem Diskurs drei Vorteile: 1. Der Common Sense ist im Unterschied zum Diskurs nicht rein sprachlich-linguistisch. 2. Er geht
über das Sprachliche in zweierlei Hinsicht hinaus, durch die Gewohnheiten, die das
Leibkörperliche umfassen und durch seine Unausdrücklichkeit, also seine Potenzialität. 3.
Der Common Sense beschreibt nicht nur außenperspektivisch eine Struktur, sondern auch
innenperspektivisch eine Haltung. Er setzt also einen anderen Akzent als der Begriff des
Diskurses oder der Kultur. Der Common Sense geht über den sprachlichen Rahmen (der
Diskurse) hinaus, weil er auch nichtsprachliche, unausdrückliche Gewohnheiten umfasst.
Der Gewinn dieses Begriffs gegenüber dem Begriff der Kultur besteht neben seiner
alltäglichen Unausdrücklichkeit in der Überschneidung von Innen- und Außenperspektive. Das Selbst kennt den Common Sense auch ‚von Innen‘. Diese Teilnahme enthält eine
Abstandslosigkeit, welche die eigene Haltung vorübergehend unbezweifelbar erscheinen
lässt. Das Selbst ist von der Selbstverständlichkeit seiner Überzeugungen überzeugt, weil
es die Zweifelhaftigkeit der eigenen partikularen Position durch die Situiertheit im Com-

mon Sense nicht sehen kann. In dieser Hinsicht ist das Selbst dem Common Sense *ausgesetzt*. Damit hängt ein weiterer Punkt zusammen: Die Verkörperung des Selbst. Der Common Sense als eine Art von Gemein-Sinn durchzieht das Selbst bis in seine leibkörperlichen Gewohnheiten und seine Sinnlichkeit hinein.[13] Dieser zielt also auf etwas anderes als der Diskurs, weil er die Abstandslosigkeit des Selbst und die Verkörperung des Common Sense im leibkörperlichen Selbst und seinen Gewohnheiten kennzeichnet.[14] Der Common Sense bleibt dabei zunächst unbestimmt, er ist vage. Deswegen könnte man seinen Erklärungsgehalt in Frage stellen. Doch handelt es sich gerade darum, das Unbestimmte des Common Sense zu bestimmen. Damit ist darauf verwiesen, dass das Unbestimmte am Common Sense bestimmt werden *kann*. Dieses Wissen um die eigene Befangenheit kann die Reflexion auf das supponierte Selbstverständliche eröffnen. Ich knüpfe in dieser Hinsicht an den *kritischen Common Sense* von Peirce an.[15]

Kritischer Common Sense

Der Pragmatismus beschreibt also eine philosophische Denkbewegung, die metaphysischen Festschreibungen entgegentritt. Grundannahme des Pragmatismus ist dabei, dass Erkennen vom Handeln nicht abzulösen ist. Die Bedeutung von Begriffen hängt mit ihrer Praktikabilität zusammen. Die Suche nach Gewissheit, die Dewey kritisierte, ist nichts anderes als die Suche nach metaphysischen Festschreibungen, die in einem definitiven Abschluss, in einem Gesetz zu münden scheinen. Der Pragmatismus kritisiert dabei jedoch nicht den *Impuls* dieser Suche, denn ohne diesen wäre Philosophie keine Philosophie, sondern er kritisiert ihr *Telos*. Die Metaphysik kann bekanntlich nicht einfach abgelegt werden wie ein Handschuh. Stattdessen beschreibt der Pragmatismus einen Prozess, in welchem das Selbst *zwischen Zweifel und Überzeugung* pen-

---

[13] Hier können Parallelen von pragmatistischen Perspektiven zum Begriff des *Habitus* bei Pierre Bourdieu gezogen worden, und sie sind bereits gezogen worden. Der Unterschied manifestiert sich indessen darin, dass auch der Begriff des Habitus bei Bourdieu zu äußerlich bleibt und die Innenperspektive des Selbst unterschlägt. Vgl. dazu Richard Shusterman (Hg.), *Bourdieu. A Critical Reader*, Malden/Oxford 1999, insbesondere den Aufsatz von Shusterman, der einen Vergleich von Bourdieus Habitus-Begriff mit Deweys Begriff der Gewohnheit unternimmt: Bourdieu and Anglo-American Philosophy, 14–29.

[14] Vgl. dazu meinen Aufsatz: Das Leib-Körper-Problem und der Pragmatismus, in: *Zeitschrift für Semiotik*, Band 26, Heft 1–2, 2004, 129–153. Die Sozialität des Körpers und die Normativität des Leibes rücken neuerdings auch in der philosophischen Anthropologie, der Phänomenologie, aber auch in der Sportwissenschaft in das Licht der Aufmerksamkeit. Vgl. z.B. Annette Barkhaus, Matthias Mayer, u.a. (Hg.), *Identität, Leiblichkeit, Normativität. Neue Horizonte anthropologischen Denkens*, Frankfurt/M. 1996, Hilge Landweer, *Scham und Macht. Phänomenologische Untersuchungen zur Sozialität eines Gefühls*, Tübingen 1999, Volker Schürmann, *Menschliche Körper in Bewegung. Philosophische Modelle und Konzepte der Sportwissenschaft*, Frankfurt/M. 2001.

[15] Charles Sanders Peirce, Pragmatizismus und kritischer Commonsensismus, sowie: Die kritische Philosophie und die Philosophie des Common Sense, in: Ders., *Schriften zum Pragmatismus und Pragmatizismus*, hg. von Karl-Otto Apel, Frankfurt/M. 1976. Ders., Critical Common-sensism, in: Justus Buchler (Hg.), *Philosophical Writings of Peirce*, New York 1955, 290–302.

delt. Im Zweifel wird vorübergehend das Scheitern an der metaphysischen Gewissheit anerkannt. Statt in ein Gesetz zu münden, kann dieser Frageimpuls des Selbst in Handlungen umgesetzt werden. Ein erfolgreiches Handlungsmodell führt zu neuen Überzeugungen, in denen sich die erstrebte metaphysische Gewissheit vorübergehend zu bestätigen scheint. Diese wird jedoch früher oder später durch den Frageimpuls, durch den Zweifel, wieder erschüttert werden.

Aufgrund seiner engen Verzahnung von Denken und Handeln verankert der Pragmatismus philosophisches Fragen im alltäglichen Handlungsraum, denn Denken als freischwebende Spekulation, die sich – jenseits jeder möglichen und zukünftigen Praktikabilität – nur auf ewigen Gesetzen niederlässt, lehnt er ab. Er zielt auf eine Transformierbarkeit der Alltagswirklichkeit durch neue Handlungsspielräume ab, die durch philosophische Reflexion initiiert werden können. Man kann den Pragmatismus daher mit guten Gründen „als eine Philosophie des *Projekts*" bezeichnen, wie Bernhard Taureck vorschlägt.[16] Der Begriff des Common Sense zielt auf diesen alltäglichen transformierbaren Handlungsraum, von dem jedes Denken ausgeht und in den jedes Denken in seiner Praktikabilität mündet. Dessen Selbstverständlichkeit ist zugleich Grundlage des Handelns (denn wer alles bezweifelte, könnte nicht mehr handeln) und metaphysische Gefahr (denn wer alles glaubte, was der Common Sense suggeriert, könnte keinen kritischen Standpunkt mehr beziehen). Die Position, die der Pragmatismus gegenüber dem Alltagsverständnis einnimmt, wird daher mit Peirce genauer als *kritischer Common Sense* bezeichnet. Philosophieren kann sich seinem kontingenten Kontext nicht willkürlich entziehen, es darf ihn indessen ebenso wenig schlichtweg affirmieren. Über den Begriff des Common Sense wird so zugleich das Verhältnis von Metaphysik und Alltag thematisiert.

Der Common Sense im pragmatistischen Sinn ist nicht nur als unproblematischer ‚gesunder Menschenverstand' zu verstehen, der die praktisch-alltägliche Urteilsfähigkeit im Alltag leitet, sondern der Pragmatismus *problematisiert* gerade das Verhältnis alltäglichen Verständnisses und alltäglicher Praktiken zu ihrer philosophischen Reflexion. Sein Bedeutungsfeld ist daher spezifischer als das gegenwärtige Alltagsverständnis des Common Sense. Der Begriff durchzieht den Pragmatismus seit seinen Anfängen und hat seine inhaltlichen Bewegungen und Veränderungen überdauert, weniger jedoch als ein stringent ausgearbeitetes Konzept, sondern vielmehr als ein wiederkehrendes Motiv, welches fortdauernd pragmatistisches Denken begleitet hat. Er wird im Pragmatismus als Korrektiv zu der metaphysischen Tendenz der Übertreibung eingesetzt, er verschafft dem Selbst einen Ort in seiner gewohnheitsmäßigen Verankerung, welche eine leibkörperliche Ebene beinhaltet.[17] Auch ist der Begriff des Common Sense an die Semiotik anschlussfähig, die jede Art von Zeichen – über das Sprachlich-Diskursive hinaus – artikulierbar und verhandelbar macht.[18]

---

[16] Bernhard H. F. Taureck, Für eine weiterführende Pragmatismus-Philosophie der Zukunft, in: *Prima Philosophia*, Bd. 15/H. 3, 2002, 313.

[17] Vgl. dazu meinen Aufsatz: Who is Exaggerating? The Mystery of Common Sense in: *Essays in Philosophie*, Nr. 2, Bd. 3, 2002, http://www.humboldt.edu/~essays/archives.html.

[18] Auf diese Frage wird jedoch im Folgenden nicht eingegangen, da es zunächst um den Common Sense als eines unbestimmten alltäglichen Handlungsraumes geht, der nicht als Gegenstand vor Augen geführt wird, sondern eher dem Heideggerschen *Bewandniszusammenhang* verwandt ist.

Das Erkenntnisinteresse, welches mit dem Begriff des *kritischen Common Sense* verknüpft ist, besteht darin, dass das *Wissen um die Befangenheit im Common Sense* die Reflexion auf das vermeintlich Selbstverständliche des eigenen *partikularen Standpunktes* allererst eröffnet. Die Handlungsfähigkeit des Selbst kann nicht beschrieben werden, wenn dieser Kontext außer Acht gelassen wird. Es geht also weder darum, einen homogenen Common Sense als normal oder normativ richtig zu affirmieren, noch darum, den Common Sense als eine Art ‚Verblendungszusammenhang' von sich zu weisen, als wäre das möglich. Es geht darum, die Befangenheit im Common Sense durch den Zweifel in neuen Überzeugungen zu bestimmen und zu transformieren. Dieses transformative Moment, welches *durch das Wechselspiel zwischen Zweifel und Überzeugung entsteht,* ist im Pragmatismus zentral.[19] Damit hängt der andere genannte Aspekt zusammen: Mit dem Common Sense wird nicht nur ein heterogenes und partiell fiktives Wir suggeriert, sondern auch eine selbstverständliche Wirklichkeitsverankerung hergestellt. Der Common Sense beschreibt also nicht nur das alltagsweltliche Urteilsvermögen eines ‚gesunden Menschenverstandes', sondern er sedimentiert sich als *leibkörperliche Gewohnheit* im Selbst. Über die Gewohnheiten als handlungsleitende Muster benennt der Common Sense daher, dem Habitus verwandt, auch die verkörperte Grundlage sozialer Praktiken. So ist es kein Zufall, dass der Pragmatismus an den Common Sense-Realismus von Thomas Reid anknüpft und alltagsrealistische Reflexionen seit einigen Jahrzehnten im Neopragmatismus von Hilary Putnam und anderen in transformierter Form wieder aufleben.[20]

Analog zum Common Sense als heterogener Basis von Kommunikation und Handlung des Selbst im Plural formen Gewohnheiten die unausdrückliche Basis des partikularen Selbst im Singular. Wird mit dem Common Sense auf allgemeiner Ebene der Alltagsbezug benannt, kennzeichnet die Gewohnheit die je spezifische ‚Materialisierung' im partikularen Selbst. Der Gewohnheitsbegriff bezeichnet den subjektiv angeeigneten und leibkörperlich sedimentierten Common Sense, der Common Sense eine

---

Durch die Semiotik ließe sich dieser erschließen, jedoch immer nur graduell, da das Selbst in seiner Perspektivität immer auch befangen bleibt.

[19] Der englische Begriff des ‚belief' umfasst sowohl den stärker objektiven Aspekt des *Für-wahr-Haltens* als auch den subjektiv-religösen Aspekt des *Glaubens* und schließlich die *Überzeugung.* Während sich diese Ambivalenz im Begriff des ‚belief' schon an den Übersetzungsschwierigkeiten ins Deutsche zeigt, ist sie im Zweifel weniger offensichtlich. Auch hier ist jedoch zunächst nicht klar entscheidbar, ob ein Zweifel bloß subjektiv ist oder auf etwas Objektiveres verweist. Die Pointe des Wechselspiels von Zweifel und Überzeugung (belief) besteht, wie ich meine, gerade in dieser prinzipiellen Unentscheidbarkeit, die immer aufs Neue Handlung notwendig macht, um den Status der Zweifel (und der Überzeugungen) zu prüfen.

[20] Vgl. z.B. Hilary Putnam in: *Pragmatism and Realism,* hg. von James Conant und Urszula M. Zeglén, London/New York 2002. Auch hierzulande erlebt das Thema Realismus und Common Sense eine Renaissance. Siehe z.B. Marcus Willaschek, *Der mentale Zugang zur Welt. Realismus, Skeptizismus und Intentionalität.* Frankfurt/M. 2003. Willaschek versucht, eine Art von Alltagsrealismus nachzuweisen, der selbst nicht mehr erklärungsbedürftig ist, sondern eben den Common Sense des Menschen widerspiegelt. Auch wenn seine Vorstellung von Common Sense zu homogen bleibt, ist die Kritik an einem zu undifferenzierten Begriff des *Realismus* in der Philosophie überzeugend.

Art objektivierte Großgewohnheit.[21] Wie später im einzelnen entfaltet wird, stellt die Gewohnheit im Pragmatismus einen Schwellenbegriff dar. Eine Überzeugung ist sprachlich-propositional, eine Gewohnheit bewährt sich im Handeln, in ihrer verkörperten Umsetzung. Der Übergang von der Überzeugung zur Gewohnheit ist jedoch fließend, und daher ist die materiale Situiertheit in den sozialen Praktiken nicht sauber ablösbar von der begrifflichen Ebene der Überzeugung. Sowohl verkörpertes Handeln als auch propositionale Überzeugungen finden innerhalb des Common Sense statt. Deswegen verweisen die Frage nach dem Selbst und die nach dem Common Sense wechselseitig aufeinander.

Bezogen auf das Selbst zeigt sich im Pragmatismus der charakteristische Zusammenhang von Theorie und Praxis daran, wie Beginn und Abschluss einer Denkbewegung als Vorbereitung einer potenziellen Handlung beschrieben werden: Denken setzt in einem Zweifel (doubt) an und wird in einer Überzeugung (belief) zum vorübergehenden Abschluss gebracht. Die jeweilige Überzeugung bildet dabei die Disposition möglicher Handlungen und sedimentiert sich als Gewohnheit.[22] Diese (Denk-)Gewohnheit bildet die weitere Basis für Zweifel. Doch da das Selbst Gewohnheiten nicht nur hat, sondern ist, kann es diese nicht willkürlich an- oder ablegen. Die Gewohnheit stellt daher einerseits eine Handlungseinschränkung dar – da sie es dem Selbst verunmöglicht, einen neutralen Blick von Nirgendwo einzunehmen. Andererseits bildet sie gerade erst die Handlungsbasis selbstverständlichen Verhaltens, von welcher aus sich Handlungstransformationen abzeichnen können.

Für Peirce, wie später auch für James und Dewey, ist der Begriff des Common Sense grundlegend, weil für den Pragmatismus Denken auf diesem Raum vermeintlich selbstverständlicher Alltäglichkeit aufbaut, der durch den Zweifel problematisiert und transformiert werden kann. Er wird nicht einfach als *gegeben* hingenommen. So insistiert Peirce, dass der Common Sense kritisch eingeholt werden muss, da er, wenn er „sich über das Niveau des eng Praktischen zu erheben beginnt, tief mit jener üblen logischen Eigenschaft getränkt [ist], auf die gewöhnlich der Name Metaphysik angewendet wird, und nichts kann es aufklären als eine strenge logische Disziplin".[23] Doch kann auch die logische Disziplin sich nicht vollständig von ihrer Situiertheit freimachen. Auch der Zweifel als entscheidender Wegweiser im kritischen Denken ist sich nicht vollständig durchsichtig. Daher ist der pragmatistische Zweifel kein cartesianischer, kein metho-

---

[21] Hier wird die Parallele zu Bourdieu am deutlichsten, auch wenn Bourdieu die subjektive Seite im Unterschied zu Dewey vernachlässigt.

[22] Diese Grundthese des Pragmatismus, Philosophie an den konkreten Zweifel zu binden und damit in der Alltagswelt zu verankern, hat insbesondere in der frühen deutschen Rezeption des Pragmatismus zu zahlreichen Missverständnissen geführt. So wurde dem Pragmatismus fälschlicherweise eine den nordamerikanischen Kapitalismus spiegelnde Ideologie instrumentellen Denkens vorgeworfen, in der Philosophie kruden Nützlichkeitserwägungen untergeordnet wird. Vgl. z.B. die instruktive Zusammenfassung von Hans Joas: Amerikanischer Pragmatismus und deutsches Denken. Zur Geschichte eines Missverständnisses, in: ders., *Pragmatismus und Gesellschaftstheorie*, Frankfurt/M. 1992, 114–145 (zu James: 116ff.).

[23] Charles S. Peirce, Die Festlegung einer Überzeugung, in: Ekkehard Martens (Hg.), *Pragmatismus*, Stuttgart 2000, 68.

disch verabsolutierter Zweifel, sondern einer, der aus dem Common Sense der partikularen Situation erwächst. Die Überzeugung beschreibt analog keine absolute Gewissheit, sondern eine fallibilistische Haltung, welche sich in ihrer möglichen und wirklichen Praktikabilität bewährt. Ebenso wenig wie das Selbst mutwillig seinen gesamten Bestand an Überzeugungen in Zweifel ziehen kann, kann es seine Überzeugungen eigenmächtig vollständig absichern. Es besteht jederzeit die Möglichkeit, dass ihm ein Zweifel zustößt. Das pragmatistische Selbst ist daher dadurch bestimmt, dass es dem unbestimmten Common Sense *ausgesetzt* ist. Deswegen stellt das *doubt-belief-Schema* in seiner Verankerung im Common Sense einen Gegenentwurf zu der philosophischen Suche nach Gewissheit dar, die anhand der Kafka-Parabel ‚Vor dem Gesetz' exemplifiziert wurde.

Die Renaissance des *kritischen Common Sense*, die hier beabsichtigt wird, knüpft an die Grundausrichtung des Pragmatismus an. Der kritische Common Sense enthält einen paradoxen Zug, weil jedes Selbst sich innerhalb eines sozialen Kontextes bewegt, durch welchen seine mehr oder weniger ausdrücklichen Überzeugungen geprägt sind. Und vielleicht gerade jene Überzeugungen, die am wenigsten fragwürdig erscheinen, deren gesetzesartiger Charakter am wenigsten erkennbar ist, weil sie selbstverständlich sind, weil das Selbst ihnen gegenüber abstandslos ist – da das Selbst sie nicht nur *hat*, sondern sie auch geworden *ist* – gerade jene Überzeugungen scheinen den jeweiligen Common Sense einer Gesellschaft am stärksten zu bestimmen, von dem jedes partikulare Selbst Bestandteil ist. Das Paradoxe ist also, dass das Selbst durch den Common Sense bestimmte Überzeugungen eingenommen hat, die dem Selbst als überkontexuell wahr und damit unabhängig vom Common Sense (als kontingenter Prägung oder Situiertheit) erscheinen. Ob diese Überzeugungen indessen tatsächlich wahr und berechtigt sind oder bloß eine Denkgewohnheit darstellen, die sich im Selbst durch den Common Sense verkörpert haben und möglicherweise irregeleitet sind, das lässt sich aus der jeweiligen Situation heraus nur partiell beantworten, weil niemand sich vollständig und dauerhaft über sich selbst und d.h. auch über den Common Sense stellen kann. Doch bereits die Frage, ob eine Überzeugung *tatsächlich* wahr und berechtigt ist oder nicht, wirft die weitere Frage nach den Beurteilungskriterien auf, anhand derer sich jene beantworten ließe. Und diese Kriterien selbst, so die Kernthese des *kritischen Common Sense*, sind ihrerseits nicht prinzipiell ablösbar von dem veränderbaren Common Sense, in dem die Frage beantwortet werden soll.

Mit dem kritischen Common Sense ist daher auch das paradoxale Verhältnis des Pragmatismus zur Metaphysik (im Sinn der abschließenden Grundlegung von Fragestellungen) angesprochen. Überzeugungen *scheinen* aus Sicht des Selbst immer universell, auch wenn sie partikular sind. Doch bleibt dem Selbst die Partikularität seiner Überzeugung *im Zustand der Überzeugung* verstellt. Das, wovon ein Selbst überzeugt ist, erscheint ihm als absolut wahr. Es kann sich nicht gleichzeitig über seine Überzeugung stellen und diese in Frage stellen. Das Selbst hat eine Überzeugung oder es hat sie nicht. Es kann nicht nur ein wenig oder nur vielleicht von etwas überzeugt sein. Deswegen enthält jede Überzeugung ein expansives Moment, eine Potenz zur Verallgemeinerung, da das Selbst von seinen Überzeugungen annehmen muss, dass sie auch Überzeugungen anderer sein können müssten. Darin ist das Verhältnis von Philosophie und Common

Sense paradox: Philosophische Behauptungen, die über den Common Sense hinaus Gültigkeit beanspruchen – und das tun sie immer – laufen Gefahr, Prinzipien zu setzen, die nicht weiter begründet, sondern nur postuliert werden können. Sie laufen Gefahr, nur zu glauben, von einem unabhängigen Standpunkt aus Prinzipien zu postulieren, die aber tatsächlich von einem historisch partikularen Common Sense abhängig sind, den sie widerspiegeln und *der als solcher nicht kenntlich gemacht wird*. Philosophie hingegen, die *nicht* behauptete, über den Common Sense hinaus Gültigkeit zu beanspruchen, wäre entweder keine Philosophie, weil sie nichts behauptete, sondern stattdessen kulturelle Phänomene dokumentierte. Oder sie würde behaupten, einen Common Sense zu legitimieren. Dann würde sie jedoch dem Common Sense wieder Prinzipien zugrunde legen, die als überhistorisch gültige Legitimation dienten. Jedoch auch diese Prinzipien könnten nicht anders als postuliert werden. Das Dilemma zwischen Universalismus und Partikularismus scheint aufgrund der perspektivischen Verwicklung jedes Selbst unauflöslich. Eine skeptische Position lässt sich jedoch aus Sicht des Pragmatismus ebenso wenig auf Dauer aufrechterhalten wie eine metaphysische Position, weil jedes Selbst sich im Handeln setzt und aussetzt, d.h. an etwas ‚glauben‘ können muss, um handeln zu können.

An dieser Verwicklung von Common Sense und philosophischem Denken zeigt sich, warum der Pragmatismus zugleich antifundamentalistisch und nichtrelativistisch sein will und sein muss. Metaphysik wie Skeptizismus, sowohl ‚Fundamentalismus‘ als auch ‚Relativismus‘, erweisen sich als in sich widersprüchlich, weil sie auf die eine oder andere Weise vorgeben, sich außerhalb des Begründungskontextes zu stellen, in dem sie sich befinden. Die beschriebene Schwierigkeit hängt prinzipiell mit der Schwierigkeit der perspektivischen Positionierung des Denkens zusammen: Eine Position, die Anspruch auf Universalität erhebt, kann nur vorgeblich ihre eigene partikulare Perspektive annullieren. Sie wird dann vielmehr zur Repräsentantin einer höheren Instanz, die als solche *vom partikularen Standpunkt aus* postuliert wird und damit zugleich die eigene Partikularität verschleiert. Es scheint aus Sicht des hier vertretenen Pragmatismus unmöglich zu sein, einen neutralen Beobachterstandpunkt einzunehmen. Andererseits scheint es nicht nur unredlich zu sein, seinen eigenen partikularen Standpunkt absolut zu setzen und subjektivistisch zu affirmieren, sondern logisch unmöglich, weil darin bereits wieder eine Universalisierung vorgenommen würde, die den eigenen Standpunkt als *richtig* und *damit auch richtig für andere* setzt.

Selbst und Kontext

Wenn man das Selbst radikal in seiner Kontextualität denkt, bleibt die Frage unbeantwortet, von welchen Orten aus das Selbst die kritische Reflexionsleistung transformativen Denkens erbringen kann. Das Selbst verschwindet – um zwei prominente Vorschläge zu nennen – im Physikalismus oder im linguistischen Idealismus. Wenn man es indessen außerhalb seiner kontextuellen Situiertheit ansiedelt, bleibt das Problem der Bezugnahme seines Denkens zum Kontext und zum Handeln ungelöst. Man müsste dann prinzipiell eine andere Sphäre setzen, die kontextunabhängig dem Selbst oder einem Teil des Selbst einen transzendentalen Ort zuschriebe. Auch die Setzung eines solchen Ortes setzt sich jedoch – neben der Schwierigkeit, wie diese Sphäre mit dem Kontext verbunden sein könnte – immer dem Verdacht aus, nur scheinbar einen kontextfreien Ort des Selbst zu setzen, tatsächlich jedoch teilweise einen Kontext zu reproduzieren, der als solcher nicht erkennbar wird. Der Ort des Selbst bliebe fiktiv.

Die Frage lautet also: Wie kann ein handlungsfähiges Selbst gedacht werden, welches bis in seine Reflexionsprozesse hinein Teil eines Common Sense ist, ohne dass es einfach Diskurse, Prägungen oder natürliche Instinkte reproduziert? Die Antwort auf diese Frage basiert auf einem spezifischen pragmatistischen Holismus, welcher die Festlegung auf sprachliche oder naturalistische Strukturen, die das Selbst prinzipiell übersteigen, ablehnt. Sowohl ein zugespitzter Sprachidealismus wie ein reduktiver Physikalismus erlauben dem Selbst keinerlei Ort, von dem aus seine Handlungsfähigkeit auch nur im Ansatz denkbar wäre. Transzendentalphilosophie beschreibt zwar diesen Ort, lässt ihn jedoch fiktiv und kann daher die Handlungsfähigkeit des Selbst nicht erklären.

Man kann also vom Selbst nicht sprechen, ohne dessen gesellschaftliche, ökonomische und soziale, etc. Situiertheit zu berücksichtigen. Kein Selbst ohne Kontext. Allerdings auch kein Kontext ohne Selbst. Mit der Postmoderne und insbesondere dem Poststrukturalismus schien der Versuch unternommen worden zu sein, dieses Dilemma zugunsten des Kontextes aufzulösen. Der Kontext droht dort gegenüber dem Selbst verabsolutiert zu werden. Die Sprachstrukturen oder ihre Verschiebungen stehen dabei im Zentrum, das Subjekt erscheint als Effekt dieser (Sprach-)Bewegungen. Die *différance* wird zum Gesetz.[24] Demgegenüber stellt sich das Verhältnis zwischen Selbst und Kontext in den politischen Demokratietheorien als Frage nach dem Bezug des Einzelnen zur Gemeinschaft bzw. zur Gesellschaft noch einmal anders. Liberalisten wie Kommunitaristen gehen hingegen von überhistorischen Merkmalen des Selbst aus: Erstere halten an einem transzendentalen Subjektbegriff fest, letztere gehen von einer quasi-anthropologischen Konstante aus: Das Selbst wird durch einen Wertekanon (von Tugenden, durch welche die Gemeinschaft moralisch gebunden werden sollte) bestimmt. Während die Liberalisten und Rationalisten dem autonomen Selbst den Vorrang vor der Gemeinschaft geben, betonen die Kommunitaristen die Kontextualität des heteronomen Selbst. In dieser Privilegierung des Kontextes vor dem Selbst berühren sie sich mit der poststrukturalistischen Philosophie.[25]

Liberalistische Ansätze gehen von unabhängigen Subjekten aus, die sich formal über ihre Handlungsspielräume verständigen. In diesen kantschen verfahrensethischen Ansätzen kommt der Handlungsspielraum der Einzelnen zwar zum Zug, jedoch bleibt er fiktiv, denn es wird dabei außer Acht gelassen, dass Individualität überhaupt erst vor dem Hintergrund eines sozialen Kontextes entsteht, der bis in die vermeintlich formalen Handlungskriterien hineinragt. Sogar die subjektive Perspektive des Selbst ist keine

---

24 Vgl. Jacques Derrida, *Préjugés. Vor dem Gesetz*, Wien 1992.
25 Für eine an Derrida und Cavell angelehnte radikaltheoretische Diskussion von Liberalismus und Kommunitarismus vgl. etwa: Chantal Mouffe, Democratic Citizenship and the Political Community, in: Dies. (Hg.), *Dimensions of Radical Democracy. Pluralism, Citizenship, Community*, London/New York 1992.

von Anderen *unabhängige*, weil die aus ihr resultierenden sozialen und sprachlichen Praktiken keine privaten sind, wie Poststrukturalismus und Kommunitarismus auf unterschiedliche Weise betonen. Was dem liberalistischen Ansatz also fehlt, ist die Berücksichtigung des sozialen Kontextes, der Sozialität des Individuums, der Bedeutung der Gemeinschaft. Die kommunitaristischen Ansätze postulieren dieses Primat der Gemeinschaft vor dem Individuum und knüpfen in der Kontextualisierung des Selbst an materiale Ethiken wie die *hegelsche Sittlichkeit* oder die *aristotelische Tugendlehre* an. Dabei laufen sie Gefahr, in einen Wertkonservatismus abzurutschen, da sie Gemeinschaftlichkeit positiv z.B. in bestimmten Tugenden gründen, die selbst *nicht mehr* in Frage gestellt werden.[26] Das Problem der fehlenden kritischen Selbstreflexion, von dem oben die Rede war, kehrt hier wieder. Das Selbst führt sich seine eigenen Setzungen als Setzungen nicht vor Augen, die gesetzten Werte, die einen korrekturbedürftigen Common Sense widerspiegeln, werden zu einer Art überhistorischen Gesetzes erklärt, ebenso wie die Liberalisten die Freiheit des autonomen Subjekts – und damit zugleich ein mehr oder weniger unausdrücklich mitgeführtes Menschenbild – als eine Art Gesetz beschreiben. Gegenüber Kommunitarismus und Liberalismus zeichnen sich die Poststrukturalisten durch eine Radikalisierung der Fragestellung aus. Die Frage nach dem einseitigen Vorrang von Individuum vor Gemeinschaft oder umgekehrt ist aus ihrer Sicht falsch gestellt, da das Subjekt überhaupt erst durch den diskursiven Kontext, durch die diskursiven Machtformationen, subjektiviert wird.

Auch dieser Ansatz hat gleichwohl, bei aller wünschenswerten politischen Radikalität, einen Nachteil: Der Nachteil besteht darin, dass die subjektive Perspektive des Selbst (seine ‚Innen-‘Perspektive aus der ersten Person Singular) außer Acht gelassen wird, weil ‚Innerlichkeit‘ als Bestandteil einer modernen bürgerlichen Konstruktion des Individuums und damit als Bestandteil des Kontextes betrachtet wird. Subjektivität wird zur Fiktion, zum Teil einer Struktur (und sei es der beweglichen ‚Anti-Struktur‘ der *différance*). Das Problem besteht indessen darin: Wie kann eine Transformation bestehender gesellschaftlicher Verhältnisse konzipiert werden, wenn der Handlungsspielraum des partikularen Selbst und seiner eigenen Perspektive keinen artikulierten Ort haben? Diese Frage lässt sich nicht dadurch umgehen, dass auf die diskursiven Strukturen oder Zeichen verwiesen wird, die sich verschieben. Die Kritik an einem positiv formulierten Subjektbegriff vergisst, dass die subjektive Perspektive auch und gerade in ihrer Situiertheit nicht verloren geht, auch wenn man von keinem untrüglich-unveränderlichen und kulturunabhängigen ‚Innen‘ ausgehen kann. Die Kritik an poststrukturalistischen Theorien lässt sich also, bezogen auf das Handeln, darauf zuspitzen: Der Theorie fehlt die Selbstanwendung. Ihr fehlt die Reflexion auf den eigenen Standpunkt in seiner Situiertheit und Begrenztheit, auf die mögliche Zweifelhaftigkeit der eigenen Setzungen. Theorien werden von Selbsten für Selbste geschrieben, und je mehr eine Theorie beabsichtigt, praxisrelevant zu sein, umso stärker geht mit ihr eine Positionierung einher. Jede Positionierung spiegelt ein partikulares Selbst, jede Positionierung spiegelt einen spezifischen Common Sense wider und widersetzt sich anderen Positionierungen. Auch und gerade Theorien, die gegen

---

[26] Vgl. dazu z.B. Mathias Fechter (Hg.), *Mut zur Politik. Gemeinsinn und politische Verantwortung*, Frankfurt/M. 1994.

Gemeinschaftskonzeptionen argumentieren, tun dies aus einer Gegenposition, einem ‚Gegen-Wir‘, welches dadurch jedoch um nichts weniger ein Wir ist. Wenn man sich dieser Problematik nicht stellt, negiert man seine eigene partikulare Positionierung. Entweder die Selbstreflexion wird dabei unterschlagen oder man hält es nicht für notwendig, seine eigene Positionierung zu reflektieren, weil man die eigenen Setzungen als Teil von etwas betrachtet, das größer als das eigene Selbst ist. Die eigene Setzung als Setzung zu negieren wird auch in dieser Denkbewegung durch etwas begründet, von welchem angenommen wird, dass es das Selbst übersteigt. Die Gefahr der Bildung eines solchen ‚Gesetzes‘ liegt darin, dass die potenzielle Zweifelhaftigkeit der Setzung ausgeblendet wird. Vor dieser Schwierigkeit stehen poststrukturalistische Positionen. Die einzig andere Möglichkeit bestünde darin, dem Selbst im Singular und im Plural von vornherein jede Autonomie abzusprechen und sich beispielsweise als Teil einer Sprachdynamik, eines Naturdeterminismus oder einer anderen höheren Gewalt zu begreifen, die den Einzelnen übersteigt. Damit jedoch fällt jeder emanzipatorische Anspruch in sich zusammen.

Der Pragmatismus nimmt gegenüber Poststrukturalismus, Liberalismus und Kommunitarismus eine Zwischenposition ein: Das Selbst wird als radikal situiert gedacht, d.h. weder wird an einem überhistorischen Subjektbegriff festgehalten noch etwa an einer unveränderlichen Tugendlehre. Doch im Unterschied zu poststrukturalistischen Theorien denkt der Pragmatismus in einer anderen Geschwindigkeit. Auch wenn sich die Vorstellung des Selbst historisch wandeln mag, so ist es doch falsch, von beständigen Verschiebungen auszugehen. Zentral für den Pragmatismus ist, wie Shusterman sagt, „die zweifache Bewegung, das Alltägliche zu affirmieren, während man auch zugleich seine Verbesserung anstrebt. Diese zweifache Denkbewegung ist es, die die demokratischen und melioristischen Dimensionen des Pragmatismus widerspiegelt."[27] Insbesondere in Hinblick auf die Handlungsfähigkeit des Selbst innerhalb von Gemeinschaft und Gesellschaft muss jedes Selbst von seinem eigenen aktuellen Standpunkt ausgehen, der natürlich immer von dem gegebenen Kontext beeinflusst ist.

> „Wenn [der Pragmatismus, H. S.] auch mit dem Dekonstruktivismus eine Welt dauerhafter, fester Essenzen verneint, so besteht der Pragmatismus doch auf der praktischen Stabilität unserer alltäglichen Welt und den Grenzen, die sie der Interpretation wirklich setzt."[28]

Mit dieser alltäglichen Welt und den Grenzen, die sie wirklich setzt, ist m.E. auch hier der Common Sense gemeint: als veränderbarer Pool an unausdrücklichen Haltungen, Gewohnheiten, Wertevorstellungen, etc. Das heißt, auch die moralischen Bewertungen sind Teil des Common Sense. In dieser Hinsicht ist der Pragmatismus dem Kommunitarismus näher, dessen Tugendbegriff sich an einigen Punkten mit dem Gewohnheitsbegriff des Pragmatismus berührt, denn: die Wertvorstellungen einer Gesellschaft gehen in das Selbst ein, sie werden vom Selbst verkörpert. Doch muss man gegen die Kommunitaristen daran festhalten, dass diese Werte veränderbar sind und sein müssen. Aus Sicht des Pragmatismus sind Selbst und Kontext auf einer tiefer liegenden Ebene als im

---

[27] Richard Shusterman, *Kunst Leben. Die Ästhetik des Pragmatismus*, Frankfurt/M. 1992, 25.
[28] Ders., *Vor der Interpretation. Sprache und Erfahrung in Hermeneutik, Dekonstruktion und Pragmatismus*, Wien 1996, 17f.

Kommunitarismus, Liberalismus oder Poststrukturalismus miteinander verstrickt.[29] Auch die Kriterien der Beurteilung von Werten selbst sind Teil des Common Sense, in dem sich jedes Selbst befindet, und daher potenziell korrekturbedürftig. Die Frage nach dem Verhältnis von Selbst und Kontext berührt so zugleich die Frage nach dem Verhältnis von Theorie und Politik, von Empirie und Normativität, von Partikularität und Universalität. Aus Sicht des Pragmatismus können diese Dualismen nicht strikt getrennt werden, sondern es gilt, jeweils und immer wieder neu dessen Schnittstellen zu prüfen.

Setzen und Aussetzen – Glauben und Zweifeln

Der Pragmatismus versteht Denken und Handeln, in den Worten von Klaus Oehler, „als ein Vortasten und Fortschreiten im Probieren und Erfahren von Bestätigung oder Widerlegung durch die Entsprechung oder den Widerstand der Realität, d.h. der Sachen, angefangen von der vorwissenschaftlichen Orientierung in der Alltagswelt bis zur wissenschaftlichen Hypothesenbildung". In diesem Vortasten und Fortschreiten bilden sich die

---

[29] Der Pragmatismus steht in dieser Hinsicht der Philosophie des späteren Wittgensteins und des frühen Heidegger nahe, die auf einer grundsätzlichen Ebene die Verwicklung von Selbst, Welt und Sprache in den Blick rücken. Gleichwohl bleiben entscheidende Differenzen bestehen: „Wo Heidegger und seine Anhänger die moderne Wissenschaft und ihre technologischen Früchte verachteten, da feierte Dewey die moderne Wissenschaft und hoffte auf eine humane, ausbeutungsfreie Form von Sozialtechnologie zur Schaffung einer besseren Welt. Wo sie den Menschen als in die gewöhnliche und seinsvergessene Welt ‚geworfen' begriffen, da ging Dewey von den Menschen als den Konstrukteuren ihres eigenen Seins aus", ohne deswegen utilitaristisch zu werden. „Heidegger bewegte sich zwischen zwei radikal unterschiedlichen politischen Auffassungen; zuerst hoffte er, daß ein Führer in der Politik die Vision desjenigen politischen Führers verwirklichen werde, der Heidegger selbst sein wollte, und dann gab er das Politische ganz preis zugunsten einer quietistischen Hinwendung zu Kunst und Poesie; Dewey dagegen wich nie auch nur einen Moment von seiner Grundüberzeugung ab, daß die liberale Demokratie das einzig tolerierbare politische Glaubensbekenntnis in der modernen Welt sei." Alan Ryan, Pragmatismus, soziale Identität, Patriotismus und Selbstkritik, in: Hans Joas (Hg.) *Philosophie der Demokratie. Beiträge zum Werk von John Dewey*, Frankfurt/M. 2000, 317. Im Unterschied zu Heidegger und Wittgenstein, so Richard Shusterman, war „Deweys Ziel bei der Befreiung der Philosophie von ihrer Suche nach Fundamenten, sie dadurch für konkrete praktische Reformen besser anwendbar zu machen. Eine nach-fundamentalphilosophische Orientierung war für Dewey weder bloße Wittgensteinsche Therapie für Sprachschwierigkeiten noch ein Heideggerscher Versuch, eine prä-sokratische Seinserfahrung wiederherzustellen oder ein höheres Reich des Denkens zu erreichen. Sein Ziel war vielmehr die Übertragung und Anwendung ihres kritischen Scharfsinns und schöpferischen Potenzials auf die Lösung konkreter sozialer und kultureller Probleme." Demgegenüber kann man Wittgenstein zum Teil so lesen, „als ersetze er den empiristischen Mythos des Gegebenen durch die vermeintlich mythenfreie Gegebenheit der *Sprache*. Sein gewaltiges Projekt einer sprachphilosophisch getragenen analytischen Metaphysik lässt jedenfalls eine derartige fundamentalphilosophische Lesart zu." Richard Shusterman, Dewey über Erfahrung: Fundamentalphilosophie oder Rekonstruktion?, in: Joas (Hg.), ebd., 81, 89. Für einen ausführlicheren Vergleich von Wittgenstein und Dewey in Hinblick auf das Verhältnis ihrer Lebensweisen zu ihren Theorien siehe: Richard Shusterman, Portraits philosophischer Lebensweisen. Dewey, Wittgenstein, Foucault, in: *Philosophie als Lebensform. Wege in den Pragmatismus*, Berlin 2001, 21–91.

Überzeugungen des Selbst und der Gemeinschaft allmählich aus, die, wenn sie sich allgemein durchsetzen und als Gewohnheiten absetzen, Bestandteil des Common Sense werden. „So entstanden die begrifflichen Grundmuster des Alltagsbewusstseins, des Gemeinsinns oder des Common Sense." Der Pragmatismus erweitert daher, folgt man Oehler, die kantische Idee des Postulierens, die dieser noch auf die praktische Vernunft beschränkt hatte. So wird „für den Pragmatismus alles Erkennen ein Postulieren".[30] Ich schließe mich Oehlers Interpretation in dieser Hinsicht an: Es gibt keine dem postulierenden Selbst (im Singular und im Plural, und d.h. als partikulares Selbst und als Common Sense) übergeordnete Instanz. Zugleich wird durch den Begriff des Postulierens deutlich, dass die Setzungen des Denkens *letztlich* nicht begründbar sind, sondern eben gesetzt werden.[31] Ist das Selbst von etwas überzeugt, so argumentiert Peirce, hält es seine Überzeugung für absolut wahr. Darin liegt die Gefahr einer unberechtigten Setzung, die Peirce in seiner autoritären Methode beschreibt. Wenn also von Setzung gesprochen wird, so ist damit nicht die fallibilistische Hypothese gemeint, sondern das Postulat einer Überzeugung, welches sich fundamentalistisch zu verhärten droht, weil es seine Partikularität außer Acht lässt.[32] Wenn der transzendentale Subjektbegriff verabschiedet und durch das pragmatistische Selbst ersetzt wird, wird jede Form des Postulierens fallibilistisch: Denn dem Selbst ist der Begründungs*kontext* seiner Postulate nicht transparent. Stattdessen ist das Selbst dem Kontext des Common Sense in mindestens zwei Hinsichten ausgesetzt:

1. Der Begriff des Postulats wird durch den Pragmatismus doppeldeutig. Wenn man den Boden der transzendentalen Begründbarkeit verlässt, verliert das Setzen eines Postulats seinen axiomatischen Charakter. Die Rolle des Postulierens als Setzung apriorischer Gesetze löst sich auf. Wenn *alles* Erkennen ein Postulieren ist, wie Oehler behauptet, so wird daran die Auflösung der Dichotomie zwischen dem Apriorischen und Aposteriorischen manifest. Entweder man nimmt dann an, durch die Postulate werde etwas gesetzt, das empirisch wahr sei und steht vor dem Problem, wie diese Wahrheit begründet werden könne. Diesen Weg kann der Pragmatismus (jedenfalls in der hier vorgeschlagenen Lesart) nicht einschlagen, denn, wie Joseph Margolis es formuliert hat:

> „The truth is, there is no way to prioritize metaphysics over epistemology or epistemology over metaphysics. Whatever we say is true of reality rests on whatever we suppose we can validly claim, and whatever we claim (in terms of our subjective or cognitional powers) we suppose holds true in virtue of the way the world is."[33]

---

[30] Klaus Oehler, Axiome als Postulate – Grundzüge der Philosophie des Pragmatismus, in: *Mathesis. Festschrift für Matthias Schramm*, hg. von Rüdiger Thiele, Berlin 2000, 33.

[31] Vgl. etwa zur transzendentalen Begründbarkeit des Pragmatismus von Peirce: Klaus Oehler, Ist eine transzdentale Begründung der Semiotik möglich?, in: *Sachen und Zeichen. Zur Philosophie des Pragmatismus*, Frankfurt/M. 1995, insbes. 188f.

[32] Ich danke Klaus Oehler für diesen Hinweis. Mit dem Begriff der *Setzung* wird hier also nicht an Fichtes Begriff angeschlossen, sondern es geht um eine begriffliche Ausdehnung des pragmatistischen Modells der Festlegung einer Überzeugung als Postulieren, wie später genauer gezeigt wird. Diese Festlegbarkeit kommt an ihre Grenze, wenn die Überzeugung dem Zweifel *ausgesetzt* ist.

[33] Joseph Margolis and Jacques Catudal, *The Quarrel between Invariance and Flux. A Guide for Philosophers and other Players*, Philadelphia 2001, 95.

Der Erkenntniszuwachs, den man sich von Postulaten verspricht, bleibt damit fallibel. Oder man betrachtet Postulate als regulative Ideale des Handelns. Dann bauen sie indessen nicht auf einer vermuteten objektiv wahren Wirklichkeit auf, sondern auf den praktischen Überzeugungen des Selbst hinsichtlich ihrer moralischen Richtigkeit. Die Frage ist dann nicht, ob die Postulate wahr sind, sondern ob sie das Handeln richtig anleiten können. Aus der partikularen Perspektive des Selbst ist indessen nicht abschließend ersichtlich, inwieweit seine Postulate (seine Setzungen) berechtigt sind, weil sogar seine Kriterien fallibilistisch und nie vollständig von dem jeweiligen Common Sense ablösbar sind. Denn auch wenn man glaubt, mit seinen vernünftigen Postulaten jeden Zweifel hinter sich gelassen zu haben, so bleibt auch diese Überzeugung unter Vorbehalt bestehen.[34]

Das Selbst ist also der Zweifelhaftigkeit seiner eigenen Setzungen ausgesetzt. Es kann sich ihrer nie sicher sein und muss trotzdem handeln. Damit verteidigt der Pragmatismus, wie gesagt, keinesfalls einen Skeptizismus, denn das hieße, den Zweifel absolut setzen zu können.[35] Zweifel und Überzeugungen stellen keine rein theoretisch-philosophischen Optionen dar, die voluntaristisch eingenommen werden können. Sie sind vielmehr Zwischenstationen in den Verwicklungen und Auflösungen problematischer Situationen, in die das Selbst durch die Handlungsrelevanz seines Denkens wirklich gerät. Der Begriff des Postulierens als Setzung des Selbst ist also zum einen dadurch begrenzt, dass das Selbst der Zweifelhaftigkeit seiner Setzungen ausgesetzt ist. Die Wege pragmatistischen und kantschen Denkens trennen sich an dieser Stelle. Denn die *Ausgesetztheit* des Selbst im Pragmatismus hängt wesentlich von dessen praktischer und theoretischer *Situiertheit im Common Sense* ab, die – entgegen Kant – bis in die Reflexionsprozesse hineinreicht. Ich bezeichne diese Situiertheit als *negative Ausgesetztheit*. Durch den Zweifel, der das Selbst befällt, können seine Setzungen in Frage gestellt werden. Im Unterschied zu Oehler meine ich also, dass Erkenntnisgewinn im weitgefassten pragmatistischen Sinn nicht nur durch Postulate zustande kommt, also durch *Setzungen*, von denen es *überzeugt* ist, sondern auch dadurch, dass das Selbst dem *Zweifel ausgesetzt* ist.

Wichtig ist für die Konzeption des Selbst, die hier im Mittelpunkt steht, also folgendes: *Das Selbst, so behaupte ich, setzt (postuliert) ebenso wie es ausgesetzt (exponiert) ist.* Im Wechselspiel beider bestimmt es sich als Selbst in der Welt. Diese Bewegung, so behaupte ich überdies, findet in den Begriffen des Glaubens (der Überzeugung) und des Zweifels ihre Analogie. Durch Setzungen bekräftigt das Selbst seine Überzeugungen, die Ausgesetztheit öffnet das Selbst dem Zweifel an seinen Setzungen. Diese Charakterisierung ist nicht als rein psychologische zu verstehen, denn das setzte voraus, dass man Zweifel und Glaube als Verhaltensdispositionen oder als Verhaltenszustände begriffe, die sich ,von Außen' hinreichend erklären ließen. Doch *ist* das Selbst in einem gewissen Ausmaß sein Zweifel oder seine Überzeugung, sie bestimmen das Selbst auch

---

[34] Peirce, Critical Common-sensism, a.a.O., 299.

[35] Diese Unterscheidung zwischen alltagsweltlich verankerten und rein philosophischen Zweifeln nimmt Michael Williams anhand eines Vergleichs des antiken Skeptizismus mit Descartes' *Meditationen* vor in: Ders., Metaphysics of Doubt, in: Amélie Oksenberg Rorty (Hg.), *Essays on Descartes' Meditations*, Berkeley 1986, 117–140.

‚von innen'. Die Handlungsfähigkeit des Selbst entwickelt sich aus dem Spannungsverhältnis zwischen diesen beiden Haltungen. Ein Zweifel ist auch immer ein Selbstzweifel, dem sich das Selbst aussetzt, eine Überzeugung (bzw. ein Glaube) ist immer auch eine Selbstüberzeugung von der eigenen Setzung. Das Selbst bestimmt und transformiert sich darin. Die Momente des Zweifels und des Glaubens bezeichnen also zwei Grundtendenzen des Selbst, die der Tendenz zum Setzen ebenso wie der Tendenz zur Ausgesetztheit korrelieren. Wie Oehler behauptet, und ich stimme ihm zu, basiert für den Pragmatismus, über die praktische Vernunft Kants hinausgehend, jedes Erkennen auf den Überzeugungen des Selbst, auf seinem Glauben.

> „Kant hatte dem Glauben Platz geschaffen neben dem Wissen. Von den Pragmatisten wird dieser Ort ausgedehnt, nicht mehr neben dem Wissen, sondern auf das ganze Gebiet des Erkennens, dergestalt, dass das Wissen nunmehr nur noch eine Art des Glaubens ist, nämlich diejenige, die im Procedere der Erfahrung ihre Bestätigung findet."[36]

In dieser Hinsicht führt der Pragmatismus (jedenfalls der von Peirce) die Philosophie Kants fort. *Darin indessen, dass das Selbst im Common Sense radikal situiert und diesem ausgesetzt ist,* unterscheidet sich das pragmatistische Bild des Selbst grundlegend von dem kantschen. Das wird schon daran ersichtlich, dass bereits der frühe Peirce die kantsche Unterscheidung in apriorische und aposteriorische Ebenen aufgibt. Auch wenn die Begründung des Pragmatismus bei seinen Vertretern im Einzelnen unterschiedlich ausfällt, liegt den einzelnen pragmatistischen Positionen (v.a. von Peirce, James und Dewey) als Tiefenstruktur das *doubt-belief-Schema* mit dessen Verankerung im Common Sense zugrunde.[37] Die vorphilosophische Alltagserfahrung, die darin auf den Begriff kommt, nimmt im Pragmatismus eine zentrale Rolle ein. Genau genommen beschränkt sich daher die Ausgesetztheit des Selbst nicht nur auf den Zweifel. Das Selbst ist auch seinem Glauben ausgesetzt, denn es kann nicht *voluntaristisch* entscheiden, woran es glauben will. Oder anders gesagt: Das, was das Selbst entscheiden lässt, wovon es überzeugt ist, ist selbst ebenfalls Teil eines Common Sense, den es nicht vollständig überblicken kann. Deswegen sollte das Selbst immer wieder eine kritische Distanz zu seinen eigenen Setzungen aufzubringen versuchen. Gerade dieses Wissen um den prekären Standpunkt des Selbst hat Konsequenzen für die Handlungsspielräume des Selbst. Darauf wird insbesondere im Zusammenhang mit dem Recht zum Glauben von James zurückzukommen sein, welches letztlich auf eine radikale Verantwortung des Selbst für seinen Glauben, für seine Setzungen hinausläuft.

2. Doch knüpft daran die Frage an: Woher nimmt das Selbst die kritischen und erneuernden Impulse, um Postulate zu setzen, wenn seine Fähigkeit zu postulieren nicht

---

[36] Klaus Oehler, Zur ersten Vorlesung: Die pragmatistische Konzeption der Philosophie, in: Ders. (Hg.), *William James. Pragmatismus*, Berlin 2000, 27.

[37] Während Peirce die Semiotik anhand seines groß angelegten triadischen Kategoriensystem entfaltet, dessen Dreiheit die Dualität Kants ablöst, führt James einen pluralistischen Ansatz aus, der später in seinem radikalen Empirismus mündet, wohingegen Dewey einen holistischen Pragmatismus entwickelt, in dem der Begriff der Erfahrung im Zentrum steht. Vgl. Oehler, *Charles Sanders Peirce*, München 1993, 41ff. Für eine kurze und sehr klare Zusammenfassung der Positionen von James und Dewey empfiehlt sich Ludwig Nagl, *Pragmatismus*, Frankfurt/M./New York 1998.

unabhängig vom Kontext ist? Durch seine *negative Ausgesetztheit* kann das Selbst nur Vorbehalte gegenüber seinen bestehenden Überzeugungen entwickeln – es kann sagen, wann ein Handlungsmodell nicht funktioniert. Es kann jedoch nicht sagen, wie es besser funktionieren könnte. Wie ich meine, liefert der Pragmatismus eine Antwort auf diese Frage, die ich als *positive Ausgesetztheit* bezeichne. Sie hängt mit der begrifflichen Ambivalenz des Begriffs des Postulats zusammen. Oben wurde der Fallibilismus von Postulaten beschrieben. Wenn Postulate nicht länger axiomatische Geltung beanspruchen können, weil aus Sicht des Pragmatismus transzendentale Letztbegründungen nicht haltbar sind, dann werden Postulate *hypothetisch*. Durch den Begriff der Hypothese tritt der Aspekt der Kreativität hinzu. Hypothesen zeichnen sich dadurch aus, dass sie etwas Neues ins Spiel bringen. Sie enthalten ein produktives bzw. ein kreatives Moment. Die Verankerung des Selbst im Common Sense umfasst nicht nur die negative Seite, sich seiner Überzeugungen durch deren potenzielle Zweifelhaftigkeit nicht abschließend sicher sein zu können, sondern auch die positiv-ästhetische Seite, sich im Einklang mit sich zu erfahren und dadurch neuen Impulsen aufgeschlossen zu sein. Dieses Moment wird im Pragmatismus unterschiedlich beschrieben. Es findet sich bei Peirce in seinen religionsphilosophischen Schriften als „musement" – als ‚Sinnen', wie es von Oehler übersetzt wurde – und bildet die zwanglose Grundlage dafür, neue Hypothesen aufstellen zu können.[38] Bei Dewey findet sich dieses Moment in seiner Beschreibung des ‚qualitativen Denkens' und der ‚ästhetischen Erfahrung', in denen das Selbst sich als mit sich kohärent erfährt.[39]

Wenn in diesem Zusammenhang von Ästhetik gesprochen wird, so ist der Begriff also nicht auf eine Theorie der Kunst beschränkt. Sowohl bei Peirce als auch bei Dewey ist die Ästhetik in den philosophischen Gesamtentwurf eingebettet, wobei Deweys Ästhetik gegenüber der von Peirce viel weiter ausgearbeitet ist. In Peirce' Überlegungen zur Ästhetik steht das Schöne im Mittelpunkt, welches dem religiösen Einklang mit der Welt verwandt ist. Etwas von diesem Einklang findet sich in dem Zustand der Überzeugung (des ‚belief') wieder. Das heißt natürlich nicht, die Überzeugung auf das subjektiv Schöne zu reduzieren. Vielmehr „bleibt seine Ästhetik [und damit auch das Sinnen] eingebettet in den Totalprospekt seiner kosmologischen Konzeption".[40] Im Zentrum der deweyschen Ästhetik steht hingegen der Begriff der ästhetischen Erfahrung, welcher in einer Kontinuitätslinie mit der alltäglichen Erfahrung steht und in den Handlungsraum des Selbst integriert bleibt. Auch wenn der Einfluss von Peirce am deweyschen Begriff des qualitativen Denkens spürbar wird, der die Schnittstelle von Deweys Ästhetik zu seiner Theorie der Forschung bildet, so ist Deweys Philosophie doch insgesamt alltags-

---

[38] Charles S. Peirce, *Religionsphilosophische Schriften*, hg. von Hermann Deuser, Hamburg 1995, 329f. Vgl. Klaus Oehler, *Charles Sanders Peirce*, München 1993, 116f. Hans Joas hat mich darauf hingewiesen, dass der Begriff des musement eigentlich eine Übersetzung des *Spieltriebs* von Schiller sei. Auch Deuser weist auf die Verbindung Peirce-Schiller hin.

[39] John Dewey, Qualitatives Denken, in: *Philosophie und Zivilisation*, Frankfurt/M. 2003, 94–117; ders., *Kunst als Erfahrung*, München 1980. Vgl. zum Begriff der ästhetischen Erfahrung bei Dewey auch: Marie-Luise Raters, *Intensität und Widerstand. Metaphysik, Gesellschaftstheorie und Ästhetik in John Deweys ‚Art as ‚Experience'*, Bonn 1994.

[40] Klaus Oehler, *Charles Sanders Peirce*, München 1993, 115.

näher.[41] Wie sich zeigen wird, liegt seiner Philosophie ein anderer Begriff des Common Sense zugrunde als der von Peirce. Dewey lehnt den „Elfenbeinturm der *Schönheit*" der Ästhetik Kants als zu kontemplativ und vom Handeln abgespalten ab.[42] Peirce steht Kant in dieser Hinsicht (wie in jeder anderen Hinsicht) näher. Trotz dieser Divergenzen werde ich zu zeigen versuchen, dass sich die pragmatistischen Theorien von Peirce und Dewey an einem entscheidenden Punkt berühren, und zwar in dem, was hier als *positive Ausgesetztheit* des Selbst bezeichnet wird. Die Argumentation, die später entfaltet wird, zielt auf folgendes: Das Sinnen oder – in etwas anderer Weise – das qualitative Denken und die ästhetische Erfahrung bei Dewey bezeugen das transitorische subjektive Genießen des ‚In-die-Welt-Passens‘, von dem schon Kant sprach: „Die schönen Dinge zeigen an, dass der Mensch in die Welt passe und selbst seine Anschauung der Dinge mit den Gesetzen seiner Anschauung stimme."[43] Aber was ist es, in das das Selbst passt oder besser gesagt: was erfährt das Selbst als Kohärenz? Dewey beschreibt die ästhetische Erfahrung als „ein Ganzes". „Eine Erfahrung" machen in diesem emphatischen Sinn bedeutet, „eine Situation zum Abschluss gebracht zu haben [...] wenn das Material, das erfahren worden ist, eine Entwicklung bis zur Vollendung durchläuft".[44] Dieses damit mittelbar angesprochene ‚Ganze‘, so schlage ich vor, kann nachmetaphysisch abgeschwächt nur so etwas wie der Einklang des partikularen Selbst mit dem Common Sense in einem *ästhetischen* Sinn sein. Das, was das Selbst als positive Verankerung in der Welt erfährt, ist über den Common Sense gewohnheitsmäßig vermittelt, und diese positive Verankerung ist für den Handlungsspielraum des Selbst entscheidend. Hier wird die Nähe des peirceschen ‚Sinnens‘ zum deweyschen ‚ästhetischen Erfahren‘ spürbar, und hier besteht eine Verbindung zum kantschen *Sensus Communis*: Bei Kant ist damit der ästhetische Gemeinsinn bezeichnet, der die potenzielle Übereinstimmung mit anderen im Geschmacksurteil anzeigt. Die Erfahrung des ‚In-die-Welt-Passens‘ ist nur möglich, wenn das Selbst nicht allein in der Welt ist. Darin berühren sich die Überlegungen von Kant, Peirce und Dewey, darin wird der Mangelkonzeption des Selbst widersprochen. Dennoch bleiben die Differenzen zwischen Kants transzendental-dualer, Peirce' realistisch-triadischer und Deweys naturalistisch-holistischer Vision bestehen. Ich werde zeigen, inwiefern eine pragmatistische Position dieses ‚Passens‘ als *positive Ausgesetztheit zwischen Common Sense und Sensus Communis* plausibel zu machen ist. Der Begriff der Gewohnheit wird dabei entscheidend sein, da durch ihn ein selbstverständlicher Einklang mit der Welt ermöglicht wird, der einen Wirklichkeitsbezug herstellt, jedoch die übliche Verwendungsweise des Begriffs, nämlich als eines dispositionalen Handlungsmusters, übersteigt.

Drei Schnittstellen von Common Sense und Sensus Communis sind wesentlich: Die positive (gewohnheitsmäßige und damit leibkörperliche) Einbettung in eine Wirklich-

---

[41] Sie ist v.a. im Zusammenhang mit seinen Überlegungen zum Verhältnis von Common Sense und Wissenschaft zentral, siehe John Dewey, *Logik. Die Theorie der Forschung (1938)*, Frankfurt/M. 2002, insbes. 84ff.

[42] Dewey, *Kunst als Erfahrung*, a.a.O., 296f.

[43] Immanuel Kant, Reflexionen zur Logik, Nr. 1820a, in: *Werke in zehn Bänden*, Bd. 16, hg. von Wilhelm Weischedel, Darmstadt 1968, 127.

[44] Dewey, *Kunst als Erfahrung*, a.a.O., 47.

keit, ihre Partikularität und ihre intersubjektive Vermittlung. Denn die Wirklichkeitsverankerung wäre ohne intersubjektive Absicherung vom Wahn schwer unterscheidbar.
Das ‚Sinnen' des Selbst, das der ästhetischen Erfahrung bei Dewey verwandt ist, wird
zwar *partikular* erfahren, ist aber von pathologischen Erscheinungen nur dadurch
abzugrenzen, dass sie anderen *an*gesonnen werden kann. Darin, dass das Selbst diese
positive Verankerung nicht nur alleine *er*sinnt, sondern anderen potenziell *ansinnen*
können muss, liegt der Bezug vom Common Sense zum Sensus Communis, in dem
kritisch an Kant angeknüpft wird. Kant hatte den Begriff des Ansinnens als vorbegriffliche Übereinstimmung im Geschmacksurteil von begrifflichen (z.B. moralischen) Urteilen unterschieden. Indessen kann dem Sensus Communis nicht länger ein transzendentaler Status zugesprochen werden (und wie sich zeigen wird, ist bereits bei Kant dieser
Status ambivalent), sondern basiert auf dem Alltagsverständnis des Common Sense.
Das Scharnier zwischen beiden Begriffen ist die Gewohnheit, auf deren Basis das Selbst
in einer bestimmten Weise sinnt und ansinnt, und hier lassen sich Parallelen zum Begriff des Habitus von Bourdieu ziehen.[45] Die Gewohnheiten gewinnen in diesem Zusammenhang eine ästhetische Dimension des In-die-Welt-*Passens*. Der Sensus Communis ist dem Common Sense also in dreierlei Hinsicht verbunden:
   A. Ein vorreflexives, noch dazu leibkörperlich verankertes Erfahrungsmoment in Anschlag zu bringen, setzt sich der Gefahr aus, in einen ‚Mythos des Gegebenen' zurückzufallen, der seit dem linguistic turn mit guten Gründen verabschiedet worden ist.[46] Mit
Shusterman möchte ich dieses Moment indessen durch das Argument retten, dass diese
Erfahrung weder auf eine unzugängliche Natur noch auf eine unerklärliche tranzenden-
tale Leiblichkeit zurückgeführt werden muss, sondern als transformierbare Gewohnheit
verstanden werden kann, die durch die Reflexion bedingt einholbar ist. Sowohl die
ästhetisch-leibkörperliche Ausgesetztheit als auch ihre Reflexion sind dabei als fallibilistisch und korrigierbar zu verstehen. Beide sind von dem jeweiligen Common Sense
abhängig, und an diesem Punkt kommt der *linguistic turn* an seine Grenze. Denken
findet in den Formen der Sprache statt, doch die erneuernden Momente, in denen auch

---

[45] Siehe Shusterman, *Bourdieu. A Critical Reader*, a.a.O. Die Querverbindung Bourdieu/Dewey ist
auch deswegen hervorzuheben, weil mit Bourdieu die gesellschaftlich-strukturelle Verankerung
von Gewohnheiten als Habitus betont wird, wohingegen Dewey eher auf den subjektiv-leiblichen
Aspekt von Gewohnheiten abhebt. Bourdieu liefert darüber hinaus, ähnlich wie Dewey, eine genea-
logisch-soziologische Kritik am Kunst- und Ästhetikbegriff, doch auch hier sind beide komplementär: Scheint der Begriff der ästhetischen Erfahrung bei Dewey letztlich doch zu metaphysisch aufgeladen und mit einer Begründungslast überfrachtet, die er nicht tragen kann, so ist umgekehrt bei
Bourdieu die ästhetische Erfahrung selbst noch ‚klassenstiftendes Element'. Bourdieu bleibt indessen eine Antwort darauf schuldig, wie sich gesellschaftliche Veränderungen überhaupt entwickeln,
und welchen Ort das Selbst in diesem Geschehen einnehmen kann. Vgl. Dewey, *Kunst als Erfahrung*, a.a.O., z.B. 47ff., Pierre Bourdieu, *Die feinen Unterschiede*, Frankfurt/M. 1982, 104. Vgl.
zum Begriff des Habitus auch Peter Nickl, *Ordnung der Gefühle: Studien zum Begriff des Habitus*,
Hamburg 2001. Für den Begriff der Gewohnheit siehe auch: Gerhard Funke, *Gewohnheit*, Bonn
1958.
[46] Vgl. zu einer Diskussion des Begriffs des ‚Mythos des Gegebenen', den Wilfried Sellars geprägt
hat: Richard Rorty, *Der Spiegel der Natur. Eine Kritik der Philosophie*, Frankfurt/M. 1994, 189ff.
Siehe auch Wilfried Sellars, *Der Empirismus und die Philosophie des Geistes*, Paderborn, 1999.

Sprache sich verschiebt, können nicht allein aus den sprachlichen Strukturen heraus erklärt werden. Sie bilden sich im Zusammenhang mit der subjektiven Erfahrung eines Einklangs mit dem Common Sense. Die Gefahr, zu strukturell zu argumentieren, wird gleichwohl auch durch eine an Peirce geschulte Semiotik nicht umgangen, solange nicht die partikulare Subjektivität des Selbst berücksichtigt wird. Durch die Zwanglosigkeit des partikular erfahrenen ,In-die-Welt-Passens' im Sinnen eröffnen sich dem Selbst neue Spielräume: Das Sinnen bildet schon bei Peirce die vorwissenschaftliche Grundlage wissenschaftlicher Hypothesenbildung. Diese Erfahrung des Einklangs verweist indessen weder notwendig darauf, wie die Natur noch wie das unverstellte Selbst wirklich sind, sondern auf eine temporäre Übereinstimmung der Gewohnheiten des Selbst und des Common Sense. Diese Übereinstimmung kann partiell trügerisch sein, jedoch nicht universell, denn sie baut ja gerade auf den Gewohnheiten auf, die sich im Handeln und in der Interaktion mit anderen wirklich bewährt haben. Durch diesen Rückbezug auf die Gewohnheiten bleibt der Sensus Communis dem Common Sense als eines beweglichen Pools verbunden. Wenn man diesen so versteht, bildet er zwar die unausdrückliche Grundlage von Denken und Handeln, gleichwohl ist er nicht mit dem Argument eines ,Mythos des Gegebenen' außer Kraft zu setzen, denn der Common Sense zielt nicht auf die ,Natur' des Menschen, sondern auf einen Habitus, der zur ,zweiten Natur' geworden ist. Im Ansinnen des Sensus Communis kann die Übereinstimmung mit anderen, nicht nur virtuellen, sondern partikular-reellen Teilnehmern am Common Sense realisiert werden.

B. Auch wenn sowohl ästhetische Ausgesetztheit als auch ihre Reflexion korrigierbar sind, heißt das nicht, dass dem Selbst jede subjektive Basis entzogen ist. Beide Aspekte sind handlungswirksam. Das Selbst kann sich den Verwicklungen seiner Ausgesetztheit nicht voluntaristisch entziehen, und das sollte es auch nicht. Ein Missverständnis, welches in der Rezeption des Pragmatismus immer wiederkehrt, ist die Annahme, es handelte sich um eine instrumentalistische Philosophie. Seine Engführung von Erkenntnis und Handeln verleitete vielfach zu der falschen Interpretation, philosophisches Denken werde darin auf den Zweck reduziert, dem Selbst in seinen egoistischen Antrieben zu nützen. Vor allem in der Rezeption von William James hielt sich lange das Vorurteil, Wahrheit sei nichts anderes als der ,cash-value' ausgeräumter Zweifel zugunsten eines auf individuelle Befriedigung zielenden Handelns. Dieser Interpretation liegt indessen ein spezifisches Bild des Selbst zugrunde, eines Selbst, welches nur aufgrund seiner Mangelhaftigkeit zum Handeln veranlasst wird. Handeln wird zu einem instrumentalistischen Ausräumen dieses Mangels, welches das Selbst bestimmt. Dieser Position ist innerhalb eines Selbstentwurfes des Mangels nur durch eine transzendentale körperlose Sphäre zu entkommen.[47] *Dem Pragmatismus liegt ein anderes Bild des*

---

[47] Dieses Bild des Mangels durchzieht als Grundtendenz, wie sich im Einzelnen zeigen ließe, große Teile der neuzeitlich-dualistischen Philosophie. Dem liegt eine deterministische Naturauffassung zugrunde, gegenüber welcher die Freiheit des Selbst als Freiheit *von* natürlichen Zwängen aufgefasst wird. Im Strukturalismus bspw. verschob sich dieser Dualismus zugunsten einer quasitranszendentalen Konzeption, änderte aber nichts an der grundsätzlichen Mangel-Konzeption des Selbst. So ist das handlungstreibende Moment des Subjekts bei Lacan der Mangel, aus dem das Begehren erwächst. Diese Mangelkonzeption ist schließlich auch in den Poststrukturalismus eingegangen. Eine der we-

Selbst zugrunde: Handlung wird nicht allein durch Mangel, sondern auch durch Fülle motiviert. Die Verankerung des Selbst im Common Sense und seine Ausgesetztheit weisen auf ein anderes Bild hin. Die Erweiterung von Handlungsspielräumen, die Erneuerung von Perspektiven ist nicht allein auf problematische Situationen zurückzuführen, in denen das Selbst zweifelt. Das Neue entsteht auch durch die positive Ausgesetztheit, in der das Selbst zwanglos einer Situation hingegeben ist – diesseits des Spannungsbogens von Zweifel und Überzeugung. Die Fülle des Sinnens baut eher auf den Gewohnheiten des Selbst auf, die es zwanglos bejaht. Es besteht jedoch eine Art entfernte Verwandtschaft zwischen den pragmatistischen Begriffen des Sinnens und des Glaubens (‚belief‘), da in beiden die affirmative Haltung des Selbst akzentuiert wird. Doch während der Glaube bereits eine Entscheidung hinter sich hat, sich bereits gesetzt hat, beschreibt das Sinnen den zwanglosen Zustand vor der Entscheidung *zu* einem Glauben (im weit gefassten Sinn) an etwas. Während Zweifel und Überzeugung reflexive Tätigkeiten sind, in denen das Selbst die Grenzen seiner Selbstkontrolle prüft, beschreibt das Sinnen eine ungezwungene Haltung. Diese Zwanglosigkeit enthebt das Selbst instrumentalistischer Selbstkontrolle und ermöglicht das spielerische Erproben neuer Handlungsräume. Wie sich zeigen wird, sind diese psychologisch-philosophischen Erwägungen für den systematischen Gesamtentwurf des Pragmatismus zentral. [48]

C. Damit hängt ein weiterer Punkt zusammen: Die Erfahrung des Einklangs lockert vorübergehend die Grenzen des Selbst für eine spezifische Form der Intersubjektivität. Im Sinnen lässt das Selbst los, es ist anderen gegenüber offen. Der Begriff des Sensus Communis als ästhetischer Gemeinsinn benennt die Möglichkeit des Selbst, sich in seiner Partikularität anderen zu zeigen und seine Partikularität zu teilen. Es kann, so wird behauptet, seine Partikularität anderen ansinnen oder ihm kann die Partikularität anderer angesonnen werden. Doch während der Begriff des Sensus Communis bei Kant auf die handlungsentlastete Erfahrung des Schönen beschränkt wird, die als subjektive Allgemeinheit oder als allgemeine Subjektivität mit anderen geteilt werden können muss, so wird der Begriff hier an den handlungsrelevanten Common Sense und an die Gewohnheit gebunden. [49] Während das Sinnen die partikulare positiv-ästhetische Ausgesetztheit

---

nigen Ausnahmen bildet in diesem Theoriestrang das Denken von Deleuze/Guatteri, bspw. ihr Konzept der Wunschmaschine: „Die Regel, immerfort das Produzieren zu produzieren, dem Produkt Produzieren aufzusetzen, definiert den Charakter der Wunschmaschinen oder der primären Produktion: Produktion von Produktion." Gille Deleuze, Félix Guattari, *Anti-Ödipus. Kapitalismus und Schizophrenie I*, Frankfurt/M. 1974, 13. Siehe dazu: Bernhard H. F. Taureck, *Französische Philosophie im 20. Jahrhundert. Analysen, Texte, Kommentare*, Hamburg 1980, insbes. II. Themenkreis: Auf der Suche nach dem Subjekt und der Subjektlosigkeit, 95–130 sowie zu Deleuze/Guattari: 205f.

[48] Die Grenzen des Begriffs der Selbstkontrolle in Hinblick auf kreatives Handeln werden in dem Kapitel über den Zweifel bei Peirce diskutiert. Der oft gegen Peirce erhobene Vorwurf eines rein negativ konzipierten Individuums, welcher sich in seinem Diktum „Individualität und Falschheit [sind] sind ein und dasselbe" zu bestätigen scheint, kann durch eine genaue Analyse des Zweifels und des Sinnens entkräftet werden, wie im Kapitel I.1. gezeigt wird. Charles S. Peirce, *Über die Klarheit unserer Gedanken*. Einleitung, Übersetzung, Kommentar von Klaus Oehler, Frankfurt/M. 1968, 63f.

[49] Im vierten Kapitel werde ich zeigen, dass der Sensus Communis bereits bei Kant selbst in seiner Funktion ambivalent bleibt. Er schwankt zwischen dem regulativen und dem konstitutiven, zwischen der realen Gemeinschaftlichkeit, an die das Selbst in seiner Erfahrung des Schönen anknüpft

bezeichnet, so kann mit dem Sensus Communis das ‚Ansinnen' als *pluralisierte Form der positiv-ästhetischen Ausgesetztheit* benannt werden. Neben dem Zweifel und der Überzeugung, welche die Sphäre der Selbstkontrolle des partikularen Selbst beschreiben und die im Handeln und in der Sprache intersubjektiv erprobt werden, verweist der Bereich des Sinnens und Ansinnens auf die Möglichkeit des Selbst, sich anderen zu zeigen. Dabei zeigt das Selbst weniger, welche Überzeugungen es hat, sondern wer es *ist*. Im Ansinnen sinnt das Selbst daher nicht nur *etwas* an, sondern es sinnt immer auch *sich selbst in seiner Partikularität* an. Das Selbst exponiert sich und wird so für andere exemplarisch. Ansätze zu diesen Überlegungen finden sich v.a. bei Stanley Cavell und Richard Shusterman. Das, was den anderen angesonnen wird, ist demzufolge mehr als eine theoretische Position, es ist die unausdrückliche partikulare Lebensform inklusive ihrer leibkörperlichen Praktiken, die das Selbst anderen exponiert.

In diesem Zusammenhang wird auch der Begriff der *Solidarität*, den Rorty in den Pragmatismus einbringt, eine Rolle spielen, der den Begriff des Sensus Communis in seinen moralphilosophischen Implikationen beleuchtet. Es wird damit nicht behauptet, dass Philosophie ohne einen Begriff von Gerechtigkeit auskommen kann, es wird dadurch jedoch der Fokus auf den motivationalen Umraum moralischen Handelns gerichtet. Die Kriterien, die angelegt werden, um zu bestimmen, was gerecht und was ungerecht ist, sind nie vollständig ablösbar von dem Common Sense, aus dem sie erwachsen und der kritisch reflektiert werden muss.[50] Die moralischen *Motive* des partikularen Selbst speisen sich aus dem jeweiligen Common Sense, der ein positives Empfinden von Solidarität, von Zugehörigkeit vermittelt.[51] Solidarität bewegt sich dabei zwischen einem faktisch-fiktiven Common Sense, der immer wieder kritisch befragt werden muss, und dem Sensus Communis als utopisch erhoffter Übereinstimmbarkeit. Keine der beiden Seiten darf dabei gegen die andere ausgespielt werden. Das, was anderen solidarisch als exemplarische Lebenshaltung exponiert wird, ist nicht der Mangel des Selbst, sondern die Fülle des Sinnens und Ansinnens. Solidarität basiert nicht auf verfahrensethischen Grundsätzen, sondern eher auf so etwas wie der anderen angesonnenen Frage „*Wie wäre es denn schön?*"[52]

---

und dem transzendentalen Gemeinsinn, auf den gehofft werden könne. Kant bleibt damit dem Common Sense (als dem gemeinen Menschenverstand, den er scharf kritisiert) näher, als ihm lieb sein kann. Vgl. dazu auch: Richard Shusterman, Of the Scandal of Taste: Social Privilege as Nature in the Aesthetic Theories of Hume and Kant, in: Paul Mathels (Hg.) *Eighteenth Century Aesthetics and the Reconstruction of Art*, Cambridge 1993.

[50] Die Betonung der Partikularität des Selbst im Singular und Plural als Korrektur an einem zu formal bleibenden Gerechtigkeitsbegriff arbeitet Stanley Cavell in Auseinandersetzung mit John Rawls aus. Er betont, dass die ‚good enough justice' durch einen unabschließbaren Perfektionismus des partikularen Selbst beständig verbessert und erweitert werden muss. Auch Cavell fokussiert damit, in Anschluss an Emerson, den motivationalen Umraum moralischen Handelns. Stanley Cavell, The Conversation of Justice: Rawls and the Drama of Consent, in: *Conditions Handsome and Unhandsome. The Constitution of Emersonian Perfectionism*, Chicago/London 1990, 101–127.

[51] Auf den Begriff der Solidarität werde ich im letzten Kapitel der Arbeit eingehen.

[52] Kurd Alsleben, Wir Künstler werden gefragt, wie es denn schön wäre. Gedanken zu Tadeusz Kotarbinskis Felicitologie, in: *Gesänge über dem Lerchenfeld. Beiträge zur Datenkunst*, hg. von Matthias Lehnhardt, Hamburg 1994, 124.

Common Sense, Herrschaft und Wir

Die Partikularität des Selbst in seiner Situiertheit im Common Sense zu betonen, heißt, seiner Perspektivität Rechnung zu tragen. Damit kann diese nicht überwunden werden, sie wird aber in den Blick gerückt. Der Begriff des Common Sense verschafft dem vermeintlich Alltäglichen und Gewöhnlichen einen Ort in der Philosophie. Was im Folgenden mit dem Begriff des Common Sense dennoch beabsichtigt wird, ist nicht seine Verfestigung, sondern seine Verflüssigung. Dazu kann es jedoch erst kommen, wenn dieser ernst genommen wird, und das gilt auch und gerade für die Tendenz des Common Sense zur Gewalt – der Gewalt, andere dem eigenen Common Sense zu unterwerfen. Das Selbst ist also nicht nur in einem Kontext situiert, sondern es nimmt darin auch eine teilnehmende Position ein. Um es zugespitzt auszudrücken: Das Selbst ist auch für seine Situiertheit im Common Sense verantwortlich. Es ist nicht nur ‚Opfer‘ eines spezifischen Common Sense, sondern auch ‚Mit-Täter‘. Für die Handlungsfähigkeit ist es daher zentral, den eigenen vorübergehenden Handlungsort, die eigene Positionierung in den Blick zu bekommen, und dabei ist es ebenso wichtig zu sehen, dass durch die Setzung innerhalb eines Common Sense andere (und damit andere Formen eines Common Sense) ausgegrenzt werden. Die Verantwortung für die eigene Situiertheit besteht gerade darin: Durch die affirmative Übernahme von Überzeugungen des supponierten Common Sense verbindet sich das Selbst mit diesem. Es setzt sich auf bestimmte Weise in einer virtuellen, in einer unterstellten Verbindung mit anderen. Diese Verbindung im Common Sense droht schnell, zu einem abstrakten Wir zu werden, welches sich zu einem Gesetz verhärtet, in dem das Selbst seine eigenen Setzungen implizit auf andere ausdehnt. Je stärker diese Verhärtung wird, umso mehr gerät die Verantwortung aus dem Blick, die eigenen Setzungen gegenüber anderen zu legitimieren. Diese Verhärtung verstellt den Blick darauf, dass der Common Sense für das Selbst unbestimmt ist. Aufgrund dieser Unbestimmtheit ist das Selbst partiell abstandslos, partiell ausgesetzt. Es hat sich nicht vollständig unter Kontrolle, weil es seinen Kontext nicht vollends überblicken kann. Der Common Sense beschreibt also das Alltägliche, vermeintlich Selbstverständliche, in dem auch die potenziellen Herrschaftsverhältnisse und die potenzielle Gewalt des Alltäglichen unsichtbar werden. Diese gilt es sichtbar zu machen. (Hier gibt es Parallelen zu radikaldemokratischen Ansätzen, insbesondere dem von Chantal Mouffe.)[53] Wichtig ist, dass das Alltägliche auch aufgrund seiner Verkör-

---

[53] Die Unbestimmtheit des Common Sense (von der schon Peirce spricht) weist eine Verwandtschaft auf mit der poststrukturalistischen Rede von der Unentscheidbarkeit von Strukturen. Ernesto Laclau hat diesen Gedanken von Derrida (*Gesetzeskraft. Der ‚mystische Grund der Autorität‘*, Frankfurt/M. 1991) aufgegriffen und beschreibt das Subjekt als Übergang von der Unentscheidbarkeit der Strukturen zur Entscheidung. Die Wege von Pragmatismus und Poststrukturalismus (oder Dekonstruktion) trennen sich jedoch in dem Moment, wo das Subjekt dennoch „effect of a structural determination" bleibt. Der konkrete Handlungsraum des partikularen Selbst tritt zurück zugunsten einer wie unbestimmt und paradoxal auch immer beschriebenen Struktur. Laclau, *Deconstruction, Pragmatism, Hegemony*, in: Chantal Mouffe (Hg.), *Deconstruction and Pragmatism*, London/New York 1996, 57. Ich stimme mit Derrida und einigen seiner Interpreten darin überein, dass ein Konsens immer zukünftig bleibt und dass Demokratie in Derridas Worten immer „democracy to come"

perung in gewohnten Praktiken unsichtbar wird. Gewohnheiten sind nicht essentialistisch zu verstehen, sie verweisen nicht auf eine unveränderliche Wirklichkeit, sondern auf Praktiken, die aufgrund ihrer Wirksamkeit wirklich sind.

Aufgrund dieser Situiertheit des Selbst nimmt der Pragmatismus in der hier vorgeschlagenen Interpretation Abstand von Kants transzendentaler Subjektkonzeption, welche für seine Moralphilosophie grundlegend war. Das autonome, selbstbewusste Ich ist darin bekanntlich die Bedingung der Möglichkeit, also Ausgangspunkt moralischer Postulate und moralischen Handelns. Ich möchte an dieser Stelle kurz auf den kantschen Subjektbegriff und sein Verhältnis zum transzendentalen ‚Wir‘ eingehen, um dem pragmatistischen Selbst und dem Common Sense schärfere Konturen verleihen zu können. Der von Kant formulierte kategorische Imperativ – insbesondere in seiner Version: „Handle so, dass die Maxime deines Willens jederzeit zugleich als Prinzip einer allgemeinen Gesetzgebung gelten könne"[54] – beruft sich auf die allen individuellen Subjekten gemeinsame praktische Vernunft. In Verknüpfung der Freiheit des Einzelnen und des allgemeinen Sittengesetzes, welches sich die autonome Vernunft selbst gibt, stellt sich ein transzendentales (d.h. überhistorisches und abstrakt-formales) Wir her, von dem das Ich Bestandteil ist. Im Mittelpunkt dieser Ethik steht die aktive, rationale Reflexion, die sich bewusst setzt und einsetzt. Das Ich gleicht seinen Willen vernünftig mit dem (vom Ich gesetzten) Wir aller anderen ab. Dadurch, dass eine Verbindung mit anderen in einem universellen Wir, aufgrund der allen gemeinsamen Vernunft, angenommen wird, legitimiert das Ich seinen moralischen Standpunkt und sein Handeln. Es ist nicht allein. Seit der Aufklärung beruft sich die praktische Philosophie in der Tradition Kants auf dieses transzendentale Wir, an dem jedes Ich dank seiner Vernunft teilhaben konnte und sollte. Dieses Wir stellte die Grundlage rationaler moralischer Urteilsfähigkeit dar.

Mit dem 20. Jahrhundert, mit den zwei Weltkriegen, mit dem Holocaust sind Zweifel an dem aufklärerischen Rationalitätsbegriff und an seinem Vertrauen in die Vernunft des Ich aufgekommen, von denen Ethik einst ausging. Seitdem haftet Philosophie, insbesondere Moralphilosophie und deutscher Moralphilosophie im Speziellen, rückwirkend, etwas Anmaßendes an. Philosophie befindet sich seither in dem Dilemma, gegen eine ‚schlechte‘ Rationalität zu argumentieren, dies jedoch zwangsläufig ebenfalls rational tun zu müssen. Es ist das eben beschriebene Dilemma in moralphilosophischer Hinsicht: etwas zu setzen, ohne zu wissen, ob damit das Richtige dem Falschen entgegengesetzt ist oder sich die Setzung weiterhin dem Falschen aussetzt. Dieses Dilemma hängt eng mit der Frage nach der Position des Ich und des Wir zusammen: Das rationale Ich fußt bei

---

bleiben sollte. Doch wird diese besser ausgehandelt werden können, wenn der Ort jedes partikularen Selbst in den Blick und nicht aus dem Blick rückt. Mouffe betont in Anlehnung an Cavell die Partikularität jedes Selbst und seine Verantwortung für diese Partikularität. „Bringing a conversation to a close is always a personal choice, a decision which cannot be simply presented as mere application of procedures and justified as the only move that we could make in those circumstances." Chantal Mouffe, Wittgenstein, Political Theory and Democracy, in: Dies., *The Democratic Paradox*, London/New York 2000, 38.

[54] Immanuel Kant, *Kritik der praktischen Vernunft*, in: Wilhelm Weischedel (Hg.), *Werke in sechs Bänden*, Bd. VI, Darmstadt 1998, § 7, A 54, 140.

Kant auf einem rationalen Wir, an dem die anderen als der allen gemeinsamen Vernunft, allerdings nur virtuell, teilhaben. In dem abstrakten Wir aufklärerischer Moral geht die oder der konkrete Andere unter. Der Abgesang auf die Fiktion eines universellen rationalen Wir stellt uns jedoch vor die Frage, von wo (wenn nicht von einem universellen Standpunkt) philosophische, moralische, politische Stellungnahmen stattfinden können. Das abstrakte und formale Wir kann nicht länger Ausgangspunkt sein, weil es in Form des vorgeblich neutralen, transzendentalen Sittengesetzes seine Glaubwürdigkeit verspielt hat, weil darin immer die Setzung von Identität stattfindet, eines Ich, das von sich auf andere schließt und sich in seinem imaginierten Wir verabsolutiert.[55] Das Gesetz, welches sich das Subjekt bei Kant selbst gibt, *erscheint aus seiner partikularen Perspektive* als Gesetz, an dem die anderen nur virtuell teilhaben. Reell spiegelt es den undurchsichtigen Common Sense wider, in dem das partikulare Selbst befangen ist. Auch der Glaube an ein transzendentales Sittengesetz, so müsste das pragmatistische Argument lauten, ist ein Glaube, der einem partikularen Selbst vor dem Hintergrund seines partikularen Common Sense erwächst. Dennoch: es muss ein Standpunkt bezogen werden. Jeder Standpunkt indessen geht zunächst von einem Ich aus, welches Gefahr läuft, den Standpunkt der/des Anderen auszuschließen oder sich einzuverleiben, indem es sich über ein imaginäres Wir legitimiert. In welcher Form kann diese Tendenz des Ich, sich als Maß zu setzen, korrigiert werden? Kann ein Ich unter Berücksichtigung seiner Begrenztheit als partikulares Selbst diesem Dilemma begegnen?[56]

Der Grat ist schmal: Das Selbst muss sich der eigenen begrenzten Perspektivität stellen. Nicht um der bloßen Affirmation der eigenen Perspektive willen, nicht *für* den eigenen Standpunkt, sondern um bedingt die eigene Setzung in den Blick zu bekommen. Man muss sich der eigenen Setzung stellen, wenn der Glaube an einen Blick von Nirgendwo (der wahrscheinlich immer auf ein abstraktes Wir rekurriert) ausgedient hat. Und schließlich ist der Glaube an eine unbeteiligte, abstrakte beobachtende Perspektive selbst schon eine positive Setzung aus einer unbedachten teilnehmenden Perspektive, schon eine Stellungnahme. In dem (vermeintlich) Unbeteiligten der beobachtenden Perspektive schwingt bereits die Teilnahmslosigkeit der Unbeteiligten, die Grausamkeit der Gleichgültigkeit mit, die sich der Teilnahme entzogen hat, in der wir uns eigentlich befinden. Der Setzung einer vermeintlichen Beobachter-Neutralität liegt, in den Worten von Norman Geras, bereits so etwas wie ein Vertrag gegenseitiger

---

[55] „Konstitutiv auf faktisches Dasein bezogen ist nicht nur aller spezifische Inhalt des Sittengesetzes, sondern auch seine vermeintlich reine, imperativische Form. Sie setzt ebenso die Verinnerlichung der Repression voraus, wie dass die feste, identisch sich durchhaltende Instanz des Ich bereits entwickelt ist, die von Kant, als notwendige Bedingung der Sittlichkeit, verabsolutiert wird. [...] Noch in seiner äußersten Abstraktheit ist das Gesetz ein Gewordenes, das Schmerzhafte seiner Abstraktheit sedimentierter Inhalt, Herrschaft auf ihre Normalform gebracht, die von Identität." Theodor W. Adorno, *Negative Dialektik*, Frankfurt/M. 1975, 268.

[56] Dieses Dilemma kann auch durch eine Theorie kommunikativen Handelns, wie Habermas sie vertritt, nicht beantwortet werden, denn die dazu nötige diskursive Transparenz, „die normative Idee einer Unparteilichkeit", von der aus universalisierbare Geltungsansprüche festgelegt werden können, wird hier in Frage gestellt. Vgl. z.B. Axel Honneth, *Unsichtbarkeit. Stationen einer Theorie der Intersubjektivität*, Frankfurt/M. 2003, 107f.

Gleichgültigkeit zugrunde.[57] Die Beobachterperspektive tendiert zu einem abstrakten Ich, das sich einer übergeordneten Instanz zurechnet, mit der es verschmilzt, die Teilnehmerperspektive tendiert zu einem blind affektiven Wir, in die es diffundiert. Beide berühren sich im Extrem einer wahnhaften Allmachtsperspektive, darin fallen ihre scheinbar unverträglichen Fiktionen ineinander. Darin werden die anderen zunichte gemacht.[58]

Doch kann das Maß, wenn auch nicht außerhalb, ebenso wenig innerhalb des Selbst verlässlich verankert werden, denn das partikulare Selbst ist durch den spezifischen historischen, ökonomischen, gesellschafts-politischen, kulturellen (etc.) Zusammenhang geformt, den es mit anderen in verschiedenen Wir-Positionen teilt. Seine Perspektive ist von diesem Common Sense geprägt *und begrenzt*. Diese Begrenzung wird durch den Zweifel sichtbar, dem das Selbst ausgesetzt ist. Deswegen ist die Autonomie des Selbst nicht (wie bei Kant) Voraussetzung moralischen Handelns, sondern ein Grenzbegriff. Das Selbst setzt sich nicht nur aktiv, sondern es ist seinem Kontext auch ausgesetzt und darin passiv. An der Grenze des Selbst, in die Grenze des Selbst bricht der Zweifel ein. Der Zweifel kann auch durch die Interaktion mit anderen ausgelöst werden oder dadurch, dass dem Selbst anderes angesonnen wird. Im Zweifel und im Ansinnen zeigt sich die Ausgesetztheit des Selbst, in der Überzeugung dagegen seine Setzungsmacht. Das Ich stark zu machen heißt zu versuchen, sich seiner Ausgesetztheit zu verschließen und d.h. auch der Ausgesetztheit gegenüber anderen.

Sich für andere öffnen heißt jedoch umgekehrt, sich für ein Wir zu öffnen und birgt die Gefahr, das Ich im Wir zu verlieren. Hier besteht die Gefahr des Selbst, sich der Setzung eines Common Sense komplett auszusetzen, und die eigene Partikularität aus dem Blick zu verlieren. Doch, in den Worten des Neopragmatisten Richard Rorty, „können [wir] uns auf nichts ‚Realeres' oder weniger Ephemeres als die historischen Kontingenzen berufen, die diese Prozesse [unsere Sozialisationsprozesse] in Gang gebracht haben. *Wir* müssen da anfangen, wo *wir* sind".[59] Ein Wir kann nur von der eigenen partikularen Perspektive *im Wissen um seine perspektivische Begrenztheit* ausgehen. Dabei muss es jedoch die Verfangenheit des eigenen Wir als Common Sense in den Blick bekommen, die dem Selbst nie ganz durchsichtig ist, denn wir „können nicht zurückblicken hinter die Sozialisationsprozesse", die uns geprägt haben.[60] Im Unterschied zu Rorty meine ich jedoch, dass der Zweifel den Blick darauf öffnen kann und *sollte*. Denn das Wir des Common Sense darf nicht, ebenso wenig wie das eigene Selbst, als selbstverständlicher Maßstab gesetzt werden. Es wäre falsch, *seine* moralischen ‚Wir-Intentionen', etwa die Prinzipien der „westlichen liberalen Demokratien"

---

[57] Norman Geras, *The Contract of Mutual Indifference. Political Philosophy after the Holocaust*, London/New York 1998.

[58] Zu einer Auseinandersetzung mit dem Begriff des Ich und des Wir bei Emmanuel Lévinas und Richard Rorty in Hinblick auf die Diskussion um die ‚dritte Generation' siehe: Heidi Salaverría, Dritte Generation? Das Dilemma des Wir. In: Villigster Forschungsforum zu Nationalsozialismus, Rassismus und Antisemitismus (Hg.), *Das Unbehagen in der ‚dritten Generation'. Reflexionen des Holocaust, Antisemitismus und Nationalsozialismus*, Münster 2004, 30–43.

[59] Richard Rorty, *Kontingenz, Ironie und Solidarität*, Frankfurt/M. 1989, 319.

[60] Ebd.

(wie Rorty vorschlägt), als die besten Verfügbaren darzustellen, die deswegen *als Prinzipien* auf alle anderen *ausgedehnt* werden sollen.[61] Der grobe Fehler liegt hier in einer Universalisierung, welche die perspektivische Begrenztheit der Wir-Position auf Kosten anderer unterschlägt, die entweder einverleibt werden oder gegenüber denen die Wir-Grenze geschlossen wird. Stattdessen muss die Begrenztheit der eigenen Stellung greifbar und damit angreifbar sein. Deswegen muss das Ich als partikulares Selbst in seiner konkreten Verkörperung und Positioniertheit in den Blick gerückt werden, ebenso wie das abstrakt zu werden drohende Wir als konkreter Common Sense. Im Zweifel kann die Partikularität des Selbst und seine Verfangenheit im Common Sense Kontur gewinnen. Der Rückgriff auf die Partikularität hat für die konkrete Interaktion mit anderen Konsequenzen. Auch die oder der Andere muss als partikular anerkannt werden und nicht als ein weiterer abstrakt bleibender Ichträger. Anstelle eines hypostasierten Wir, in welches der Common Sense immer wieder abzurutschen droht, muss daher an diesem Punkt der Begriff des *Sensus Communis* stark gemacht werden, als *pluralisierte Form der positiv-ästhetischen Ausgesetztheit*. Hier spielt der oben erwähnte Begriff der Solidarität eine zentrale Rolle, der nicht auf den Setzungen eines Ich oder Wir fußt, sondern auf der Ausgesetztheit, die anderen angesonnen wird. Solidarität im schlecht verstandenen Sinn dehnt seinen eigenen Common Sense auf andere aus, recht verstanden bleibt Solidarität für den Zweifel offen.

Im Zweifel kann sich das Selbst seine eigene Positioniertheit vor Augen führen. Darin besteht ein grundlegender Unterschied zwischen dem pragmatistischen Zweifel, wie er zuerst von Peirce beschrieben wird, und dem cartesianischen Zweifel: Descartes geht von einem methodischen Zweifel aus, der zu unbezweifelbarer Gewissheit führen soll. Dieser Blick von Nirgendwo ist aus Sicht des Pragmatismus nicht möglich. Das, womit das Selbst denkt, ist keine neutrale Instanz: Die Urteile, die es fällt, sind von seinen Gewohnheiten, von seinem unausdrücklichen Fundus an Überzeugungen nicht sauber zu trennen. Darin liegt die Grenze der Eigenmächtigkeit des Selbst, darin zeigt sich seine Ausgesetztheit. Der Versuch, den eigenen Überzeugungen auf den Grund zu gehen und so die falschen von den richtigen zu unterscheiden, hat immer auch eine Modifikation des Selbst zur Folge. Wer sich einem ‚echten' Zweifel unterzieht, unterzieht zugleich das Selbst einer Transformation. Durch die Verknüpfung von Zweifel und Glauben mit dem Handeln wird der normative Selbstbezug des Denkens im Pragmatismus hergestellt. Ein Zweifel ist, ich möchte es wiederholen, immer auch ein Zweifel an der eigenen Perspektive und dessen Gewissheit, an dem eigenen Standpunkt und daher ein *Selbstzweifel*. Eine Überzeugung (‚belief') ist nicht nur eine Überzeugung von etwas, sondern auch eine Konsolidierung des eigenen Standortes, eine *Selbstüberzeugung*.

---

[61] „Es gibt noch viel zu tun, aber der Westen ist grundsätzlich auf dem richtigen Weg. Ich glaube nicht, dass er von anderen Kulturen etwas zu lernen hat. Unser Ziel sollte es vielmehr sein, den Planeten zu verwestlichen." Richard Rorty, *Süddeutsche Zeitung*, 20.1.01, 15. Diese indiskutablen paternalistischen und expansionistischen Tendenzen sind zu Recht von vielen kritisiert worden. Vgl. etwa Richard Bernstein, *The New Constellation. The Ethical-Political Horizons of Modernity/Postmodernity*, Cambridge 1991, 241ff.

Wie jedoch lässt sich das Selbst in seiner Begrenztheit und Situertheit fassen? Eine Antwort wird bereits durch die begriffliche Vorentscheidung nahe legt, statt von einem Ich von dem partikularen Selbst, statt von einem Wir von dem Common Sense zu sprechen.[62] Damit ist zugleich die Innen- *und* die Außenperspektive des Selbst umfasst und historisiert. Es wird also nicht von einem grammatischen Ich oder Wir gesprochen, sondern von einem verkörperten Selbst und Common Sense. Der Begriff des Ich hingegen zielt eher auf die subjektive und zugleich formale Perspektive einer denkenden Instanz.

Differenzierung des Common Sense

Um zu verstehen, welche Funktion der Begriff des Common Sense in der Arbeit einnimmt, müssen seine verschiedenen Bedeutungsfelder differenziert werden. Diese hängen wesentlich ab von der jeweiligen Perspektive des Selbst *auf* den Common Sense. Der Common Sense hat in diesem perspektivischen Verhältnis eine dreifache Funktion: Zum einen bildet er als *kritischer Common Sense* ein Korrektiv zur Tendenz des (philosophischen) Denkens, partikulare Überzeugungen zum Gesetz zu erheben und ihre Korrekturbedürftigkeit aus den Augen zu verlieren. In diesem Sinn ist der Common Sense zunächst negativ und grenzt die metaphysische Tendenz des Denkens durch eine Rückbesinnung auf das Alltägliche als das Irreguläre ein. Er korreliert der oben beschriebenen *negativen Ausgesetztheit* des Selbst. Zum anderen enthält der Common Sense selbst jedoch in sich eine metaphysische Tendenz. Wenn dieser sich verselbständigt und in seiner Selbstverständlichkeit für wahr gehalten wird, weil das Selbst abstandslos geworden ist, dann wird der Common Sense zur Gefahr. Ich nenne diese Seite den *faktisch-fiktiven Common Sense*, weil das Selbst darin einen faktischen Gemeinsinn unterstellt, der in seiner Homogenität fiktiv ist. Es kommt zu einer Verhärtung, in der das Irreguläre des Alltäglichen homogenisiert und festgesetzt wird. Denn auch wenn es für das Selbst notwendig ist, von einem möglichen Einverständnis mit anderen in einem Gemeinsinn auszugehen, so besteht doch ein illusorischer Trugschluss darin, dieses Einverständnis sei selbstverständlich und faktisch gegeben. Darin liegt die potenzielle Gewalt eines Ich, das auf ein Wir setzt, von dem oben gesprochen wurde. Er korreliert dem *Selbst, welches sich nicht aussetzt, sondern setzt.* Drittens jedoch bedarf das Selbst, um überhaupt am Common Sense zweifeln zu können, eines Ortes, der positiv besetzt ist, ohne sich im Faktisch-Fiktiven zu verfestigen. Ich nenne das den *partikularen Common Sense*. Er korreliert der *positiven Ausgesetztheit* und verweist auf den *Sensus Communis* als eines möglichen Gemeinsinnes. In ihm bejaht das Selbst seine Partikularität und hofft, diese mit anderen in ihrer Partikularität pluralistisch teilen zu

---

[62] Die Renaissance eines kritischen Wir angesichts von Globalisierung und sich verschärfenden internationalen Machtverhältnissen wird von Antonio Negri und Michael Hardt in dem Begriff der *Multitude* artikuliert. Warum dieser Begriff problematisch ist, diskutiere ich in: Salaverría, Der pragmatistische Ort des Handelns: Das partikulare Selbst zwischen kritischem Common Sense und Multitude, in: Dominka Szope, Pius Freiburghaus (Hg.), *Pragmatismus als Katalysator kulturellen Wandels. Erweiterung der Handlungsmöglichkeiten durch liberale Utopien*, Wien 2006, 103–135.

können. Die zwanglose Pluralität, die in einem Gemeinsinn der Partikularität mündet, kommt im Sensus Communis auf den utopischen Begriff.

Gewohnheit und Normativität

An dieser Stelle ist der schon angesprochene Begriff der Gewohnheit zentral, der im Pragmatismus weiter gefasst ist als im Alltagsverständnis.[63] Während der Streit zwischen Kommunitaristen und Liberalisten darum kreist, ob politische Philosophie eher an einer formalen Verfahrensethik auf Basis eines autonomen Subjekts oder an materialen Ethiken und Tugendbegriffen auf Basis einer überindividuellen Sittlichkeit orientiert sein sollte, muss die Problematik aus Sicht des Pragmatismus anders behandelt werden: Insbesondere bei Dewey wird die Handlungsfähigkeit des Selbst an seine Gewohnheiten als einer ‚zweiten Natur' rückgebunden.[64] Seine Gewohnheiten sind die partikulare Verkörperung des Common Sense im Selbst. Die moralphilosophische Beurteilung von Werten oder Tugenden als richtig oder falsch kann dies auch nur aus der eigenen perspektivischen Verfangenheit innerhalb der eigenen Gewohnheiten tun. Deutlich grenzt Dewey sich gegen deontologische Ethikkonzeption im Geist Kants ab, da er die Aufspaltung in ein Reich der Vernunft und eines der Neigungen für ein verhängnisvolles Konstrukt hält. In seinen Aufsätzen zur deutschen Philosophie und deutschen Politik beschreibt Dewey sogar die Zwei-Welten-Theorie von Kant als eine geistige Ursache des ersten Weltkrieges und des Nationalsozialismus.[65] Honneth fasst es so zusammen: „Das Schicksal des deutschen Geistes, so lautet Deweys Credo im Jahre 1942 nicht anders als im Jahre 1915, ist nicht das einer Entfesselung der Vernunftkritik, sondern das der Pervertierung eines bereits im Kern maroden Vernunftidealismus."[66]

Bei aller Überspitztheit von Deweys Analyse scheint mir seine Kritik am Dualismus entscheidend: Jedes Denken ist in seinem jeweiligen Common Sense verfangen, den es *graduell* zu überwinden gilt. Die Annahme, man könne sich außerhalb des jeweiligen Kontextes aufstellen, ist nicht nur illusorisch, sondern auch für das Handeln selbst hochproblematisch. Der Begriff der Gewohnheit ist an diesem Punkt zentral, weil er die Schnittstelle zwischen positiven und einsichtigen Handlungsimpulsen als einer Art Tugend und fragwürdigen uneinsichtigen Verhaltensmustern kennzeichnet. Denn auch

---

[63] Für einen Vergleich der prominenten verschiedenen philosophischen und naturwissenschaftlichen Positionen zum Gewohnheitsbegriff siehe Michael Hampe, Jan-Ivar Lindén: *Im Netz der Gewohnheit. Ein philosophisches Lesebuch*, Hamburg 1993.

[64] Siehe z.B. John Dewey, The Place of Habit in Conduct, in: *Human Nature and Conduct*, hg. von Jo Ann Boydston, *The Middle Works of John Dewey*, Bd. 14, a.a.O., 13–63.

[65] Vgl. John Dewey, *Deutsche Philosophie und deutsche Politik*, hg. und mit einer Einführung versehen von Axel Honneth, Berlin/Wien 2000. Siehe auch ders., *Die Öffentlichkeit und ihre Probleme*, a.a.O.

[66] Axel Honneth, Logik des Fanatismus, in: Dewey, *Deutsche Philosophie und deutsche Politik*, a.a.O., 32. Man darf natürlich nicht vergessen, dass diese Sichtweise sehr überspitzt ist und dass Dewey selbst in moralphilosophischen Fragen ambivalent blieb. Honneth hat die Problematik nachgezeichnet in: Zwischen Prozeduralismus und Teleologie. Ein ungelöster Konflikt in der Moraltheorie von John Dewey, in: Joas (Hg.), *Philosophie der Demokratie*, a.a.O., 116–139.

wenn man die Tugend gegenüber den Gewohnheiten durch „ein Moment innerer Einsicht"[67] auszeichnet, das der Gewohnheit zu fehlen scheint, so sind die supponierten Einsichten – nämlich die Überzeugungen bzw. der Glaube – selbst nur handlungswirksam, wenn sie sich wiederum als neue Denkgewohnheiten etablieren. Und diese sind dem Selbst nicht vollständig durchsichtig. Daraus, dass jedes Selbst in Gewohnheiten verfangen ist, lässt sich nur das Postulat ableiten, immer aufs Neue diese Verfangenheit in den Blick zu bekommen. Der Weg dahin führt nicht über die Absicherung in einer gesetzesartigen Form, sondern darüber, sich die Partikularität der eigenen Überzeugungen bzw. des eigenen Glaubens radikal vor Augen zu führen.

In dem Kapitel zum Gewohnheitsbegriff wird in diesem Zusammenhang Deweys Kritik an der Mittel-Zweck-Dichotomie zentral sein. Der falsche Gegensatz zwischen reinem Zweck und unreinem Mittel stellt für Dewey eine weitere Spielart der irreführenden *Suche nach Gewissheit* dar, die die Handlungsrelevanz des Denkens aus dem Blick verloren hat. Wie Dewey unermüdlich wiederholt, wird der Zweck oder das Ziel des Handelns nicht dadurch am besten erreicht, dass man immer schon den letzten Schritt (sozusagen den Eintritt in das Gesetz) vor Augen hat, sondern durch Berücksichtigung und Reflexion des *nächsten* Schrittes und d.h. des nächsten Mittels auf dem Weg dorthin. Weder heiligt der Zweck die Mittel noch ist es einfach umgekehrt: beide Vereinseitigungen bleiben scheinheilig, wenn die einzelnen Schritte nicht immer wieder sorgfältig geprüft werden. Und wenn man die Mittel-Zwck-Dichotomie auf diese Weise auflöst, hat das auch für das Selbst, wie es hier verstanden wird, Konsequenzen: Bildlich gesprochen verschiebt sich durch jeden Schritt die eigene Position und etwas an der eigenen Perspektive. Dadurch erst gewinnt das Ziel an Kontur. Der Vorwurf des Relativismus geht an der Frage vorbei, die hier verhandelt wird, da dieser davon ausgeht, man könne von einer Art Gottesstandpunkt beurteilen, ob es reine und unwandelbare Zwecke oder Ziele gäbe. Und selbst wenn es sie gäbe: Der reine Zweck an sich bliebe nicht mehr als eine Fata Morgana, das Selbst verdurstete. Der Begriff der Gewohnheit ist in diesem Zusammenhang zentral, denn in ihm berühren sich Normativität und Leibkörperlichkeit. Die Auflösung der Mittel-Zweck-Dichotomie wird von Dewey auch und gerade auf die leibkörperliche Verfasstheit des Selbst bezogen, die weder rein physiologisch noch rein leiblich ist. Dieser Zwischenbereich ist der Bereich der Gewohnheiten, die zur ‚zweiten Natur‘, zum ‚zweiten Körper‘ geworden und zugleich handlungsleitend und daher normativ sind.

In den Gewohnheiten materialisiert sich je partikular der Common Sense. Der Begriff des Common Sense ist jedoch über Nahbereichsanalysen hinaus wirksam: Er durchzieht Gesellschaften, er durchzieht das Philosophieren. Der Common Sense ist mit den ‚Dispositiven der Macht‘ bei Michel Foucault vergleichbar, den gesellschaftlichen Formationen, in denen gehandelt wird. Im Unterschied jedoch zu den Analysen von Foucault wird hier der Akzent auf die Schnittmenge von Innen- und Außenperspektive gesetzt: Das Selbst ist den Dispositiven nicht nur strukturell ausgesetzt, sondern auch alltäglich-existenziell. Die Verkörperung des Selbst ist in dieser Hinsicht zentral. Der Begriff des Common Sense akzentuiert in dieser Hinsicht die Abstandslosigkeit des

---

[67] Marcus Hartmann, *Die Kreativität der Gewohnheit. Gründzüge einer pragmatistischen Demokratietheorie*, Frankfurt/M. 2003, 148.

Selbst durch seine Verkörperung in den leibkörperlichen Gewohnheiten. Die Gewohnheiten bezeichnen das leibkörperliche Sediment, welches für das selbstverständlich-
alltägliche Handeln normative Konsequenzen als vermeintlich normales Verhalten hat
und in einer diskursiven Reflexion unsichtbar zu bleiben droht. Insbesondere über das
ästhetische Moment leibkörperlicher Erfahrung erhalten die Gewohnheiten im Pragmatismus einen Ort, der sich für die Vergrößerung von Handlungsspielräumen als zentral
erweisen wird. Durch den Common Sense in der hier entfalteten Beschreibung ist also
der selbstverständliche und vage Alltagskontext benannt, innerhalb dessen das Selbst
gewohnheitsmäßig Setzungen vornimmt während es ihm zugleich abstandslos ausgesetzt ist. Diesseits von Determinismus und Transzendenz ist damit die Schnittmenge
bezeichnet, in der Transformationen zwischen kritischem Common Sense und Sensus
Communis möglich sind.

I. Kritischer Common Sense
zwischen Zweifel und Überzeugung

Die Wurzeln des kritischen Common Sense. Ein historischer Rückblick

Der Begriff des kritischen Common Sense von Peirce baut auf einigen Grundgedan-
ken der schottischen Schule auf, die den Common Sense in den Mittelpunkt ihrer
Überlegungen stellte. Zur Erhellung der pragmatistischen Transformation des Begriffs
werde ich hier kurz einige Hauptpunkte dieser philosophischen Tradition besprechen.
Der erste Philosoph, der sich explizit dem Common Sense verschrieben hat, war 1764
Thomas Reid. In seiner Schrift *Inquiry into the Human Mind* fordert er den philosophischen Skeptizismus seiner Zeit heraus, als dessen moderne Quelle auch er den
Cartesianismus und das damit verbundene dualistische Denken diagnostiziert. Die
Annahme von Descartes, man könne durch Introspektion die äußere Welt bezweifeln,
so Reid, widerspreche dem „ursprünglichen Prinzip unserer Konstitution".[68] In Opposition zu Descartes vertritt Reid einen direkten Realismus. Strebt Descartes verbindli-
che Gewissheit durch universelle Zweifel an, verurteilt Reid diese Methode als artifi-
ziell. Anstelle subjektiver Gewissheit konstatiert er die Evidenz eines Common Sense.
Bestimmte Überzeugungen des ‚gesunden Menschenverstandes' bzw. sein Glauben –
diese Unterscheidung ist im englischen Begriff des ‚belief' weniger scharf als im
Deutschen – sind laut Reid unbezweifelbar und evident: Dazu gehört bspw. der Glaube
an eine Ordnung in der Natur. In den Worten eines weiteren Vertreters der *schottischen
Schule*, Dugald Steward: „I exist; I am the same person today that I was yesterday; the
material world has an existence independent of my mind; the general laws of nature will
continue, in future, to operate uniformly as in time past."[69] Das Selbstevidente ist für
Reid „das Areal, und zwar das einzige, des Common Sense".[70] Die Gegensatzbildung
von Philosophie und Common Sense soll entgegen verbreiteter Annahmen überwunden werden.

> „Thus the Wisdom of philosophy is set in opposition to the Common Sense of mankind. The
> first pretends to demonstrate a priori, that there can be no such things as a material world. [...]

---

[68] Thomas Reid, *Inquiry Into the Human Mind* (1764), in: *Philosophical Works*, hg. von Sir William Hamilton, Bd. 1, Hildesheim 1967, 121.

[69] Dugald Stewart, *Collected Works*, hg. v. Sir William Hamilton, Edinburgh 1854–1860, Bd. 3, 45.

[70] Thomas Reid, *Essays On the Intellectual Powers of Man*, in: *Philosophical Works*, hg. von Sir William Hamilton, Bd. 1, Hildesheim 1967, 425.

The last can conceive no otherwise of this opinion, than as a kind of metaphysical lunacy, and concludes that too much learning is apt to make man mad ...“[71]

Reid betrachtet den Common Sense als „amorphous body of ill-defined, yet self-evident principles which guide our judgment in the normal course of life“.[72] Diese selbstevidenten Prinzipien werden nicht durch kritische Reflexion erkannt – sie stellen genaugenommen überhaupt keine Erkenntnis dar, sondern sind eher instinkt-ähnlich: dem Menschen angeboren und daher evident. Ihre Evidenz zeigt sich im Glauben. Darin unterscheidet sich die Evidenz des Common Sense vom Wissen, welches auf Schlussfolgerungen beruht. Der Begriff des Glaubens (und nicht des Wissens) als Gegenspieler des Zweifels ist damit schon in der Common Sense-Philosophie von Reid angelegt. Der Common Sense bildet eine Art objektive Großgewohnheit, die sich in den Individuen als ‚mechanische Prinzipien‘ wiederfindet. „Habit differs from instinct, not in its nature, but in its origin; the latter being natural, the former acquired. Both operate without will or intention, without thought, and therefore may be called mechanical principles.“[73]

Reids Konzeption, insbesondere seine Verwendung der Begriffe Zweifel und Glaube im Zusammenhang mit dem Common Sense, wirkte maßgeblich auf die empirische Psychologie Alexander Bains ein, welcher wiederum für die Philosophie von Peirce äußerst einflussreich gewesen ist. Bain kann gewissermaßen als Nachfolger dessen betrachtet werden, was von Thomas Reid im 18. Jahrhundert initiiert wurde. Aber auch wenn Bain in vielerlei Hinsicht den Ideen von Reid folgt, so setzt er doch deutlicher den Akzent auf den spezifischen Zusammenhang von *Glauben und Handlung*. Die Perspektive des handelnden Selbst rückt in den Mittelpunkt. So definiert er Überzeugungen als „that upon which a man is prepared to act“.[74] Bain zufolge ist das einzige Unterscheidungskriterium zwischen Glauben/Überzeugungen und Begriffen, die keine Überzeugung beinhalten, die Handlungsbereitschaft des Selbst: „It seems to me impossible to draw this line without referring to action, as the only test, and the essential import of the state of conviction. […] When I believe in the circumference of the earth being twenty-five thousand miles, if I am not repeating an empty sound, or indulging an idle conception, I give it out that if any occasion shall arise for putting this fact in practice, I am ready to do so.“[75] Bain stellt also die Handlungsrelevanz von Überzeugungen in den Vordergrund, demgegenüber der Zweifel Handlungswiderständen erwächst. Dieses Wechselverhältnis von Zweifel und Überzeugung, das *doubt-belief-Schema* wird für den Pragmatismus als Knotenpunkt von Denken und Handeln zentral werden. Auch der Begriff der Gewohnheit, der bereits bei Reid auftaucht, wird von Bain aufgegriffen und weiterentwickelt. Während indessen Reids Konzept mechanistisch ist, zielt Bains biologisch argumentierende Version auf die handlungstheoretische Dynamik, durch welche Gewohnheiten geformt werden. In seiner mit dem damaligen Darwinismus

---

[71] Reid, *Inquiry Into the Human Mind*, a.a.O., 127.

[72] Ders., zitiert in: John Coates, *The Claims of Common Sense*, Cambridge 1996, 15f.

[73] Ders., *Essays on the Active Powers of the Human Mind*, in: *Philosophical Works*, a.a.O., Bd. 2, 550.

[74] Alexander Bain, *The Emotions And The Will*, London 1875, 506.

[75] Bain, *The Emotions And the Will*, hg. und mit einem Vorwort versehen von Daniel N. Robinson, Washington D.C. 1977, 595.

kompatiblen Theorie ließen sich Überzeugung und Zweifel als Anpassungsprozess an die Umgebung interpretieren, die für Menschen wie für Tiere galt. Bain liefert Peirce damit „die psychologische Begründung für die Ablehnung des Cartesischen Zweifels, insofern dieser ein bloß methodischer Zweifel ist". Für Bain beginnen „die Menschen [...] erst dann zu zweifeln, wenn sie auf unüberwindliche Widerstände stoßen, die ihre Annahmen widerlegen".[76] Doch wie noch deutlich werden wird, weicht Peirce später im Zusammenhang mit der Kreativität der Abduktion und dem spielerischen Sinnen des Selbst von seiner frühen funktionalistischen Interpretation des Handelns als einer Form der Anpassung und Problemlösung ab. Dessen ungeachtet war Bains *doubt-belief-Schema* für Peirce von so großer Wichtigkeit, dass er den ganzen Pragmatismus einmal als „kaum mehr als [deren] [...] Korollarie" bezeichnete.[77] Der Doppelsinn von *belief* wird bei Peirce Programm: *belief* ist die Empfindung – der Glaube – einer Überzeugung und zugleich das Urteil über einen Sachverhalt. Ähnlich verhält es sich mit dem Zweifel, der nicht nur einen emotionalen Zustand beschreibt, sondern auch eine Situation kennzeichnet und auf etwas Reales verweist. Demnach gibt es keine Gegenstandsbereiche, über die etwas ausgesagt wird, sondern nur *beliefs*, die Sachverhalte als Bestimmungen, als Quasi-Urteile ausdrücken. Subjekt und Objekt treten nicht abstrakt zueinander in Beziehung, weil ihre Beziehung in den beliefs gegeben ist.

Peirce hat von Bain also zwei Dinge übernommen, das *doubt-belief-Schema* und den Begriff der *Gewohnheit*. Insbesondere durch den Gewohnheitsbegriff und die damit zusammenhängende Konzeption des handelnden Erkennens kann Peirce über Bain hinausgehen und dessen Psychologismus vermeiden. Wie wir sehen werden, ist die Untrennbarkeit von Erkennen und Handeln für Peirce' groß angelegtes philosophisches System zentral. Und dieses System ist u.a. durch eine spezifische Form des Realismus charakterisiert, denn Peirce knüpft mit dem Begriff des Common Sense kritisch an den Common Sense-*Realismus* von Reid an. Diese Punkte, das doubt-belief-Schema im Verhältnis zur Gewohnheitsbildung und die Voraussetzung eines Common Sense, sind – wie der kurze historische Rückblick zeigt – schon in der ‚schottischen Schule' miteinander verknüpft und bleiben für die Entwicklung des Pragmatismus zentral. Sie werden im weiteren Verlauf dieser Arbeit wichtig bleiben, denn in ihnen manifestiert sich der pragmatistische Nexus von alltäglicher Situiertheit und Handlungsfähigkeit des Selbst.

Vom Common Sense zum kritischen Common Sense

Reids bekanntester (und schärfster) Kritiker war Kant. Dieser warf ihm in seinen Prolegomena vor, das alte skeptizistische Problem erneut aufgeworfen zu haben, um es mit einer bequemen Scheinlösung zu versehen, die keine wirkliche Antwort bietet.[78] Reid und seine Nachfolger sind laut Kant durch den Rekurs auf den Common Sense, auf den gemeinen Menschenverstand, lediglich der zentralen Fragestellung nach der transzendentalen Bedingung der Möglichkeit von Erkenntnis ausgewichen. Stattdessen postulie-

---

[76] Vgl. Oehler, *Charles Sanders Peirce*, a.a.O., 84f.

[77] Nagl, *Pragmatismus*, a.a.O., 32.

[78] Immanuel Kant, *Prolegomena zu einer jeden künftigen Metaphysik, die als Wissenschaft wird auftreten können*, in: Immanuel Kant, *Werke*, hg. von W. Weischedel, Darmstadt 1959, Bd. III, 117f.

ren sie Kant zufolge einen Begriff, der diese Kernfrage überhaupt nicht berührt. Sie „hätten aber, um der Aufgabe ein Genüge zu tun, sehr tief in die Natur der Vernunft, so fern sie bloß mit reinem Denken beschäftigt ist, hineindringen müssen, welches ihnen ungelegen war. Sie erfanden daher ein bequemeres Mittel, ohne alle Einsicht trotzig zu tun, nämlich die Berufung auf den gemeinen Menschenverstand. [...] So lange aber noch ein kleiner Rest von Einsicht da ist, wird man sich wohl hüten, diese Nothülfe zu ergreifen."[79] Kant hat natürlich damit Recht, dass Reid seine Position nicht begründen kann, da er eine nicht weiter zu begründende unveränderliche menschliche Natur postuliert. Menschliche Vernunft ist seiner Auffassung zufolge ohne den Glauben an bestimmte Prinzipien undenkbar: An die Evidenz einer fortdauernden Existenz der Welt, der Evidenz eines Selbst, welches über die Zeit fortbesteht, etc. Weil Reid den Ursprung dieser Annahmen der menschlichen Natur zuschreibt, können diese Evidenzen indes weder verifiziert noch falsifiziert werden. So fällt er unter sein eigenes Verdikt „metaphysischer Umnachtung".[80] Reids Begriff des Common Sense ist zu statisch. Sein direkter Realismus kann die unveränderliche menschliche Natur letztlich nur durch ein religiöses Fundament legitimieren.[81] Doch – und so lautet die Kernthese des kritischen Common Sense von Peirce – kann Kant seine Position letztlich ebensowenig begründen. Er kann sie nur postulieren und, wie Peirce betont, sind diese Postulate nicht vollständig von dem Common Sense ablösbar, dessen (veränderbare und vielleicht nur scheinbare) Evidenzen uns nicht alle durchsichtig und einsichtig sein können. Karl-Otto Apel fasst es so zusammen:

> „Der Critical Commonsensism hatte nach Kant und Hume, gewissermaßen durch alle modernen, konventionalistischen Radikalisierungen der Erkenntnis-Kritik hindurch, ein neues Philosophieren im Sinne Aristoteles zu ermöglichen; er hatte, unter dem methodischen Vorbehalt des Fallibilismus und des Meliorismus, den gewissermaßen proto-ontologischen Wahrheitsanspruch des Common Sense und der Alltagssprache, der in den Sätzen jeder noch so skeptischen und kritischen Philosophie ganz naiv fortlebt, mit sinnkritischem Bewußtsein zur Geltung zu bringen."[82]

Wenn Reid also auch eine Begründung für den Common Sense schuldig bleibt, wirft er doch die Frage nach den *Grenzen der Begründbarkeit von Überzeugungen* auf.[83] Diese Frage greift Peirce mit dem kritischen Common Sense auf und entwickelt sie weiter. So wird in der pragmatistisch-kritischen Version der Begriff des Common Sense dynamisch. *Was* in den Fundus des Common Sense eingeht, steht nicht von vornherein fest. Anstelle eines statischen reidschen Common Sense und anstelle überzeitlicher cartesianischer Gewissheiten, so postuliert der Pragmatismus von Peirce, bewegt sich Denken (und damit auch Handeln) zwischen den Polen des Zweifels und der Überzeugung innerhalb eines veränderbaren Common Sense. Dieses Wechselspiel ist unaufhebbar,

---

[79] Ebd.

[80] Reid, *Inquiry Into the Human Mind*, a.a.O., 127.

[81] Für eine ausführliche Diskussion siehe: Erich Lobkowicz, *Common Sense und Skeptizismus*, Weinheim 1986, 131

[82] Karl-Otto Apel, *Der Denkweg von Charles Sanders Peirce*, Frankfurt/M. 1967, 347f.

[83] Damit knüpft Reid in einem entscheidenden Punkt an die antike Skeptizismus-Diskussion an in ihrer Verwurzelung des philosophischen Fragens im alltäglichen Leben.

solange das Selbst handelt. Die peircesche Kritik am Begriff des Zweifels von Descartes lässt sich auf diese Weise auch von Reid herleiten. Für Reid liegen die Grenzen der Begründbarkeit in der Evidenz des Common Sense, der auf unveränderbaren Prinzipien fußt, an die das Selbst *glaubt*, für Kant liegen die Grenzen der Begründbarkeit in den Postulaten der praktischen Vernunft. Peirce situiert sich *zwischen* diesen beiden Positionen. Der Common Sense als dessen Handlungsbasis kann nicht apriorisch kritisiert werden, sondern nur in einer beständigen handelnden Erprobung. Der peircesche Pragmatismus richtet sich deswegen, wie auch die Theorien von Reid und Bain, von Anbeginn gegen philosophische Dualismen. Eine Gegenüberstellung von *res cogitans* und *res extensa,* von reiner Vernunft und *Ding-an-sich* widerspricht der pragmatistischen Rückbindung von Philosophie an den alltäglichen Handlungsraum des Common Sense, mit dem eine Zwei-Welten-Lehre inkompatibel ist. Die pragmatistische Frage*richtung* ist eine andere als die cartesianische oder die kantsche. Sie zielt auf das konstitutive Wechselverhältnis des handelnden Selbst und seiner Umgebung. In dieser Rückbindung der Philosophie an das Handeln und den alltäglichen Handlungsraum, ist der Pragmatismus der späten Philosophie Wittgensteins verwandt. In der Markierung ‚vorphilosophischen‘ Verstehens gibt es Parallelen zur Hermeneutik. Dabei darf man jedoch nicht die Tatsache vergessen, dass Peirce die Grundgedanken des Pragmatismus bereits 1877/78 formulierte.[84]

Zur historischen Einordnung: zwischen der Grundsteinlegung des Pragmatismus und der Formulierung des kritischen Common Sense liegt ein größerer Zeitraum. Letzterer entstand also auf der Grundlage des pragmatistischen Denkens, denn erst 1905 bezeichnet Peirce seine eigene Position in Teilen als *kritischen* Common Sense, als Variation der schottischen Common Sense-Philosophie, welche er gleichwohl von dieser in eingen Punkten unterscheidet:[85]

Im Unterschied zum schottischen Common Sense seien die unbezweifelbaren Überzeugungen und Schlüsse des kritischen Common Sense in dem Sinn unhintergehbar, dass sie „acritical" sind. Was heißt das, akritisch? Peirce erklärt zunächst, was er unter kritisch versteht: Kritisches Denken („reasoning") zeichnet sich dadurch aus, dass es vernünftig, überlegt und selbstkontrolliert sei. Es bewährt sich längerfristig in der Gewohnheitsbildung, im Handeln. Akritische Überzeugungen zeichnen sich dagegen dadurch aus, dass sie unkontrolliert sind und keinen Handlungsbezug enthalten. Akritische Schlüsse kommen durch Folgerungen aus anderen Überzeugungen zustande, die ebenfalls unkontrollierbar und ohne reellen und potenziellen Handlungsbezug sind, also nicht in einer selbstkontrollierten Gewohnheitsbildung münden. „There are, however, cases, in which we are conscious that a belief has been determined by another given belief, but are not conscious that it proceeds on any general principle. Such is St. Augustines ‚cogito,

---

[84] Vgl. etwa Klaus Oehler, Die Grundlegung des Pragmatismus durch Peirce, in: ders., *Sachen und Zeichen. Zur Philosophie des Pragmatismus*, Frankfurt/M. 1995, 18ff.

[85] Buchler hat Peirce' Analyse unter dem Titel „Critical Common-sensism" neben anderen zentralen Aufsätzen von Peirce in einer Sammlung herausgebracht. Neben *Issues of Pragmaticism* (*The Monist* 1905), die in Peirce' gesammelten Schriften unter CP 5.438, 453, 457 erschienen sind, sind darin Abschnitte aus dem Manuskript ms. c. 1905 zu finden. (CP 5.505–8, 511–16, 523–5) (Buchler 1955), 290.

ergo sum.' Such a process should be called, not a reasoning, but an *acritical inference*" (292). Während die unkritisierten, und man könnte hinzufügen, die *noch* unkritisierten Überzeugungen zukünftig kritisiert werden könnten, scheint es – das behauptet Peirce – akritische Schlussfolgerungen zu geben, die der rationalen Kritik unzugänglich bleiben. Während den *noch unkritisierten Überzeugungen* ein Zweifel zustoßen kann, denn sie sind in einem Handlungskontext situiert, scheinen akritische Schlüsse zu einem Ende gelangt zu sein und entheben sich damit dem möglichen Zweifel. Sie scheinen auf einer unbestimmten Ebene spekulativ-metaphysischen Denkens stattzufinden. Der wirkliche Zweifel, so betont Peirce an dieser Stelle, habe hingegen immer auch einen externen Ursprung, normalerweise in der Überraschung (292). Innerhalb spekulativen Denkens kann es keinen Zweifel dieser Art geben, weil es dem Handlungskontext enthoben ist. Man könnte hinzufügen: es wäre auch sinnlos, da auf der Ebene spekulativen Denkens die Rolle des Zweifels und der Überzeugung in gleicher Weise fiktiv blieben. Kritisches Denken hingegen ist für Peirce im Unterschied zu akritischem Denken immer in der ‚Realität' des je zu konkretisierenden Common Sense verankert.

Während die schottischen Denker davon ausgingen, dass die Prinzipien des Common Sense ahistorisch seien, sind sie für Peirce wandelbar. Doch geht Peirce, wie die Schottische Schule, von einer Instinktgebundenheit der ursprünglichen Überzeugungen (original beliefs) aus, die jedoch nur innerhalb einer ursprünglichen, er nennt es primitiven, Lebensweise stabil bleiben (293). Der entscheidende Unterschied zwischen schottischem und kritischem Common Sense besteht indessen darin, dass Peirce zufolge das akritisch Unbezweifelbare *vage* bleibt. (294). Während auf allgemeine Prinzipien (*generals*) das Prinzip des Widerspruchs anwendbar ist, gilt dies für das Vage nicht. Peirce gibt ein Beispiel: „Jeder Mensch ist sterblich." „Welcher Mensch?" „Jeder Mensch." Ein Beispiel für das Vage wäre: Das Orakel verkündet: „Diesen Monat wird ein großes Ereignis stattfinden" „Welches Ereignis?" „Oh, das wird sich zeigen. Das sagt das Orakel nicht" (295). Peirce zufolge liegt dabei das Unbezweifelbare des Vagen nicht daran, dass die Anstrengung des Denkens nicht groß genug sei, um das Vage zu präzisieren, nein, seine Unbezweifelbarkeit liege darin, dass akritische Überzeugungen *intrinsisch vage* seien (295). Das Beispiel des Orakels ist in dieser Hinsicht etwas irreführend, da die meisten Menschen nicht an Orakel glauben. Doch *wenn* man daran glaubt, sind seine Vorhersagen in der Tat unbezweifelbar, und je unbestimmter die Voraussage ist, umso weniger Angriffspunkte für Zweifel bieten sich. Ein anderes Beispiel, welches Peirce immer wieder nennt, ist die intrinsisch vage Überzeugung von einer Ordnung in der Natur. Die Kritik an vormals akritischen Überzeugungen kann nicht durch einen willkürlichen Akt zweifelnder Reflexion erfolgen. Durch eine neue Situation können dem Selbst Zweifel zustoßen, aber das Selbst kann diese Zweifels-Situation von sich aus *nicht* herbeiführen. Das Selbst kann den Zweifel nicht setzen, es ist dem Zweifel ausgesetzt.

Doch wenn sich Mensch und Umwelt verändern hieße das auch, dass sich unbezweifelbare Überzeugungen verändern, anders gesagt: Sie müssen sich erst entwickelt haben. Wie kann jedoch, so fragt Peirce, eine unbezweifelbare Überzeugung entstehen? Sicherlich nicht durch Zweifel, denn eine Überzeugung, die einmal den präzisierenden Prozess des Zweifels durchlaufen hat, kann nicht mehr als prinzipiell und akritisch unbezweifelbar gelten. „I see no reason for thinking that beliefs that were dubitable became indubitable" (296). Wie sich an dieser Stelle bereits andeutet, besteht ein enger Zusammenhang zwischen der Bildung von Überzeugungen und der von Gewohnheiten. Durch die Betonung der Instinktgebundenheit und der Gewohnheitsbildung kommt bei Peirce die Leibkörperlichkeit des Selbst bereits auf der Ebene des Denkens eine wichtige Rolle zu. Doch wie entwickeln sich die unbezweifelbaren Überzeugungen des Common Sense, die zuvor noch nicht bestanden, wenn man nicht von einem physikalistischen Determinismus ausgehen kann und wenn andererseits ihre Entwicklung nicht über den Zweifel erfolgen kann? Unter dem Einfluss des Darwinismus steht für Peirce fest, dass z.B. die Überzeugung von einer Ordnung der Natur in unseren Common Sense eingeflossen ist, die jedoch bei dem „somewhat primitive man" vermutlich noch nicht vorgelegen hat, mit anderen Worten: Die Evolution umfasst auch die Entwicklung von Überzeugungen. An Stellen wie diesen wird der Einfluss von Hegels Phänomenologie auf die Philosophie von Peirce deutlich. Peirce besteht – in den Worten von Hans-Peter Krüger, darauf, „Unbestimmtheit, Spontaneität und absoluten Zufall in der Natur selbst anzuerkennen".[86] Gegen Deterministen wie Spencer können mit Peirce die Naturgesetze selbst als Teil der Evolution betrachtet werden, die nicht in Opposition zum (Selbst-)Bewusstsein des Menschen stehen, sondern in einem naturgeschichtlichen Prozess miteinander verzahnt sind. Im Unterschied zu Hegel ist bei Peirce indessen eine Teleologie hin zum absoluten Geist nicht vorgesehen (auch wenn seine Idee einer Forschergemeinschaft als regulatives Ideal eine gewisse Teleologie in sich trägt). Im Vordergrund steht bei Peirce „die wechselseitige Übersetzung zwischen unserem gewohnheitsmäßigen Verhalten und unserem aufmerkenden Handeln ins Denken, sprich in neue Verhaltensweisen. Aus dieser Übersetzung kommen wir als menschliche Lebewesen nicht heraus."[87] Die Entwicklung von Überzeugungen, die in Handlungsgewohnheiten übergehen, wird bei Peirce also nicht intentionalistisch erklärt, sondern innerhalb seiner Semiotik als eine Art naturgeschichtlicher Prozess begriffen, wobei dieser Prozess – und darin besteht die Aktualität seines Gedankens – selbst vage bleibt, d.h. im Common Sense gefangen. Die jeweiligen Paradigmen, Prinzipien oder (Denk-) Gewohnheiten eines Common Sense bleiben dem einzelnen Selbst in seiner Vollständigkeit undurchsichtig, weil das Selbst zu ihnen keine beobachtende Perspektive einnehmen kann. Gleichwohl heißt das ebensowenig, dass die ‚List der Vernunft' im hegelschen Sinn hinter dem Rücken des Subjekts verläuft – der Common Sense enthält keine festgelegte, unveränderliche oder teleologische Gesetzmäßigkeit. Darüber hinaus ist das Selbst *Teil* des selbstverständlichen und vagen Common Sense. Darin unterscheidet sich der kritische Common Sense von der kritischen Philosophie, für die an dieser Stelle bei Peirce Kant Pate steht. „The needed new criticism must know whereon it stands; namely, on the beliefs that remain indubitable" (297). Der kritische Common Sense räumt also die Begrenztheit der Transparenz und der Selbstkontrolle seiner Überzeugungen ein.

---

[86] Hans-Peter Krüger, Die Semiosis lebendiger Augenblicke: Die Transformation der Hegelschen Unterscheidung zwischen Substanz und Subjekt im klassischen Pragmatismus, in: *Zwischen Lachen und Weinen*, Bd. II, a.a.O., 164.

[87] Ebd., 164.

Dieses Eingeständnis des kritischen Common Sense führt, so Peirce, zu einer hohen Wertschätzung des lebendigen Zweifels. „For what one cannot doubt one cannot argue about" (297). Unbezweifelbare Überzeugungen *scheinen* beweisbar zu sein. „But this admission must be accompanied by the emphatic denial that the indubitable [...] is ‚accepted'. It simply remains unshaken as it always was" (298). *Es besteht also ein entscheidender Unterschied zwischen einer Überzeugung, zu der man durch einen wirklichen Zweifel gelangt ist und Überzeugungen, die einfach ‚da sind'.* Die genannten Punkte führen zu einer interessanten Unschärfe: Die akritischen Überzeugungen (und Schlüsse) sind entweder akritisch, weil sie auf einem nicht bewussten allgemeinen Prinzip beruhen oder weil sie aufgrund ihrer Instinktgebundenheit intrinsisch vage sind. Und genaugenommen kann zwischen beiden Punkten prinzipiell nicht unterschieden werden, denn *solange* das Selbst eine Überzeugung hat, kann es nicht sagen, *warum* sie unbezweifelbar ist. Erst retrospektiv, nach dem Zweifel, kann das Selbst seinen Irrtum präzisieren. *Interessant für unseren Zusammenhang ist daran, dass die unbezweifelbaren Überzeugungen des Common Sense sich unentscheidbar zwischen vermeintlich apriorischen Prinzipien und vermeintlich instinktgebundener Natur bewegen.*

Peirce verdeutlicht seinen Punkt: Der Vorwurf seitens der kritischen Philosophie, die Philosophie des Common Sense akzeptiere eine Überzeugung als unbezweifelbar, *weil* sie es versäumt habe, sie zu kritisieren, verwechselt zwei Gebrauchsweisen des Begriffs ‚weil'. Weder die Philosophie des Common Sense noch das Selbst, welches seine Überzeugungen übernimmt, akzeptiert diese Überzeugungen *auf der Grundlage*, dass sie noch nicht kritisiert worden sind. Anders gesagt: Peirce zufolge unterstellt die kritische Philosophie der Philosophie des Common Sense mehr gedanklichen Spielraum, als dieser zur Verfügung steht (298).

Der Unterschied der beiden Gebrauchsweisen von ‚weil' besteht darin: Eine Überzeugung deswegen einzunehmen, *weil* sie als *unkritisierbar* angenommen wird im Sinn einer *Grundlage*, die über Kritik erhaben wäre, setzt einen Gottesstandpunkt voraus, von dem aus man gewissermaßen über den Tellerrand seiner Überzeugung hinaussehen könnte auf das, was nicht überzeugend, sondern bezweifelbar (kritisierbar) ist. Analog zum metaphysischen Zweifel, den Peirce an Descartes kritisiert, könnte man hier von einer *metaphysischen Überzeugung* sprechen. Demgegenüber hat der Common Sense Überzeugungen, weil sie – im Sinn der zweiten Gebrauchsweise von ‚weil' – *noch* nicht kritisiert wurden: Ihre Anfechtbarkeit wird erst retrospektiv erkennbar. Aus der jeweiligen Perspektive des Common Sense werden dessen Überzeugungen nicht aus einem selbstkontrollierten Entschluss heraus nicht bezweifelt (und d.h. auch: kritisiert), sondern sie erscheinen als absolut wahr. Ihre potenzielle Zweifelhaftigkeit liegt zu diesem Zeitpunkt nicht im Bereich des Denkbaren. Das ist der Charakter des Vagen, von dem Peirce spricht. „For in the first place, to criticize is *ipso facto* to doubt, and in the second place criticism can only attack a proposition after it has given it some precise sense in which it is impossible entirely to remove the doubt" (298). Was Peirce hier mit dem Vagen des Unbezweifelbaren beschreibt, ist das perspektivische Problem der Abstandslosigkeit innerhalb eines Common Sense. Das, woran das Selbst nicht zweifelt, ist nicht irrational im Sinn einer unlogischen oder widersprüchlichen Behauptung. Die akritischen Überzeugungen sind eher *arational* in dem Sinn, dass sie dem Selbst nicht durchsichtig sind. Sie stehen nicht zur Disposition, sondern sind Teil eines Common Sense, und d.h. auch einer Lebensform.[88] Die mögliche Bestimmbarkeit von Überzeugungen erweist sich erst in der Zukunft durch ihre Präzisierung im Zweifel und in der handelnden Umsetzung, sie lässt sich indessen nicht rückwärts vom gegenwärtigen Standpunkt aus rekonstruieren. Der Übergang vom Begriff der Überzeugung zu dem der Gewohnheit ist dabei fließend, und die Faszination (sowie die Schwierigkeit) des peirceschen Denkens besteht gerade in diesem Mittelweg zwischen einer eher naturgeschichtlichen und einer phänomenologischen (und später idealistischen) Beschreibung von Denkprozessen, wie Peirce humorvoll illustriert: „Every decent house dog has been taught beliefs that appear to have no application to the wild state of the dog; and yet your trained dog has not, I guess, been observed to have passed through a period of scepticism on the subject" (296). In der Instinktgebundenheit des Common Sense und der Überzeugungen bei Peirce wird ein weiterer entscheidender Unterschied zu Hegels Phänomenologie erkennbar: Überzeugungen entstehen im Wechselspiel von leibkörperlichem, gewohnheitsmäßigem Verhalten und differenzierendem Handeln.[89]

Peirce schlägt also einen Mittelweg zwischen Reid und Kant ein: Da die Annahmen des Common Sense historisch kontingent sind, so der kritische Aspekt des kritischen Common Sense, *sollten* scheinbar unbezweifelbare Überzeugungen, die dem Common Sense zugeschrieben werden, kritisiert werden. Darin setzt Peirce Kant fort: Aufklärerisches Denken muss seine Vorurteile durch kritische Reflexion ausräumen. Dennoch sind dem kritischen Denken Grenzen gesetzt, und darin folgt Peirce Reid: Der Common Sense ist als Gewohnheit, die sich in den Überzeugungen des Selbst niederschlägt, Teil des Selbst, dessen Abstandslosigkeit es unmöglich macht, *prinzipiell und abschließend* Common Sense-Überzeugungen auszuräumen. Die aufklärerische Aufgabe, jede Überzeugung und jedes Urteil selbst wieder einer Kritik zu unterziehen, kann für Peirce, so möchte ich zusammenfassen, aus zwei Gründen niemals abschließend gelöst werden:

Der logische Grund ist, dass diese Aufgabe unweigerlich in einen infiniten Regress führte. Jede Überzeugung müsste durch die Kritik auf ein Prinzip zurückgeführt werden, welches selbst kritikwürdig wäre, andernfalls zugegeben werden müsste, dass es sich um ein Postulat handelt. Doch ein Prinzip als Postulat ohne Begründung unterscheidet sich nicht wesentlich von reidschen Prinzipien des Common Sense. Die Schlussfolgerung, die Peirce zieht, ist deswegen, dass die Kategorien der kritischen Philosophie (seit Kant) selbst Ausdruck eines Common Sense sind: „We see clearly that Kant regards Space, Time, and his Categories just as everybody else does, and never doubts or has doubted their objectivity." Deswegen kann er behaupten, dass „Kant (den ich mehr als bewundere) nicht viel mehr als ein gewissermaßen verwirrter Pragmatist ist" (299f.). Doch zugleich hält Peirce an diesem Punkt an Kant fest und, wie weiter oben skizziert, führt die kantsche Idee des Postulats weiter. So wird „für den Pragmatismus alles

---

[88] Hilary Putnam benutzt den Begriff des *Arationalen* in bezug auf den (religiösen) Glauben bei James und bei Wittgenstein: „James war ebenso wie Wittgenstein der Überzeugung, dass der religiöse Glaube weder rational noch irrational ist, sondern *arational.*" Putnam, Deweys Politikbegriff – eine Neubewertung, in: Ders., *Für eine Erneuerung der Philosophie*, Stuttgart 1997, 242.

[89] Krüger, Die Semiosis lebendiger Augenblicke: Die Transformation der Hegelschen Unterscheidung zwischen Substanz und Subjekt im klassischen Pragmatismus, a.a.O., 163.

Erkennen ein Postulieren".[90] Das Selbst postuliert, es setzt, und es ist zugleich seinen Setzungen ausgesetzt.

Doch: „Even in our most intellectual conceptions, the more we strive to be precise, the more unattainable precision seems" (295). Das Selbst kann sich demzufolge nicht aussuchen, *wovon* es überzeugt ist und *woran* es zweifelt.[91] Eher ist es umgekehrt: Durch den Zweifel stellt das Selbst fest, *wer* es ist. Daraus erklärt sich auch, warum Peirce so entschieden gegen Descartes hält, man könne nicht willentlich zweifeln: „A proposition that could be doubted at will is certainly not *believed*." Diese falsche Position schreibt Peirce auch ‚dem kritischen Philosophen' zu: Kant „seems to opine that the fact that he has not hitherto doubted a proposition is no reason why he should not henceforth doubt it. (At which Common-Sense whispers that, whether it be ‚reason' or no, it will be a well-nigh insuperable *obstacle* to doubt)" (299). *Das Unbezweifelbare ist für das Selbst, solange es noch nicht daran gezweifelt hat, unhintergehbar vage, darin ist das Selbst dem Common Sense ausgesetzt.* Es kann seine eigenen Überzeugungen nicht durch Introspektion nochmals reflektieren.

Weder die Prinzipien des Common Sense noch die der kritischen Philosophie sind transparent, denn das Selbst kann aus seiner jeweiligen partikularen Perspektive nicht abschließend entscheiden, ob es sich bei seinen Überzeugungen um berechtigte Prinzipien, instinktgebundene Gewohnheiten oder bloß um Meinungen des Common Sense handelt. Einziges Kriterium ist die potenzielle Handlungsrelevanz seiner Überzeugung. Durch den Bezug auf zukünftiges Handeln begründet Peirce also die Verzeitlichung des Common Sense (im Unterschied zu Reid). Dieser unterliegt den Veränderungen einer unbestimmten Zukunft.

Kritischer Common Sense und Realismus

Peirce' Theorie des Vagen enthält jedoch noch eine zweite Pointe, die mit seiner spezifischen realistischen Position zusammenhängt, in deren Zusammenhang Peirce sich auf den Universalienrealismus des Scholastikers Duns Scotus bezieht. Der Realismus von Peirce unterscheidet sich daher von anderen Spielarten des Common Sense-Realismus, wie er heute etwa von Putnam vertreten wird. Er hängt eng mit seiner gesamten Theoriearchitektur, insbesondere seiner Semiotik, zusammen. In Anknüpfung an den Universalienstreit wirft Peirce einem Teil der Philosophiegeschichte vor, fälschlicherweise am Nominalismus festgehalten zu haben: Als Nominalismus kritisiert er jedoch nicht die Weigerung, die Existenz von Allgemeinbegriffen anzuerkennen. Er kritisiert vielmehr, „daß [der Nominalismus] die prinzipielle Abhängigkeit der Universalien von möglicher Zeichenrepräsentation der Welt nicht mit der objektiven Geltung der Universalien zu vereinbaren

---

[90] Oehler, Axiome als Postulate – Grundzüge der Philosophie des Pragmatismus, in: *Mathesis. Festschrift für Matthias Schramm*, a.a.O., 33.

[91] „Indem Peirce die These von der absoluten Voraussetzungslosigkeit und Vorurteilsfreiheit als Fiktion durchschaut und die ‚Selbstverständlichkeiten' der Erfahrung als praktisch unbezweifelbare Prämissen erkennt, rückt er in den Kreis derjenigen Denker, die, wie zuerst Vico und zuletzt Heidegger, in großem philosophischen Stil die Geschichtlichkeit und damit die Vorstruktur des Verstehens aufgedeckt haben." Oehler, *Sachen und Zeichen*, a.a.O., 31.

vermag".[92] Peirce' Kritik richtet sich gegen die Annahme prinzipiell nicht in Zeichen fassbarer Dinge-an-sich.[93] Dieser Vorwurf umfasst die Kritik an einem Erkenntnisbegriff, nach dem die Dinge nur als Wirkungen auf das Bewusstsein erkennbar sind. Diese von ihm auf Augustinus zurückgeführte Annahme des Bewusstseins als Gefäß, dessen Inhalt durch Introspektion erfasst werden könnte, während die Existenz der Außenwelt grundsätzlich problematisch wird, ist für Peirce nicht haltbar. Apel fasst es so:

> „Erkenntnis ist für Peirce weder Affiziertwerden durch Dinge-an-sich, noch Intuition gegebener Daten, sondern ,Vermittlung' (,mediation') einer konsistenten Meinung über das Reale."[94]

Peirce hat diese spezifische realistische Position bereits 1868 in seinen beiden Abhandlungen *Fragen bezüglich gewisser Vermögen, die für den Menschen in Anspruch genommen werden* und *Einige Konsequenzen aus vier Unvermögen* in Abgrenzung zu Descartes entwickelt. Peirce hatte vier Vermögen in Abrede gestellt: Er lehnt darin zum einen Introspektion und Intuition ab, zum anderen hält er jedes Denken unabhängig von Zeichen für unmöglich, ebenso wie er es für unmöglich hält, einen Begriff von etwas absolut Unerkennbarem zu haben. Während die ersten beiden Punkte auf den Subjektbegriff von Descartes zielen, sind die letzten beiden Punkte für den Realismus von Peirce entscheidend. Introspektion und Intuition sind aus Sicht von Peirce keine sinnvollen Begriffe, um Denken zu beschreiben, weil darin von einer inneren Instanz des Selbst ausgegangen wird, die sich auf nichts anderes als eben auf sich selbst berufen kann. Das Selbst setzt seinen eigenen Glauben absolut und beansprucht für seine Intuition eine Autorität, die ebenso unbegründet bleiben muss, wie der der mittelalterlichen äußeren Autorität. Die verschiedenen Stufen der Gewinnung einer Überzeugung, die Peirce später in *Die Festlegung einer Überzeugung* beschreibt, haben hier ihre Wurzel.[95]

Der grundsätzliche Zweifel an der Existenz des Realen ist aus Sicht von Peirce eine sinnlose Frage. In diesem Sinn sieht Apel in Peirce „eines der frühesten Zeugnisse für das [...] sinnkritische Niveau eines Philosophierens, das nicht mehr glaubt, sich außerhalb der Welt aufstellen zu können und ihre Existenz zu beweisen".[96] Der Realismus von Peirce ist jedoch ohne seine Kategorienlehre unverständlich, die ich hier nur kurz

---

[92] Karl-Otto Apel, *Der Denkweg des Charles S. Peirce. Eine Einführung in den amerikanischen Pragmatismus*, Frankfurt/M. 1970, 44f. Vgl. dazu auch Oehler, *Charles Sanders Peirce*, a.a.O., 135f und Ludwig Nagl, *Charles Sanders Peirce*, Frankfurt/M. 1992, 97.

[93] Apel, a.a.O., 45.

[94] Ebd., 46.

[95] Vgl. auch Oehler, *Sachen und Zeichen*, a.a.O., 29. An diesem Punkt (wie an vielen anderen) kann man den oft zu wenig beachteten Einfluss von Peirce auf Rorty sehen, denn 120 Jahre später kritisiert Rorty die Annahme der Unkorrigierbarkeit des Mentalen im Sinn untrüglicher Introspektion als eine normative Autoritätsstruktur, die es in Frage zu stellen gilt. Vgl. Robert B. Brandom: Vocabularies of Pragmatism: Synthesizing Naturalism and Historicism, in: Brandom (Hg.), *Rorty and His Critics*, Malden 2000.
Zu einem Vergleich von Rorty und Peirce in Form eines fiktiven Gesprächs siehe: Susan Haack, „We Pragmatists ...": Peirce and Rorty in Conversation, in: *Manifesto of a passionate Moderate*, Chicago 1998, 31–48.

[96] Apel, *Der Denkweg des Charles S. Peirce. Eine Einführung in den amerikanischen Pragmatismus*, a.a.O., 102.

umreißen kann: Peirce unterscheidet Erstheit, Zweitheit und Drittheit als grundlegende Kategorien voneinander. Sie bilden die Basis seiner Semiotik und sind für seine Theoriearchitektur fundamental.[97] Wichtig in unserem Zusammenhang ist, dass Peirce einen triadischen Gegenentwurf zum kantschen Dualismus entwickelt hat. Während Erstheit die diffuse, man könnte sagen: vorreflexive Gefühlsqualität bezeichnet (die sich in vagen Überzeugungsgewohnheiten manifestieren kann) und Drittheit die generelle Allgemeinheit von Begriffen kennzeichnet, ist mit Zweitheit der Moment der Widerständigkeit von Erfahrung gemeint, wie er im Zweifel zum Ausdruck kommt. Peirce vertritt daher keinen einfachen Abbildrealismus. Vielmehr ist der Realitätsbegriff im Rahmen seiner Semiotik und Kategorienlehre zu verstehen, in der Erkenntnis in einem triadischen System von Zeichen, Objekt und Interpretant fortschreitet. Kein Objekt wird direkt wahrgenommen, ebensowenig gibt es ein prinzipiell unerkennbares Ding-an-sich. Peirce will stattdessen das Ding-an-sich „durch die Idee einer (verschiebbaren) Begrenztheit, einer Falsifizierbarkeit und ‚Meliorisierbarkeit' unseres Wissens ersetzen".[98] In diesem Zusammenhang ist der Begriff des Vagen von Peirce zu verstehen: Innerhalb der peirceschen Theorie ist das Vage real, denn es entspricht dem gegenwärtigen Wissensstand auf dem Weg zur Erkenntnis des Realen in dem spezifisch semiotischen peirceschen Sinn.

Umgekehrt lässt sich sagen, dass das Unbezweifelbare an unseren Überzeugungen, weil es intrinsisch vage ist, imperfekt und fallibel bleibt. Das Unbezweifelbare kann aus Sicht von Peirce nicht von einem einzelnen Selbst bestimmt werden, sondern sich nur – auf lange Sicht – in einem Common Sense bewähren, den Peirce später als Forschungsgemeinschaft kennzeichnen wird.[99] Doch warum sollten wir annehmen, dass alle Menschen denselben Common Sense teilen? Wie Peirce selbst bemerkt: „No communication from one person to another can be entirely definite, i.e., non-vague [...]. It should never be forgotten that our own thinking is carried on as a dialogue, and though mostly in a lesser degree, is subject to almost every imperfection of language."[100] Die Idee einer Forschergemeinschaft, in der es zu einer Einigung über die Wahrheit der Realität kommen könnte, ist daher letztlich ein Ideal, welches selbst *intrinsisch vage* bleibt. Es ist genaugenommen arational. Der Common Sense bei Peirce nimmt in dieser Hinsicht eine ambivalente Doppelrolle ein: Er stellt zum einen die unbestimmte Basis von Denken und Handeln dar, zum anderen bildet er auch eine Art regulatives Ideal der Forschergemeinschaft, die sich einem Konsens, einem Common Sense annähert, in dem der Konsens mit der Realität deckungsgleich wird.

> „This activity of thought by which we are carried, not where we wish, but to a fore-ordained goal, is like the operation of destiny [...] The opinion which is fated to be ultimately agreed by

---

[97] Zu einer Einführung in die Kategorienlehre von Peirce siehe Nagl, *Charles Sanders Peirce*, a.a.O., 85–107.

[98] Ebd., 26.

[99] Zu dem Zusammenhang von Common Sense und Forschergemeinschaft siehe Oehler, *Peirce*, a.a.O. Vgl. zu einer Detailstudie zu Reids Begriff des Common Sense und seines Zusammenhangs mit Peirce' Begriff der Forschergemeinschaft, Lobkowicz, *Common Sense und Skeptizismus*, a.a.O., insbes. 113.

[100] Peirce, Critical Common-sensism, a.a.O., 295.

all who investigate, is what we mean by the truth, and the object represented in this opinion is the real. That is the way I would explain reality."[101]

Der utopisch-zukünftige Begriff des Common Sense bei Peirce bleibt jedoch problematisch, weil er, wie wir noch sehen werden, zu eng an einem Wissenschaftsbegriff festhält, der die Alltagsverankerung pragmatistischen Denkens in ihrem Gesamtumfang zu sehr reduziert. Peirce' Theorie bliebe stringenter, wenn er den Begriff des zukünftig-utopischen Common Sense nicht schon im Vorwege auf das Bild der Forschergemeinschaft beschränkte und so den Spielraum der Entwicklung durch (möglicherweise eingeschränkte) Überzeugungen verstellte.

Doch welche Konzeption des Selbst liegt dem kritischen Common Sense von Peirce zugrunde? *Wie* kann es für das Selbst möglich sein, den Common Sense zu kritisieren, wenn es nicht willentlich zweifeln kann? Wodurch bleiben dem Selbst in diesem Konzept Spielräume für Handlungsfähigkeit erhalten? Peirce behauptet als *kritischer Common Sensist* einen „high esteem for doubt. He may almost be said to have a *sacra fames* for it. Only, his hunger is not to be appeased with paper-doubts."[102] Doch was ist ein wirklicher Zweifel? Und muss zu dessen Klärung nicht festgelgt werden, was eine wirkliche (im Unterschied zu einer vagen oder metaphysischen) Überzeugung ist?

I.1. Negative Partikularität. Der Zweifel bei Peirce

Warum erheben die Pragmatisten überhaupt Zweifel und Glauben zu den Grundkategorien ihres Denkens? Warum nicht Angst und Glück oder Unwissenheit und Wissen? Der Grund ist folgender: Sowohl Zweifel als auch Glaube (in dem spezifisch pragmatistischen Sinn) sind weder rein phänomenologische oder existenzielle Beschreibungen von subjektiven Befindlichkeiten wie Angst oder Glück, sie beschreiben jedoch ebensowenig rein kognitive Zustände in Hinblick auf eine Objektivität. Zweifel und Glaube sind deswegen neuralgische Punkte für das Selbst im Pragmatismus, weil sie die *Überschneidung des subjektiven und des objektiven Fokus im Problemfeld des Handelns aufzeigen.* Darüber hinaus wird im Zweifel und in der Überzeugung die Partikularität des Selbst manifest. Ein Zweifel ist immer auch ein Selbstzweifel, zugleich bezieht er sich auf etwas. Eine Überzeugung ist auch eine Selbstüberzeugung. Der Pragmatismus reflektiert mit der Zentralität von Zweifel und Überzeugung selbst einen spezifischen philosophischen Common Sense im Ausgang des 19. Jahrhunderts: Der optimistische Glaube an die Naturwissenschaften, wie er v.a. von Peirce hochgehalten wird, setzt sich bewusst ab gegen den vormodernen Glauben, der in seiner Autoritätsstruktur noch dem religiösen Glauben verhaftet blieb, aus dessen Perspektive der Zweifel Sünde war.

In seiner ersten programmatischen pragmatistischen Schrift *Die Festlegung einer Überzeugung* (1877) setzt Peirce auf einer basalen Ebene an: „Wir wissen im allgemeinen, wann wir eine Frage stellen und wann ein Urteil aussprechen wollen, denn die

---

[101] Peirce, How to Make Our Ideas Clear, in: Buchler (Hg.), a.a.O., 38f.
[102] Ders., Critical Common-sensism, a.a.O., 297.

Empfindung des Zweifelns und des Überzeugtseins sind verschieden."[103] Zweifel bilden den partikularen Auftakt jeden Denkprozesses, sie beschreiben den alltagsweltlichen Ausgangspunkt jeden Philosophierens diesseits von Fundamentalismus und Skeptizismus. Dieser Auftakt im Zweifel ist kein absoluter Neuanfang im Denken, sondern knüpft immer an einen bestehenden Common Sense an. Die Überzeugung als Grundlage des Handelns, die sich als Gewohnheit absetzt, würde ohne den potenziellen Zweifel, der Korrekturen ermöglicht, erstarren.

Wie ich meine, ist für den Zweifel als Movens des Selbst dabei zentral, dass in ihm *der Zweifel an der eigenen (theoretischen, praktischen, alltäglichen) Verortung* mitenthalten ist. Er enthält die *Ungewissheit* der eigenen Verortung angesichts einer neuen Situation. Er rückt die eigene Perspektivität des Denkens in den Blick. An diesem Punkt setzt Peirce an: „Aber einen Satz bloß in interrogative Form zu setzen, regt den Verstand keineswegs an, nach einer Überzeugung zu streben. Es muß ein wirklicher und lebendiger Zweifel da sein, ohne ihn ist jede Diskussion wertlos" (70). Philosophisch berechtigt sind aus seiner Sicht nur lebendige Zweifel, nicht aber theoretische Universalzweifel. „Let us not pretend to doubt in philosophy what we do not doubt in our hearts."[104] Mit dem partikularen Zweifel ist sowohl die eigene partikulare Perspektive als auch der Kontext infrage gestellt, in dem sich das Selbst befindet. Denn das Selbst hat seine Überzeugungen nie alleine, es teilt sie in einem faktisch-fiktiven Common Sense, einem supponierten Wir, welches durch den Zweifel erst sichtbar und darin zugleich erschüttert wird. Während das Selbst in der Überzeugung ein Wir voraussetzt, ist es im Zweifel zunächst allein, es ist darin gewissermaßen ohne doppelten Boden, weil es vorübergehend *nicht weiß, ob sein Zweifel berechtigt ist oder nicht.* Es setzt sich der Gefahr der Sinnlosigkeit aus. Wenn ein Charakteristikum von höheren Lebewesen Schmerzempfindlichkeit ist, so könnte man sagen, dass ein Charakteristikum von Menschen ihre Zweifelsempfindlichkeit ist. Der wirkliche Zweifel ist dem Schmerz darin verwandt, dass er das Selbst angreift, nur dass der Zweifel bereits die Einwilligung zu diesem Angriff mitumfasst. Das Selbst setzt sich im Zweifel der potenziellen Sinnlosigkeit aus.

Handlung findet *zwischen* Zweifel und Überzeugung/Glauben statt. Das Selbst in seiner Handlungsfähigkeit bildet sich in dem richtigen Zusammenspiel beider: Der Zweifel abzüglich jeglichen Glaubens führt zur Verzweiflung, Der Glaube abzüglich jeglichen Zweifels führt in den Wahn. Die leitende Fragestellung in *Die Festlegung einer Überzeugung* ist ihre Verhältnisbestimmung. Doch auch in den späteren Schriften von Peirce und, wie ich meine, vom Pragmatismus insgesamt, wird dieses Wechselverhältnis, wenn auch in transformierter Form, einen zentralen Stellenwert beibehalten. Peirce übernimmt von Bain die psychologisch-phänomenologische Perspektive: Es besteht ein Unterschied in der Haltung, die typischerweise den Zweifel begleitet (der Wunsch, eine Frage zu stellen) und derjenigen, die die Überzeugung begleitet (der Wunsch, ein Urteil zu fällen). Das Charakteristikum ist dabei die Verwobenheit von

---

[103] Ders., Die Festlegung einer Überzeugung, in: *Pragmatismus*, mit einer Einleitung versehen und hg. von Ekkehard Martens, Stuttgart 2002, 68.

[104] Ders., Some Consequences of Four Incapacities, in: Buchler (Hg.), *Philosophical Writings of Peirce*, a.a.O., 229.

psychologischen und philosophischen Bestimmungen. Der Zweifel ist ein unangenehmer und unbefriedigender Zustand, von dem wir bemüht sind, uns zu befreien und aus dem wir in den Zustand des Glaubens übergehen wollen. Der Glaube hingegen stellt einen beruhigenden und befriedigenden Zustand dar, den wir nicht vermeiden oder in einen anderen Glauben umwandeln wollen. Der Zweifel verweist darüber hinaus *auf etwas*. Der Unterschied zum metaphysischen Zweifel besteht in dieser präzisierenden Bezugnahme innerhalb eines spezifischen Kontextes. Im ‚echten‘ oder lebendigen peirceschen Zweifel wird das Vage bestimmt, das auch den Überzeugungen des Common Sense anhaftet. Dieser Unterschied hat Konsequenzen für das Konzept des Selbst, auch wenn Peirce diese Konsequenz nicht explizit benennt: *Zweifel machen die eigene Haltung längerfristig sichtbar, Überzeugungen machen die eigene Haltung unsichtbar.* Als unausdrückliche Haltungen sind sie dem Selbst oftmals nicht bewusst. „[W]hat you cannot in the least help believing is not, strikly speaking, wrong belief. In other words, for you it is the absolute truth.“[105] Als unausdrückliche, unbewusste Haltungen werden sie vom Selbst distanzlos für-wahr-gehalten, und in diesem Sinn sind sie für das Selbst absolut wahr. Das Gefühl der Überzeugung ist darüber hinaus ein mehr oder weniger verlässlicher Hinweis darauf, dass sich in unserem Selbst eine Gewohnheit etabliert hat, die unsere Handlungen bestimmt. „Das Wesen der Überzeugung ist die Einrichtung einer Gewohnheit“,[106] Zweifel haben niemals diese Wirkung.[107] Überzeugungen bilden als sedimentierte Gewohnheiten die Basis, auf der das Selbst denkt und handelt, und sie sind dem Selbst nicht durch Introspektion durchsichtig. Erst der Zweifel verschiebt die Perspektive. Jeder Zweifel setzt also in einem Kontext unbezweifelter, für absolut wahr gehaltener akritischer (und d.h. vager) Überzeugungen an, aus denen sich die Gewohnheiten des Selbst bilden, und aus denen sich sozial verallgemeinert der Common Sense bildet. Der Zweifel ist immer auch ein Zweifel an dieser Basis, von der das Selbst Bestandteil ist. Wenn diese Basis der Alltagswelt nicht erschüttert wird, handelt es sich um keinen echten Zweifel. Der Zweifel zeichnet sich in dieser Hinsicht durch einen Mangel aus – einer Situation ermangelt es an Überzeugung und Gewohnheit, es kommt zu einem Zögern, zu einem Handlungsaufschub.

Sogar Philosophie setzt immer in der partikularen „Geistesverfassung“ des Selbst an, im Kontext des jeweiligen Common Sense unreflekterter Überzeugungen, die als solche dem Selbst undurchsichtig sind.

> „Philosophen verschiedenster Richtung schlagen vor, dass die Philosophie von dieser oder jener Geistesverfassung ausgehen soll, in der kein Mensch, am wenigsten aber ein Anfänger in der Philosophie, sich tatsächlich befindet. [...] In Wahrheit gibt es jedoch nur einen Geisteszustand, von dem aus man ‚aufbrechen‘ kann, nämlich genau den Geisteszustand, in dem man sich zu der Zeit, in der man ‚aufbricht‘, tatsächlich befindet.“[108]

---

[105] Ders., The Essentials of Pragmatism, in: Buchler (Hg.), a.a.O., 258.
[106] Ders., *Über die Klarheit unserer Gedanken*. Einleitung, Übersetzung, Kommentar von Klaus Oehler, Frankfurt/M. 1985, 55.
[107] Ders., Die Festlegung einer Überzeugung, in: Martens, *Pragmatismus*, a.a.O., 68.
[108] Ders., Was heißt Pragmatismus?, in: Ebd., 107.

Alles, woran wir nicht zweifeln und noch nie gezweifelt haben, erscheint uns aus unserer partikularen Perspektive zunächst als absolut unbezweifelbar. Sie lässt sich mit dem Zustand der Gesundheit vergleichen, welcher erst erkennbar wird, wenn man erkrankt. Durch eine Krankheit wird die Aufmerksamkeit auf den Körper gerichtet, darauf, dass man sich z.B. unbemerkterweise schlechte Körpergewohnheiten angeeignet hat, falsche Haltungen, die zuvor selbstverständlich waren. Durch die Krankheit wird das Selbst nicht nur in seiner selbstverständlichen Gesundheit erschüttert, sondern darüber hinaus wird die vermeintlich selbstverständliche Gesundheit potenziell fragwürdig: Man fängt bspw. an, über Ernährungs- oder Bewegungsgewohnheiten nachzudenken und ihre vormalig selbstverständliche Berechtigung in Frage zu stellen. Ebenso ist es mit dem Zweifel: Durch den Zweifel wird nicht nur die Zweifelhaftigkeit der gegenwärtigen Zweifels-Situation fühlbar, sondern die potenzielle Zweifelhaftigkeit jeder Überzeugung. Im Alltag jedoch nehmen wir die Dinge als selbstverständlich wahr hin, solange wir problemlos handeln können. Im Zweifel kommt es also zum einen zu einer Erschütterung der Basis des Selbst, zugleich kommt es zu einer Fokussierung. Das Vage wird greifbar, das Unbestimmte nimmt Gestalt an. Auch das Selbst nimmt darin Kontur an und tritt aus dem Vagen heraus. Der Wirklichkeitsbezug dieser Konturen erweist sich indessen erst im Handeln.

Erfinderische Moral: Die Evolution des Zweifels.
Die vier Methoden zur Festlegung einer Überzeugung bei Peirce

Wie aber kommt das Selbst zu einer Festlegung von *berechtigten* und reflektierten Überzeugungen, die nicht bloß als absolut wahr *erscheinen*? Das ist die Frage, die Peirce in *Die Festlegung einer Überzeugung* stellt. Darin zeichnet Peirce eine Genealogie der Festlegbarkeit von Überzeugungen durch das Ausräumen unterschiedlich komplexer Zweifel nach. Peirce beschreibt dort seine vier berühmt gewordenen Methoden zur Festlegung einer Überzeugung: Die Methode der *Beharrlichkeit*, der *Autorität*, des *Apriori* und der *Wissenschaft*. Mit jeder Stufe wird der Zweifel komplexer und umfassender, und mit jeder wird die Überzeugung aus Sicht von Peirce berechtigter und objektiver:

Die *Methode der Beharrlichkeit*, die einfachste und erste Stufe, besteht darin, an seinen eigenen Überzeugungen prinzipiell nicht zu zweifeln, ganz gleich, ob die Überzeugungen sich als erfolgreich erweisen oder nicht. Es handelt sich also genaugenommen um eine Vorstufe des Zweifels, denn der Beharrliche zweifelt gar nicht. Dennoch: Es besteht hier bereits eine Differenz zu den oben beschriebenen Überzeugungen, die einfach als absolut wahr erscheinen. Auf der Stufe der Beharrlichkeit stehen Überzeugungen dadurch fest, dass sie ohne Begründung affirmiert werden. In dieser Affirmation findet schon eine Positionierung statt, die sich gegen andere Positionen behaupten kann. Das ist gegenüber einer *akritischen und vagen* Überzeugung, wie sie Peirce im *kritischen* Common Sense beschreibt, eine Weiterentwicklung. Das Selbst greift Aspekte des Common Sense auf und eignet sie sich dadurch an, dass es sie *als seine eigenen* betrachtet. Diese Stufe stellt gegenüber einer vorreflexiven Ebene, auf der keinerlei Aneignung stattfindet, einen Fortschritt dar. *Das Selbst setzt sich*, wenn auch nur durch unbegründete Affirmation einer Position. Auf lange Sicht, so Peirce, scheitert diese

Methode jedoch an der Alltagsrealität. Interessanterweise erklärt Peirce die Weiterentwicklung zur nächsthöheren Stufe durch die soziale Realität, durch einen „sozialen Impuls" – man könnte auch sagen: einen *Gemeinsinn* – und nicht etwa durch Wissenszuwachs.[109] Für die Frage nach dem zweifelnden Selbst ist dieser Punkt wesentlich: Es entwickelt sich dadurch weiter, dass *seine eigene Setzung, seine eigene Positionierung als partikulare und d.h. in ihrer Ausgesetztheit* sichtbar wird, nicht dadurch, dass die eine oder andere Meinung angesichts abstrakter Wahrheitskriterien falsch ist. Die eigene Setzung, die zuvor abstandslos als absolut wahr galt, gibt sich negativ als Zweifel zu erkennen: Denn *es gibt keinen Grund*, warum das Selbst seine Setzung über die Setzung anderer hinwegsetzen sollte. Der Zweifel führt zu einer Verunsicherung in der eigenen Setzung. Durch die Reflexion auf die eigenen Setzungen verschiebt sich der Fokus von dem einzelnen Selbst auf die Setzungen anderer. „Diese Vorstellung, dass das Denken oder Fühlen eines anderen Menschen dem eigenen gleichwertig sein kann, ist unverkennbar ein neuer Schritt" (73). Entscheidend ist jedoch folgendes: Die Feststellung der Gleichwertigkeit in der Bezugnahme auf andere setzt nicht durch die Annahme einer abstrakten Universalität ein, sondern durch ein *Zurückgeworfenwerden auf die eigene Partikularität in ihrer Begrenztheit durch den Zweifel*. Doch wie Peirce feststellt, enthält der Zweifel ein verunsicherndes Moment, welches nicht dauerhaft aufrechterhalten werden kann. Das Selbst strebt wieder nach Versicherung in einer Überzeugung. Wenn aber die fehlende Berechtigung der Beharrlichkeit erkennbar geworden ist, bedarf es einer anderen Versicherung. Die nächste Stufe, die Peirce beschreibt, ist also das Ausräumen des Zweifels durch eine Rückversicherung, die über das partikulare Selbst hinausgeht, „daraus entsteht nun das Problem, wie wir eine Überzeugung nicht bloß in einem Individuum festlegen, sondern in der Gemeinschaft" (73).

Ein verbreiteter und in der Geschichte der Menschheit ausgesprochen erfolgreicher Kurzschluss, der aus dieser Reflexion resultiert, ist die von Peirce so genannte *Methode der Autorität*. Die Bildung von Überzeugungen liegt in der Hand weniger, die den Common Sense gewaltsam setzen und *durchsetzen*. Die Methode der Autorität stellt die gesellschaftlich verallgemeinerte Form der Methode der Beharrlichkeit als Affirmation der eigenen Positionierung dar. Die Suche nach dem Unbezweifelbaren wird hier mit Gewalt beantwortet. Der Zweifel wird zum Schweigen gebracht. Die Autorität wird gleichzeitig dadurch befestigt, dass die Mehrheit an die durchgesetzte Doktrin glaubt, die von wenigen als zweifellos gesetzt wird. *Hier setzt sich nicht nur beharrlich das Selbst, sondern es legitimiert sich durch ein hypostasiertes Wir, mit dem es sich identifiziert.* Die Gefahr dieser Haltung wurde oben im Zusammenhang mit dem Problem der falschen Universalisierung beschrieben. Hier liegt die Gefahr des *faktisch-fiktiven Common Sense*, welcher sich jedoch nicht nur aufgrund von Gewalt so hartnäckig halten kann, sondern auch, weil die Mehrheit an ihn glaubt. Darin besteht die größte Gefahr des faktisch-fiktiven Common Sense: Dass es sich nicht um dem Selbst äußerliche Positionen handelt, sondern um Positionierungen, die Bestandteil des Selbst werden, welche zwar eine trügerische Sicherheit in den kollektiven Überzeugungen bieten, jedoch um den Preis einer Aufgabe der eigenen Partikularität und der eigenen Zweifels-

---

[109] Ders., Die Festlegung einer Überzeugung, in: Martens, a.a.O., 73.

potenziale. Das erneuernde Moment der eigenen Ausgesetztheit wird betäubt. Doch früher oder später, so muss man hoffen, stößt das Selbst auf Zweifel, weil die eigenen Überzeugungen und Handlungsgewohnheiten an Grenzen stoßen und mit den scheinbar konsensuellen Überzeugungen der anderen kollidieren. Der faktisch-fiktive Common Sense und die aus ihm resultierenden Überzeugungen sind zu starr, als dass das Selbst und die Gemeinschaft mit ihnen auf Dauer auf unterschiedliche Situationen adäquat reagieren könnten. Die von Peirce beschriebene Stufenabfolge der Festlegung von Überzeugungen darf natürlich nicht als naturgeschichtlicher Prozess verstanden werden. Der Zweifel tritt nicht automatisch und selbstverständlich auf. Er liegt jedoch nahe, weil das Selbst ausgesetzt ist, weil es im Handeln mit seiner eigenen partikularen Verortung konfrontiert wird, nicht weil es sich seiner Fähigkeit zur Introspektion eigenmächtig bedienen könnte. Das Selbst zweifelt nicht, weil es kann, sondern *weil es nicht anders kann*. Der Zweifel stößt ihm aufgrund einer Unklarheit zu, die seiner vorausgesetzten Handlungskohärenz widerspricht. Etwas passt nicht. Wie kann man sich das vorstellen? Peirce erklärt die Weiterentwicklung zur nächsten Reflexionsstufe des Zweifels durch die Sozialität des Selbst. Keine soziale Realität fügt sich der autoritären Doktrin reibungslos, keine Diktatur scheint auf Dauer ihre Bevölkerung so vollständig indoktrinieren zu können, dass niemand auf ihre Widersprüche oder Ungerechtigkeiten aufmerksam wird.[110]

Dass einige an der Gesellschaftsform und an der Methode der Autorität zu zweifeln beginnen, erklärt Peirce auch hier durch eine Art soziale Sensibilität, welche das Selbst entwickeln kann. So stellen, in Peirce' Beschreibung, Einzelne fest, dass die eigenen (kollektiven) Überzeugungen im Vergleich mit den Überzeugungen anderer Gesellschaften bloßer Zufall sind, dass es keinen Grund dafür gibt, die eigenen Überzeugungen höher zu schätzen als andere (76).

So wie die Beharrlichkeit schließlich dadurch bezweifelt wurde, dass es andere, ebenfalls beharrliche Selbste gibt, und kein allgemeiner Grund zu finden ist, warum der einen Beharrlichkeit vor der anderen Vorzug zu geben ist, so findet der Zweifel hier auf einer gesellschaftlicheren Ebene statt. Im Zweifel wird die Zufälligkeit der eigenen Überzeugungen als Teil eines Common Sense sichtbar. Man könnte also sagen, dass es sich in diesem Fall um einen *Zweifel an dem eigenen faktisch-fiktiven Common Sense* handelt. Auch hier verläuft der Zweifel nicht über eine abstrakt gesetzte Allgemeinheit, sondern darüber, dass die Zufälligkeit und dadurch auch die Begrenzungen des eigenen Common Sense in den Blick rücken. Doch was ist es, das dem Selbst die Ohren für die Meinungen anderer öffnet? Wodurch wird ein Selbst von einem anderen in seinen Überzeugungen berührt, wodurch zum Zweifel veranlasst? Welche Form der Festlegung einer Überzeugung bleibt, wenn der Zwang abgezogen wird?

Zwei mögliche Antworten scheinen bei Peirce vorzuliegen, die negative Ausrichtung einer Kollision mit der Wirklichkeit, welche sich im Zweifel manifestiert. Eine positive Ausrichtung deutet sich in der folgenden Stufe an, die Peirce beschreibt: Wenn Zwang und Gewalt aus der Überzeugungsbildung abgezogen werden, entsteht Raum für die *Apriori-Methode*. Auf dieser Stufe wird die Zufälligkeit von Annahmen erkannt, jedoch führt dies zu dem falschen Extrem, nur sehr allgemeine Annahmen zu treffen.

---

[110] Ebd., 76.

„Diese Methode gleicht der, durch die Kunstauffassungen zur Reife gebracht wurden. Das vollkommenste Beispiel dafür findet sich in der Geschichte der Metaphysik. Systeme dieser Art beruhten gewöhnlich nicht auf irgendwelchen beobachtbaren Tatsachen [...]. Sie wurden vielmehr hauptsächlich angenommen, weil ihre fundamentalen Sätze ‚der Vernunft genehm' schienen" (77).

Diese Methode enthält aus Sicht von Peirce ein ästhetisches Moment, und sie hat den Vorteil der Zwanglosigkeit, die dem sozialen Impuls des Gemeinsinns zunächst entgegenkommt. Was Peirce jedoch an dieser Methode kritisiert, ist die fehlende Überprüfbarkeit, und diese unterstellt er sowohl dem metaphysischen Zweifel von Descartes als auch der Transzendentalphilosophie Kants. An dieser Stelle begegnet uns die Kritik an Descartes Introspektionsbegriff wieder, seine Annahme, durch den methodischen Zweifel auf einen supponierten Grund zu stoßen, der selbst unbezweifelbar bleibt, nämlich, dass er zweifelt. „Das bedeutet aber, dass man als selbstverständlich annimmt, dass nichts in meiner Natur unter der Oberfläche verborgen liegt" (93, Fn. 30). Peirce kritisiert diese Annahme eines vermeintlich transparenten Selbst. Jedoch benötigt Descartes bekanntlich zur Absicherung seines umfassenden Zweifels eine umfassende Gewissheit, die er im Glauben an Gott befestigt. Peirce spitzt seine Kritik polemisch zu: Descartes zufolge könne „Gott kein Betrüger sein, woraus folgt, dass, was auch immer wir ganz klar und deutlich von irgendeinem Gegenstand für wahr halten, wahr sein *muss*. [...] Ich darf hinzufügen, dass die Welt gründlich über diese Theorie nachgedacht hat und ganz deutlich zu dem Schluss gekommen ist, dass sie ausgesprochener Unsinn ist; woraus folgt, dass dieses Urteil unbestreitbar richtig ist."[111]

Inwiefern Peirce Descartes gerecht wird oder nicht, soll hier nicht diskutiert werden. Es finden sich bei genauerem Hinsehen mehr Parallelen zwischen dem cartesianischen und dem pragmatistischen Zweifel, als Peirce behauptet. Tatsächlich aber ist die Ausgangshaltung von Descartes eine nichtpragmatistische, wenn er in der *ersten Meditation* sagt: „Ich ziehe mich also in die Einsamkeit zurück und will ernst und frei diesen allgemeinen Umsturz aller meiner Meinungen vornehmen."[112] Das gerade ist für Peirce der metaphysische Zweifel. Und weiter sagt Descartes: „Da ja schon die Vernunft anrät, bei nicht ganz gewissen und zweifelsfreien Ansichten uns ebenso sorgfältig der Zustimmung zu enthalten wie bei solchen, die ganz sicher sind, so reicht es für ihre Verwerfung insgesamt aus, wenn ich in einer jeden irgendeinen Anlass zum Zweifel finde" (ebd.). Der allgemeine Umsturz ‚aller meiner Meinungen' ist aber aus Peirce' Sicht unmöglich. Für die Verwerfung falscher Meinungen kann

---

[111] Ebd., Fn. 30, 94. Ähnlich provokativ fällt die Kritik an Kant und seiner Trennung der Sphären des Apriorischen und des Aposteriorischen aus. „Überall zeigt Kant, dass alltägliche Gegenstände wie Bäume und Goldstücke Elemente einschließen, die in den ersten sinnlichen Vorstellungen nicht enthalten sind. Aber wir können uns nicht einreden, die Realität von Bäumen oder Goldstücken aufzugeben. Es gibt ein allgemeines inneres Beharren auf ihnen, und das gibt uns die Berechtigung, die dicke Pille einer allgemeinen Überzeugung von ihnen ganz zu schlucken. Das heißt aber bloß, dass wir eine Überzeugung ohne Frage akzeptieren, sobald gezeigt worden ist, dass sie sehr vielen Leuten gut gefällt." Ebd. Fn. 30, 95.

[112] René Descartes, *Meditationen über die erste Philosophie* (1641), übersetzt und hg. von Gerhart Schmidt, Stuttgart 1986, 63 (17/18).

der Anlass zum Zweifel nicht genügen, sondern dieser Anlass muss sich im Handeln erproben und bewähren.

Wichtig bleibt festzuhalten, dass Peirce einen abstrakten Subjektivismus kritisiert, in dem sich das Ich metaphysisch absichert: Dieser Art Festlegung der Überzeugung fehlt die konkrete Erprobung an der Realität (und d.h. auch an der konkreten Intersubjektivität – denn beides läuft für Peirce in der Forschergemeinschaft asymptotisch zusammen), welche erst auf der Ebene der wissenschaftliche Methode zum Zug kommt. Das peircesche Selbst ist sich nicht selbst transparent. *Die Apriori-Methode setzt einen abstrakt bleibenden subjektiv-ästhetischen Sensus Communis voraus, in dem das Ich metaphysisch mit einem fiktiven Wir verbunden ist.* Nicht zufällig hat diese Methode bei Peirce einen ästhetischen Beiklang, welcher eine Verknüpfung mit dem ästhetischen Sensus Communis rechtfertigt. „Diese Methode gleicht der, durch die Kunstauffassungen zur Reife gebracht wurden" (77). Die Kritik an einer Reduktion der Überzeugungen auf das ästhetische Moment des Gefallens lässt sich daher auch als *Kritik an der Verallgemeinerung des bloß Subjektiven* bezeichnen. Die Apriori-Methode zielt in ihrer Überzeugungsbildung, so könnte man also sagen, auf einen Sensus Communis, in dem sich potenziell alle darauf einigen, was der Vernunft genehm ist. Diese Methode hat gegenüber der Autoritätsmethode den Vorteil der Zwanglosigkeit. Doch *ihr fehlt der Bezug zur Wirklichkeitsverankerung des Common Sense,* und so könnten die Ergebnisse der Apriorimethode ebensogut Fantasiegebilde der Vernunft sein. Ich möchte es so formulieren: *Die Partikularität der eigenen Überzeugung innerhalb des jeweils begrenzten und korrigierbaren Common Sense gerät (wieder) aus dem Blick.* In der handelnden Umsetzung drohen an diesem Punkt die autoritäre und die apriorische Methode zusammenzufallen: Das ästhetisch-zwanglose Moment der Apriori-Methode wird autoritär, sobald es anderen gegenüber als absolut wahr gesetzt und durchgesetzt wird, sobald im Handeln Prinzipien gelten sollen, die als Instanz jedes partikulare Selbst übersteigen und nicht mehr in Zweifel gezogen werden. Dann wird der Common Sense faktisch-fiktiv.

Die beste Methode, durch die laut Peirce die Zweifel angemessen zur Ruhe gebracht werden können, ist die *Methode der Wissenschaft.* In ihr tritt der Begriff der Realität hinzu, deren Wahrheit experimentell erprobt wird. Die Überzeugungen werden dabei einerseits von Dingen bestimmt, „die völlig unabhängig von unseren Meinungen über sie sind" (79). Zugleich bleibt der Wahrheitsbegriff ein regulatives Ideal, dem sich die Forschergemeinschaft asymptotisch annähern kann, und an diesem Punkt berührt sich die Wahrheit der Realität mit dem intersubjektiven Konsens. Die Idee einer erschließbaren Wahrheit, der sich die Forschergemeinschaft annähern kann und die zugleich der Realität entspricht, ist bei Peirce diesseits einschlägiger Kohärenz- oder Korrespondenztheorien zu verorten, in denen entweder die Verankerung in der Wirklichkeit oder die intersubjektive Vermittlung unbeantwortet bleiben. Wie im vorangegangenen Kapitel schon besprochen wurde, sind Realität und Semiotik bei Peirce voneinander untrennbar, deswegen kann er auch behaupten: „Wir haben keinen Begriff des absolut Unerkennbaren."[113] Der grundsätzliche Zweifel an der Existenz des Realen ist aus dieser Sicht eine sinnlose Frage, weil der dazu notwendige Standpunkt, von dem aus dieser Zweifel

---

[113] Peirce, Einige Konsequenzen aus vier Unvermögen, in: *Schriften zum Pragmatismus und Pragmatizismus,* a.a.O., 42.

artikulierbar wäre, fiktiv bleibt. Kein Objekt wird direkt wahrgenommen, sondern immer durch den semiotischen Prozess vermittelt. Bis hierhin scheint Peirce also mit der wissenschaftlichen Methode einen Begriff der Realität an die Hand zu geben, durch den sich der erste Kritikpunkt an der Apriorimethode (der fehlende Realitätsbezugs) entkräften lässt. Doch wie steht es mit dem zweiten Punkt, der Kritik an einem Selbst, welches sich irrigerweise als transparent setzt?

An diesem Punkt bleibt bei Peirce die Schwierigkeit einer Verengung der letzten Stufe auf die Wissenschaft und v.a. auf den finalen Konsens der Forschergemeinschaft als Kriterium bestehen.[114] Denn letztlich kann Peirce seinen teleologischen Gesamtentwurf auch nicht anders als postulieren. Darin bleibt er der apriorischen Methode verhaftet. Ob die Forschung sich asymptotisch einem wahren Konsens nähert oder nicht, ist aus seiner Perspektive ebensowenig zu beantworten wie aus unserer. Sie bleibt metaphysisch. Die wissenschaftliche Methode unterliegt bei Peirce einer Teleologie, die der ‚Vernunft genehm ist‘, obwohl sie potenziell zweifelhaft bleibt. Dort, wo Peice diesen Punkt außer Acht lässt, scheint es so, als spräche er von einem neutralen Standpunkt – als wäre sein Selbst sich und der Realität gegenüber transparent und könnte objektive Zukunftsprognosen aufstellen. Dabei bleibt jede Zukunftsspekulation zwangsläufig vage.

Und letztlich ist auch bei Peirce die wissenschaftliche Methode von Normativität nicht zu trennen. Die logische Kohärenz der Überzeugung ist für Peirce zugleich eine normative. D.h. die Kritik an der Verengung auf einen Wissenschaftsbegriff als höchster Stufe muss dadurch abgemildert werden, dass dieser von Peirce moralisch aufgeladen ist. Wissenschaft strebt nicht nur Erkenntniszuwachs an, sondern, so die Pointe von Peirce, auch eine moralische Weiterentwicklung. „He who would not sacrifice his own soul to save the whole world, is illogical in all his inferences, collectively. So the social principle is rooted intrinsically in logic."[115] Diese Haltung findet ihren Höhepunkt in einer Art „logischen Sozialismus", wie Apel es nannte.[116] Der Zweifel behält als Initialzündung eine zentrale Rolle bei. Man darf nicht vergessen, dass Peirce die Weiterentwicklung von Selbst und Gesellschaft *anhand des Zweifels* beschreibt, der aufgrund einer *erhöhten sozialen Sensibilität* entsteht. „In all their features […], logical self-control is the perfect mirror of ethical self-control – unless it be rather a species under that genus."[117] In der normativen Grundhaltung bleibt Peirce damit Kant verpflichtet. Der Unterschied besteht gleichwohl, das sollte hier gezeigt werden, in der Betonung *der Partikularität des Zweifels*. Der Zweifel rekurriert nicht auf ein Gesetz, nicht auf ein Prinzip, sondern bildet sich entlang den Limitationen der jeweiligen partikularen Perspektive. Der Standpunkt, von dem aus das Selbst zweifelt, bleibt immer in einem Common Sense verfangen, über den es sich nicht vollständig hinwegsetzen kann, auch nicht durch die wissenschaftliche Methode.

Überzeugungen werden laut Peirce zwar nicht individuell, sondern öffentlich und im wissenschaftlichen Erproben an der Wirklichkeit festgelegt. *Dennoch werden sie durch*

---

[114] Zur Kritik an dem finalen Konsens bei Peice siehe: Oehler, *Charles Sanders Peirce*, a.a.O., 75ff.

[115] Peirce, zitiert in: Apel, a.a.O., 177.

[116] Karl-Otto Apel, Von Kant zu Peirce: Die semiotische Tranformation der Transzendentalen Logik, in: *Transformation der Philosophie*, Bd. II, Frankfurt/M. 1973, 176f.

[117] Peirce, The Essentials of Pragmatism, in: Buchler (Hg.), a.a.O., 258.

die Partikularität des Selbst initiiert. Ohne den Zweifel gäbe es keine Weiterentwicklung des Denkens, und kollektive Zweifel gibt es nicht. Der soziale Impuls, der bei Peirce eng mit dem Zweifel zusammenhängt, kommt durch das Zurückgeworfenwerden auf die eigene Partikularität zustande, durch eine Perspektivverschiebung, in der die eigene Partikularität *als Partikularität* sichtbar und damit überwindbar wird. Der Zweifel ist ein korrektives *Signal* der eigenen Begrenztheit, die erhöhte Sensibilität des Selbst zeichnet sich durch ein Eingeständnis der eigenen Begrenztheit als Ausgesetztheit aus. Diese Partikularität lässt sich nur graduell, nicht aber prinzipiell überwinden, und Peirce' Theorie wird dann problematisch, wenn die prinzipielle Überwindbarkeit zu sehr im Vordergrund steht. Dem cartesianischen Zweifel liegt eine eigenmächtige Konzeption des Selbst zugrunde, in der das Zweifeln eine Frage des *Könnens* ist. Für Peirce ist der Zweifel indessen eine Frage des *Nicht-Könnens*, auch wenn das nicht explizit gemacht wird. Der Zweifel stößt dem Selbst zu, auch auf der Ebene der Wissenschaft. Dieses *Nicht-anders-Können* des Selbst, die Grenze der Eigenmächtigkeit nenne ich die *Ausgesetztheit*.

Ich fasse zusammen: *Der peircesche Zweifel zeigt die Ausgesetztheit des Selbst, sein Nicht-anders-Können auf, indem darin das Selbst auf seine Partikularität zurückgeworfen wird. Das Selbst führt sich seine eigene Perspektivität unfreiwillig vor Augen. Dies beinhaltet die potenzielle Sinnlosigkeit des Zweifels, da im Moment des Zweifels die Berechtigung zum Zweifel selbst in Frage steht. Die konkrete Wechselwirkung zwischen Selbst und anderen und die Entstehung des Neuen (neuer Impulse, die das Selbst zweifeln lassen) bleibt bei Peirce indessen zu unbestimmt. Es besteht die Gefahr einer Auflösung des partikularen Selbst in einer verallgemeinerten zukünftigen Forschergemeinschaft.*

Das partikulare Selbst bei Peirce

Peirce' Beschreibung der Festlegung einer Überzeugung deutet einen Prozess an, in welchem das partikulare Selbst *mit seinen Begrenzungen* konfrontiert wird. Die normative Implikation des Zweifels liegt darin, dass das Selbst sich in seiner Verortung *durch andere oder anderes* in Frage stellen lässt. Die alten und gewohnten Überzeugungen werden im Zweifel *durch etwas Neues und Ungewohntes* irritiert. Es geht darum, „von den Erfahrungen auszugehen und die Probleme, die aus Unsicherheiten und Zweifeln entstehen, mit Hilfe dieser [experimentellen] Methode [der Wissenschaft] zu verstehen versuchen. Das Forschen beginnt mit Fragen und wird gefördert durch unsere schöpferische Reaktion darauf, durch Hypothesen."[118] Doch was heißt das für die pragmatistische Konzeption des Selbst? Die Ausgesetztheit des Selbst aufgrund seiner begrenzten Partikularität ist für die Weiterentwicklung von Denken und Handeln im Individuellen und Gesellschaftlichen unerlässlich. Das wird bei Peirce indirekt deutlich. Der Argumentationsgang in *Die Festlegung einer Überzeugung* mündet in der wissenschaftlichen Methode, mit welcher Überzeugungen Allgemeingültigkeit erlangen. „Auf dieser Hochebene integrierter Symbolfindung hört der Zeichenprozess auf, nur das zu sein, was er auf den Ebenen der drei anderen Methoden der Meinungsbildung ausschließlich war, nämlich handlungsstabilisierender Faktor, vielmehr geht es jetzt um die Festlegung von Meinungen, die als Aussagen in der Dimension überprüfbarer Wahrheitsbehaup-

---

[118] Oehler, *Sachen und Zeichen*, a.a.O., 25.

tungen ihren systematischen Ort haben."[119] Doch unterliegt dieses erkenntnistheoretische Telos einem ethisch-ästhetischen Ideal, wie auch Oehler schreibt:

> „Der Zeichenprozess ist bei Peirce ein universales Geschehen, das eingebettet ist in die Evolution des Kosmos, und die Teleologie dieses kosmologisch dimensionierten Zeichengeschehens ist ethisch und in letzter Instanz ästhetisch fundiert. In seiner Klassifikation der Wissenschaften ist die Semiotik der Ethik und Ästhetik untergeordnet."[120]

Dann jedoch ist die Rolle des Selbst zentral, denn ohne Selbst verlören Ethik und Ästhetik ihren Sinn. Dennoch schreibt Oehler: „Weil die Disziplin der Logik oder der Semiotik Selbstkontrolle und Selbstüberwindung verlangt, ist sie ethisch dimensioniert."[121]

Ein Widerspruch in der Konzeption des Selbst von Peirce scheint immer unausweichlicher zu werden, denn: Was bleibt von einem Selbst, wenn es sich in seiner Selbstkontrolle überwindet, und vor allem: *Wer* überwindet? Heißt das, das Selbst wird rein negativ konzipiert, als Selbstüberwindung? Diese vermeintliche Inkohärenz ist vielfach diagnostiziert worden, und wenn sie zutrifft, enthält sie einen unlösbaren Konflikt: Das Selbst wird dann einerseits negativ beschrieben und dem semiotischen Prozess der (Forscher-)Gemeinschaft untergeordnet, andererseits steht seine logische und normative Selbstkontrolle im Mittelpunkt der Festlegung von Überzeugungen. Ohne das Selbst wäre dieses Programm nicht durchführbar. So fehlt auch Ludwig Nagl zufolge Peirce „eine ausgefeilte, mit semiotischen Mitteln rekonstruierte Konzeption der praktischen Vernunft". Daher

> „kann sich Peirce' ‚Pragmatizismus' nicht in einem systematisch entfalteten Begriff der Praxis verankern, und neigt deshalb dazu, zwischen der spekulativen Kosmologie des Zeichenprozesses und dem ‚methodologischen' Rückzug auf eine bloße Maxime des Forschens hin- und herzupendeln."[122]

Und schon Richard Bernstein kritisierte:

> „There is a serious incoherence in what Peirce says about the self. The nature of human individuality seemed to be a source of intellectual embarrassment for Peirce. [...] [S]uch a conception of the self makes a mockery of the ultimate ideal of concrete reasonableness by an individual. [...] ‚Where' and ‚what' is the ‚I' that controls and adopts ultimate ideals?"[123]

Fragen wir Peirce. Peirce zufolge sind

> „Individualismus und Falschheit ein und dasselbe [...]. Einstweilen wissen wir, dass der Mensch nicht ganz ist, solange er ein Einzelner ist, und dass er wesentlich ein mögliches Mitglied der Gesellschaft ist. Im besonderen ist die Erfahrung eines Einzelnen, wenn sie allein steht, nichts wert. Wenn er etwas sieht, was andere nicht sehen können, nennen wir es Halluzi-

---

[119] Ders., Einführung in den semiotischen Pragmatismus, in:Uwe Wirth (Hg.), *Die Welt als Zeichen und Hypothese. Perspektiven des semiotischen Pragmatismus von Charles S. Peirce*, Frankfurt/M. 2000, 24.

[120] Ebd., 28.

[121] Ebd., 29.

[122] Nagl, *Charles S. Peirce*, a.a.O., 82f.

[123] Richard J. Bernstein, *Praxis and Action*, Philadelphia 1971, 198.

nation. Es ist nicht ‚meine‘ Erfahrung, sondern ‚unsere‘ Erfahrung, an die zu denken ist; und dieses ‚Wir‘ hat unbegrenzte Möglichkeiten.“[124]

Nach der obigen Diskussion ist hinzuzufügen: Dieses ‚Wir‘ hat nur durch die Partikularität des Selbst unbegrenzte Möglichkeiten, andernfalls es sich zu einem faktisch-fiktiven (autoritären oder apriorisch-imaginären) ‚Wir‘ verfestigt oder verflüchtigt. Trifft also die Kritik an Peirce zu? Wie ist der zentrale Stellenwert der Partikularität des Selbst, der herausgearbeitet wurde, mit der Annahme einer Bewertung von ‚Individualismus‘ als ‚Falschheit‘ vereinbar? Ich schlage folgende Interpretation vor: *Die Verknüpfung* von Individualität und *vermeintlicher* Falschheit, die sich im partikularen Zweifel manifestiert, enthält ein spezifisches Konzept des Selbst, in welchem Handlungsfähigkeit durch die *Signalwirkung des Zweifels* artikulierbar wird. Das ist indessen nur möglich, wenn Individualismus als *potenzielle* Falschheit konzipiert wird, wenn in der Begrenztheit des Selbst jedoch zugleich produktives Potenzial liegt, mit anderen Worten: Der Zweifel enthält eine Infragestellung und eine Bekräftigung des Selbst. Wie ich meine, bleibt Peirce in seiner Charakterisierung des Selbst ambivalent. *Die Kritik an Peirce trifft nicht zu, wenn man den doppelten Moment von Infragestellung und Bekräftigung berücksichtigt.* Wenn jemand etwas sieht, was andere nicht sehen können, nennen wir es manchmal Halluzination. Manchmal handelt es sich jedoch um einen Zweifel an etwas, was die anderen (und bis vor kurzem auch das Selbst) *noch nicht* sehen konnten. Der Unterschied zwischen dem Zweifel und der Halluzination ist dabei der: Im Zweifel ist das Selbst nicht sicher, was es sieht. In der Halluzination hingegen ist das Selbst sicher, was es sieht, obwohl es wahnhaft und falsch ist. Wie oben festgehalten wurde, ist das Charakteristikum des Zweifels die Ungewissheit, welche die *Ungewissheit der Berechtigung des Zweifels* umfasst. Dieses Wissen um die potenzielle fehlende Berechtigung, d.h. um die Möglichkeit des Irrtums der eigenen Position, fehlt der Halluzination vollständig. Deswegen kennzeichnet den Zweifel das *Nicht-anders-Können des Selbst*, wobei dieses Unvermögen zugleich schmerzlich vor Augen tritt. Die Halluzination ist das genaue Gegenteil, da sie absolut nicht zweifelt. Dem widerspricht nicht, dass Zweifelnde aus Sicht der herrschenden Klasse unliebsam sind, weswegen sie manchmal dargestellt werden, als würden sie halluzinieren.

Zweifel und Verantwortung

Ich möchte ein Beispiel geben: Der Film *Die zwölf Geschworenen* (Originaltitel: *Twelve Angry Men*) von Sidney Lumet aus dem Jahr 1957 lebt von dem immer wieder artikulierten Zweifel eines einzelnen Geschworenen (in der Hauptrolle: Henry Fonda) an der Schuld eines wegen Mordes angeklagten jungen Mannes. Der Schwarz-Weiss-Film spielt sich im Wesentlichen in dem Beratungszimmer der zwölf Geschworenen ab. Die Spannung in dem Film wird einzig dadurch erzeugt, dass Fonda in der argumentativen Auseinandersetzung nach und nach die anderen elf Geschworenen, die zu Beginn alle für die Schuld des Angeklagten plädieren, von dessen Unschuld überzeugt. Der Spannungsbogen bleibt durch die je partikulare Bewegung zwischen Zweifel und Überzeugung den ganzen Film über erhalten. Jeder der einzelnen Geschworenen wird durch eine

---

[124] Peirce, *Über die Klarheit unserer Gedanken*, a.a.O., 63f.

andere Überzeugung (gegenüber dem Angeklagten) charakterisiert. Jeder der einzelnen Geschworenen durchläuft einen anderen Zweifelsweg. Die jeweilige Überzeugung der Geschworenen speist sich auf unterschiedliche Weise aus einem abstandslos übernommenen Common Sense. Da es sich bei dem Angeklagten um einen schwarzen Mann aus der Unterschicht handelt, besteht dieser Common Sense u.a. aus rassistischen, klassenspezifischen Überzeugungen. Fonda, der sich aufgrund seiner widerständigen Zweifel an der Schuld des Angeklagten zunächst den geballten Unmut der anderen zuzieht, äußert immer wieder den einen Satz: „Ich habe Zweifel." Sein Widerspruch besteht nicht in aggressiven Wortgefechten, sondern darin, dass er sich in seiner Partikularität zeigt und dadurch auch auf die Partikularität der anderen Positionen verweist. Das Entscheidende besteht darin, dass Fonda die potenzielle Fragwürdigkeit der eigenen Setzung, der eigenen Positionierung aufzeigt. Man könnte in dem Film sogar einzelne Beispiele für die verschiedenen Methoden zur Festlegung einer Überzeugung finden: für die Methode der Beharrlichkeit, der Autorität, des Apriori – wichtig ist, dass Fonda die Überzeugungen der anderen mit seinen Zweifeln unterbricht, durch welche sie überhaupt erst *als partikulare Überzeugungen* sichtbar werden. Nicht zuletzt lebt der Film auch dadurch, dass die Betrachter Teil des *doubt-belief*-Prozesses werden, indem sie auf ihre eigenen zweifelhaften Überzeugungen (und ihre Parteilichkeit im Verlauf des Films) zurückgeworfen werden.

Der Film *Die zwölf Geschworenen* ist ein schönes Bild für die Konzeption des Selbst, die dem Pragmatismus von Peirce zugrundeliegt: Fonda verkörpert in dem Film keinen Individualismus, er nimmt zu Beginn des Films überhaupt keine festgelegte positive Position ein. Er ist sich nur nicht sicher (und das ist viel), ob man eine bestimmte Position (die der Verurteilung des Angeklagten) einnehmen darf. Er ist sich noch nicht einmal sicher, ob seine Zweifel berechtigt sind. (Natürlich haben seine Zweifel in letzter Instanz eine Berechtigung, weil sie im Zweifel für den Angeklagten und für sein Leben sprechen.) Dennoch: Die Position des Selbst, die sich daraus – auf unseren Kontext übertragen – herauslesen lässt, ist eine, die im Handeln erst Gestalt gewinnt. Die *Ungewissheit des Zweifels zwischen Wirklichkeit und Fiktion* enthält einen Anstoß zum kreativen Handeln[125], da das Selbst bestrebt ist, diesen ‚unangenehmen Zustand' ungewissen Zweifels zu überwinden. An dieser Stelle kommt die Gemeinschaft ins Spiel, und hier hat Peirce recht, wenn er sagt, Individualismus und Falschheit seien dasselbe, denn ohne Gemeinschaft läuft der partikulare Impuls Gefahr, in wirklichkeitsfernen Wahn zu kippen. Doch der Zweifel ist gerade das Gegenteil einer Halluzination und liegt dem sozialen Impuls zugrunde. Beide entstehen durch die *Verbindung von Individualität und potenzieller Falschheit*. Der Zweifel ist kein Garant, sondern ein *Signal*. Das Selbst führt sich die potenzielle Falschheit seiner Position vor Augen.

Diese Fragestellung gewinnt in der heutigen Theoriebildung zunehmend an Brisanz, dann nämlich, wenn das Selbst als Konglomerat unterschiedlichster Prägungen aufgefasst wird. Von welchem Standpunkt, von welchem Ort aus kann das Selbst eine kritische Haltung zu sich und seiner Umwelt einnehmen? Was ist es, womit es diese kriti-

---

[125] Siehe dazu Hans Joas, *Die Kreativität des Handelns*, Frankfurt/M. 1992. Er entwickelt u.a. aus dem Pragmatismus heraus eine Theorie der Kreativität, sein Fokus liegt auf soziologischen und psychologischen Gesichtspunkten.

sche, zweifelnde Reflexionsleistung erbringt, und handelt es sich im engeren Sinn um Reflexionen oder um etwas anderes? Wenn man weder das transzendentale Ich, noch einen überhistorischen Wertekanon als Grundlage für das kritische und d.h für das zweifelnde Selbst in Anschlag bringen kann, wie kann das Selbst dann einen kritischen Ort artikulieren und reklamieren? Rorty hat in einem neueren Aufsatz über Feminismus und Pragmatismus diese Problematik folgendermaßen auf den Punkt gebracht:

> „Was der Pragmatismus verliert, sobald er den Anspruch aufgibt, er habe das Recht oder die Realität auf seiner Seite, das gewinnt er hinsichtlich der Fähigkeit, das Vorhandensein der von [der Dichterin Marlyn] Frye genannten ‚Abgründe, die nach allgemein anerkannter Meinung gar nicht existieren‘ gelten zu lassen.“[126]

Rorty, der in diesem Aufsatz einen Begriff des graduellen Selbst stark macht, welches sich erst im Handeln eine Gestalt gibt, zielt, wie ich meine, auf etwas Ähnliches ab, wie das, was bei Peirce mit dem *akritisch Unbezweifelbaren des Vagen* umschrieben wird: Der Zweifel des Selbst betritt Neuland. Die Überzeugungen, die zuvor unbezweifelbar waren, waren dies nicht unbedingt aus *rational festgelegten* Gründen, sondern, weil die Mehrheit es sich nicht anders vorstellen konnte oder *noch nicht* anders vorgestellt hat. Die Geschichte der Unterdrückung zeigt, dass den Revolten unterdrückter Gruppen immer eine Phase vorausging, in welcher die Unterdrückung scheinbar unsichtbar und unhörbar (oder mehrheitlich bewusst) war. Die unterdrückten Sklaven, Frauen, ethnischen oder sexuellen Minderheiten hatten oder haben keinen Ort in der Gesellschaft. Für eine Gleichberechtigung im Denken ist kein Ort vorgesehen. Natürlich hat gleichzeitig die Methode der Autorität tatkräftig mitgewirkt, also die Tatsache, dass einige sehr wohl um die bestehende Ungerechtigkeit wussten, die aus Machtgründen gewalttätig aufrechterhalten wurde und wird. Doch neben dieser reflektierten Methode ist das Problem der Ortlosigkeit ebenso groß, und wahrscheinlich bedingen sich beide Haltungen, anders gesagt: Man gewöhnt sich an die Ungleichheit, die vielleicht schon den einen oder anderen Zweifel hevorgerufen hat, der dann wieder *ad acta* gelegt und vergessen wird. Der faktisch-fiktive Common Sense schließt bestimmte Orte des Selbst aus.

Diese Problematik ist heute in der Debatte um Demokratietheorien und um den Gerechtigkeitsbegriff zentral: Die eine Seite, für die gegenwärtig v.a. John Rawls und in eingeschränkter Form Jürgen Habermas stehen, geht von einer (diskursiv) vermittelbaren und verhandelbaren Rationalität aus: „Those who express resentment must be prepared to show why certain institutions are unjust or how others have injured them.“[127] Je weniger die Kritik oder der Zweifel des partikularen Selbst von anderen geteilt und verstanden werden kann, umso mehr wächst der Verdacht, dass es sich tatsächlich um so etwas wie eine Art Halluzination handelt. Chantal Mouffe formuliert es so: „In Rawls' view, if they are unable to do so [ihre Kritik zu begründen], we can consider that our conduct is above reproach and bring the conversation to a close.“[128] Dabei bleibt das Grundproblem bestehen: Das Selbst, welches sich mit seinen Überzeugungen setzt und innerhalb eines spezifi-

---

[126] Richard Rorty, Feminismus und Pragmatismus, in: *Wahrheit und Fortschritt*, Frankfurt/M. 2000, 316.
[127] John Rawls, *A Theory of Justice*. Cambridge/Mass. 1971, 533.
[128] Chantal Mouffe, Wittgenstein, Political Theory and Democracy, in: Dies., *The Democratic Paradox*, a.a.O., 35.

schen Common Sense einsetzt, droht, diesen Common Sense absolut zu setzen, in diesem Fall bestimmte Gerechtigkeitsprinzipien als unproblematisch zu setzen oder sie als *akritisch unbezweifelbar* hinzunehmen. Aber, so fragt Stanley Cavell, „what if there is a cry of justice that expresses a sense not of having lost out in an unequal yet fair struggle, but of having from the start being left out?"[129] Cavell betont in seiner Wittgensteininterpretation, dass dem Selbst seine Verantwortung niemals durch allgemeine Prinzipien abgenommen werden kann oder, wie Mouffe sagt: „We should never refuse bearing responsibility for our decisions by invoking the commands of general rules or principles."[130] Doch wird der Zweifel anderer nicht unbedingt bewusst und strategisch disqualifiziert. Es kann sein, dass bestimmte Denkmöglichkeiten im Common Sense einfach nicht vorgesehen sind, dass es für bestimmte Zweifel noch keinen Ort gibt.

Auch für diejenigen, die „das Vorhandensein der von [der Dichterin Marlyn] Frye genannten ‚Abgründe, die nach allgemein anerkannter Meinung gar nicht existieren'",[131] gelten lassen, also für jene, die einen Zweifel artikulieren, der zuvor im Common Sense noch keinen Ort hatte, handelt es sich um „so etwas wie Flirts mit der Sinnlosigkeit".[132] Es gibt keine übergeordnete Instanz, und wie oben beschrieben, enthält der Zweifel auch den Zweifel an seiner eigenen Berechtigung. Es gibt im Vorwege keine Garantie dafür, ob dieser nur Ausdruck einer individualistischen Überspanntheit ist oder ein überindividuelles Signal. Das Selbst kann sich über die Grenzen des jeweiligen Common Sense – inklusive seine Vorstellungen von Gerechtigkeit und davon, was das Selbst ist – nicht willkürlich hinwegsetzen. An seinen Grenzen verschwimmt der Unterschied von Halluzination und berechtigter Kritik. Das einzige Kriterium, welches bleibt, ist die Partikularität des Selbst und die Partikularität der oder des Anderen im Horizont möglichen zukünftigen Handelns. Sie manifestiert sich im Zweifel. Mouffe und Cavell betonen dabei v.a. die Verantwortung des Selbst angesichts der Zweifel anderer. Im Unterschied zu Rawls vertreten sie die Auffassung, dass der Zweifel eines anderen nicht erst innerhalb der bestehenden Rationalitätskriterien begründet werden muss, um eine Berechtigung zu haben, angehört zu werden – es ist umgekehrt: Die Verantwortung liegt bei dem Selbst, auf den Zweifel der oder des Anderen zu antworten, noch bevor entschieden ist, ob es sich um einen ‚Flirt mit der Sinnlosigkeit' handelt oder nicht. Zentral ist nicht die Suche nach Gewissheit, sondern nach Verantwortung, bei der das Selbst anderen antworten sollte. So schreibt Mouffe:

> „I consider that Cavell is right to stress that what Wittgenstein's philosophy exemplifies is not a *quest for certainty* but a *quest for responsibility* and that what he teaches us is that ‚entering a claim is making an assertion, something humans do; and like everything else they do, something they are responsible, answerable for'."[133]

---

[129] Stanley Cavell, *Conditions Handsome and Unhandsome. The Constitution of Emersonian Perfectionism*, a.a.O., xxxviii.

[130] Mouffe, a.a.O., 35.

[131] Rorty, Feminismus und Pragmatismus, a.a.O., 316.

[132] Marlyn Frye, *The Politics of Reality*, Trumansburg/New York 1983, 154. Rorty, ebd., 313.

[133] Stanley Cavell, *The Claim of Reason: Wittgenstein, Skepticism, Morality, and Tragedy*, New York/ Oxford 1979, in: Mouffe, a.a.O., 36.

Der moralische Perfektionismus, den Cavell postuliert, besteht darin, die Zweifelhaftigkeit der eigenen Setzungen nicht zu vergessen. Auch wenn das Selbst sich nicht über seine gegenwärtigen Überzeugungen hinwegsetzen kann, so muss es sich doch für die potenzielle Zweifelhaftigkeit offenhalten, die Mouffe in ihrem radikaldemokratischen Ansatz beschreibt. Darin besteht die Kritik an formaleren Gerechtigkeitstheorien: Gerechtigkeit darf nie zur Selbstgerechtigkeit werden. Rorty dagegen beschreibt eher die Perspektive derjenigen, denen Ungerechtigkeit zugefügt wird, indem ihnen ein Ort innerhalb der Gesellschaft verwehrt wird, weil ihre Zweifel aus der Sphäre der ‚Flirts mit der Sinnlosigkeit' nicht heraus- und in den Common Sense eintreten. Wie wir später sehen werden, verknüpft Rorty mit der Fähigkeit, aus der Sphäre der Sinnlosigkeit einen neuen Sinn (bei Rorty heißt es: neue Vokabulare) zu entwickeln, sein Konzept ästhetischer Selbsterschaffung durch die Schaffung neuer Vokabulare. Es geht also darum, neue Worte für das zu finden, was sich diffus als Zweifel manifestiert. Deswegen spricht Rorty von einem graduellen Selbst: Das Selbst ist keine feststehende physikalistische oder transzendentale Entität oder Instanz, sondern durch die Zweifel und die daraus hervorgehenden neuen Überzeugungen (Vokabulare) nimmt das Selbst erst Kontur an. Das kann es nicht alleine, erst in der Abgleichung mit anderen tritt dieses aus dem potenziellen Wahn heraus. Rortys Position ist auch deswegen wichtig, weil deutlich wird, dass der Zweifel in der Konfrontation mit anderen und mit der Realität, in der handelnden Überprüfung des Common Sense angesichts der eigenen Impulse entsteht.[134] Dieser entsteht nicht willkürlich aus dem Nichts, er zeigt einen wunden Punkt im Handlungsspektrum des Selbst.[135]

Der Zweifel, und das ist bereits eine Pointe von Peirce, ist nicht ein erkenntnistheoretisches Werkzeug des Skeptizismus (oder eines der Bildung von Gewissheit), sondern ein partikulares Signal, ein Indikator. Die Partikularität des Selbst nimmt als widerständiges Moment innerhalb eines vagen Common Sense Kontur an, der Zweifel fungiert als Kontrastmittel, durch den etwas erkennbar wird. Zweifel können zuvor vage und korrekturbedürftige Aspekte des Common Sense anzeigen, sie können zeigen, wo der Common Sense dem partikularen Selbst seinen Ort verstellt. Darin liegt seine moralphilosophische Implikation: Selbst und andere müssen in der zweifelhaften Situation Stellung beziehen – so wie in dem Film *Die zwölf Geschworenen* die anderen elf gezwungen sind, auf den Zweifel, den Fonda verkörpert, zu reagieren, und ihrer eigenen vagen Überzeugung Kontur zu verleihen. Die normative Pointe besteht daher darin, dass die Veränderungen, die aus dem Zweifel erwachsen, den Common Sense insgesamt verschieben sollten. Der Zweifel als Ausdruck der Partikularität muss beständig wach gehalten werden. Die Gefahr der Verfestigung zu einem faktisch-fiktiven Common Sense wird durch die Partikularität von Selbst und anderen im Zweifel immer wieder kritisch reflektiert. Dass das Selbst Zweifel hegt bedeutet,

---

[134] Die inhaltlichen Parallelen von Peirce und Rorty, gerade in Hinblick auf ihren jeweiligen Begriff des Selbst, sind m.E. bislang viel zu wenig diskutiert worden. Eine der wenigen Ausnahmen bildet Susan Haack. Für einen fiktiven Dialog zwischen Peirce und Rorty siehe ihren erwähnten Dialog: „We Pragmatists ..." Peirce and Rorty in Conversation, in: a.a.O., 31–48.

[135] Diesen konstitutiven Bezug auf den Anderen hat im Pragmatismus als erster – wenn auch mit anderen philosophischen Konsequenzen – George Herbert Mead herausgearbeitet, auf den Rorty sich nicht explizit bezieht.

dass es seinen eigenen Standpunkt auch *in seiner Begrenztheit bekräftigt.* Darin liegt erneuerndes Potenzial. Die Befürchtung von Peirce hingegen ist, dass das Individuum in der Affirmation seiner Partikularität stehenbleibt. Der Zweifel enthält also auch eine partielle Bekräftigung des Selbst, welches in Konflikt mit sich selbst gerät. Die Konturen der eigenen Partikularität werden erkennbar und durch ihre Verhandelbarkeit wirklich. Sie werden zugleich in ihrer Selbstverständlichkeit angegriffen und in ihrer Widerständigkeit hervorgehoben.

Das Selbst, welches nicht wirklich und in der Öffentlichkeit, d.h. mit anderen handelt und interagiert, wird den Unterschied zwischen wahnhaften Fantasien und berechtigten Zweifeln nicht feststellen können. Doch um mit anderen in Interaktion treten zu können, müssen die partikularen Differenzen zwischen den einzelnen Selbsten gezeigt werden. Der Zweifel muss sich in seiner Partikularität exponieren, um verwirklicht werden zu können, um zu einer handlungsrelevanten Transformation führen zu können. So ist es kein Widerspruch, dass Peirce gegenüber dem Begriff der Individualität Vorbehalte hegt, *wenn dieser in seiner Abgelöstheit vom* Common Sense *stark gemacht wird.* Der Bezug zur sozialen Gemeinschaft und Gesellschaft ist für das Selbst zentral. Die partikulare Perspektive darf nicht absolut gesetzt werden. *Dennoch sind es immer Einzelne, die zweifeln.*

Individuum als Fehler, Imperfektion als Movens

Entwicklungspsychologisch erwächst der Begriff des Selbst bei Peirce *dem Fehler,* der als eine Vorform des Zweifels betrachtet werden kann. Das Selbst erlebt seine Partikularität zunächst darin, dass seine Überzeugungen (oder zunächst Wünsche) an eine Grenze stoßen. Peirce beschreibt diese Grenze als Imperfektion des Selbst.

> „Hence, the eventual discovery of privacy is, in effect, a simultaneous discovery of error. In short, with the recognition of something private, the awareness of *error* appears, and error can be explained only by supposing a *self* that is fallible.“[136]

Das muss jedoch nicht heißen, dass das Selbst nur in negativer Hinsicht verständlich ist, sondern dass es sich darin zunächst manifestiert. „Peirce states that man's separate existence is *manifested* by ignorance and error, not that it *consists* in them.“[137]

Vincent Colapietro hat in seiner Studie über das Selbst bei Peirce diese vorreflexive Form des Zweifels in der Entwicklung des Selbst hervorgehoben. Auf der kindlichen Entwicklungsstufe, bevor ein Selbst-Bewusstsein entwickelt ist, ist die Partikularität des Selbst zunächst quasi konturlos. Der eigene Standpunkt ist unsichtbar. So, wie die Dinge dem Kind erscheinen, *sind* sie in seiner Welt. „No one questions that, when a sound is heard by a child, he thinks, not of himself as hearing, but of the bell or other object as sounding.“[138] Das betrifft jedoch nicht nur die Wahrnehmung, sondern auch den Willen des Kindes, wie Colapietro im Anschluß an Peirce betont. „Does he [the

---

[136] Peirce, zitiert in: Vincent M. Colapietro: *Peirce's Approach to the Self. A Semiotic Perspective on Human Subjectivity,* New York, 1989, 71, 73.

[137] Patricia Muoio, Peirce on the Person, *Transaction of the Charles S. Peirce Society,* 20, no. 2:169–81, 1984, 174.

[138] Colapietro, a.a.O., 70.

child] think of himself as desiring, or only of the table as fit to be moved? There is no good reason for thinking that he is less ignorant of his own peculiar condition than the angry adult who denies that he is in a passion."[139] Das Kind ist seiner eigenen Partikularität gegenüber ebenso abstandslos wie ein Erwachsener im Wutanfall, seine Sichtweise ist für es absolut. Etwas von dieser Abstandslosigkeit bleibt dem Selbst auch im Erwachsenenalter erhalten, am stärksten, wenn die eigenen Überzeugungen für das Selbst *akritisch unbezweifelbar* in dem oben beschriebenen Sinn sind – wenn also die eigene Überzeugung als absolut wahr erachtet wird, und zwar nicht, weil das Selbst durch Nachdenken zu diesem Schluss gelangt ist, sondern weil es einfach überzeugt ist. Das Selbst ist dann seiner Überzeugung als Teil eines Common Sense ausgesetzt, der bislang fraglos vorausgesetzt worden war. Ähnliches findet auf der kindlichen Entwicklungsstufe statt.

Das Interessante an Colapietros Interpretation von Peirce ist also, dass sich das Selbst (auch in Bezug auf das Leibkörperliche) durch einen Prozess entwickelt, der dem des oben beschriebenen Zweifels ähnlich ist. Durch Fehler gewinnt das kindliche Selbst an Kontur, es tritt allmählich aus dem vagen ‚All-Eins‘ heraus, indem es seine eigene Perspektive und die der anderen durch Abweichungen und Reibungen im Verhalten zunehmend differenziert. Entscheidend ist, dass die ‚Entdeckung des Selbst‘ paradoxerweise zusammenfällt mit der Entdeckung der ‚Fehlerhaftigkeit des Selbst‘, die zugleich notwendig ist, um seine individualistischen Begrenzungen zu überwinden. Mit anderen Worten: Erst dadurch, dass die Partikularität des Selbst an Kontur gewinnt, wird sie handhabbar. Die Entwicklung des Selbst durch ‚Fehler‘ manifestiert sich zunächst auf einer leibkörperlichen Ebene. Durch die allmähliche Schulung seiner motorischen Fähigkeiten entdeckt das Kind seinen Körper als *seinen eigenen* und schließlich über die Entdeckung des eigenen Körpers das eigene Selbst, „by observation that things which are thus fit to be changed are apt actually to undergo this change, after a contact with that peculiarly important *body* called Willy or Jonny".[140] An diesen Überlegungen wird der oben von mir hervorgehobene ‚unfreiwillige‘ Aspekt des Zweifels deutlich. Der Zweifel ist wie eine produktive Fehlermeldung. Diese Erfahrung der potenziellen Fehlerhaftigkeit, der das Kind ausgesetzt ist, verstärkt sich natürlich im Zuge des Spracherwerbs. Doch ist es nicht nur die Sprache, sondern auch die Erfahrung der Imperfektion, die sich zunächst negativ zu erkennen gibt. „[The child] is called into question not only verbally by others but also experientially for itself. That is, not only the testimony of others but also the experience of the child brings home the mistakenness of its perceptions and desires. [...] When the child's own experience confirms the testimony of others and contradicts the inclinations of itself", schreibt Colapietro, und schließt ein Zitat von Peirce an, „[the child] becomes aware of ignorance, and it is necessary to suppose a *self* in which this ignorance can inhere".[141]

Die Interpretation von Colapietro mündet also in folgender These: „*The consciousness of the self as distinct from others is, in its origin, a hypothesis put forth to explain*

---

[139] Ebd.
[140] Ebd., 71.
[141] Peirce, zit. in: Ebd., 72.

anomalies and contradictions in the world as it immediately presents itself to the very young child."[142] Die Fähigkeit, seine Abweichungen und Widersprüche als seine zu entdecken, hängen damit zusammen, dass es durch die Umwelt oder durch andere auf seine Grenzen *als seine Partikularität* gestoßen wird. Das Selbst ist seiner Begrenztheit durch die Negierungen der Außenwelt ausgesetzt. Deswegen kann Peirce auch behaupten: „The idea of other, of not, becomes a very pivot of thought."[143] Die Bildung der ‚inneren Welt' findet durch Negation statt, insofern als das Kind feststellt, dass seine Impulse falsch sein können. Zugleich wird dadurch die Innenwelt überhaupt erst für es erkennbar und erhält Kontur. Durch die Reibungen kommt es jedoch nicht nur zu einer Infragestellung des zuvor Selbstverständlichen, sondern auch zu einer Bekräftigung des Partikularen. Der Körper spielt dabei eine zentrale Rolle: „Human consciousness is the achievement of an *incarnate* consciousness; indeed, for Peirce, the human body with its unique capacities plays an *indispensable* role here."[144] Die Zusammenführung von Individualität und Falschheit lässt sich vor dem Hintergrund der Colapietro-Interpretation als ein notwendiger Entwicklungsschritt begreifen: *Falschheit* oder *Fehlerhaftigkeit* stellt eine Vorform des Zweifels dar. Partikularität heißt zunächst Abweichung von einer indirekt vorausgesetzten Kohärenz der Umwelt. Das Selbst erhält dadurch Kontur, dass es nach einer Form sucht, in der das, was vorübergehend inkohärent war, was nicht passte, wieder in eine kohärente Form findet. So lässt sich Peirce' Diktum von ‚Individualität als Falschheit' produktiv umwenden, indem nämlich darin nicht das Individuelle abgewertet, *sondern die Funktion des Fehlers aufgewertet* wird. Die oben genannte Kritik, dass das Selbst bei Peirce zu negativ gefasst sei, lässt sich auflösen, wenn seine Fehlerhaftigkeit als produktives Moment interpretiert wird, jedoch nur dann, wenn den Fehlern auch ein positiver Aspekt der Bekräftigung zugesprochen wird. Fehlerhaftigkeit und Imperfektion enthalten transformative Impulse, die bekräftigungswürdig sind. Peirce' Vorbehalte gegenüber dem Individuellen und Partikularen lassen sich jedoch noch anders verstehen: Sie richten sich gegen das *private Selbst*, dessen Zweifel und Überzeugungen *falsch* werden, wenn sie sich nicht einer Erprobung im Handlungsraum mit anderen stellen. Gleichwohl wird das regulative Ideal der öffentlichen Forschergemeinschaft zuweilen zu einseitig gegen die Partikularität gestellt. Partikularität wird dann zu sehr als Mangelhaftigkeit gedacht. Doch enthält auch die Lesart des Partikularen als Privaten eine interessante Ambivalenz:

Deprivation oder private Fülle?

Diese Ambivalenz spiegelt, wie ich meine, das beschriebene Spannungsverhältnis von Infragestellung und Bekräftigung, von Mangel und Fülle wider. Es kann anhand der

---

[142] Ebd. (kursiv von der Verf.).

[143] Ebd., 93. An diesem Punkt nimmt Peirce Überlegungen vorweg, die Jacques Lacan später in der Psychoanalyse entwickeln wird: Das Subjekt konstituiert sich bei Lacan, wenn es durch den Spracherwerb in die symbolische Ordnung eintritt, und in diese wird das Kind durch das ‚Nein der Eltern' eingeführt, doppeldeutig ‚le non/nom du père' (welches gesprochen sowohl als Nein des Vaters als auch als Name des Vaters verstanden werden kann).

[144] Ebd., 69.

Etymologie des Begriffs des Privaten verdeutlicht werden. Etymologisch hängen die Begriffe des Privaten und des Mangels, der Deprivation, eng miteinander zusammen: Das Adjektiv ‚privat' wurde im 16.Jh. aus dem Lateinischen privatus übernommen, „(der Herrschaft) beraubt; gesondert, für sich stehend; nicht öffentlich", dem Partizipaladjektiv von lateinisch privare „berauben; befreien; sondern".[145] Vor diesem Hintergrund könnte man sagen: Das private, zweifelnde Selbst wird seiner Überzeugung, die es in einem spezifischen Common Sense verankert, depriviert. Der Zweifel als Ausdruck einer Privation führt das Selbst auf die Begrenztheit seiner eigenen Perspektive zurück. Er wirft das Selbst aus der Bahn seiner Gewohnheit und verunsichert es in seinen unbezweifelten Überzeugungen. In Bezug auf die Selbstreflexion des Selbst heißt das zweierlei: Dem Selbst wird die Sicherheit seiner gewohnten Überzeugung *entzogen*, ihm wird aber zugleich etwas *zugefügt*. Es erfährt etwas Neues, das sich nicht unmittelbar mit seiner Gewohnheit vereinbaren lässt. Genaugenommen geschieht jedoch noch etwas anderes: Das Selbst erfährt seine Partikularität *als etwas Neues*. Es rückt sich selbst in den Blick. Dies geschieht auch dadurch, dass das Selbst den gemeinschaftlich selbstverständlichen Überzeugungen entzogen wird: Das Selbst steht vorübergehend außerhalb seines Common Sense. In diesem Sinn ist sein partikularer Zweifel zunächst ein deprivierter. Das ist jedoch nur eine Seite des Begriffs, denn die etymologische Wurzel beinhaltet noch etwas anderes. Privat heißt auch: *(Der Herrschaft) beraubt, befreit.* Das private Selbst löst sich aus der Herrschaft des Common Sense und steht alleine. Dieser lösgelöste Zustand ist nicht nur einer des Mangels. Auch das Genießen des Selbst, auch seine ästhetischen Erfahrungen sind zunächst private, anders gesagt: Der private Raum ist auch ein Raum der Fülle. In diesem Raum bildet das Selbst den Boden, auf dem es steht: Seine Gewohnheiten, seine Eigenarten, seine Überzeugungen. Dieser Aspekt der Fülle ist für die Entstehung des Neuen wesentlich.

Die Kritik von Peirce richtet sich nur gegen die individualistische Konzeption des Selbst im Sinn eines *deprivierten Selbst*, welchem die Öffnung auf andere, auf die Öffentlichkeit, auf die Gemeinschaft fehlt, nicht aber gegen den Aspekt des privaten Selbst als *Ort der Fülle*. Die Engführung von Privatheit und Deprivation, die Entdeckung der eigenen Subjektivität durch Fehler, die Zielsetzung der Selbstkontrolle, das alles zeichnet das Bild eines Selbst, welches in seiner Partikularität opak und unberechenbar zu sein scheint. Daher bedarf das Selbst einer Orientierung an Strukturen, die über seine Subjektivität hinausweisen. In diesem Zusammenhang führt Peirce den Begriff des Ideals ein: Der Mangel des Individuums kann nur durch etwas Überindividuelles, durch eine graduelle Annäherung an Ideale überwunden werden. Wie fügen sich die Ideale in das peircesche Bild des Selbst?

Selbstkontrolle, Selbstverlust

Ich möchte dazu kurz auf den Begriff der Selbstkontrolle eingehen, der bei Peirce immer wieder auftaucht und eine zentrale Rolle spielt. An ihm wird die Ambivalenz seines Selbstkonzeptes vielleicht am deutlichsten. In der Selbstkotrolle manifestiert sich

---

[145] Siehe etwa Günther Drosdowski (Hg.), *Duden*, Bd. 7, *Das Herkunftswörterbuch. Etymologie der deutschen Sprache*, Mannheim, Wien, Zürich 1989, 551.

für Peirce die Handlungsfähigkeit des Selbst. Für seine Selbstkontrolle bedarf es jedoch einer Orientierung an Idealen. „Self-control depends upon comparison of what is done with an ideal admirable *per se*, without any ulterior reason."[146] Doch wie entwickelt das Selbst Ideale, und kann es über seine Ideale Kontrolle ausüben? „Of course, that ultimate state of habit to which the action of self-control ultimately tends, where no room is left for further self-control, is, in the case of thought, the state of fixed belief, or perfect knowledge."[147] Das Ideal mündet demzufolge in einen Zustand, in welchem keine Selbst-Kontrolle mehr erforderlich ist. Doch wie ist dieser Zustand denkbar? Und wie können daraus Handlungsspielräume erwachsen? Peirce selbst gibt einen Hinweis: Wesentlicher Indikator für die richtige Ausrichtung des Denkens (als Vorbereitung des Selbst auf die Handlung) ist die Abwesenheit von Selbstvorwürfen, welche indirekt anzeigen, dass das Selbst richtig handelt,

> „which means, however, *not* that he can impart to them any arbitrarily assignable character, but, on the contrary, that a process of self-preparation will tend to impart to action (when the occasion for it shall arise), one fixed character, which is indicated and perhaps roughly measured by the absence (or slightness) of the feeling of self-reproach, which subsequent reflection will induce. [...] The more closely this is approached, the less room for self-control there will be; and where no self-control is possible there will be no self-reproach."[148]

Selbstkontrolle ist demnach nur indirekt möglich, sie kann nur einen Prozess des Handelns vorbereiten, welcher sich grob an der Abwesenheit von Selbstvorwürfen orientiert. Folgte man nur diesem Zitat, hätten die Kritiker von Peirce recht behalten, denn weder aus der Selbstkontrolle noch aus dem Selbstvorwurf erwachsen neue Handlungsspielräume. Selbstvorwürfe stellen den Versuch dar, den Zweifel unter die Kontrolle des Selbst zu bringen. Dadurch verwaltet es jedoch nur seine abstrakten Ideale, die zu erstarren drohen, weil sie auf diesem Wege nicht erneuert werden können. Der *Zweifel jedoch entzieht sich der Kontrolle des Selbst*, er ist offener und unbestimmter, da die Kriterien, nach denen gehandelt wird, im Zweifel selbst in Frage stehen. Selbstvorwürfe sind hingegen nur eine verengte Form des Zweifels auf Basis unhinterfragter Kriterien. Selbstkontrolle und Selbstvorwurf allein ermöglichen dem Selbst keine Handlungsspielräume. Peirce selbst sagt: „Self-control of any kind is purely inhibitory. It originates nothing."[149] Die Selbstkontrolle, die gegenüber dem Selbstvorwurf zunächst eine Bekräftigung des Selbst zu sein schien, erweist sich in diesem Zusammenhang nur als Gegenpol des Vorwurfs. Sie bedeutet eine Restriktion für das Selbst, die sich, so die Verheißung von Peirce, im Idealzustand auflösen würde. Doch *verhindert Selbstkontrolle nur falsches Handeln, sie ermöglicht keine neuen Handlungsperspektiven.* Das Ziel der Selbstkontrolle bestünde in der Selbstüberwindung, das Ziel des Selbstvorwurfs im Selbstverlust. Das individuelle, imperfekte, private Selbst scheint in diesem Zusammenhang synonym mit Deprivation. Perfekte Selbstkontrolle hieße Fehlerlosigkeit, sie hieße jedoch auch Handlungsstillstand, wenn nicht in dem Begriff des Ideals ein Überschuss enthalten wäre. Ein wesentliches Problem

---

[146] Peirce, MS 1339, zit.: Ebd.
[147] Ders., The Essentials of Pragmatism, in: Buchler (Hg.), a.a.O., 258.
[148] Ebd., 257f.
[149] Ders., 5.194., zit. nach Colapietro, ebd.

scheint darin zu liegen, dass Peirce die leibkörperliche Verankerung des Selbst nicht genügend berücksichtigt. Die Handlungsfähigkeit des Selbst erwächst nicht zuletzt aus einer Variationsfähigkeit von Gewohnheiten, die sich dadurch grundsätzlich von starrer Routine unterscheiden, wie später genauer gezeigt wird.

Selbstkontrolle kann die Wiederholung und Vorbereitung von Handlungen auf dem Weg zu einer Perfektionierung des Selbst begünstigen, jedoch nur, wenn die Nicht-kontrollierbarkeit in einem positiven Sinn dazu eine Balance bildet. Vollständige Selbstkontrolle schließt den Zweifel aus, dem das Selbst in positiver wie negativer Hinsicht ausgesetzt ist. Die eigenen Überzeugungen können auch fälschlicherweise als Ideal, als absolut wahr *erscheinen*. Die Fehleinschätzung oder die Abstandslosig-keit gegenüber eigenen selbstverständlichen Überzeugungen kann nicht korrigiert werden, wenn der Zweifel durch Selbstkontrolle ausgeschlossen wird. Aus Sicht des *Kontroll-Selbst* kennzeichnet der Zweifel die Grenze zum Selbstverlust, da er unter Umständen sogar jene Ideale ins Wanken bringt, aus denen das Selbst seine Hand-lungssicherheit bezieht. Das *Kontroll-Selbst* verhärtet den Zweifel zum Selbstvorwurf, der Zweifel reicht weiter. Im Zweifel bewegt das Selbst sich auf unbekanntem Ter-rain, deswegen liegt in ihm die Gefahr der Sinnlosigkeit und des Selbstverlustes. Der Zweifel lässt jedoch zugleich Platz für das Unbekannte, der Selbstvorwurf hingegen perpetuiert das Allbekannte. Letztlich erhält der Gedanke der Selbstkontrolle bei Peirce eine paradoxe Wende, in dem er die Kontrolle der Kontrolle einem morali-schen Prinzip unterstellt, welches von einem „ästhetischen Ideal des Schönen" kon-trolliert werde.[150]

Die Idee der Selbstkontrolle mündet also in einem Ideal, welches selbst nicht mehr kontrolliert werden kann (andernfalls Peirce in einen infiniten Regress geriete). Aber kann man hier noch von einem Ideal sprechen? Der Begriff des Ideals ist damit weniger eine gesetzesartige Instanz, und es ist kein Zufall, dass Peirce an die Spitze seiner Kontroll-Pyramide das Schöne setzt. Ich möchte dafür argumentieren, dass es sich hierbei allenfalls um ein vages Ideal handelt, ein ästhetisches Ideal des Schönen, dem das Selbst positiv ausgesetzt ist. Wie können daraus Handlungsimpulse für das Selbst abgeleitet werden?

Dem Sinnen ausgesetzt

In seinen religionsphilosophischen Spätschriften beschreibt Peirce einen Zustand des Selbst, der diesem angedeuteten Ideal des Schönen nahekommt und zugleich einen Gegenbegriff zur Selbstkontrolle benennt. Peirce beschreibt dort einen zwanglos-kontemplativen Zustand des Einklangs mit sich und der Umwelt, den er als ‚musement' bezeichnet und der von Oehler als ‚Sinnen' übersetzt wurde.

> „Es gibt einen bestimmten angenehmen Zustand des Geistes, der gewöhnlich nicht so gepflegt wird, wie er es verdient hätte, was ich daraus schließe, dass er keinen eigenen Namen hat. [...] Weil dieser Zustand keinen eigentlichen Zweck enthält außer den, jede ernsthafte Zwecksetzung beiseite zu schieben, war ich manchmal fast geneigt, ihn – mit einigen Einschränkungen – Träu-merei zu nennen; doch für eine Geistesverfassung, die der Untätigkeit und Verträumtheit so sehr

---

[150] Ders., in: Charles Hartshorne, Paul Weiss (Hg.), *Collected Papers of Charles Sanders Peirce*, Bde. 1–6, Harvard 1931–1935, 5.533.

entgegengesetzt ist, wäre eine solche Kennzeichnung ganz unerträglich und unpassend. Genaugenommen handelt es sich um PURES SPIEL.“[151]

Das Sinnen ist kein passiver Zustand, es handelt sich vielmehr um ungeregelte spielerische Aktivität, den Peirce von dem Spieltrieb Schillers ableitet.[152] Ich schlage folgende Interpretation vor: Im *Sinnen* kommt die andere Seite der Ausgesetztheit zum Ausdruck, die nicht den Mangel, sondern die Fülle des partikularen Selbst umschreibt, welches sich der Selbstkontrolle entzieht. Ich möchte den Zustand des Sinnens als Zustand des Genießens interpretieren, der die *Bekräftigung* der Partikularität des Selbst kennzeichnet. Er charakterisiert die *positive Seite der Ausgesetztheit*. Es entspricht der Tendenz von Peirce, dass dieser Zustand als eher kontemplativ-kognitiv charakterisiert wird und ihr leibkörperlicher Aspekt ausgespart bleibt. In dem Begriff des Spiels deutet sich das Ästhetische dieser Erfahrungsdimension an, die später im Pragmatismus von Dewey stärker in Bezug auf das Alltägliche und die Gewohnheiten ausgebaut werden wird. Das Sinnen umschreibt nicht nur den Zustand der Fülle, sondern auch die Kreativität des Selbst darin, dass es für *das Ungewohnte, das Neue* aufgeschlossen ist. Kreativität kommt nicht durch Selbstkontrolle zustande, sie wird dadurch sogar behindert. Das Neue entsteht durch die unkontrollierte Ausgesetztheit des Selbst im negativen Sinn (dem Zweifel) ebenso wie im positiven Sinn (dem Sinnen).

Damit lässt sich die eingangs gestellte Frage beantworten: Das partikulare Selbst bei Peirce löst sich nicht in der Selbstüberwindung auf, es ist nicht nur als Fehler- oder Mangelhaftigkeit zu verstehen, sondern umfasst auch das Moment der Fülle im ästhetischen Genießen des Sinnens, welches das Selbst vorübergehend der Selbstkontrolle enthebt. Mit James könnte man vielleicht von *moral holidays* sprechen. Mit dem Sinnen ist ein Bereich angedeutet, der nicht unter das Verdikt von „Individualismus [als] Falschheit“ fällt.[153] Wie wir noch genauer sehen werden, geht die Funktion des Sinnens über das Private hinaus, sie spielt sogar für die wissenschaftliche Hypothesenbildung bei Peirce eine entscheidende Rolle. *Die Bekräftigung des Selbst in seiner Imperfektion ist ein grundlegendes Movens seiner Handlungsfähigkeit. Grundlage für dieses affirmative Moment ist das Sinnen. Das partikulare Selbst nimmt nicht nur in seiner Deprivation Gestalt an, sondern auch in der privaten Fülle.*

I.2. Positive Partikularität: Glaubensüberzeugung bei James

William James griff 1898, erst zwanzig Jahre nach Veröffentlichung von Peirce' *Die Festlegung einer Überzeugung* den Begriff des Pragmatismus auf, gab ihm – paradigmatisch in seinem Aufsatz *Der Wille zum Glauben (The Will to Belief)* – eine neue Wendung und verschaffte ihm als erster eine breite Öffentlichkeit. James Betonung des

---

[151] Ders., *Religionsphilosophische Schriften*, hg., eingeleitet und übersetzt von Hermann Deuser, Hamburg 1995, 332f.

[152] Deuser weist auf den Einfluss von Schillers *Ästhetischen Briefen (Über die ästhetische Erziehung des Menschen, in einer Reihe von Briefen, 1795)* bei Peirce hin, den dieser selbst in biographischen Rückblicken benannt hat. Ebd., 519, Fn. 13.

[153] Peirce, *Über die Klarheit unserer Gedanken*, a.a.O., 63f.

belief (im Unterschied zu der Betonung des Zweifels bei Peirce) ist auch vor dem biographischen Hintergrund einer dramatischen Auseinandersetzung mit der Frage nach dem freien Willen zu sehen. Lange Zeit beeinflusst von Herbert Spencers deterministisch-evolutionärer Theorie, wendet James sich schließlich von dieser ab, weil der freie Wille und die subjektiven Erfahrungen darin keinen Ort haben. Angesichts der Probleme des Determinismus durchlebte James 1867 bis 1872 eine persönlichkeitsbedrohende Depression angesichts der „Spannung zwischen einem deterministischen, angeblich von den modernen Naturwissenschaften beglaubigten Weltbild und den Werten eines christlichen Menschenbilds".[154] Diese Krise überwand er unter dem Einfluss des Neo-Kantianers Charles Renouvier: Renouvier zufolge ist der freie Wille keine Illusion – und James erster Akt freier Willensausübung war es, an den freien Willen zu glauben.[155]

Dieser biographische Hintergrund ist für die philosophiehistorische Einordnung des Pragmatismus vielsagend. James' Konflikt spiegelt die Situation wider, in der sich die Philosophie seiner Zeit in den USA befand. Der Common Sense, so könnte man sagen, befand sich im Spannungsverhältnis zwischen aufkeimender Naturwissenschaft und dem Versuch, dennoch einen Glauben (etwa an den freien Willen) aufrechtzuerhalten. Während Peirce dieses Spannungsverhältnis dahingehend löst, dass der Zuwachs von Erkenntnis in Hinblick auf eine ideale Forschergemeinschaft postuliert wird, die sich einer deterministischen Reduktion entzieht, erhält der Pragmatismus mit James eine stärker partikulare Wende, hin zur Situierung des Einzelnen innerhalb der Wissenschaft und des Common Sense der Gesellschaft. Wichtig sind in diesem Zusammenhang v.a. zwei Punkte:

Für den Prozess der Überzeugungsbildung spielt die Partikularität des Selbst eine entscheidende Rolle. Die erzeugten ‚Wahrheiten' sind untrennbar verknüpft mit der Erweiterung der Handlungsspielräume des Selbst. Die Entstehung bzw. Entdeckung des ‚Neuen' (neuer Wahrheiten und damit verknüpfter Handlungsspielräume) ist nur in ihrer Verknüpfung mit dem ‚Alten' nachvollziehbar. Das Ignorieren des „Vorrat[s] von *alten Ansichten*" (29) verstellt den Weg der Erneuerung. Hier knüpft James an den Begriff des Common Sense an und liegt auf einer Linie mit Peirce. Der Common Sense lässt sich nicht willkürlich abstreifen.

Dadurch verschiebt sich die *Bewertung* von Erkenntnis und Überzeugung. Ist bei Peirce ein Vorrang der (wissenschaftlichen) Innovation gegenüber einem Festhalten am Common Sense festzustellen, entwickelt James einen Pluralismus, in dem Innovation (in der Wissenschaft oder Kunst) und Common Sense in Hinblick auf das partikulare Selbst gleichberechtigte Herangehensweisen darstellen. James akzentuiert also stärker das Subjektive und das Alltägliche in seiner Version des Pragmatismus. Peirce war mit dieser ‚literarisierenden Interpretation' des Pragmatismus überhaupt nicht einverstanden und benannte seine Version deswegen in *Pragmatizismus* um – „hässlich genug, um vor Kindsräubern sicher zu sein".[156] Doch trotz der Differenzen sah James seine Philoso-

---

[154] Hans Joas, die Vielfalt religiöser Erfahrung (William James), in: ders., *Die Entstehung der Werte*, Frankfurt/M. 1999, 62.

[155] James' Tagebucheintrag von 1870, zitiert nach: Henry James, (Hg.) *The Letters of William James*, 2 Bde., Boston 1920, Bd. 1, 147f. Zit. nach Joas, *Die Entstehung der Werte*, a.a.O., 63.

[156] Nagl, *Pragmatismus*, a.a.O., 29.

phie als eine Weiterentwicklung der Ideen von Peirce, insbesondere seiner Kritik am spekulativen Denken.[157]

Zu Beginn seinen Vorlesungen zum Pragmatismus, auf die ich mich im Folgenden beziehen werde, zitiert er Peirce: „In welcher Beziehung wäre die Welt anders, wenn diese oder jene Alternative wahr wäre? Wenn ich nichts finden kann, das anders würde, dann hat die Alternative keinen Sinn."[158] James radikalisiert den Pragmatismus von Peirce mit einem Theoriemodell, durch welches „existierende Realitäten *verändert* werden können, [...] Theorien sind dann nicht mehr Antworten auf Rätselfragen, Antworten, bei denen wir uns beruhigen können; *Theorien werden vielmehr zu Werkzeugen*". (23f.)

Daran wird auch der Unterschied des Pragmatismus zum Empirismus deutlich. James – wie auch Peirce und Dewey – haben sich gegen den atomistischen Empirismus gewandt, weil das Bewusstsein nicht als passiver Empfänger der Umwelt verstanden wird. Vielmehr bestimmt das Selbst aktiv seine Möglichkeiten in einer offenen Welt. Der Atomismus nimmt hingegen Sinneseindrücke als simpelsten mentalen Fakt an. Demgegenüber findet Wahrnehmung aus Sicht des Pragmatismus immer schon innerhalb des Kontextes eines Common Sense und der in das Selbst eingegangenen Überzeugungen und Gewohnheiten statt, das Selbst erfährt nicht unmittelbar seine Umwelt, sondern beide wirken verändernd aufeinander ein.

Mit James vollzieht sich eine *subjektive Wende des* Common Sense *und des Überzeugungsbegriffs* im frühen Pragmatismus. Das zeigt sich am deutlichsten an seiner *Wahrheitstheorie*, in welcher er eine historisierende Engführung von Common Sense und Überzeugungen vornimmt. James schließt sich zwar der schottischen Schule in der vorausgesetzten Basis eines Common Sense an. Auch James zufolge leben wir mit unseren Zeitgenossen in einem Netz ungeprüfter Überzeugungen. Nicht nur für seine Studenten gilt, dass „sie für ihre Person jederzeit von dem einen Glauben oder einem anderen bis zum Rande voll sind".[159] Doch wird der Common Sense von James im Unterschied zur schottischen Schule und stärker noch als bei Peirce dynamisch gefasst, denn es handelt sich dabei um kontingente sedimentierte und verallgemeinerte Überzeugungen *Einzelner*, die sich, wenn auch langsam und von uns unbemerkt, weiterentwickeln.[160] James gibt dem Common Sense eine partikulare Wendung, denn dieser besteht aus alt gewordenen *beliefs*.

---

[157] Eine ausführliche Darstellung der Entstehung des Pragmatismus von Peirce und James nimmt Helmut Pape vor in: *Der dramatische Reichtum der konkreten Welt. Der Ursprung des Pragmatismus im Denken von Charles C. Peirce und William James*, Weilerswist 2002. Pape zeigt u.a. auf, dass auch James auf Peirce maßgeblichen Einfluss ausgeübt hat und korrigiert damit das vorherrschende Bild von Peirce als *dem* Gründungsvater des Pragmatismus.

[158] James, *Was ist Pragmatismus?*, a.a.O., 19.

[159] Ders., Der Wille zum Glauben, in: *Pragmatismus*, in: Martens (Hg.), a.a.O., 128.

[160] In seiner postdarwinistischen Weiterentwicklung des Common Sense stimmt James mit Mill überein, der anstelle einer Angeborenheit der Common Sense Prinzipien für ihre psychologische Genese argumentiert. John Stuart Mill, *An Examination of Sir William Hamilton's Philosophy*, London 1865.

Wahrheit zwischen Common Sense und Innovation

Die Schnittstelle von Common Sense und Innovation bildet bei James einen neuralgischen Punkt für die Konzeption des partikularen Selbst und für die Frage nach der Erweiterung von Handlungsspielräumen, dieser Punkt ist zugleich Ausgangspunkt der jamesschen Wahrheitskonzeption. Wahrheit bedeutet ‚Übereinstimmung' mit der Wirklichkeit. Der Streit beginnt laut James erst mit der Frage, was Übereinstimmung und was Wirklichkeit bedeutet.[161] Der pragmatistische Wirklichkeitsbegriff wird aktivisch verstanden. Das Selbst eignet sich Wirklichkeit handelnd an. Übereinstimmung im Common Sense wird daher auch durch die jeweiligen Praktiken hergestellt, auf denen das Wirklichkeitsverständnis basiert.

> *„Wahre Vorstellungen sind solche, die wir uns aneignen, die wir geltend machen, in Kraft setzen und verifizieren können. Falsche Vorstellungen sind solche, bei denen alles dies nicht möglich ist. […] Die Vorstellung wird wahr, wird durch die Ereignisse wahr gemacht."* (76f.)

Wahrheit entsteht durch eine aufgrund einer problematisch gewordenen Situation erforderliche neue *Verhältnisbestimmung*. Zwischen dem Selbst und der Situation wird eine *neue Verknüpfung hergestellt*. Diese Bestimmung ist weder rein voluntaristisch zu verstehen (ein häufiges Missverständnis gegenüber James), noch widerfährt sie rein passiv dem Selbst. Wahrheit ist die Lösung eines Konflikts zwischen alten Überzeugungen und neuen Erfahrungen in Hinblick auf ihre mögliche zukünftige Praktikabilität. Diese Lösung besteht jedoch in den seltensten Fällen in einer einfachen additiven Hinzunahme der neuen Erfahrung in den Fundus der alten Überzeugungen. Vielmehr muss eine gelungene Verknüpfung zwischen alt und neu *erzeugt* werden, die zu erweiterten Handlungsspielräumen führt. [162]

> „Ursprünglich und auf dem Boden des Common Sense bedeutet die Wahrheit eines Bewußtseinszustandes nichts anderes als die Funktion *des Hinführens, das der Mühe lohnt.*" (79f., leicht modifizierte Übersetzung [H. S.]).

Wenn die Verknüpfung zwischen alten und neuen Annahmen gelungen ist, stellt sich eine neue Überzeugung ein. Im Unterschied zu Peirce erfährt der Wahrheitsbegriff bei James eine partikulare Transformation: Bei Peirce wird der Forschungsprozess durch Zweifel Einzelner initiiert, doch die Wahrheit bewährt sich erst öffentlich-wissenschaftlich. Bei James hingegen entsteht Wahrheit erst durch den *partikularen* Prozess der Aneignung.

> „Wenn also alte Wahrheiten sich durch Hinzufügung neuer weiter entwickeln, so spielen dabei subjektive Gründe mit. Wir sind selbst in den Vorgang eingeschaltet und lassen uns durch diese subjektiven Gründe bestimmen" (32).

Gleichwohl bewährt sich auch bei James Wahrheit in der handelnden Umsetzung, „der Besitz wahrer Gedanken" bedeutet überall zugleich „den Besitz wertvoller Mittel zum Handeln" (77). Durch die Rückbindung an den Handlungsraum bleibt der Wahrheits-

---

[161] James, *Was ist Pragmatismus?*, a.a.O., 74.

[162] „Wie die halben Wahrheiten, so wird auch die absolute Wahrheit *erzeugt* werden müssen." Ebd., 96.

begriff dem Common Sense verbunden, denn im Handeln werden die „subjektiven Gründe" auf eine intersubjektive und wirkliche Probe gestellt. Doch schon um eine neue Überzeugung zu entwickeln, muss das Selbst sich einem konfliktiven Abgleichungsprozess unterziehen, in dem *alte und neue Ansichten ‚vermählt'* werden. Die Entwicklung neuer Überzeugungen ist dabei untrennbar von den partikularen Modifikationen alter Überzeugungen innerhalb des Selbst. Ähnlich wie Peirce beschreibt James die Entwicklung neuer Standpunkte aus einer ungewohnten Situation heraus. Das Selbst erfährt einen ‚inneren Aufruhr', bei dem es zunächst darum bemüht ist, seine alten Überzeugungen zu retten. Der Begriff der Wahrheit von James beschreibt diese Verknüpfungsleistung, in welcher die Ordnung von alten und neuen Überzeugungen wiederhergestellt ist als partikulare. James differenziert einfache, ‚additive' Wahrheiten, bei denen der Common Sense des Selbst unangetastet bleibt (31), demgegenüber er einen Prozess konfliktiver Wahrheitsgewinnung beschreibt, in dem die alten Überzeugungen des Selbst in Frage gestellt werden. Dieser Konflikt entspricht der Situation des Zweifels bei Peirce. Doch bei James wird stärker erkennbar, inwiefern ein Zweifel auch ein Selbstzweifel, und d.h. eine Erschütterung der eigenen Position mit sich bringt, denn es geht um eine neue Verknüpfungsleistung von alt und neu. Man könnte sagen, dass dadurch erst die alten und neuen Überzeugungen Kontur erhalten, *sie werden produktiv vermittelt.*

> „Das Resultat ist ein ‚innerer Aufruhr', der unserem Geist bis jetzt fremd war, vom dem wir uns nun befreien wollen, indem wir unsere früheren Meinungen modifizieren. Wir retten davon, soviel wir können, […] bis endlich eine neue Idee kommt, die wir dem alten Vorrat mit einem Minimum von Störung einverleiben können, eine Idee, die zwischen dem alten Vorrat und der neuen Erfahrung vermittelt" (29, Übersetzung leicht modifiziert [H. S.]).

Von der einfach additiven Wahrheitsgewinnung unterscheidet James also jene, bei der Überzeugungen nicht angereichert, sondern *verändert* werden. Dadurch wird auch das Selbst transformiert. Jeder kennt den Effekt, der eintritt, wenn man glaubt, zum ersten Mal z.B. ein spezifisches philosophisches Problem verstanden zu haben. Dieser Aha-Effekt ist nicht als Erkenntnis im Sinn additiven Wissenszuwachses zu verstehen, wie er ständig vollzogen wird, sondern Teil einer besonderen Situation, in der etwas in neuem Licht erscheint. Diese ‚Aha-Effekte' finden natürlich nicht nur in der Philosophie statt, sondern in jedem Lernprozess. Oft scheint es eher eine leibkörperliche Erfahrung zu sein, durch welche dieser Prozess erfolgt. Im Erlernen von Bewegungsabläufen bei Sportarten, beim Erlernen eines Musikinstrumentes etwa oder einer Sprache gibt es Phasen, in denen der Lernprozess stagniert. Das Selbst sieht bei anderen den erstrebten Bewegungsablauf, hört den gewünschten eleganten Sprachfluss oder die Geläufigkeit und Gewandtheit im Spielen eines Musikinstrumentes. Es kommt zu einem Konflikt. In diesem Fall steht das Ziel fest, es fehlt jedoch die Brücke. Gesucht wird also der Weg, das Verbindungsglied bzw. das Mittel. Das Selbst kann versuchen, durch Übungen, durch Experimentieren das gewünschte Ergebnis zu erzielen, er lässt sich jedoch nicht mutwillig erzwingen. Wenn die neue Überzeugung dem Selbst schließlich zugefallen ist, stellt sich der ‚Aha-Effekt' ein, der für-wahr-gehalten wird. „Gewisser Dinge sind wir sicher, das fühlen wir: wir wissen, und wir wissen, dass wir wissen. In unserem

Innern schnappt etwas ein."[163] Pragmatistisch ausgedrückt ist die Situation des Zweifels überwunden und es stellt sich der Zustand des *beliefs* ein. Dieser Effekt wirkt sich auf das leibkörperliche Selbst aus, insofern als sich neue Handlungsspielräume eröffnen. Wenn der ‚Aha-Effekt' sich bewährt und als Überzeugung im Selbst sedimentiert, so wird daraus eine Gewohnheit, die das Selbst handlungsfähig macht. Die bewusste Reflexion auf diesen Vorgang ist sprachlich, doch die momenthafte Erfahrung geht nicht in Sprache auf. „Wir finden uns tatsächlich gläubig, wir wissen kaum, wie oder warum."[164]

Das, was innerhalb eines Common Sense, also in der Übereinkunft vom Selbst im Singular und Plural als Wahrheit gilt, ist eine Art Kompromiss in dem Adaptationsprozess zwischen alten und neuen Überzeugungen, die sich im zukünftigen Handeln bewähren.[165] In dieser Bildung neuer Wahrheiten, die alte Überzeugungen verändern, und durch die sich auch das Selbst erneuert, wird eine *neue Verknüpfung von* Common Sense *und Partikularität* des Selbst hergestellt, aus der beide modifiziert hervorgehen. Während Peirce den Common Sense als intrinsisch vage charakterisiert, repräsentiert er für James sedimentierte, alte Überzeugungen – „Wahrheiten [...], die vor Alter versteinert sind" (34). Doch im Unterschied zu Peirce nimmt James eine mikrologische Perspektive auf den Übergang von alt zu neu ein, auf die Art und Weise, in der dieser Übergang subjektiv erfahren wird. Deswegen ist der Untertitel zu seinen Pragmatismusvorlesungen für sein Denken paradigmatisch: *Ein neuer Name für einige alte Denkweisen.* Die Erweiterung der Handlungsspielräume des Selbst im Zuge der Entwicklung neuer Wahrheiten wird nur fruchten, wenn die alten Wahrheiten berücksichtigt werden.

> „Der Einfluß dieser alten Wahrheiten ist unbedingt maßgebend. Ehrliche Rücksicht auf denselben ist der erste Grundsatz [...]. Denn in den meisten Fällen, wo Phänomene behandelt werden, die so neu sind, daß sie eine ernstliche Neugestaltung unserer früheren Auffassung verlangen, pflegt man die Vor-Urteile zu ignorieren oder diejenigen schlecht zu behandeln, die auf ihr Vorhandensein hinweisen" (30f.).

James ist jedoch uneindeutig in seiner Einschätzung des Vorganges von ‚Wahrheitsgewinnung': Jedes Selbst trägt in sich einen „Vorrat von *alten Ansichten*", der durch eine Vielzahl von Faktoren irritiert werden kann: durch eine neue Erfahrung, durch den Widerspruch eines anderen, durch Reflexion, die auf Widersprüche stößt oder durch ein Verlangen, welches mit der alten Meinungen nicht befriedigt wird. Es entsteht also eine Inkohärenz innerhalb des Selbst, die gelöst werden muss. Der Konflikt im Selbst besteht dann zwischen dem alten Vorrat an Ansichten – dem Common Sense – und einer neuen Annahme, welche die Kohärenz des Selbst wiederherstellt. Die jamessche Konzeption des Common Sense schließt damit direkt an seine Wahrheitskonzeption an (34). Die „Vermählung" von neuen und alten Überzeugungen ist damit zugleich eine von Common Sense und Innovation. Um dem Selbst selbstverständlich werden zu können, müssen sich Überzeugungen innerhalb der Gesellschaft bewährt haben und deswegen sind sie vom Common Sense untrennbar.

---

[163] James, Der Wille zum Glauben, a.a.O., 140.
[164] Ebd., 136.
[165] James, *Was ist Pragmatismus*, a.a.O., 30.

Der Common Sense ist also auch für James zentral. So schreibt Charlene H. Seigfried:

> „For James Common Sense plays the same mediating role between positivist empirical science and philosophical idealism that it did for the Scottish realists who wanted to avoid both Berkeley's and Hume's reduction of everything to impressions and ideas."[166]

Gemeint ist damit einerseits der Glaube an bestimmte Evidenzen wie etwa die eigene Existenz, die Existenz der Welt unabhängig von der individuellen Existenz, das Fortbestehen der Naturgesetze, etc. Zum Teil jedoch meint James auch „simply good judgment."[167] James schließt kritisch an die schottischen Common Sense-Theoretiker an, indem er zwar wie sie eine vollständige Abwendung von diesem mit Irrationalismus gleichsetzt, ihn aber zugleich einer post-darwinistischen Transformation unterzieht. Der Common Sense entwickelt sich James zufolge sukzessive und graduell und verändert sich im Wechselspiel mit den jeweils individuellen Annahmen innerhalb einer Gesellschaft. Erkenntnistheoretisch läuft der Pragmatismus damit quer zur positivistischen Wissenschaft und der idealistischen Philosophie. Doch ist der Common Sense bei James doppeldeutig: Zwar ist er jedem geläufig, gleichwohl nimmt er in jedem partikularen Selbst eine andere Form an, mischt sich dort mit den individuellen Überzeugungen und führt so längerfristig zu einer Veränderung des allgemeinen Common Sense, „subtly altering in interaction with each individual's present stock of beliefs, rather than being the natural inheritance of humankind".[168]

An anderer Stelle allerdings spricht James davon, dass die Kategorien des Common Sense vielleicht einst von „vorgeschichtlichen genialen Menschen entdeckt wurden, deren Namen das Altertum mit Nacht bedeckt hat".[169] Die Schöpfung von etwas Neuem schreibt er damit – der romantischen Tradition verhaftet – einzelnen Genies zu. Ähnliches schreibt er über seine zeitgenössischen Vertreter des kritischen Denkens, „die sich selbst überlassen sind, Geister, die neugierig sind und Muße haben, den Boden des Common Sense [zu] verlassen und sich auf den Boden des ‚kritischen Denkens' zu begeben".[170] In motivationaler Hinsicht unterscheidet er also zwischen dem Selbst, welches dem Common Sense verhaftet ist und nur widerwillig neue Ideen in seinen alten Fundus integriert und dem neugierigen Selbst, welches sich nicht aufgrund eines entstandenen Drucks neu orientieren muss, sondern dies aufgrund von Muße, aus freien Stücken tut. Hier fühlt man sich an Peirce' Sinnen erinnert. Doch stellt James nicht die Frage danach, warum bestimmte Menschen eher dem Common Sense, andere eher der Innovation zugeneigt sind, hier kommt seine Bestimmung des Common Sense an ihre Grenzen.

Auch in seiner *Bewertung* des Common Sense bleibt James ambivalent. Zum einen appelliert er an ein Misstrauen gegenüber dem Common Sense. Dieser enthält die

---

[166] Charlene Haddock Seigfried, Zur fünften Vorlesung: The Philosopher's ‚Licence': William James and Common Sense, in: Klaus Oehler (Hg.), *William James. Pragmatismus. Ein neuer Name für einige alte Wege des Denkens*, Berlin 2000, 111.

[167] Seigfried, a.a.O., 112.

[168] Ebd., 111.

[169] James, *Was ist Pragmatismus?*, a.a.O., 61.

[170] Seigfried, a.a.O., 63.

Gefahr scholastischer Metaphysik. Scholastik „is after all only Common Sense made systematic, the ‚school of Common Sense‘ is only scholasticism in informal shape".[171] Zum anderen sieht er in ihm ein Korrektiv gegenüber der Wissenschaft und der kritischen Philosophie, die „die Schranken des gewöhnlichen Denkens" durchbrechen und gleichwohl die Gefahr bergen, „dass die vom Menschen entfesselten Kräfte sein eigenes Wesen zermalmen".[172] Schließlich mündet James Theorie des Common Sense in einem Pluralismus, der die verschiedenen Zugänge zur Wahrheitsfindung – Common Sense, kritische Philosophie und Naturwissenschaft – nebeneinander gelten lässt, je nachdem, ob sie fruchtbare Handlungen befördern oder nicht. Einmal mehr zeigt sich hier die Untrennbarkeit des Wahren und Guten in der Philosophie von James. „Für die eine Lebenssphäre passt der Common Sense besser, für eine andere die Naturwissenschaft, für eine dritte der philosophische Kritizismus, aber ob eine dieser Denkweisen unbedingt wahrer ist, das weiß nur der Himmel."[173] Seigfried interpretiert James Insistenz auf dem Common Sense als ein kritisch-moralisches Korrektiv gegenüber der Naturwissenschaft, deren Ergebnisse gleichermaßen Nutzen und Gefahr bergen. Denn ein fundamentaler Glaube des Common Sense ist, dass wir für unser Handeln und für die Welt, in der wir leben, verantwortlich sind. Das Vertrauen von James in den Common Sense zeigt sich daran, dass er den Fanatismus mehr fürchtet als konventionelles Verhalten.[174] Nach den Erfahrungen des 20. Jh. und der Erkenntnis, dass der Common Sense einer ganzen Gesellschaft fanatisch und ausgesprochen irrational sein kann, ist dieses Vertrauen in die Harmlosigkeit seiner Konventionalität natürlich hinfällig, und harmlos war der Common Sense einer Gesellschaft wohl noch nie.

Handlungsfähigkeit erwächst bei James dem Selbst aus der Spannung von Situiertheit und Aneignung, die nur je partikular gelöst werden kann. Aus der jeweils partikularen ‚Vermählung' von alten und neuen Überzeugungen (James spricht von alten und neuen Wahrheiten), eröffnen sich neue Handlungsmöglichkeiten, die schließlich wieder in die Gesellschaft zurückwirken und längerfristig den Common Sense verändern. Bei allen Vertretern des Pragmatismus findet sich, wenn auch auf unterschiedliche Weise, dieses Spannungsverhältnis zwischen Common Sense und Innovation. „Bei Peirce trägt diese Verfahren den Namen ‚Critical Commonsensism', und James, Dewey, Schiller und Mead und viele andere Pragmatisten haben diese Lehre weitergeführt und ausgebaut, um begreifbar zu machen, wie inmitten des gesellschaftlichen Lebenszusammenhanges Regeln des Verstehens und Handelns funktionieren, sich aber auch erkennbar ändern können."[175] Bei James liegt das Augenmerk deutlich auf der je partikularen innovativen Aneignung von Überzeugungen.

Wie ich meine, sollte man auch den Pluralismus von James hinsichtlich der Sphären des Common Sense, der Naturwissenschaft und der Philosophie nicht als Subjektivis-

---

[171] James, Appendix III: James's Preface to Ferrari's Italian Translation. The Principles of Psychology, 1981 (1890), in: *The Works of William James*, hg. v. F. Burckhardt et.al., Cambridge/London 1975–1988, 1482, zit. nach Seigfried, a.a.O., 117.

[172] Ders., *Was ist Pragmatismus*, a.a.O., 64f.

[173] Ebd., 68.

[174] Seigfried, a.a.O., 122f.

[175] Oehler in: ders. (Hg.), *William James*, a.a.O., 23.

mus interpretieren, denn der Pluralismus von James wird auf die *Partikularität der Überzeugungen und des Common Sense* zurückgeführt. Wenn James schreibt, dass es keine abschließende Antwort auf die Frage gibt, wann welche der drei Methoden vorzuziehen sei, so liegt das an der Begrenztheit der eigenen partikularen Perspektive, aus der heraus eine bestimmte Überzeugung für wahr gehalten wird. In seinem Vorwort zu *Talks to Teachers on Psychology* fasst James es so: „There is no point of view absolutely public and universal. Private and incommunicable perceptions always remain over, and the worst of it is that those who look for them never know *where*."[176] Wenn das Selbst nicht weiß, *welche* seiner Überzeugungen Teil eines (berechtigten oder zweifelhaften) Common Sense oder einer wissenschaftlichen Wahrheit sind, so ist dem Selbst damit jede letztgültige Gewissheit entzogen. Es bleibt kein anderer Weg, als sich für eine Position zu entscheiden, nämlich an sie zu glauben.

Das Recht zu glauben. Eine Form der Verortung

> „Bei allen wichtigen Verrichtungen im Leben müssen wir einen Sprung ins Dunkle wagen." (Der Wille zum Glauben, 158)

Der Aufsatz, durch den James und die Philosophie des Pragmatismus umstrittene Berühmtheit erlangten, ist die frühe Schrift *Der Wille zum Glauben* von 1897. Wie auch schon bei Peirce spielt der Begriff ,belief' eine zentrale Rolle, jedoch in einer inhaltlichen Akzentverschiebung. Die Festlegung einer Überzeugung im peirceschen Sinn wird v.a. als Überwindung des Zweifels darstellt. Zugespitzt formuliert liegt bei Peirce ein Primat des Zweifels und bei James ein Primat des Glaubens vor. Glauben in dieser Hinsicht versetzt keine Berge, aber er ermöglicht es dem Selbst, Berge zu besteigen, die es ohne den Glauben umgangen hätte. Zweifellos ist James hier affirmativer als Peirce.[177]

Daran ist ein spezifisches Bild des Selbst geknüpft: Für die Handlungsfähigkeit des Selbst ist es aus Sicht von James zentral, an etwas zu glauben. James impliziert damit noch etwas anderes als Peirce: Er legt sein Augenmerk auf den *motivationalen Aspekt des Glaubens*, der Überzeugung für das Handeln. Ihm geht es auch um eine moralphilosophische Bekräftigung des Selbst *in* seinen partikularen Entscheidungen. So überrascht es nicht, dass in den Schriften von James der Begriff des ,belief' häufiger als ,Glaube' übersetzt wird, bei Peirce hingegen zumeist als ,Überzeugung' oder ,Für-wahr-Halten'. Der subjektive, jedoch auch der metaphysisch-religiöse Aspekt nimmt im Denken von James größeres Gewicht ein. Wie im Folgenden gezeigt wird, schält James gewissermaßen den Konflikt zwischen Glauben und Überzeugung heraus, die Schwierigkeit – wenn nicht die Unmöglichkeit – in jedem Fall zwischen einem (grundlosen, subjektiven, vielleicht sogar unberechtigten) Glauben und einer (begründeten, objektiven und be-

---

[176] William James, Talks to Teachers on Psychology, in: *The Works of William James*, hg. von Frederick H. Bruckhardt, Fredson Bowers und Ignas K. Skrupskelis, Cambridge 1983, 4.

[177] John McDowell, William James, in: John J. Stuhr (Hg.), *Pragmatism and Classical American Philosophy. Essential Readings and Interpretive Essays*, New York 2000, 149f.

rechtigten) Überzeugung zu unterscheiden. In Fällen der Unentscheidbarkeit tritt James für ein Recht zu glauben ein, welches ihm fälschlicherweise und hartnäckig in der Philosophiegeschichte als subjektivistischer Wille zum Glauben ausgelegt wurde.[178] James nimmt in Hinblick auf das partikulare Selbst eine Komplementärposition zu Peirce ein, doch beide haben *eine normative Pointe*: Während oben *der peircesche Zweifel als Selbstzweifel* herausgearbeitet wurde, *bei dem das Selbst in seiner Partikularität der potenziellen Fragwürdigkeit seiner eigenen Position im positiven wie im negativen ausgesetzt ist,* wendet James sich dem Glauben zu, der im Extremfall kein Kriterium an der Hand hat, um zu entscheiden, ob er berechtigt ist oder nicht. Er enthält die Entscheidung zu einer bestimmten Position, die dem Selbst die Partikularität seiner Positionsbestimmung vor Augen führt. *Das Selbst muss sich einen Glaubens-Ort geben, auf das Risiko hin, dass dieser fehlgeleitet war. In dieser Hinsicht ist es in seiner Partikularität radikal verantwortlich für seinen Glauben und die Handlungen, die daraus hervorgehen.* In beiden Fällen, bei Peirce wie bei James, nimmt das Selbst damit auch eine Verhältnisbestimmung zum supponierten Common Sense vor, der damit ebenfalls zur kritischen Disposition steht.

James Aufsatz ist ebenso berühmt wie umstritten und häufig missverstanden worden. Bekanntlich hat James später bereut, seinen Aufsatz nicht als ‚*Recht* zum Glauben' zu betiteln, für welches man einsteht, und welches sich dadurch von den bloß passiv mitgetragenen Common Sense-Überzeugungen unterscheidet. Die handlungsrelevante Entscheidung macht klar, dass es James nicht um einen beliebigen Voluntarismus geht, denn er behauptet gerade, man könne *nicht* willentlich glauben (auch darin nimmt er die Komplementärposition zu Peirce ein, der gegen Descartes hält, man könne nicht willentlich zweifeln.) Besonders deutlich wird dies in der Auseinandersetzung von James mit Pascals Wette. Pascal hatte die Entscheidung zum Glauben mit einer Wette verglichen, in welcher der Glaube als Wetteinsatz unter Abwägung aller Chancen weniger Risiko umfasse als der Unglaube. James schreibt dazu: „Es liegt auf der Hand, dass die Option, welche Pascal dem Willen darbietet, keine lebendige ist, wenn nicht von vorneherein eine Tendenz, an Messen und Weihwasser zu glauben, vorhandeln ist."[179] Um diese Frage: was es heißt, einen lebendigen Glauben an etwas zu fassen oder nicht, und inwiefern ein lebendiger wirklicher Glaube auch ohne Gewissheit (denn darin liegt die Natur des Glaubens) der agnostischen Skepsis vorzuziehen sei (denn der Unglaube enthielte selbst schon wieder einen Glauben), um diese Frage also kreist der gesamte Aufsatz von James: Die Entscheidung, an etwas zu glauben, ohne dass dafür Evidenzen vorliegen. Bei dieser Art von Glauben ist der „Einfluss unseres Gefühlslebens auf unsere Ansichten [...] als unvermeidlich und als berechtigter Entscheidungsgrund unserer Wahl anzusehen" (146). Es handelt sich um Situationen, in denen wir mit einer „lebendigen Hypothese" konfrontiert sind, einer, die als wirkliche Möglichkeit empfunden wird und nicht einer abstrakten, die bei uns „keine elektrische Verbindung mit

---

[178] Unter den Neopragmatisten hat insbesondere Hilary Putnam diese Fehlinterpretation zurückgewiesen. Putnam, *Pragmatismus. Eine offene Frage*, Frankfurt/M./New York 1995. Vgl. auch Pape, a.a.O., insbesondere zum Subjektivismusvorwurf (116f.) und zu den beharrlichen Vorurteilen der Pragmatismusrezeption (8ff).

[179] James, Der Wille zum Glauben, in: Martens (Hg.), a.a.O., 133.

ihrem Wesen" hervorruft. Das Maximum an Lebendigkeit ist dann gegeben, wenn eine Hypothese bei uns das Bedürfnis hervorruft, unwiderruflich zu handeln. Eine Situation, in der die Option lebendig, unumgänglich und bedeutungsvoll ist.

> „Wir stehen auf einem Gebirgspaß mitten in wirbelndem Schnee und blendendem Nebel, durch den wir dann und wann einen flüchtigen Blick erhaschen auf Pfade, die vielleicht trügerisch sind. Bleiben wir stehen, so erfrieren wir. Schlagen wir einen falschen Weg ein, so werden wir zerschmettert" (158).

In derartigen existentiellen Lagen, in denen dem Selbst seine Ausgesetztheit deutlich vor Augen geführt wird, sind wir dazu gezwungen, uns für eine Hypothese zu entscheiden. Und James sagt, dass wir in diesem Fall das Recht haben, zu glauben. Doch worin besteht die *Lebendigkeit* eines Glaubens, einer Überzeugung, einer Hypothese?[180] Ihr muss ein Konflikt zugrunde liegen. Das Beispiel von James lautet: „Seien Sie ein Agnostiker oder ein Christ!" Beide Optionen waren für den damaligen Common Sense aktuell. „Bei ihrer Vorbildung appelliert jede der beiden Hypothesen an ihren Glauben, wenn auch noch so leise" (130). Heute hingegen hat diese Frage an Lebendigkeit verloren, oder es eröffnen sich andere Optionen, die damals noch nicht bestanden (z.B., ob jemand lieber Buddhistin oder Christin sein möchte). Und das gilt nicht nur für den religiösen Glauben, sondern auch für alltagspraktische Optionen, wie: „Seien Sie Vegetarier oder Fleischesser!" Das Recht zu glauben, welches James verteidigt, hat mit Dogmatismus nichts zu tun, da es gerade um die Partikularität – und damit die potenzielle Anfechtbarkeit – des Glaubens geht. Die Wahl zwischen mehreren Glaubensoptionen – von Hypothesen (und Gegenhypothesen) – ist James zufolge dabei *unumgänglich* und *bedeutungsvoll*. Die *Unumgänglichkeit* hängt mit der Verortung als Selbst in der Welt zusammen. *Bedeutungsvoll* ist die Wahl, wenn sie Folgen für mein Handeln hat. Wenn ich eine einmalige Gelegenheit zu etwas habe, wird meine Entscheidung anders ausfallen, als wenn sich diese Gelegenheit jeden Tag bietet. Mit dem Glauben steht für das Selbst also seine eigene Identität auf dem Spiel. Denn durch seine Überzeugungen, durch den Glauben kann das Selbst erst „Fuß fassen". Das Dilemma des Selbst ist dabei: Seine Überzeugung, sein Glauben an etwas ist absolut, weil er in das Selbst eingeht, *obwohl* es diese Überzeugung letztlich nicht begründen kann. An diesem Punkt zeigt sich auch die Nähe der philosophisch-propositionalen Überzeugung zum religiösen Glauben. Gerade aus nachmetaphysischer Perspektive muss man einräumen, dass sich wohl keine Hypothese letztbegründen lässt, und das heißt: Jede Setzung ist immer auch partikular und in ihrer Partikularität ausgesetzt. Der Charakter von Hypothesen, an die das Selbst potenziell glaubt, zeichnet sich dadurch aus, dass er das Selbst in eine prekäre Lage bringt, weil etwas Ungewisses Bestandteil des Selbst wird. Es besteht gleichwohl ein Unterschied zwischen Hypothesen und Glaubensüberzeugungen: eine Hypothese ist (noch) optional, sie konkurriert mit Gegenhypothesen. Eine Hypothese ist noch keine Setzung. *Sobald jedoch das Selbst an etwas glaubt, nimmt es eine Setzung vor, mit der es sich zugleich*

---

[180] James selbst spricht gleich zu Beginn von einer Hypothese, und daran wird ersichtlich, dass es ihm nicht um eine rein theologische Frage geht, sondern um ein grundsätzliches Problem, welches auf alle Gebiete der Erkenntnis übertragbar ist. Auch bei Peirce ist der Begriff der Hypothese zentral.

selbst (an einem bestimmten Ort im Common Sense) setzt. Jeder Glaube, jede Überzeugung erscheint aus Perspektive des Selbst zum Zeitpunkt des Überzeugtseins als
absolut, und darin geht der Begriff des religiösen Glaubens sogar noch weiter und ist
fast konsequenter, denn: Glauben heißt gerade, *nicht zu wissen* und sich diesem
Risiko auszusetzen. James Verdienst ist es, diesen Gedanken auch für nichtreligiöse
Fragen in die Philosophie verankert zu haben. „Wir finden uns tatsächlich gläubig,
wir wissen kaum, wie und warum" (136).

In dieser Hinsicht ist der Glaube dem Zweifel komplementär. Wenn das Selbst an
etwas glaubt, ist es darin ebenso abstandslos wie im Zweifel, auch wenn die Weise der
Abstandslosigkeit in beiden Fällen verschieden ist. (Denn im Zweifel bewegt sich das
Selbst auf Glatteis, auf dessen Grund es zuvor Fuß zu fassen glaubte.) Wenn man sich
zwischen zwei lebendigen und unumgänglichen Hypothesen entscheiden muss, besteht
der Konflikt darin, dass man sich *zwischen zwei Versionen seines Selbst entscheiden
muss.* Alle genannten Kriterien dieser Entscheidungsnot (ihre Lebendigkeit, Unumgänglichkeit und Bedeutsamkeit) haben also, wie ich betonen möchte, gemeinsam, dass sie
dem Selbst nicht äußerlich bleiben und dass das Selbst ihnen ausgesetzt ist. Der Konflikt entsteht dadurch, dass das Selbst darüber im Zweifel ist, welche der Versionen
eines partikularen Selbst, die zur Disposition stehen, die bessere ist, ihm jedoch dennoch keine andere Wahl bleibt, als eine Wahl zu treffen.[181]

Wie stark der Glaube Bestandteil des Selbst wird, zeigt sich, so James, an der Handlungsbereitschaft des Selbst. „Das *Maximum* an Lebendigkeit ist einer Hypothese dann
eigen, wenn die Bereitschaft, *unwiderruflich* zu handeln, vorhanden ist."[182] Diese
Bereitschaft hängt davon ab, wie zweifellos der Glaube an eine Hypothese im Selbst
verankert ist. Dann kann das Selbst sogar bereit sein, für den Glauben an etwas sein
Leben zu riskieren. *Der Glaube bildet also die Basis zur Handlungsbereitschaft des
Selbst.* Gleichwohl: „Der freie Wille und das bloße Wünschen scheinen, so es sich um
unsern Glauben handelt, das fünfte Rad am Wagen zu sein" (135). James betont in
diesem Zusammenhang zwar, dass der Glaube in Fragen der Wissenschaft keinen Platz
habe. Dennoch: „Wollte nun aber jemand meinen, verstandesmäßige Einsicht werde
allein übrigbleiben, nachdem Wünschen und Wollen und gefühlsmäßiges Vorziehen
davongeflogen seien, oder reine Vernunft werde dann allein unsere Ansichten bestimmen, so würde er den Tatsachen ebenso gerade ins Gesicht schlagen" (135).

Der Schlüssel zum Verständnis des jamesschen Glaubensbegriffes liegt in seiner
Verknüpfung mit dem Common Sense. Denn der Glaube an etwas (die Überzeugung
von etwas) bildet sich im sozialen Gefüge unausdrücklicher Überzeugungen anderer.
„Unser Glaube ist Glaube an den Glauben eines anderen, und gerade, wo es sich um das
Größte handelt, gilt dies am meisten" (136). Ein ähnlicher Gedanke findet sich bereits
bei Bain. Er unterscheidet allerdings deutlicher Scheinüberzeugungen von wirklichen
Überzeugungen.[183]

---

[181] An dieser Stelle wird die Nähe zu Kierkegaard deutlich, auf welchen James an anderer Stelle
anspielt.
[182] James, ebd., 129.
[183] Bain, *The Emotions and the Will*, a.a.O., 596.

James beschreibt noch einen weiteren sozialen Aspekt des Glaubens in Bezug auf den Common Sense. Nicht nur gibt es Situationen, in denen wir uns entscheiden müssen, an etwas zu glauben, sondern es gibt auch Situationen, in denen unser Glaube die gewünschte Situation erst ermöglicht, der Glaube enthält also auch ein *performatives Moment*. Überall, wo mehrere Menschen zusammen etwas bewirken wollen, ist ein stillschweigender Glaube (in diesem Fall liegt die Betonung auf dem *Vertrauen* in die anderen und in das Gelingen) unerlässlich. „Es gibt also Fälle, wo eine Tatsache nicht eintreten kann, wenn nicht im Voraus ein Glaube an ihr Eintreten vorhanden ist."[184] Aus dem partikular gewählten Glauben gewinnt das Selbst eine Handlungssicherheit, die dem täglichen Wechselspiel von Zweifel und Für-wahr-Halten übergeordnet ist und gewissermaßen die Basis für das handelnde Selbst liefert, auch wenn diese Basis keinerlei Garantie bietet. „Die Wahrheit lebt tatsächlich größtenteils vom Kredit."[185]

Die Sammlung der unausdrücklichen, selbstverständlichen Glaubensüberzeugungen, innerhalb derer man wahrnimmt, urteilt und handelt, ist immer auch ein Ausschnitt des Common Sense. Der Common Sense umgibt und durchdringt das Selbst, ohne ausdrücklich sichtbar und erkennbar zu sein. „Offenbar also beeinflusst unsere nicht-intellektuelle Natur unsere Überzeugungen" (137). Und in jenen Überzeugungen, die nicht gerade durch den Zweifel oder durch den ‚inneren Aufruhr' zur Disposition stehen, sind wir alle, so James, Dogmatiker. „Die entschiedensten Empiristen unter uns sind doch nur Empiristen, solange sie reflektieren; überlassen sie sich ihren Instinkten, so dogmatisieren sie wie unfehlbare Päpste" (140).

In diesem Gedankengang erkennt man auch Peirce' Überlegungen zu *akritischen und vagen Überzeugungen* wieder, denen gegenüber das Selbst abstandslos ist. Diese absolutistische „Schwäche unserer Natur" (140), so James, muss als Schwäche anerkannt werden, damit sie der Reflexion zugänglich wird.[186] Doch wie könnte dies gelingen? James' Konsequenz daraus ist die Anerkennung der *Partikularität des Glaubens*. Da wir keine Gewissheit darüber haben, ob unsere Überzeugungen zutreffend sind oder nicht, fordert er einerseits einen Pluralismus, der die Begrenztheit der eigenen Perspektive markiert. Andererseits plädiert er dafür, der partikularen Perspektive, dem partikularen Glauben Raum zu geben. Zugleich wird darin die radikale Verantwortung für die jeweilige partikulare Position erkennbar.

Ob man den Zweifel oder den Glauben für wichtiger hält, ist für James ebenfalls eine Frage der Entscheidung oder der Lebenshaltung: Entweder kann man die Suche nach der Wahrheit als grundlegend ansehen oder die Vermeidung des Irrtums (144f.). Der Skeptizismus fordert letztere ein, doch handelt es sich schließlich nur um eine andere Art des Risikos, *„Lieber den Verlust der Wahrheit, als die Möglichkeit des Irrtums riskieren! –* Das ist der eigentliche Standpunkt dessen, der gegen den Glauben sein Veto einlegt. Tatsächlich setzt er seinen Einsatz ebensogut aufs Spiel wie der Gläubige"

---

[184] James, Der Wille zum Glauben, a.a.O., 152.

[185] Ders., *Was ist Pragmatismus*, a.a.O., 82.

[186] Hier, wie an vielen anderen Punkten, zeigt sich die Verwandtschaft des neopragmatistischen Denkens von Rorty mit dem von James. So steht im Mittelpunkt der Schrift *Kontingenz, Ironie und Solidarität* (a.a.O.) die Gegenüberstellung der metaphysischen und der ironischen Position, die eine weitere Variante personifizierten Zweifels bzw. Glaubens beschreibt.

(153). Was für einen Beweis gäbe es schließlich, so fragt James, dass Täuschung durch Hoffnung schlimmer sei als Täuschung durch Furcht? Da es darauf keine Antwort zu geben scheint, plädiert James für das Recht jedes Einzelnen, sich seine „eigene Form des Risikos auszusuchen" (154). Die lebendige, unumgängliche und bedeutungsvolle Option, für oder wider die man sich entscheiden muss, enthält das Risiko, sich für den Glauben an etwas Falsches zu entscheiden. Dass dazu jeder das Recht habe, darauf zielt James Plädoyer – nicht darauf, willkürlich und beliebig an etwas zu glauben und es überdies für wahr zu halten, wenn es absurd erscheint (156). James These ist aber noch stärker: Nicht nur haben wir das Recht, an etwas zu glauben, wenn die Hypothese lebendig und unausweichlich ist, es bleibt uns auch gar keine andere Wahl, denn wenn man sich entschließt, nicht zu glauben, „so tun wir es ebensosehr auf unsere Gefahr, als wenn wir gläubig wären. In beiden Fällen *handeln wir* und tragen dabei unser Leben in der Hand" (157). Man könnte sich natürlich einer Entscheidung enthalten, indem man sich gegen die Dringlichkeit der Hypothesen immunisiert. Diese Option heißt Gleichgültigkeit. Für James kommt sie jedoch nicht in Frage, und das ist zweifellos eine moralphilosophische Entscheidung, die dadurch noch stärker wird, dass das Selbst sich nicht abschließend absichern kann, weil es eine Wahl trifft, die es verantworten muss, auch wenn sie falsch sein kann. Die Partikularität des Selbst ist prekär, weil seine eigenen Überzeugungen fallibilistisch und doch *seine* bleiben. In der Frage danach, welcher Glauben eines Selbst moralisch richtig oder falsch ist, ist auch die Frage enthalten, *wer das Selbst ist*. Auf diesen Punkt hebt Hilary Putnam ab: „James hat immer wieder geltend gemacht, dass unsere besten Kräfte nur freigesetzt werden können, wenn wir bereit sind, existentielle Bindungen [...] einzugehen. Wer nur dann handelt, wenn die ‚geschätzten Nutzenwerte' günstig sind, führt kein sinnvolles menschliches Leben."[187] Das Recht zu glauben, „ehe die Belege gegeben sind", beschränkt sich jedoch nicht nur auf existentielle Grenzsituationen oder auf die Auseinandersetzung mit dem religiösen Glauben. Es durchzieht sämtliche Bereiche des Denkens und Handelns. Es handelt sich daher eigentlich nicht nur um das Recht zu glauben, sondern – wie Putnam es fasst – um die „Notwendigkeit zu glauben" (242). Ich stimme ihm zu. Sie betrifft alltägliche Entscheidungen, und sie betrifft sogar die Wissenschaft (243f.). „James selbst behauptete, die Wissenschaft werde keine Fortschritte machen, wenn man darauf bestünde, dass die Wissenschaftler an keine Theorie glauben und keine Theorie verfechten, die nicht durch Belege hinreichend abgesichert wäre" (243).

Die Notwendigkeit zu glauben hängt mit der oben erwähnten *radikalen Verantwortlichkeit des partikularen Selbst* zusammen. Die gleichgültige Haltung stellt sich dieser Verantwortung nicht. Die Partikularität des Glaubens macht die potenzielle Ausgesetztheit des Selbst in seinen Setzungen sichtbar. Schließlich leitet James aus dieser verfänglichen Situation, in der sich jedes Selbst befindet, einen moralischen Appell ab, der geistigen Freiheit gegenseitig „eine zartfühlende und tiefe Achtung entgegenzubringen; [...] [n]ur dann werden wir den Geist innerer Toleranz besitzen, ohne den alle unsere äußere Toleranz seelenlos ist" (157). Zugleich wurde deutlich, dass lebendige Hypothesen immer nur dann lebendig sind, wenn sie mit der Alltagswelt des Selbst verknüpft

---

[187] Putnam, Deweys Politikbegriff – eine Neubewertung, in: *Für eine Erneuerung der Philosophie*, a.a.O., 245.

sind, also einen Teil des Common Sense widerspiegeln, dessen, was James „versteinerte Wahrheiten" nennt. Wenn das Selbst sich diesem Glauben wie einer „Schwäche unserer Natur" hingibt, reproduziert es Teile des Common Sense, denn es kann nicht willentlich und willkürlich an etwas glauben, welches unabhängig vom Common Sense wäre. Indem das Selbst sich jedoch vor Augen führt, dass seine Überzeugungen partikular sind, eröffnet sich die Möglichkeit, den Common Sense zu übertreten. Erst, indem es sich klarmacht, dass es „jederzeit von dem einen Glauben oder einem anderen bis zum Rande voll" (128) und Teil eines ‚Glaubenskontextes', nämlich eines Common Sense, ist, kann es dazu eine Haltung einnehmen und sich entscheiden. Erst indem das Selbst sich zu seiner Glaubensüberzeugung bekennt, setzt es sich und positioniert sich in seiner Partikularität. Dadurch gewinnt die eigene Position an Kontur. Damit exponiert sich das Selbst den anderen, der Wirklichkeit, den Konsequenzen seines Handelns.

Indem das Selbst die Partikularität seines Glaubens gegenüber sich und anderen anerkennt, zeigt es sich zugleich in seiner potenziellen Zweifelhaftigkeit. In Bezug auf die oder den Anderen zielt der jamessche Begriff des Glaubens deswegen auf Verantwortung und weniger auf einen objektiven Wahrheitsbegriff. Das hat keinen Relativismus zu Folge, denn dann müsste das Selbst gegenüber seinen eigenen Überzeugungen gleichgültig sein. Das Spannungsfeld entsteht gerade dadurch, dass das Selbst von seinen Überzeugungen absolut überzeugt ist, während es zugleich darum weiß, dass es sich irren könnte. Gegenüber anderen setzt sich das Selbst damit aufs Spiel. Denn an etwas zu glauben oder von etwas überzeugt zu sein heißt immer, sich innerhalb einer supponierten überpartikularen Ordnung zu situieren. Es situiert sich damit auch immer in einem spezifischen Common Sense und geht ein Risiko ein. Ohne dieses Risiko jedoch wäre der Handlungsspielraum des Selbst eingeschränkt. Indem James diesen Punkt akzentuiert, füllt er die Lücke, die bei Peirce unbeantwortet bleibt: Bei Peirce oszilliert der Begriff der Überzeugung zwischen der Gefahr, vage zu bleiben und einer zukünftig-asymptotischen Wahrheit. *Bei James hingegen wird die Partikularität der Glaubensüberzeugungen gezeigt. Das Selbst ist für seine Positionierung radikal verantwortlich, weil es an etwas glaubt, ohne abschließend wissen zu können, ob der Glaube berechtigt ist.*

I.3. Partikularität in der Schwebe: John Dewey und die Ästhetik des Common Sense

Es ist nur ein kleiner Schritt von James' Beschreibung einer partikularen Entwicklung des Common Sense hin zu einer ‚ästhetischen Wende' im Begriff des Common Sense, welche sich bei Dewey herauslesen lässt. Diese Zuordnung kann jedoch leicht missverstanden werden: Der Begriff des Common Sense findet sich an vielen Stellen in der Philosophie von Dewey und nimmt insbesondere in seiner Logik, die eigentlich eine Forschungs-Theorie ist, eine zentrale Stellung ein. Deweys Begriff des Common Sense ist kein ästhetischer Begriff im engen Sinn, als ob er Teil einer Kunsttheorie wäre. Jedoch zielt die Theorie von Dewey auf eine beständige Verbesserung des Erfahrungsschatzes – *auf einen Meliorismus* des Selbst im Singular und im Plural innerhalb demokratischer Gesellschaften ab. Man versteht Dewey daher falsch, wenn man seine

Theorie streng in Segmente der Ästhetik, Erkenntnistheorie, Moralphilosophie oder Pädagogik unterteilt. Vielmehr hängen die verschiedenen Fragestellungen in ihrem Fokus auf seine melioristische Grundhaltung miteinander zusammen. Wie auch bei Peirce und James ist bei Dewey Erkennen vom Handeln in dem Wechselspiel von *doubt-belief* nicht abzulösen. „Es gibt viele Definitionen des Geistes und des Denkens. Ich kenne nur eine, die den Kern der Sache trifft: Die Reaktion auf das Zweifelhafte als solches."[188] Deweys Weiterentwicklung des Pragmatismus besteht gleichwohl in einer konkreteren Anbindung der Theorie an das alltägliche Selbst und die Gesellschaft. Da Dewey sich von der Idee verabschiedet hat, die Forschung könne asymptotisch in einer Erkenntnis der Realität münden, ist sein Ziel ein anderes, nämlich das beständige Wachstum von Selbst und Gesellschaft hin zu einer demokratisch zugänglichen reicheren *Erfahrungswelt*. In dieser Hinsicht steht die Ästhetik an der Spitze seiner Theoriearchitektur. Die Pointe ist gleichwohl, dass diese ,Spitze' nur auf einem gut gebauten Fundament hält: den alltäglichen Erfahrungen des Common Sense. Man könnte daher auch sagen, Dewey sei es darum gegangen, den (verschütteten) Bezug der ästhetischen Erfahrung zum Common Sense aufzuzeigen. Deswegen tritt der Begriff der Kunst im Zusammenhang der ästhetischen Erfahrung in den Hintergrund. Es geht darum, „zunächst einmal zwischen den Kunstwerken als verfeinerten und vertieften Formen der Erfahrung und den alltäglichen Geschehnissen, Betätigungen und Leiden, die bekanntlich die menschliche Erfahrung ausmachen, eine erneute Kontinuität her[zu]stellen".[189] Dewey erweitert den Begriff der ästhetischen Erfahrung auf potenziell jede Art von Erfahrung, solange sie das Selbst bereichert und neue Perspektiven eröffnet. Steht bei Peirce die Notwendigkeit des Zweifels und bei James das Recht zum Glauben im Vordergrund, so nimmt also bei Dewey die partikulare Erfahrung von Zweifel und Überzeugung einen zentralen Stellenwert ein. Nun ist vor dem Hintergrund des *linguistic turn* der Erfahrungsbegriff als ,Mythos des Gegebenen' bzw. als ,Mythos der Präsenz' zunehmend in Verruf geraten, und die Kritik ist dann berechtigt, wenn sie auf so etwas wie die *subjektive Unmittelbarkeit* oder die *Realität an sich* abzielt. Wie im folgenden diskutiert werden soll, trifft diese Kritik jedoch nicht zu, wenn die Erfahrung des Selbst unter dem fallibilistischen Vorbehalt steht, auf der Basis der Gewohnheiten und des Common Sense gemacht zu werden, die eine Art *zweite Natur* darstellen.[190]

Im Unterschied zu James stellt der Common Sense für Dewey einen unwiderlegbaren und unerlässlichen Vermittler zwischen Philosophie und Alltag dar, weswegen er dazu

---

[188] Dewey, *Die Suche nach Gewissheit*, a.a.O., 224.

[189] Ders., *Kunst als Erfahrung*, a.a.O., 9.

[190] Über das Verhältnis von Aristoteles und Dewey sind die Meinungen geteilt. Zu Deweys „Aristotelian Turn", siehe: R. W. Sleeper, *The Necessity of Pragmatism. John Dewey's Conception of Philosophy*, New Haven/London 1986, 78–105. Krüger, Prozesse der öffentlichen Untersuchung: John Deweys Konzeption einer alternativen Moderne, in: *Zwischen Lachen und Weinen*, a.a.O., 242. Wie ich meine, sind jedoch die Argumente von Shusterman, demzufolge Dewey aufgrund seines Antiessenzialismus nichtaristotelisch sei, überzeugend. Die zweite Natur des Selbst wäre demzufolge das, was aus der jeweiligen fallibilistischen Perspektive als zweite Natur ausgemacht wird, ohne dass man sich deswegen auf eine erste berufen könnte. Vgl. Shusterman, *Philosophie als Lebenspraxis*, a.a.O., 98, Fn. 11.

beitragen kann, falsche Demarkationen zu überwinden, die Dewey sein gesamtes philosophisches Leben hindurch unermüdlich kritisiert hat. Der Common Sense stellt deswegen jedoch weder einen feststehenden Katalog starrer Kategorien oder Regeln dar noch überzeitliche Wahrheiten, sondern bildet die notwendige Basis für Gewohnheiten, die es dem Selbst ermöglichen, sich in seiner Umgebung denkend und handelnd zu situieren.[191]

Der Vorwurf, diese Aufwertung des Common Sense stelle eine Affirmation des Trivialen dar und sei politisch problematisch, weil das Faktische schlichtweg für gut befunden wird, ist aus Perspektive von Dewey selbst noch Ausdruck dichotomischen Denkens. Anhand von James waren die subjektiven Implikationen dieses Prozesses aufgezeigt worden, doch Dewey geht noch einen Schritt weiter: Der Reflexionsprozess des Selbst sollte bei seinen gewohnheitsmäßigen Alltagserfahrungen und seinem Common Sense kritisch ansetzen, um diese verbessern zu können. Aus Deweys Sicht handelt es sich bei dem Common Sense daher um ein *Potenzial*, welches erst entfaltet werden muss. Deswegen stellt der wohlverstandene kritische Common Sense nicht nur ein Korrektiv gegenüber den Höhenflügen philosophischer Spekulation dar, sondern zugleich eines gegenüber der Trivialisierung des Gewöhnlichen, die so ein janusköpfiges Paar bilden, dessen eines Gesicht lediglich die Kehrseite des anderen ist. Diese künstliche Dichotomie lässt den Common Sense fälschlicherweise als vulgär erscheinen, und sie unterschlägt das Potenzial des Alltäglichen: von Überzeugungen, die uns zu nah und vertraut sind, als dass wir sie klar erkennen könnten. Die Nähe zu Wittgensteins Begriff der Alltäglichkeit ist hier unübersehbar. „Die für uns wichtigen Dinge sind durch ihre Einfachheit und Alltäglichkeit verborgen. (Man kann es nicht bemerken – weil man es immer vor Augen hat.) Die eigentlichen Grundlagen seiner Forschungen fallen dem Menschen gar nicht auf. Es sei denn, dass ihm *dies* einmal aufgefallen ist."[192] Nun, Dewey *ist* dies aufgefallen. Schon 1920 schrieb er: „Am Schwierigsten auf der Welt ist es, das Offensichtliche, das Vertraute, das selbstverständlich Hingenommene sehen zu lernen."[193] Die Handlungsfähigkeit des Selbst kann nur durch eine problematisierende Reflexion auf die vermeintlich trivialen, vertrauten, für selbstverständlich gehaltenen Überzeugungen vergrößert werden, die den falschen Gegensätzen eines akademischen und vom Praktischen abgelösten Denkens einerseits und der mechanischen Routine oder körperlicher, unkontrollierter Affektivität andererseits entgeht.[194]

Die Kultivierung des Common Sense ist auf mikrologischer wie auf makrologischer Ebene von größter Bedeutung. Der jeweils durchsichtig erscheinende Common Sense in Gewohnheit und Gesellschaft wird erst greifbar und angreifbar, wenn er einsichtig und nicht nur scheinbar durchsichtig ist. Die wiederkehrende Dynamik von ‚doubt' und ‚belief' zeigt sich auch hier: Zweifel können nicht willkürlich erzeugt werden, jedoch kann sich das Selbst durch die Kultivierung von Flexibilität sensibilisieren. „By a seeming

---

[191] John Dewey, A Résumée of four Lectures on *Common Sense*, Science, and Philosophy, in: *Later Works* 6, hg. von Jo Ann Boydston, Carbondale and Edwardsville 1985, 425.

[192] Ludwig Wittgenstein, *Philosophische Untersuchungen*, Leipzig 1990, § 129.

[193] Dewey, *Middle Works*, Bd. 13, a.a.O., 420.

[194] „Academic and unapplied learning" und „mechanical routine or sensuous excitation" sind zwei Kehrseiten dieses irrigen dichotomischen Denkens. In: John Dewey, *How We Think, Middle Works*, Bd. 6, a.a.O., 286.

paradox, increased power of forming habits means increased susceptibility, sensitiveness, responsiveness."[195] Auf die Gewohnheit als partikulare Verkörperung des Common Sense wird im nächsten Kapitel eingegangen. Wichtig ist hier zu sehen, dass Gewohnheit wie Common Sense aus Sicht von Dewey philosophisch *aufgewertet* werden müssen, um sie transformieren zu können. So wie ‚akademisches und unangewandtes‘ abstraktes Denken eine Seite einer übertriebenen Dichotomie darstellt, so ist die Trivialisierung des Common Sense nur die andere, die nicht nur mit Routine verwechselt, sondern auch mit gefährlichen politischen Inhalten in Verbindung gebracht wird.[196]

Das Problem, welches Dewey deutlicher als seine Vorgänger artikuliert, ist, dass das Selbst dem Common Sense nicht ausweichen kann. Ob wir wollen oder nicht, formt dieser unsere Überzeugungen und Gewohnheiten. Richtig verstanden kann der Common Sense als Mittler zwischen dem Alltäglichen und dem Philosophischen fungieren, zwischen dem Partikularen und dem Gemeinschaftlichen. Trotz der Unterschiedlichkeit und der vielfältigen Facetten, die der Begriff im Pragmatismus angenommen hat, ist allen Positionen gemeinsam, den Common Sense methodisch als korrektive Funktion gegenüber einer philosophischen Tendenz zur metaphysischen Suche nach Gewissheit einzusetzen. Als philosophische Übertreibung kritisiert der Pragmatismus die Hypostasierung von Begriffen und den fehlenden Rückbezug zur Alltagswelt und Praxis des partikularen Selbst. Insbesondere Dewey hat in diesem Zusammenhang auf die Gefahren einer Erstarrung in Oppositionen und künstlichen Dichotomien hingewiesen, die er als ‚philosophical fallacy‘ bezeichnet.[197] Sie findet sich jedoch nicht nur in der Philosophie, sondern auf allen Ebenen des Politischen und des Kulturellen. Die Ablösung der Philosophie von der Handlungsfähigkeit des partikularen Selbst ist Ausdruck einer artifiziellen Dichotomie zwischen akademischer Philosophie und Common Sense. Ein zentraler Gesichtspunkt ist hierbei der deweysche Begriff des Lernens, der in einer Erziehung einsetzt, die anstelle von Drill und Anordnung zur Nachahmung das Spielerische und Selbstbestimmte des Lernens betont, darüber hinaus aber für jede Lebensetappe des Selbst die Kultivierung von Flexibilität in Gewohnheiten und Überzeugungen anempfiehlt. Dieser Gedanke ist von Dewey nicht nur in seinen theoretischen pädagogischen Schriften, sondern auch praktisch umgesetzt worden. Der Begriff des Lernens findet sich schließlich auch als ‚Selbstanwendung‘ in Deweys Logik wieder. Denn seine Forschungstheorie, die auch eine Theorie des Denkens ist, zielt auf eben den Prozess der Weiterentwicklung ab, der den Bogen aus dem konkreten Alltag über den Lernprozess wieder in den Alltag zurück spannt. In dieser Hinsicht könnte man bei Deweys Forschungstheorie in Anlehnung an Cavell von einer „Education of Grown-Ups" sprechen.[198]

---

[195] Dewey, *Experience and Nature*, Dover New York 1958, 281.

[196] „Men who are thrown back upon ‚Common Sense‘ when they appeal to philosophy for some general guidance are likely to fall back on routine, the force of some personality, strong leadership or the pressure of momentary circumstances." Dewey, *Reconstruction in Philosophy, Middle Works*, Bd. 12, a.a.O., 137.

[197] Dewey, *Human Nature and Conduct*, a.a.O., 122f, kursiv von H. S.

[198] Vgl. für einen sehr instruktiven Überblick über die Philosophie von Cavell: Ludwig Nagl, Einleitung: Philosophie als Erziehung von Erwachsenen. Erwägungen zu Stanley Cavell, in: ders., Kurt R. Fischer (Hg.), *Stanley Cavell, Nach der Philosophie*, Berlin 2001, 7–33.

Common Sense und die qualitative Situation des Selbst

Der Pragmatismus wird von Dewey ausdrücklich mit dem fallibilistischen Vorbehalt versehen, philosophische Theoreme seien selbst Denkgewohnheiten, die als Teil eines unausdrücklichen Common Sense beständiger Transformation bedürfen. Der Common Sense muss also beständig verbessert werden, zugleich enthält er jedoch eine korrektive Funktion gegenüber handlungsleeren Spekulationen. Ein weiterer Dualismus, den bereits James problematisiert, ist der zwischen *Alt und Neu*: Die Transformation des Denkens und damit der Gewohnheiten ist nur möglich, wenn das alte Denken und die alten Gewohnheiten geprüft und berücksichtigt werden. Wirkliche Erneuerung ist nur durch genaue Berücksichtigung des Alten möglich, d.h. kritisches Denken muss sich den (Denk-)Gewohnheiten des Common Sense stellen, weder kann es willkürlich zweifeln noch Überzeugungen zustande bringen.

> „But all habit has *continuity*, and while a flexible habit does not secure in its operation bare recurrence nor absolute assurance neither does it plunge us into the hopeless confusion of the absolutely different. To insist upon change and the new is to insist upon alteration *of* the old."[199]

Die Aufgabe pragmatistischen Philosophierens besteht in der schrittweisen Transformation des Denkens. Dewey geht jedoch in der Rückführung auf das partikulare alltägliche Selbst weiter als Peirce und James.

In seinem Aufsatz *Qualitative Thought* (1930) beschreibt Dewey die qualitative Situation als Beginn jeder Erfahrung und jeden Denkens, und nimmt damit Überlegungen vorweg, die er später in seiner Logik entfaltet. Die Weiterentwicklung des Denkens wird bei Dewey darüber hinaus auf die Gesellschaft übertragen: Der Forschungsprozess muss auch die demokratische Gesellschaft selbst zum Inhalt haben. Demokratie wird erst dadurch gerechtfertigt, so resümiert Krüger zustimmend die Äußerungen von Ruth Anna und Hilary Putnam,

> „daß sie als ein sich selbst korrigierender Prozess des soziokulturellen Experimentierens mit politischen Hypothesen zu begreifen und zu gestalten ist. Wenn dem so sei, nehme aber Demokratie selbst den Charakter eines Untersuchungsprozesses an und komme also diese Rechtfertigung pragmatisch nicht ohne eine normative Konzeption von Untersuchungsprozessen aus, die ihrerseits wiederum empirische Argumente für eine soziale Demokratisierung ermögliche."[200]

Dieser Forschungsprozess setzt innerhalb der Gesellschaft in der qualitativen Situation an. „Deweys Situationsbegriff wird aus der Handlungsperspektive heraus als ein ästhetischer Grenzbegriff gebildet, der da ansetzt, wo der Common Sense so etwas wie Qualitäten unmittelbar erlebt."[201] Dewey entwickelt damit das weiter, was Peirce in seiner Kategorienlehre als Erstheit bezeichnet, als eine Empfindung der Ganzheit.[202] Die

---

[199] Dewey, *Human Nature and Conduct, Middle Works*, Bd. 14, a.a.O., 168.

[200] Hans-Peter Krüger, Prozesse der öffentlichen Untersuchung. Zum Potenzial einer zweiten Modernisierung in John Dewey's ‚Logic. The Theory of Inquiry', in: Joas (Hg.), *Philosophie der Demokratie*, a.a.O., 200.

[201] Ebd., 218.

[202] Vgl. zu Deweys Auseinandersetzung mit Peirce: Dewey, Peirce's Theoriy of Quality, in: *Journal of Philosophy* 32, 701–708. Vgl. dazu auch: Joas, *Die Kreativität des Handelns*, a.a.O., 203f.

Schwierigkeit, diesen Zustand zu beschreiben, erklärt sich daraus, dass er als vorreflexiv charakterisiert wird. Damit setzt sich der Gedanke dem Verdacht einer (idealistischen) Metaphysik der Unmittelbarkeit und eines (realistischen) Mythos des Gegebenen aus. Das trifft jedoch deswegen nur eingeschränkt zu, weil die qualitative Situation auf dem jeweiligen Common Sense beruht, dem das Selbst ausgesetzt ist. Peirce hatte deswegen den Common Sense als *vage* bezeichnet, als etwas *noch nicht Bedeutungshaftes*. Das Problem des Common Sense besteht für Dewey indessen eher darin, dass der Begriff hypostasiert und so zu einem *faktisch-fiktiven Common Sense* wird.

> „Hätte der Ausdruck ‚Common Sense' nicht einen doppelten und deshalb zweideutigen Sinn, könnte man sagen, das Denken des Common Sense, das sich, genießend oder leidend, mit dem Handeln und seinen Konsequenzen befasst, ist qualitativ. Aber da der Common Sense auch dazu verwendet wird, um akzeptierte Traditionen zu bezeichnen, und man sich auf ihn beruft, um sie zu stützen, ist es zu Anfang sicherer, einfach auf jenes Denken zu verweisen, das mit den Objekten zu tun hat, die in den Interessen und Problemen des Lebens enthalten sind."[203]

Acht Jahre später veröffentlicht Dewey seine umfassende Forschungs-Theorie (*Logic. The Theory of Inquiry*), in der er seine methodischen Auffassungen systematisiert. Dort findet sich eine knappere Bestimmung des Common Sense: „Ich werde die Umwelt, in die die Menschen direkt verwickelt sind, die Umwelt des Common Sense oder die ‚Welt' nennen und die Forschungen, die stattfinden, wenn man die erforderlichen Anpassungen des Verhaltens vornimmt, Forschungen des Common Sense."[204]

Doch bleibt der Begriff mehrdeutig. In der Umgangssprache wie in den Definitionen der Wörterbücher wird dieser, so Dewey, einerseits als „gesunde *Urteilskraft*" beschrieben. Andererseits wird er jedoch auch als „allgemeine[r] Sinn, das allgemeine Gefühl und Urteil der Menschheit oder einer Gemeinschaft" verstanden, „als seien sie ein Bestand an geklärten Wahrheiten"(81). Die metaphysische Aufladung des Common Sense zu einer Art letzten Autorität wurde, so kritisiert Dewey, von der schottischen Schule bis an ihre Grenze getrieben. Das Problem bei diesem zweiten Sinn des Common Sense besteht für Dewey darin, dass der Aspekt der *praktischen Klugheit* im Umgang mit Problemen aus dem Blick gerät. Jede kulturelle Gruppe besitzt einen solchen Common Sense in normativer Hinsicht (82f.). Doch auch wenn sich diese beiden Bedeutungen unterscheiden lassen, gibt es zwischen ihnen Übereinstimmungen, und ihre Grenze lässt sich nicht abschließend bestimmen. Inhaltlich ist der Common Sense für Dewey im weitesten Sinn durch „Gebrauch und Genuss" mit dem Selbst verbunden. Deswegen „besteht ein direkter Zusammenhang zwischen [...] der Befassung des Common Sense mit dem *Qualitativen*" (84). Der Common Sense unterscheidet sich dabei von quantitativen Forschungen, „die im eigentlichen Sinne wissenschaftlich oder darauf angelegt sind, bestätigte Tatsachen, ‚Gesetze' und Theorien zu gewinnen" (81). Durch diesen Unterschied will Dewey indessen die Kluft zwischen Wissenschaft und Alltag nicht größer, sondern kleiner machen, und zwar, indem er den Common Sense als eigenständige und spezifische Form der Problembewältigung würdigt und dadurch im Verhältnis zur Wissenschaft erst sichtbar macht. Auch die Problembewälti-

---

[203] Dewey, Qualitatives Denken, a.a.O., 94.
[204] Ders., *Logik. Die Theorie der Forschung*, a.a.O., 80.

gung des Alltags charakterisiert Dewey daher als „Bereich der Forschung" (84). Sie steht in einem komplementären Wechselverhältnis zur Wissenschaft im engeren Sinn. (87)

Doch was meint Dewey mit dem *Qualitativen*? Er gibt ein gutes Negativbeispiel: Ebenso, wie man Beobachtungen in der Forschung aneinanderreihen kann, ohne dass die beobachteten „Tatsachen" zu irgendeinem Ergebnis führen, kann es geschehen, „dass die Beobachtungsfähigkeit durch einen im Voraus fixierten begrifflichen Rahmen so bestimmt wird, dass genau die Dinge, die für das vorliegende Problem und seine Lösung wirklich entscheidend sind, vollkommen übersehen werden". Alles wird in das vorher festgelegte Schema gepresst. „Diesen beiden Übeln" kann man nur auf eine Art entgehen, „durch die Empfindlichkeit gegenüber der Qualität einer Situation als ganzer. Ein Problem muss, wie man gewöhnlich sagt, empfunden werden, bevor es formuliert werden kann" (92). In seiner Kritik an Empirismus, am Positivismus (595f.) und am Idealismus (608ff.) wird Deweys Gegenmodell erkennbar. Es entspricht in etwa dem, was James noch etwas unbestimmt als Differenz zwischen ‚additiven Wahrheiten' und der ‚Vermählung von alten und neuen Wahrheiten' beschrieb: ‚Das Neue', welches zur Lösung einer problematischen Situation benötigt wird, kann weder aus den „Tatsachen" noch aus dem „festgelegten Schema" heraus entstehen. Es entsteht, wie ich meine, durch die *Ausgesetztheit des partikularen Selbst* an eine problematische Situation. Vor dem Hintergrund der Diskussion um Peirce hatte sich bereits ein spezifisches Bild des partikularen Selbst herausgebildet: Insbesondere anhand des Zweifels wurde gezeigt, dass das Selbst nicht *zweifelt*, weil es kann, sondern *weil es nicht anders kann*. Im Zweifel ist das Selbst auf seine Partikularität zurückgeworfen, die Peirce (zum Teil zu drastisch) als Negativität kennzeichnet. Man könnte auch sagen, dass es sich um ein *produktives Scheitern* an den selbst- und fremdgestellten Maßstäben handelt. Dieses produktive Scheitern fand seine Korrespondenz in der (Glaubens-)Überzeugung bei James, in der das Selbst einen *partikularen Standpunkt* einnimmt, durch den der negative Zweifel positiv gewendet wird. Dewey präzisiert mit dem Qualitativen das Zwischenstadium vom Zweifel zur Überzeugung in seiner Partikularität. „Das durchgängig Qualitative ist nicht nur das, was alle Bestandteile in ein Ganzes zusammenfasst; sondern es ist auch einzigartig; es macht aus jeder Situation eine *individuelle*, unteilbare und unwiederholbare Situation" (90). Einen Absatz weiter unten sagt Dewey: „Ob der Leser dem Gesagten nun zustimmt oder nicht, ob er es versteht oder nicht: während er die obigen Passagen liest, hat er eine einzigartig qualifiziert erlebte Situation" (90). Diese performative Wende ist etwas missverständlich, weil damit entweder jede Situation als qualitativ gesetzt wird oder aber die Schwierigkeit entsteht, zwischen qualitativen und nichtqualitativen Situationen zu unterscheiden. Doch räumt Dewey selbst ein: „[E]s *wäre* ein Widerspruch, wenn ich mittels eines Diskurses versuchte, die Existenz von Erfahrungsuniversen zu beweisen. Es ist kein Widerspruch, den Leser mittels des Diskurses aufzufordern, für sich selbst jene Art unmittelbar erlebter Situation zu haben" (90f.). Ich halte diese Beschreibung des ‚Unmittelbaren' für nichtmetaphysisch und daher für unproblematisch, *wenn* sie in ihrer Partikularität und zugleich in ihrer alltäglichen und *korrigierbaren* gewohnheitsmäßigen Befangenheit im Common Sense gedacht wird.

Die qualitatitive Situation kann im Sinn eines Zweifels eine problematische Situation benennen, so Krüger, „und zwar in einem derartigen Ausmaß problematisch, dass er sie eine unbestimmte im Sinn von *individuelle* Situation nennt".[205] Deweys Forschungstheorie setzt sich damit bewusst ab von positivistischen Modellen, indem sie „vom Individuellen zum Singulären" (231) führt. „Zweck ist in der Tat nicht das Allgemeine, weder dessen Bestätigung noch dessen Widerlegung, sondern seine Instrumentierung in der Bewältigung der Situation" (233). Die Individualität der qualitativen Situation, die Krüger zu Recht betont, entkräftet die Metaphysikkritik an Dewey, da sie in ihrem Wirkungsradius zunächst partikular beschränkt ist. Sie markiert eine problematische Situation, bei der vorerst unentscheidbar ist, ob es sich um berechtigte oder unberechtigte Problematisierungen handelt. Etwas gerät aus dem Lot. *Was* das ist, erweist sich erst in der nachträglichen Reflexion. Erst dann kann diese qualitative Situation Bestandteil intersubjektiver Auseinandersetzung und Gegenstand der Untersuchung werden.[206]

Die qualitative Situation beschreibt also demzufolge eine Art Ausgesetztheit des partikularen Selbst. Der bei Dewey beschriebene Prozess von einer Gewohnheitserschütterung hin zu einer qualitativen Situation und zu seiner Problemlösung ist hier deutlich als Weiterentwicklung des Wechselspiels zwischen Zweifel und Überzeugung bei Peirce erkennbar.[207]

Am Anfang eines Forschungsprozess steht also eine unbestimmte Situation, die erst als problematisch bemerkt werden muss, dann der Erforschung bedarf und schließlich eine Problemlösung benötigt. Schon die Frage danach, was als mögliche Problemlösung in Betracht gezogen wird, führt zu einer Spezifikation des Problems und der Lösung. Hier tritt ein weiteres Moment hinzu, welches sich graduell aus der Konkretisierung durch die Problematisierung bildet: nämlich ein Lösungsvorschlag. Es werden *Hypothesen* gebildet, deren Bedeutung in der Antizipation der Konsequenzen liegt, die das Problem zur Auflösung bringen könnten. Dewey nennt diese in seiner Logik „Ideen":[208] „Eine Idee ist vor allem eine Vorwegnahme von etwas, was geschehen kann; sie bezeichnet eine *Möglichkeit.*" Sie entsteht jedoch nicht aus dem Nichts, sondern „Beobachtung von Tatsachen und suggerierte Bedeutungen oder Ideen entstehen und entwickeln sich in Korrespondenz zueinander" (136f.). Gleichwohl tritt hier etwas Neues hinzu, ein kreativer Prozess setzt ein. „In jedem dieser Interpretationsschritte ist Kreativität, d.h. ästhetisch dimensionierte und nicht bloß technische Erfahrung im Spiel."[209] Hypothesen entstehen aus neuen Gedanken. Aber wie? Nagl spitzt es sogar darauf zu, dass Hypothesen „im freien Spiel des Nachsinnens genialisch-*künstlerisch* erzeugt werden". Und ohne kreativen Interpretationsvorschlag sprechen die Daten nicht.[210] Dazu gleich mehr. Doch müssen die Hypothe-

---

[205] Krüger, *Zwischen Lachen und Weinen*, Bd. II, a.a.O., 228.

[206] Ebd., 229.

[207] Ruth and Hilary Putnam, Dewey's Logic, in: Putnam, *Words and Life*, (hg. und mit einem Vorwort versehen von James Conant), Cambridge, Mass. 1995, 201.

[208] Zu Deweys Verhältnis zu Hegel siehe seinen Aufsatz: Vom Absolutismus zum Experimentalismus, in: Martin Suhr, *John Dewey zur Einführung*, Hamburg 1994, 195–213. Vgl. auch Nagl, *Pragmatismus*, a.a.O., 113ff.

[209] Nagl, ebd., 124.

[210] Ebd., 120.

sen auf ihre logische Kompatibilität hin überprüft werden. Dazu gehört die Verträglichkeit mit anderen argumentativen Ansprüchen, die innerhalb des angezielten Intepretationsraums plausiblermaßen erhoben worden sind. Sie müssen innerhalb der bereits bestehenden Überzeugungen situiert werden. Das letzte Stadium des Forschungsprozesses ist das Experiment selbst, die Erprobung an den Folgen. Bis zur erneuten Problematisierung des vorgeschlagenen ‚belief' gilt dieser Vorschlag nun als wohlbestätigte Behauptung.[211] So weicht Dewey den Fallstricken klassischer Wahrheitstheorien aus. Die Gültigkeit einer Aussage verdankt sich dabei weder rein der Korrespondenz zwischen Proposition und der Realität, noch allein der Kohärenz unserer Aussagen. Weder beschränkt sich Dewey auf die Kohärenz, weil damit das reale Experiment ausgeschlossen würde, noch auf eine Vorstellung feststehender Realität, bei der der Funktionskreis potenziell immer neuer Problematisierungen sich schlösse.

Zusammenfassend geht es Dewey in seiner Forschungstheorie darum, *Situationen*, die das Selbst aus seinen Gewohnheiten herauswirft, durch Problematisierungen, Hypothesen, logische Schlüsse und experimentelle Erprobung zu rekonstruieren und dadurch eine neue Handlungsorientierung für das Selbst zu bewirken. Der kreislaufartige Prozess von Zweifeln und rationaler Wiederaneignung der Situation, durch den ein Wachstum der Erfahrung vorangebracht wird, steht dabei auch für Dewey in Kontinuität mit evolutionären Anpassungsprozessen vormenschlicher Organismen.[212] Doch im Unterschied zu der vormenschlichen Anpassung ist bei Menschen immer eine Wechselwirkung von Selbst und Umgebung vorhanden, bei der der Mensch auch in die Umwelt hineinwirkt.[213] Charakteristisch für den Pragmatismus, so zeigt sich auch an dieser Stelle, ist das Vermeiden dualistischer Oppositionen, denn Dewey sieht seine Theorie weder als transzendental-apriorisch, noch als rein empiristisch an. Stattdessen bleibt die *Logik der Forschung* selbst Gegenstand der Logik der Forschung.

Doch auch wenn Dewey von der intelligenten Methode im Unterschied zur Vernunft spricht, so bilden doch die ästhetischen (und damit zunächst irrationalen) Impulse die Quelle der Hypothesenbildung. Sie sind *Teil* seines weiter gefassten Rationalitätsbegriffes.[214] „Dewey ersetzte die ‚Vernunft', die das ‚Nest samt der Brut an Dualismen' moderner Philosophie symbolisierte, durch ‚Intelligenz' als der ‚Kurzbe-

---

[211] (warranted assertion, LW, 12:16).

[212] Wie Dewey bereits früh formulierte, ist auch auf der leibkörperlichen Ebene nicht einfach von einem schematischen Reiz-Reaktions-Schema auszugehen, der Reflexbogen ist durch die Situation vermittelt, in welcher das Selbst handelnd situiert ist. „The real beginning is with the act of seeing; it is looking, and not a sensation of light. The sensory quale gives the value of the act, just as the movement furnishes its mechanism and control, but both sensation and movement lie inside, not outside the act." Dewey, The Reflex Arc Concept in Psychology, in: Jo Ann Boydston (Hg.), *The Early Works of John Dewey*, Bd. 5, Carbondale 1972., 97f. Dewey diagnostiziert hier bereits die *‚psychological fallacy'*, derzufolge angenommen wird, das Selbst handele mechanistisch-deterministisch. Diese Annahme selbst sei einem Dualismus verfallen, der in der vermeintlich neutral-wissenschaftlichen Beschreibung vorausgesetzt wird.

[213] Nagl., a.a.O., 119.

[214] Vgl. Larry A. Hickman, Pragmatism, Technology, and Scientism. Are the Methods of the Scientific-Technical Disciplines Relevant to Social Problems?, in: Robert Hollinger, David Depew (Hg.), *Pragmatism. From Progressivism to Postmodernism*, Westport/London 1995, 75.

zeichnung' für Methoden der Beobachtung, des Experiments und des reflektierenden Schließens."[215] In der Interpretation von Krüger wird jedoch v.a. der problematische Aspekt der Situation beschrieben: „Die Situation sei einzigartig und unteilbar (sprich ganzheitlich), aber nicht in der positiven Bedeutung des Einklanges mit ihr, sondern in der negativen Bedeutung einer Störung, ja eines Scheiterns von unseren Gewohnheiten, spontan reagieren oder auch überlegt handeln zu können."[216] Gleichwohl umfasst der Begriff der qualitativen Situation, insbesondere in Deweys gleichnamigen Aufsatz, zugleich eine positive Seite, aus der ihre Kreativität erwächst, denn Hypothesen entstehen nicht nur aufgrund eines Zweifels oder einer negativen Störung. Wie aber kann diese positive Seite aussehen? Dewey bestimmt einige Aspekte: Neben seiner unspezifischen Ganzheit im Unterschied zum spezifischen Objekt ist die qualitative Situation für das Selbst in dem jeweiligen Moment selbstverständlich. „The situation as such is not and cannot be stated or made explicit. It is taken for granted, ,understood', or implicit in all propositional symbolization."[217] In der qualitativen Situation ist das Selbst abstandslos und daher Teil der Qualität, Teil einer Erfahrung, die unmittelbar erscheint, *gerade weil* sie unklar ist. Als weiteres Merkmal beschreibt Dewey die Einflussnahme der qualitativen Situation auf das Denken und Handeln, und veranschaulicht diese am Denken selbst: Es ist nur möglich, bspw. über ein philosophisches Problem nachzudenken, wenn die qualitative Situation anhält. Bricht sie ab, haben wir das Gefühl, den Faden verloren zu haben. Die qualitative Situation ist also nicht selbst ein bestimmter Gedanke, denn dann bestünde nicht die Notwendigkeit, weiter nachzudenken („it is a commonplace that a problem stated is well on its way to solution"), sondern enthält eine *unmittelbar erfahrene Eigenschaft*, die dem Denken Kontinuität gibt. „This quality enables us to keep thinking about one problem without our having constantly to stop to ask ourselves what it is after all that we are thinking about. We are aware of it not by itself but as the background, the thread, and the directive clue in what we do expressly think of."[218] Wie Shusterman schreibt, setzen sich diese Überlegungen Deweys einem Metaphysikverdacht aus, (der durch die Begrenzung auf die individuell-partikulare Situation schon gebannt zu sein schien): Von einer vorsprachlichen Erfahrung (oder einer unmittelbar erfahrenen Eigenschaft qualitativen Denkens) zu sprechen, die darüber hinaus das Denken und Handeln leitet und ihm eine Einheit gibt, ohne dass diese der Reflexion zugänglich ist, droht in den *Mythos der Präsenz* zurückzufallen.

---

[215] Krüger, Prozesse der öffentlichen Untersuchung. Zum Potenzial einer zweiten Modernisierung in John Dewey's ,Logic. The Theory of Inquiry', in: Joas (Hg.), *Philosophie der Demokratie. Beiträge zum Werk von John Dewey*, a.a.O., 205. Dewey, *Die Erneuerung der Philosophie*, a.a.O., 35, 14 (dort zit.).

[216] Krüger, *Zwischen Lachen und Weinen*, Bd. II, a.a.O., 228.

[217] Dewey, Qualitative Thought, in: Ders., *Later Works*, Bd. 5, a.a.O., 246f.

[218] Ebd., 249, 248. Direkt an dieser Stelle bezieht Dewey sich in einer Anmerkung auf James' Begriff der Fransen des Bewusstsein, dessen Einfluss an dieser Stelle unverkennbar ist, gleichwohl markiert Dewey einen Unterschied: Die Fransen bei James, so kritisiert er, seien eine unglückliche Metapher, da sie den Eindruck eines hinzugekommenen Elementes vermitteln, wohingegen es Dewey um die Gesamtsituation geht.

„Hätte Dewey einfach nur behauptet, dass diese unmittelbare Eigenschaft unser Denken manchmal gründet oder anleitet, so wäre sein Standpunkt sicherlich etwas überzeugender. Leider jedoch beschreibt er diese Eigenschaft als das, was die Kohärenz unseres Denkens [...] *in jeder konkreten Situation* bestimmt. [...] An dieser Stelle gibt Dewey seinen radikalen Empirismus auf zugunsten einer von transzendentalen Begründungen getragenen fundamentalistischen Metaphysik der Präsenz."[219]

Der Metaphysikverdacht gegen Dewey erhärtet sich also in einigen Passagen, in denen sich die Rolle des qualitativen Denkens nicht darauf beschränkt, als partikulare, dem gewohnheitsmäßigen Common Sense erwachsene Qualität zu fungieren, sondern stattdessen ihre „integrierende Eigenschaft der unmittelbaren Erfahrung" als „einzig angemessene[r] Weg zur Erklärung der Assoziation von Ideen" erklärt wird.[220] Shusterman hat dafür argumentiert, diese nicht als unmittelbare Erfahrung zu verstehen, die jede denkbare konkrete Situation bestimmt, nicht als „spezifische Verbindungseigenschaft unmittelbarer Erfahrung", die jede Assoziation von Ideen erklärt, sondern Dewey dahingehend zu interpretieren, „eine Einführung und Verbesserung der Eigenschaft unmittelbarer Erfahrung als [eines] praktischen Zwecks und brauchbaren Mittels" zu verstehen. Die qualitative Situation hätte dann *keine legitimatorische Funktion*, sondern *einen praktisch-ästhetischen Zweck* „als tief verwurzelte Gewohnheit".[221] Doch was heißt es, die qualitative Situation als Gewohnheit zu verstehen? Sind sie synonym oder worin besteht ihre Differenz?

Dewey selbst fragt: „Wie lässt sich die Problemstellung so steuern, dass sich die weiteren Forschungen auf eine Lösung zubewegen?" Und antwortet: „Der erste Schritt bei der Beantwortung dieser Frage besteht darin zu erkennen, dass keine Situation, die *vollständig* unbestimmt ist, in ein Problem verwandelt werden kann, das definite Bestandteile hat. Der erste Schritt besteht also darin, die *Bestandteile* einer gegebenen Situation ausfindig zu machen, die als Bestandteile geklärt sind."[222] Das heißt aber, insbesondere bezogen auf die Handlungsspielräume des Selbst, dass es die Bestandteile seiner Gewohnheiten (also auch seiner Denkgewohnheiten) ausfindig machen und bestimmen muss. Wie im nächsten Kapitel über das Verhältnis von Kreativität und Gewohnheit gezeigt wird, ist die Entstehung des ‚Neuen' nicht zuletzt darauf zurückzuführen, dass das Selbst die ‚blinden Flecke' seiner Gewohnheiten, also ihre Vagheit konkretisiert und ihnen Gestalt verleiht. Man kann versucht sein, diesen Prozess hegelianisch zu nennen, da er auf einer Weiterentwicklung durch *Bestimmung* beruht, und dieser Einfluss ist nicht von der Hand zu weisen.[223] Doch zum einen gibt Dewey das teleologische Prinzip zugunsten eines beständigen melioristischen Wachstums auf und zum anderen spielen der alltäglich-gewöhnliche Common Sense und die leibkörperlichen Gewohnheiten des Selbst in diesem kreativen Entwicklungsprozess eine zentrale Rolle.

---

[219] Shusterman, Somatische Erfahrung. Fundament oder Rekonstruktion?, in: Ders., *Vor der Interpretation*, a.a.O., 113.
[220] Ebd., 112.
[221] Ebd., 115f.
[222] Dewey, *Logik*, a.a.O., 136.
[223] Siehe Krüger, *Zwischen Lachen und Weinen*, Bd. II, a.a.O., 228ff.

Das Vage, von dem bereits bei Peirce die Rede war, kehrt hier – bezogen auf den alltäglichen Common Sense und die Gewohnheiten – wieder: Die Weiterentwicklung von Dewey besteht in einer stärkeren Bezugnahme auf das leibkörperliche partikulare Selbst. Denn es ist nicht nur der Dualismus zwischen dem Qualitativen und dem Quantitativen, den Dewey durch seine Forschungstheorie in Bewegung zu bringen sucht, sondern auch der ‚innerhalb' des Selbst zwischen Mangel und Fülle. Der Holismus von Dewey zielt, wie gesagt, auf die Verbesserung der Erfahrungs- und Handlungsspielräume von Selbst und Gesellschaft. „Theorie impliziert *jederzeit* einen ethisch durchwirkten Handlungs*horizont.*"[224] Doch ebenso wie er sich gegen einen rigiden Realismus wendet, so wendet er sich auch gegen jegliche Wertmetaphysik. Es geht eher um die mögliche konkrete Verbesserung der Gesellschaft, als um ein Postulieren von ethisch-transzendentalen Maximen.[225] Deswegen sind seine pädagogischen und demokratietheoretischen Überlegungen nicht sauber voneinander ablösbar. Die Konzeption eines mangelhaften Selbst, welches nur handelt, weil ihm etwas fehlt, ist ein Bild, welches vor dem Hintergrund einer Spaltung in defiziente Endlichkeit und vollendete Transzendentalität zu sehen ist, die seit dem Christentum das abendländische Menschenbild dominiert. Handlung bedeutet demnach eine Bewegung aus der Imperfektion hin zum erstrebten perfekten Ziel. Für Dewey manifestiert sich darin *der* philosophische Trugschluss.[226]

Das Handlungspotenzial des Selbst entsteht auch aus der Fülle und nicht nur aus dem Mangel. Denn ebenso wie die einseitige Fokussierung auf die Abgeschlossenheit und d.h. das Ende der Aktivität als statischer Vollendung diese selbst abstrakt und starr werden lässt, ebenso ist das Bild des mangelhaften Selbst in seiner Bedürfnisstruktur eine Vereinseitigung. Es handelt sich dabei um eine virtuelle Gegenüberstellung, die man als scholastisches Relikt getrost hinter sich lassen sollte. Handlungsimpulse erwachsen nicht nur der problematischen und zweifelhaften Situation im Sinn eines Mangelzustandes. Wie anhand des Abduktionsbegriffes von Peirce gezeigt werden wird, ist für den Begriff der Hypothesenbildung im Pragmatismus das ästhetisches Moment des Sinnens grundlegend. Auch die qualitative Situation enthält diesen ästhetischen Aspekt eines Aufgehens im Moment, welches über dessen Problematisch-Werden im Sinn eines Zögerns oder einer Störung der Gewohnheit hinausgeht. Für eine Konzeption des Selbst, aber auch für eine Theorie der Forschung in dem weiten Sinn, wie sie bei Dewey begriffen wird, ist es wesentlich, melioristisches Denken auch aus einer Situation der Fülle heraus zu denken. Forschung benötigt beide Aspekte, und Dewey beschreibt es in einer paradoxalen Formulierung so: „Die wissenschaftliche Haltung kann beinahe definiert werden als die Haltung, die imstande ist, das Zweifelhafte zu genießen."[227] Die Ausgesetztheit an eine Situation kann den Zweifel hervorrufen, sie kann jedoch auch aus dem Genuss des Einklangs mit der Situation die Experimentier-

---

[224] Nagl, *Pragmatismus*, a.a.O., 124.

[225] Zu den Schwierigkeiten und offenen Fragen in Deweys Moraltheorie siehe: Axel Honneth, Zwischen Prozeduralismus und Teleologie. Ein ungelöster Konflikt in der Moraltheorie von John Dewey, in: Joas (Hg.), *Philosophie der Demokratie. Beiträge zum Werk von John Dewey*, a.a.O., 116–139.

[226] Dewey, *Human Nature and Conduct*, a.a.O., 122f, kursiv von H. S.

[227] Ders., *Die Suche nach Gewissheit*, a.a.O., 228.

freude des Selbst wecken. Erneuernde Impulse entwickeln sich niemals nur aus einer Notsituation heraus, sie enthalten immer auch ein spielerisches, freies Moment. In welcher Form die ‚Fülle' des Selbst als Grundlage für Handlungsspielräume verstanden werden kann, wird im Kapitel über die Gewohnheit entfaltet. Hier sollte gezeigt werden, dass in der qualitativen Situation ein problematisierendes Moment mit einem positiven zusammenläuft. An dieser Stelle wird bei Dewey eine direkte Brücke vom Common Sense zur Gewohnheit geschlagen. Diese Verbindung sollte für den Gesamtbogen der vorliegenden Untersuchung nicht aus den Augen verloren werden.

Übergänge

Übergang 1: Skeptizismus, Alltäglichkeit und Metaphysik. Cavell und Putnam

Die Wechselbeziehung von Zweifel und Glaube hat sich im Pragmatismus von Peirce und James als zentral herausgestellt. Beide Momente kennzeichnen eine Verbindung des partikularen Standpunktes des Selbst mit einem Common Sense. Der Zweifel zeigt den möglichen Irrtum an etwas zuvor für allgemein richtig Gehaltenem. Der Glaube bzw. die Überzeugung enthält die Verbindung der Partikularität mit etwas Überpartikularen. Aufgeblendet auf die explizit philosophische Denkbewegung findet dieses Spannungsfeld (von Zweifel und Glaube) in der Auseinandersetzung zwischen Skeptizismus und Metaphysik eine Entsprechung. Dieses Spannungsfeld wird im neopragmatistischen Kontext insbesondere von Stanley Cavell und Hilary Putnam auf eine besondere Weise thematisiert, nämlich als das Verhältnis von Alltag und Metaphysik. Der kritische Common Sense von Peirce findet motivisch in dieser Auseinandersetzung seine Fortsetzung. Denn auch wenn Cavell und Putnam sich stärker auf andere Autoren beziehen (Cavell stärker auf Wittgenstein und die amerikanischen ‚Transzendentalisten‘ Emerson und Thoreau, Putnam stärker auf die pragmatistische Tradition, insbesondere auf James) so steht im Mittelpunkt ihrer moralphilosophischen Reflexionen das Verhältnis des partikularen Selbst zur vermeintlich überpartikularen Philosophie. In dieser unauflöslichen Verhältnisbestimmung von philosophierendem Selbst und alltäglichem Kontext besteht die Verbindungslinie zum frühen Pragmatismus.

Sowohl Putnam als auch Cavell kritisieren die Akademisierung der Philosophie und treten für eine Rückbesinnung auf die alltägliche Partikularität des Selbst in der Philosophie ein. So überrascht die Präsenz von Wittgenstein nicht, dessen Philosophie besonders bei Cavell (explizit in seinem Hauptwerk *The Claim of Reason*) zentral ist. Es muss an dieser Stelle gleichwohl eingeräumt werden, dass zwischen Putnam und Cavell Differenzen hinsichtlich der Bewertung des Pragmatismus bestehen. Putnam zufolge ist die vielleicht grundlegendste Einsicht des Pragmatismus, „dass man beides, Fallibilist und Antiskeptizist sein kann".[228] Cavell selbst bezeichnet sich im Unterschied zu Putnam nicht explizit als Pragmatist. „Anders als Putnam hält Cavell den Pragmatismus *nicht* für die

---

[228] Hilary Putnam, Die bleibende Aktualität von William James, in: *Pragmatismus. Eine offene Frage*, Frankfurt/M./New York 1995, 31.

geglückte Vermittlung von ‚Fallibilismus und Antiskeptizismus'."[229] Cavell wendet sich insbesondere kritisch gegen die Philosophie von Dewey: „I mean the intuition that the democratic bearing of the philosophical appeal to the ordinary and its methods is at least as strong as, and perhaps in conflict with, its bearing on Dewey's homologous appeal to science and what he calls its method."[230] Cavell hat sicherlich Recht in Hinblick auf einige Passagen Deweys, nicht aber in Bezug auf sein Gesamtwerk.[231] Ich schließe mich Shusterman darin an, die Kontinuitäten zwischen Pragmatismus, Putnam und Cavell zu betonen. Die Lesart des Pragmatismus, die in dieser Arbeit vorgeschlagen wird, hat überdies durch die Begriffe des Common Sense und des partikularen Selbst, durch Zweifel und Überzeugung schon im klassischen Pragmatismus von Peirce und James das Spannungsverhältnis von Alltäglichkeit und Metaphysik thematisiert.

Das partikulare Selbst im Common Sense zu situieren ist der Versuch, das Selbst diesseits eines verabsolutierten Zweifels oder Glaubens zu denken. Ihre Verabsolutierung mündet in Skeptizismus oder Metaphysik, wobei beide Bewegungen sich wechselseitig bedingen können. Vom partikularen Selbst auszugehen heißt, dieser verabsolutierenden Tendenz entgegenzuwirken, ohne sie aus den Augen zu verlieren. Zweifel und Überzeugungen sind vom jeweiligen Common Sense nicht radikal abzulösen. Dennoch geht das Selbst in diesem Kontext nicht auf. Denn jede kontextualisierende Struktur muss selbst postuliert, also gesetzt werden. Die Argumentation führt in einen infiniten Regress, es sei denn, sie wird vorübergehend in der Partikularität beendet. Jedes Postulat geht zunächst von einem partikularen Standpunkt aus, welcher jedoch gleichzeitig Teil einer Struktur ist, die es nicht übersieht. An diesem Punkt lässt sich das Verhältnis des Pragmatismus zu Kant verdeutlichen. Der Pragmatismus richtet sich gegen *Dualismen* im kantschen Sinn, hält jedoch an einer *Dualität* fest. In der pragmatistischen Transformation bezeichnet die Dualität die Möglichkeit eines fließenden Übergangs zwischen zwei Aspekten, „two complementary poles of a single field of activity – the field of human experience".[232] Das Streben nach Überzeugungen, die zu legitimen Formen der Erkenntnis führen sollen, führt uns dabei zugleich in metaphysische Verwirrungen. Das hatte bereits Kant als den Skandal der Vernunft bezeichnet. Doch für Putnam, und darin schließe ich mich an, handelt es sich nicht nur um einen Skandal. „The whole kantian strategy, on this reading [...] is to celebrate the loss of essence."[233]

Die Motivation dafür, den Common Sense in der Philosophie wiederaufleben zu lassen, erwächst einer philosophischen Unzufriedenheit mit der Akademisierung der Philosophie. Philosophische Antworten, die sich von dem lebendigen Spannungsverhältnis zwischen Zweifel und Überzeugung zu weit entfernt haben, verlieren die Frage aus dem Blick, die zu beantworten sie angetreten waren. Die philosophischen Antwor-

---

[229] Ludwig Nagl, Renaissance des Pragmatismus?, in: *Deutsche Zeitschrift für Philosophie*, 47 (1999), 1054.

[230] Stanley Cavell, What's the Use of Calling Emerson a Pragmatist? In: Morris Dickstein (Hg.), *The Revival of Pragmatism. New Essays on Social Thought, Law, and Culture*, Duheim/London 1998, 72.

[231] Für eine Analyse des Demokratieverständnisses von Putnam und Cavell vor dem Hintergrund des deweyschen Pragmatismus siehe: Richard Shusterman, Putnam und Cavell über demokratische Ethik, in:Ders., *Philosophie als Lebenspraxis*, a.a.O., 126–155.

[232] James Conant, Introduction, in: Hilary Putnam, *Realism With a Human Face*, Harvard 1990, xxii.

[233] Hilary Putnam, *The Many Faces of Realism*, LaSalle 1987, 52.

ten passen nicht mehr zu den Fragen, die gestellt worden waren. Kein Zweifel und kein Glaube, auch das sollten die bisherigen Ausführungen zeigen, lässt sich von dem alltäglichen Kontext des Common Sense ablösen. Diese Verwicklung bildet sich auch auf das Verhältnis von Skeptizismus und Metaphysik ab.

Der Skeptizismus resultiert aus dem philosophischen Streben danach, Gewissheit in den Überzeugungen zu erlangen. Die Suche nach garantierten Kriterien, welche die Gewissheit absichern können, vergrößert indessen den Zweifel. Der Zweifel wird sogar größer, je stärker das Streben nach Gewissheit ist und je unverbrüchlicher die gesuchten Garantien sein sollen. Doch hängt diese Denkbewegung mit ihrem Gegenteil zusammen. Wenn dieser Denkweg einmal vollzogen ist, könnte daraus der Schluss gezogen werden, dass philosophisches Fragen aussichtslos ist. Stattdessen könnte man sich auf einen Common Sense berufen, auf das Alltagsverständnis der Dinge. Doch dieser Wunsch selbst, zu einem (virtuellen) Alltagsverständnis zurückzukehren, ist bereits ein philosophisch gesättigter Wunsch, der auf der philosophischen Ungewissheit beruht, der man auf diesem Wege Abhilfe zu schaffen bemüht war. Von hier ist es jedoch nur noch ein kleiner Schritt dahin, zu fragen, worin die Gewissheiten des Common Sense bestehen, um sich erneut in der skeptischen Position wiederzufinden. Dieses unauflösbare Pendeln zwischen einer skeptizistischen und einer metaphysischen Tendenz wird von Cavell und Putnam als *conditio humana* betrachtet. Putnam beschreibt das paradoxale Verhältnis, welches oben zwischen Zweifel und Glauben ausgemacht wurde. „The urge to know" – die genuin philosophische Dringlichkeit, Erkenntnis gewinnen zu wollen, scheint nicht etwas zu sein, dem man sich willentlich entziehen kann.[234] Diese Dringlichkeit, so Putnam darüber hinaus, übersteigt den punktuellen Informationsgehalt einer Erkenntnis, weil es um den Wunsch nach Gewissheit geht, und zwar so, dass das Selbst davon absolut überzeugt sein kann. Die *Suche nach Gewissheit*, wie Dewey es nannte, bringt das Selbst in unlösbare Widersprüche. Putnam und Cavell ziehen daraus folgende Konsequenz: „After metaphysics", sagt Putnam, „there can only be philosophers – that is, there can only be the search for those ‚better or worse ways of thinking', that Cavell called for."[235]

Sie kommen damit m.E. der Position des kritischen Common Sense, wie sie hier entwickelt wurde, recht nahe. Dabei geht es nicht nur um die epistemologische Frage nach der Wahrheit, sondern auch um die Frage nach den normativen Kriterien unseres Handelns, die sich, wie bereits diskutiert, aus pragmatistischer Sicht nicht sauber trennen lassen. Dabei sind Normen für den Pragmatismus historisch wandelbar und d.h. auch verbesserbar. Aber, fragt, Putnam: „An improvement judged from where?" Und antwortet: „From within *our* picture of the world, of course. But from within that picture itself, we say that ‚better' isn't the same as ‚we think it's better.' And if my ‚cultural peers' don't agree with me, sometimes I *still* say ‚better' (or ‚worse'.) There are times when, as Stanley Cavell puts it, I ‚rest on myself as a foundation'."[236] Wie ich meine, kommt darin das Recht zum Glauben in seiner Verantwortlichkeit zum Ausdruck. In Anspielung auf Rorty sagt Putnam, dass das Wir, auf welches man sich in seinen Beurteilungen beruft, nicht einfach das faktische gegenwärtige Wir sein kann und darf. Es droht dann, in dem hier vorgeschlage-

---

[234] Vgl. Putnam, *Realism With a Human Face*, Harvard 1990, 117.

[235] Ebd., 21.

[236] Ebd., 26. Das Zitat von Cavell stammt aus: Cavell, *The Claim of Reason*, a.a.O., 125.

nen Vokabular, zum faktisch-fiktiven Common Sense zu verhärten. Demgegenüber muss der partikulare Zweifel, und damit die skeptische Gegenbewegung zum Wir, wachgehalten werden, ohne in einen Skeptizismus abzurutschen.

Der Versuch, sowohl nachmetaphysisch als auch nichtrelativistisch zu argumentieren, lässt meiner Ansicht nach keine andere Wahl, als sich mit diesem Spannungsverhältnis nicht anders als im Handeln abzufinden. Entweder ein Prinzip wird gesetzt, welches nicht weiter begründet werden kann, weil es eben gesetzt wurde – und dann müsste aufrichtigerweise eingestanden werden, dass es sich um eine Setzung handelt – oder man verabschiedet sich von jedem überindividuellen Prinzip, und das wäre die relativistische oder auch skeptizistische Position, die jedoch im wirklichen Handeln nur um den Preis zynischer Gleichgültigkeit aufrechterhalten werden kann. Es handelt sich also bei letzterer, in den Worten von James, um keine lebendige Hypothese, wenn man denn von einem lebendigen handelnden Selbst sprechen will. Die erste Option indessen läuft letztlich auf die zweite hinaus, denn einmal eingestanden, dass die eigene Setzung eine *eigene Setzung* ist, zeigt sich, dass es sich um eine partikulare Position handelt, die sich ihrer Verallgemeinerbarkeit nicht abschließend sicher sein kann. Deswegen wurde in den vorangegangen Kapiteln das Spannungsverhältnis von Zweifel und Glaube als ‚grundlegend' beschrieben, ohne deswegen eine feste Grundlage zu bieten. Diese paradoxe Situation zeigte sich schon in Peirce' Analysen zum kritischen Common Sense. Das Selbst nimmt eine kritische Position zu seinen bisherigen Kriterien ein, ohne mit Gewissheit sagen zu können, ob das, was als wahr und richtig erscheint, auch tatsächlich wahr und richtig ist oder nur eine irreführende Einflüsterung des Common Sense.[237] Putnam und Cavell sind an den kritischen Common Sense von Peirce anschlussfähig, doch tritt bei ihnen ein neues Moment hinzu: Das partikulare Philosophieren gewinnt an Kontur.

In seiner Einleitung zu Putnams *Realism with a Human Face* vergleicht James Conant das philosophierende Selbst mit der kindlichen Haltung, Fragen zu stellen. Es schwankt zwischen seinem Wissensdurst, den es hofft, von den Erwachsenen gestillt zu bekommen und der erwachsenen Haltung, die sich ihrer Antworten sicher ist. Doch reicht dieser Vergleich noch weiter: Angesichts der kindlichen Fragen wird der Erwachsene selbst in seinen Überzeugungen verunsichert, auch er hält keine ultimativen Antworten bereit. „We need to learn to overcome our shame at the childishness of the questions we are moved to ask." Conant bezieht sich dabei auf Cavells ‚Erziehung von Erwachsenen'. Die philosophische Haltung, die es gegenüber sich selbst zu kultivieren gilt, ist jener der Erziehung eines Kindes vergleichbar, dem man Aufmerksamkeit schenken sollte, ohne es zu verhätscheln, „[t]o attend to him without spoiling him".[238] Bezogen auf das partikulare Selbst heißt das, dass es den Zweifel (mit seiner potenziellen Sinnlosigkeit oder Infantilität – hier besteht eine Parallele von Rorty und Cavell) ernst nehmen muss, ohne ihm so sehr zu verfallen, dass der Zweifel – als Skeptizismus, als Wahn, als Verzweiflung – überhand nimmt. „The anxiety in teaching, in serious communication, is that I myself require education. And for grown-ups this is not natural growth, but *change*."[239]

---

[237] Peirce, Critical Common-sensism, a.a.O., 299.
[238] Conant, Introduction in: Putnam, *Realism with a Human Face*, a.a.O., lxxiii.
[239] Cavell, *The Claim of Reason*, a.a.O., 125.

Cavell und Putnam befinden sich damit in einer kritischen Traditionslinie mit dem pragmatistischen Wechselspiel von Zweifel und Glaube. Ihre Weiterentwicklung besteht darin, so meine ich, dass sie dieses Verhältnis am Wechselspiel von Metaphysik und Alltag beschreiben. Damit wird das Alltagsverständnis stärker in die Philosophie hineingetragen, zugleich wird das philosophische Gewicht des Alltäglichen betont. Der metaphysische Impuls erwächst bereits dem alltäglichen Denken, welches seinen Wunsch nach selbstverständlicher Normalität und Fraglosigkeit zu befestigen sucht. Der Versuch dieser Befestigung führt zur philosophischen Reflexion. Der Impuls der philosophischen Befestigung indessen orientiert sich an einem vorphilosophischen Ideal des Alltäglichen, welches ein Ideal bleibt. Mit anderen Worten: Sobald das Denken zu zweifeln anfängt und damit seine alltäglichen Überzeugungen in Frage stellt, macht es sich auf die Suche nach einer neuen oder besseren Überzeugung und Fraglosigkeit, von der gehofft wird, dass sie in eine (vermeintlich unphilosophische und alltägliche) Selbstverständlichkeit mündet.[240]

Das Dilemma von Metaphysik und Alltäglichkeit wird so bei Putnam und Cavell zu einer negativ-anthropologischen Bestimmung dessen, was das Selbst ausmacht, denn es kommt niemals vollständig zum Abschluss. Die Bestimmung ist negativ-anthropologisch, weil Putnam und Cavell nur feststellen, dass alle Menschen gleich wenig festen Boden unter den Füßen haben. Damit ist noch nicht das letzte Wort darüber gesprochen, ob zukünftig vielleicht das *Suchen nach Gewissheit* abklingen wird. Aus unserer Perspektive, von unserem fallibilistischen Common Sense aus, ist dies schwer vorstellbar.

Dieses Dilemma bildet den Mittelpunkt des Denkens von Cavell. Das Selbst, auch das philosophierende Selbst, verbringt einen großen Teil seines Lebens damit, im Alltag zu handeln. Dort wird das Alltagsverständnis nicht in Frage gestellt. Ohne dieses, ohne die selbstverständlich gewordenen Gewohnheiten und Überzeugungen wäre das Selbst nicht handlungsfähig. Doch auch wenn eine skeptizistische Suspension der Alltagsannahmen des Common Sense nicht möglich ist, muss eine kritische Position eingenommen werden. Diese, so Cavell, hat gleichwohl kein objektives Kriterium an der Hand, ihr bleibt, den Common Sense (Cavell spricht von der Kultur) mit sich selbst zu konfrontieren, und zwar an den Schnittstellen des jeweils partikularen Selbst.[241]

> „What I require is a convening of my culture's criteria, in order to confront them with my words and life as I pursue them and as I may imagine them; and at the same time to confront my words and life as I pursue them with the life my culture's words may imagine for me: *to confront the culture with itself, along the lines in which it meets in me.*"[242]

Die Kultur mit sich selbst an den Schnittstellen zu konfrontieren, in denen sie ‚in mir zusammentrifft‘, heißt m.E. den Common Sense mit dem partikularen Selbst zu konfrontieren. Dieses Spannungsverhältnis entspricht dem aus dem Pragmatismus von Peirce und James extrahierten Konzept eines Selbst, welches durch Zweifel und Überzeugungen Kontur gewinnt und so gegenüber dem supponierten Common Sense eine Position beziehen kann. Die Kritik an der Betonung der Partikularität – also der alltägli-

---

[240] Conant, Introduction, a.a.O., xlii.
[241] Cavell, *The Claim of Reason*, a.a.O., 125, (Hervorhebung von H. S).
[242] Ebd.

chen Singularität, seiner Endlichkeit und Kontingenz – müsste, um dieser zu entgehen, stattdessen eine transzendentale oder metaphysische Subjektkonzeption setzen, die die Allgemeingültigkeit bestimmter formaler Prinzipien der Subjektivität bestimmte oder aber Subjektivität in einer physikalistischen Erklärung auflösen, die bekanntlich in Widersprüche führt, weil unklar bleibt, von welchem Standpunkt aus die physikalistische Behauptung aufgestellt wurde. Demgegenüber lässt sich Cavells Vorschlag, den Common Sense dort mit sich selbst zu konfrontieren, wo die Partikularität des Selbst zu verorten ist, als Aufforderung verstehen, partikulare Impulse als Anstoß zu nehmen, die Kriterien des eigenen Common Sense in Frage zu stellen.

Doch wenn das Selbst sich nicht mehr auf seinen alltäglichen Common Sense verlassen kann, hat es entweder keinen Grund mehr, von dem aus es handeln kann – und das führt in den Skeptizismus – oder es schließt sich einer Theorie an, von der es glaubt, sie habe diese Widersprüche garantiert hinter sich gelassen, und das führt zu einer metaphysischen Haltung. Cavell und Putnam ist die Überzeugung gemeinsam, dass metaphysische Fragen nicht willkürlich ausgeräumt werden können. Darin liegen sie in einer Kontinuitätslinie mit der pragmatistischen Tradition: Der Überzeugung, dass man weder mutwillig zweifeln noch mutwillig glauben kann. Diese Haltung wirft Putnam indessen Rorty vor. So schreibt Putnam:

> „I think philosophy is both more important and less important than Rorty does. It is not a pedestal on which we rest (or have rested until Rorty). Yet the illusions that philosophy spins are illusions that belong to the nature of human life itself, and that need to be illuminated. Just saying ‚That's a pseudo-issue' is not of itself therapeutic; it is an aggressive form of the metaphysical disease itself."[243]

Stattdessen ginge es darum, das Problem ‚von innen' zu beleuchten und nicht die Geduld für seine Verwicklungen zu verlieren. Eine zentrale Tugend des Philosophierens sei deswegen seine Ausgesetztheit (responsiveness) der oder dem Anderen gegenüber, „a willingness always to make the other's questions real for oneself".[244] Das Problem ist also, dass philosophische Theorien nicht nur dazu neigen, bestimmte Aspekte unseres Alltagslebens zu verzerren, indem sie sie gewissermaßen nur durch das philosophische Fernglas betrachten, sondern dass sich in der spezifischen Form der Verzerrung selbst wichtige Hinweise für die philosophische Auseinandersetzung zeigen. Putnam und Cavell folgen darin dem späten Wittgenstein mit seinem ‚therapeutischen Ansatz': Metaphysische Fragen – so könnte man sagen – lassen sich nicht lösen, sondern nur vorübergehend auflösen. „This requires the cultivation of a nose for what occasions philosophical fixation and, as in therapy, an ear for when someone is inclined to insist a little too loudly that something *must* be the case."[245] Putnam sagt es so: „It is just these philosophical ‚musts', just the points at which a philosopher feels no argument is needed because something is just ‚obvious', that [one] should learn to challenge."[246]

---

[243] Putnam, *Realism with a Human Face*, a.a.O., 20.
[244] Conant, Introduction, ebd., liii.
[245] Ebd., lvi.
[246] Putnam, zitiert bei Conant, ebd., lvi.

Natürlich bleibt die Frage, von welchem Standpunkt aus ein feines Gespür für philosophisch-metaphysische Fixierungen entwickelt werden kann. Es gibt darauf meiner Meinung nach keine andere Antwort als die je partikulare Position. Das heißt aber letztlich auch, dass das Menschenbild, welches Cavell, Putnam und Conant vertreten, selbst noch unter einem fallibilistischen Vorbehalt steht. Die Art und Weise, wie philosophische Auseinandersetzungen geführt werden, sagt demnach nicht etwas darüber aus, was es transzendentalanthropologisch heißt, Mensch zu sein, sondern etwas darüber, wie innerhalb unseres gegenwärtigen Common Sense der Mensch gesehen wird. Und das ist viel, da alles, was darüber hinausgeht, sich im akritisch Vagen verliert. Daher halte ich die Haltung von Putnam und Cavell gegenüber dem Philosophieren für richtig. Putnam sagt:

> „Finding a meaningful orientation in life is not, I think, a matter of finding a set of doctrines to live by, although it certainly includes having views; it is much more a matter of developing a *sensibility*. Philosophy is not only concerned with changing our views, but also with changing our sensibility, our ability to perceive and react to nuances."[247]

Aber auch hier bleibt das Problem, woran die Sensibilität für was gemessen werden kann. Darauf gibt es keine abschließende Antwort. Der einzige Hinweis, den es gibt, ist, wie in einer Gleichung mit zwei Variablen, die eigene Partikularität in ihrer Differenz zum Common Sense kritisch zu reflektieren und für das vermeintlich Offensichtliche des alltäglichen Common Sense ein kritisches Gespür zu entwickeln. Conant schreibt:

> „It involves mapping out for oneself the topology of the obvious, the points at which one's justifications run out, [...] to recover a sense of peculiarity of my questions, something a familiarity with philosophy can deaden."[248]

Die Topologie des Offensichtlichen lässt sich indessen nur nachzeichnen, wenn der Sinn für die Eigenart und die Partikuarität der eigenen Fragen zurückgewonnen wird. Vielleicht könnte man sogar noch einen Schritt weitergehen: Das scheinbare Dilemma zwischen Alltäglichkeit und Metaphysik bleibt abstrakt, solange es nicht durch den partikularen Standpunkt an Kontur gewinnt. Erst dann wird es verhandelbar. Putnam und Cavell wenden das Spannungsverhältnis von Zweifel und Überzeugung, von Alltag und Metaphysik stärker auf sich selbst als Philosophierende an als der klassische Pragmatismus. Gleichwohl befinden sie sich mit diesem in dem Punkt auf einer Linie, dass die Philosophie sich nicht zu weit vom alltäglichen Common Sense entfernen sollte, weil sie dann ihre Fragen nicht mehr angemessen stellen und beantworten kann. (Angemessen nicht in Bezug auf eine unveränderliche Wahrheit, sondern in Bezug auf die veränderlichen Wahrheiten des jeweiligen Common Sense).

Das Problem bleibt jedoch bestehen, sich auf kein anderes Kriterium als einen supponierten bestmöglichen Common Sense und die eigene Partikularität berufen zu können, innerhalb derer man sich mit anderen verständigt. Die Gefahr der Verhärtung zu einem faktisch-fiktiven Common Sense, welcher seine eigene Kritikwürdigkeit aus den Augen verliert, bleibt. Conant schreibt: „To bring our form of life into imagination thus involves

---

[247] Putnam, zitiert bei Conant, ebd., lxii.
[248] Conant, ebd., lxv.

imaginatively exploring the limits of what is conceivable to us."[249] Hier deutet sich bereits
an, dass die Sensibilisierung für die Grenzen des eigenen Common Sense nicht nur eine
epistemologische oder moralphilosophische, sondern auch eine ästhetische Frage ist. Die
Grenzen der eigenen Lebensform zu bemessen, heißt auch, die eigene Partikularität zu
kultivieren. Hier deutet sich auch der Übergang zum ästhetischen Begriff des Sensus
Communis an, der im letzten Kapitel entfaltet wird. Die Übereinstimmung mit anderen
kann nicht nur eine Frage der Begründungen sein, da diese, wie ich meine, nicht zu einem
Abschluss gebracht werden können. An der Grenze der Begründungen geht es darum, mit
den anderen eine partikulare Übereinstimmung auf der Basis eines partikularen Common
Sense zu finden. Damit ist nicht gesagt, dass sich ein universeller Konsens herstellen
ließe, sondern es wird nur beschrieben, in welcher Form partielle Übereinstimmungen mit
anderen gefunden werden *könnten*.[250]

Dieses Kapitel sollte zeigen, dass für den Pragmatismus das Verhältnis von Skeptizismus und Metaphysik – als Aufblendung des partikularen Zweifels und der partikularen Überzeugung – nicht eine erkenntnistheoretische Frage, sondern v.a. eine wesentlich
normative Frage ist, in der es darum geht, dass das partikulare Selbst sich immer wieder
kritisch in seinem jeweiligen Common Sense verortet. Das beschriebene moralphilosophische Problem enthält ein ästhetisches Potenzial, insofern als das Selbst sich für die
Fragwürdigkeit selbstverständlicher Alltagsannahmen sensibilisiert, ohne für die Sensibilisierung des ‚zu Offensichtlichen‘ festgelegte Kriterien zu haben. Doch bevor wir uns
ästhetischen Fragen zuwenden, soll das Verhältnis von Überzeugung und Wahrheit
angedeutet werden, welches dabei auf dem Spiel steht.

Übergang 2: Überzeugung – Wahrheit – Rechtfertigung

Infolge des handlungsorientierenden, prozessualen Ansatzes des Pragmatismus lassen
sich seine Zentralbegriffe nicht unabhängig voneinander bestimmen. Vielmehr verweisen sie in ihrer Bestimmung wechselseitig aufeinander. Dadurch entstehen zwischen
ihnen Übergänge. Ein einzelner Begriff lässt sich nicht ohne die anderen damit zusam-
menhängenden erklären: Es handelt sich vielmehr um ein ‚Begriffscluster‘.[251] So generiert das Wechselspiel von Zweifel und Überzeugung Gewohnheitsbildung und Handlungsfähigkeit. Der Übergang von der Überzeugung zur Gewohnheit ist fließend. Der
pragmatistische Begriff der Überzeugung selbst vereint dabei unterschiedliche Bedeu-
tungsfacetten: Wie bereits angemerkt, wird dies auch an der Schwierigkeit deutlich, eine
angemessene Übersetzung des Begriffs ‚belief‘ zu finden: Der Begriff ist offen genug,
um die subjektiveren (Glaube) und objektiveren (Überzeugung, Für-wahr-Halten)
Bedeutungsschattierungen zu umfassen. Daran wird ein weiterer Übergang deutlich: Ist
die Überzeugung einerseits schon halb eine Gewohnheit, in welcher sich der Glaube des
Selbst verkörpert, ist andererseits der Bezug von der Überzeugung zur Wahrheit zentral.

---

[249] Ebd., Lxix.

[250] Ebd., lxx.

[251] Vgl. Zum Cluster-Begriff, der von Putnam stammt: Rorty, Hilary Putnam und die relativistische
Bedrohung, in: *Wahrheit und Fortschritt*, a.a.O., 81.

Ohne Wahrheitsbezug wäre die Überzeugung blind, ohne Bezugnahme auf die Gewohnheit leer.

Im Folgenden wird kurz *eine* pragmatistische Möglichkeit des Übergangsverhältnisses von der Überzeugung zur Wahrheit skizziert. In einem neueren Aufsatz unternimmt Albrecht Wellmer den Versuch, Wahrheit zu beschreiben, ohne auf ein regulatives Ideal zu rekurrieren. Sein Ansatz ist für diesen Zusammenhang von Interesse, weil er die Normativität von Überzeugungen in Hinblick auf die Differenz der Perspektive der ersten Person auf sich und der Perspektive der ersten Person auf andere erklärt. Die Rechtfertigung von Überzeugungen, d.h. die Herausstellung ihrer Wahrheit, ist untrennbar verknüpft mit der Markierung dieses Perspektivwechsels. Sie ist jedoch weder auf eine metaphysische Realität zurückzuführen, noch auf eine ideale Kommunikationsgemeinschaft. Dass eine metaphysische Realität als Garant der Wahrheitsverankerung keine aussichtsreiche Kandidatin sein kann, ist heute eine weithin akzeptierte Position. Strittiger ist hingegen die ideale Kommunikationsgemeinschaft. Wellmer zufolge ist sie „das Nirwana der sprachlichen Kommunikation".[252] Wahrheit an sich hat ebenso wenig einen klaren Sinn wie die Idee einer Welt an sich unabhängig von unserem Erkenntnisvermögen, denn sie wäre uns unzugänglich. Der Maßstab einer idealen Kommunikationsgemeinschaft als regulatives Ideal absoluter Wahrheit sei der Versuch eines solchen Maßes an sich, „dem *prinzipiell* niemand seine Urteile und Gründe anmessen kann" (ebd.).

Denn: „Behauptungen (und allgemein: Überzeugungen) sind ihrem *Sinn* nach – als Geltungsansprüche – auf Rechtfertigung in einem *normativen* Sinn angelegt. Behauptungen werden *zu Recht* nur erhoben – Überzeugungen hat man *zu Recht* nur –, wenn man sie rechtfertigen kann. Sie zu rechtfertigen heißt jedoch, sie *als wahr* zu rechtfertigen (zu begründen)" (263). Der Zusammenhang von Wahrheit und Rechtfertigung besteht Wellmer zufolge nicht darin, dass Rechtfertigung unter idealen Bedingungen unveränderliche Wahrheit garantiert, denn das wäre eine metaphysische Konzeption von Wahrheit, sondern dass sie „mit dem konstitutiven Unterschied zwischen einer ersten Person *auf sich* und auf *andere Sprecher*" zusammenhängt (264f.). Ich stimme mit Wellmer darin überein, dass das Selbst sich nicht außerhalb seiner Überzeugungen aufstellen kann. Darin besteht die grundlegende Differenz zwischen der Perspektive der ersten Person, also der Perspektive des partikularen Selbst auf sich und der Perspektive auf andere und damit auf den Common Sense. Die Partikularität der eigenen Setzung und damit die eigene Perspektive wird erst im Zweifel sichtbar und erkennbar, der auch durch die Konfrontation mit anderen auftreten kann. Im Anschluss an Peirce besteht die ‚Nötigung' des Zweifels gerade darin, dass die Abstandslosigkeit des Selbst in ihrer Fragwürdigkeit vor Augen geführt wird. Wellmer dagegen sieht in der Überzeugungsbildung das nötigende Moment.

> „Da aber, was ‚gute Gründe' sind, sich nur darin zeigen kann, dass sie uns zur Zustimmung *nötigen*, kann ein Konsens niemals das Kriterium dessen sein, dass gute Gründe vorliegen. Der Begriff eines ‚guten Grundes' ist in einer irreduziblen Weise an die Perspektive dessen gebunden, der von guten Gründen ‚gezwungen' ist. Man kann nicht aus einer Metaperspektive be-

---

[252] Albrecht Wellmer, Der Streit um die Wahrheit, in: Mike Sandbothe (Hg.), *Die Renaissance des Pragmatismus. Aktuelle Verflechtungen zwischen analytischer und kontinentaler Philosophie*, Weilerswist 2000, 267.

schreiben, welche ‚Qualität' Gründe haben müssen, um *wirklich* gute Gründe zu sein. Gründe ‚gut' zu nennen ist keine Zuschreibung einer ‚objektiven' Qualität, sondern der Vollzug einer Stellungnahme mit normativer Konsequenz. [...] Und natürlich sind dies oft die Gründe, die ein anderer vorbringt: In diesem Sinne ist die sprachliche Kommunikation ein Medium des Erkenntnis*fortschritts*."[253]

Wellmer nimmt eine andere Akzentsetzung in der Überzeugungsbildung vor als Peirce und James. Er stellt die *Kommunikation zwischen Selbst und anderen* in den Vordergrund, und zweifellos kommt dieser Aspekt im frühen Pragmatismus zu kurz. Doch was ist es, das das Selbst zur Zustimmung nötigt? Anhand welcher Kriterien vollzieht sich eine Stellungnahme mit normativer Konsequenz hinsichtlich der Güte von Gründen? Wellmer erklärt den Wahrheitsbegriff aus dieser Differenz der Perspektiven. Aus der Perspektive der ersten Person ist das, wovon ich überzeugt bin, für mich wahr. Aber da das für alle gilt, und für alle zugleich gilt, dass die eigenen Überzeugungen für andere strittig sein können, ist „Wahrheit, als perspektiven*übergreifend* [..] zugleich wesentlich *umstritten*" (266). Die „normative Kraft der Wahrheit" (269) lässt sich daher nach Wellmer auch ohne regulative Idee aufrechterhalten, nämlich in dem Wechselspiel der beiden genannten Perspektiven. In unserem Zusammenhang zentral ist dabei die Rolle des partikularen Selbst, seiner Perspektivität. Aus der Perspektive der ersten Person, aus der Perspektive des partikularen Selbst scheint die jeweilige Überzeugung absolut wahr. Erst indem es sich zu anderen und zum Common Sense in ein Verhältnis setzt, wird dieser Nexus aufgebrochen. „Wahrheit und Rechtfertigung fallen mit Bezug auf den *Vollzug* von Urteilen und Begründungen zusammen, aber nicht mit Bezug auf die *Zuschreibung* von Urteilen und Begründungen an andere" (268). Was heißt das? Die Differenz von Vollzug und Zuschreibung besteht in der Differenz der Perspektiven. Die Zweifelhaftigkeit der eigenen Setzung ergibt sich erst aus diesem perspektivischen Wechselspiel, indem die abstandslose Perspektive der ersten Person *als Partikularität* und d.h. in ihrer Fehlbarkeit durch die Perspektive *auf andere* in den Blick gerät. Wittgenstein, so schreibt Wellmer, würde einwenden, dass eine Gemeinsamkeit der Urteile die Bedingung der Möglichkeit sprachlicher Verständigung und daher auch eines Streits um die Wahrheit sei (267). Wellmers Erwiderung lautet, dass der Streit um die Wahrheit auch immer *ein Streit um die Sprache sei, in der über Wahrheit gestritten werde.* Die Gemeinsamkeit könne niemals vollständig und endgültig sein, denn dann könne niemand mehr etwas Neues oder Eigenes sagen (267).

Wie ich meine, kommt die Frage der Rechtfertigung der Wahrheit von Überzeugungen hier an ihre diskursive und d.h. mit Peirce an ihre kritische Grenze. Der kritische Zweifel, der bei Peirce für das kritische Denken insgesamt steht, hat keine absolute Perspektive, sondern bezieht seine Begründungen aus dem jeweiligen Common Sense, dessen Grenzen für das Selbst akritisch, arational, bzw. vage bleiben. Eine verständliche Auseinandersetzung kann demzufolge nur innerhalb eines spezifischen Common Sense ausgetragen werden. Wenn jedoch Zweifel artikuliert werden, die innerhalb dessen keinen Ort haben, wird das Problem manifest, welches Rorty als ‚Flirts mit der Sinnlosigkeit' bezeichnet. Wenn die Maßstäbe für das kommunikative Miteinander an einen Punkt geraten, an dem die bekannten und impliziten Kriterien des Common Sense nicht

---

[253] Ebd., 265f.

mehr anwendbar sind, ist eine Verhandlung über Wahrheit und Rechtfertigung nicht mehr
möglich. Wie auf der anderen Seite Putnam und Cavell betonen, kann die Grenze der
vermeintlich transparenten Kommunikation jedoch auch dadurch erreicht sein, dass der
eigene Standpunkt zu selbstverständlich, als ‚too obvious', erscheint. Die Sichtweise des
Anderen mag gar nicht so sinnlos sein, sie wird nur dadurch unzugänglich, dass die eigene
Sichtweise zu abstandslos als absolute Wahrheit erscheint. Dem können argumentative
Gründe nicht viel entgegensetzen, eine Öffnung des Selbst auf den Anderen findet zunächst auf einer anderen Ebene statt, auf der Ebene des (Selbst-)Zweifels, auf der Ebene
der Sensibilisierung, von der Putnam und Cavell sprechen und auf welcher die eigenen
selbstverständlichen Maßstäbe in Frage gestellt werden. Diese Maßstäbe, die diskursive
Maßstäbe sind, werden durch Zweifel vorübergehend suspendiert. Ihre Erneuerung enthält
auch das Potenzial einer sprachlichen Erneuerung, und in diesem Sinn ist Wellmer zuzustimmen, dass der Streit auch ein Streit um die Sprache ist. Das Neue, welches dabei
entstehen kann, tritt dabei hinzu, *indem sich das Selbst anderen in seiner Partikularität
zeigt und exponiert.* Während Wellmer eher danach fragt, wie Wahrheitsansprüche durch
Perspektivverschiebungen in der Kommunikation rechtfertigt werden können, fragt der
Pragmatismus eher danach, wie neue Wahrheitsansprüche generiert werden können. Was
macht gute Gründe für jemanden zwingend? Es muss eine Anschlussfähigkeit an bereits
vorliegende Überzeugungen feststellbar sein, *neue* Gründe können jedoch eher, das betont
der Pragmatismus, durch Zweifel Eingang finden. Und in dieser Hinsicht ist die Partikularität des eigenen Stanpunktes zentral, wie auch Putnam betont:

> „Der Kern des – von Dewey und James, wenn nicht auch von Peirce vertretenen – Pragmatis-
> mus war, wie mir scheint, die Betonung der Vorrangstellung des Standpunkts des Handelnden.
> Wenn wir erkennen, dass wir einen bestimmten Standpunkt einnehmen, ein bestimmtes ‚Be-
> griffssystem' verwenden müssen, sobald wir mit einer praktischen Tätigkeit – im weitesten
> Sinn von ‚praktischer Tätigkeit' – beschäftigt sind, dürfen wir nicht gleichzeitig behaupten,
> dies sei eigentlich nicht ‚die Weise, in der sich die Dinge an sich verhalten'."[254]

Wenn die Partikularität des eigenen Standpunktes eingeräumt wird, kann nicht zugleich
dieser Standpunkt zugunsten einer Wahrheit-an-sich relativiert werden. Wenn man sagt,
der Standpunkt des Handelnden ist zentral, dann ist dieser auch der Referenzpunkt für
mögliche Rechtfertigung- und Wahrheitsansprüche. Die Überschreitung dieses Standpunktes bedeutet daher auch eine Modifikation der ‚Weltsicht', also des Common Sense
inklusive seiner impliziten und expliziten Wahrheitsansprüche. An diesem Punkt jedoch
trennen sich die Meinungen von Putnam und Rorty.[255]

Der Streitpunkt ist folgender: Kann man sich in einer Debatte um die Wahrheit oder um
die mögliche Rechtfertigung einer Überzeugung auf etwas beziehen, das außerhalb des
jeweiligen beschränkten Common Sense liegt oder nicht? Rorty ist ein Verfechter dafür,
dass dies *innerdiskursiv* nicht möglich ist. Seiner Meinung nach ist nicht einzusehen,

> „wieso diese ideale Gemeinschaft unter der Voraussetzung, dass keine derartige Gemeinschaft
> über den Standpunkt Gottes verfügt, mehr sein können soll als *wir* in der von uns ersehnten

---

[254] Putnam, *The Many Faces of Realism*, a.a.O., 83, zit. nach: Rorty, Hilary Putnam und die relativistische Bedrohung, in: *Wahrheit und Fortschritt*, a.a.O., 64.
[255] Vgl. Rorty, ebd., 88.

Gestalt. [...] Die Gleichsetzung der ‚idealisierten rationalen Akzeptierbarkeit' mit ‚Akzeptierbarkeit für *uns* in Bestform' ist genau das, was mir vorschwebte, als ich sagte, die Pragmatisten sollten keinen Relativismus, sondern einen Ethnozentrismus vertreten."[256]

Wenn man so weit geht, jeden Rechtfertigungsanspruch auf den jeweiligen Common Sense, auf das jeweilige *Wir*, zu beschränken, dann stellt sich natürlich die Frage, in welcher Form dieses *Wir* korrigiert werden kann, bzw. nach welchen Kriterien die jeweilige ‚Bestform' ausgehandelt wird. Meiner Meinung nach sind Putnam und Rorty in dieser Hinsicht gar nicht so weit voneinander entfernt, denn so wie Putnam eine Sensibilität gegenüber dem vermeintlich Offensichtlichen des Alltäglichen einfordert, so fordert Rorty eine Sensibilität in Form von Solidarität ein. „Das Vorhandensein oder Fehlen eines solchen Solidaritätsgefühls ist nach meiner Anschauung der Kern der Sache" (77). Rorty unterstellt Putnam, dass dieser letztlich doch an einem Wahrheitsbegriff festhalte, der über die jeweilige Rechtfertigungspraxis hinausgeht (75). Die Empörung gegenüber einer scheinbar relativistischen Position wie der von Rorty besteht darin, dass wir unsere Kritik berechtigterweise nicht relativieren *wollen*, weil uns unser Maßstab als der einzig Richtige erscheint. Und genau das ist der Punkt, den er benennt: „Richtig nach wessen Maßstäben? Nach *unseren*. Nach wessen Maßstäben denn sonst? Nach denen der *Nationalsozialisten*?" (78). Das Wir, der jeweilige Common Sense in Bestform kann nur kultiviert werden, wenn versucht wird, die eigenen blinden Flecke in den Blick zu rücken. Doch ist durch die Auseinandersetzung mit Wellmer ein wichtiger Punkt deutlich geworden: Die Rede von einem Wir verwischt die entscheidende Differenz zwischen der Perspektive der ersten Person Singular auf sich und auf andere im Unterschied zur ersten Person im Plural. Bei Rorty fällt dieser Unterschied zusammen. Richtig ist gleichwohl, dass die zwingend guten Gründe nur zwingend erscheinen, wenn sie an einen Common Sense anknüpfen, der tatsächlich ein diffuses Wir darstellt. Doch zeigt die Diskussion, dass es notwendig ist, immer wieder den Perspektivunterschied stark zu machen, um auch neue gute Gründe generieren zu können, die dann längerfristig den Common Sense verschieben.

Rationale Zugänglichkeit von Gründen durch Kommunikation ist ein Weg, der jedoch begrenzt ist durch die Überzeugungen, die das Selbst *akritisch* beibehält, jene Überzeugungen, die in Putnams Worten ‚too obvious' sind. Hier gelangt die diskursive Argumentation an ihre Grenze, weil sie in einem Wir, in einem Common Sense gefangen ist. Sensibilisierung und Solidarität scheinen bei Putnam wie Rorty negativ auf der moralphilosophischen Maxime zu fußen, dass das Gegebene des Common Sense nie gut genug ist. In dieser Hinsicht sind sie an den kritischen Common Sense von Peirce anschlussfähig. Die produktive Generierung neuer Überzeugungen stellt uns gleichwohl vor Fragen ästhetischer Art, die im Folgenden entfaltet und hoffentlich beantwortet werden sollen.

Überzeugungen, so wurde argumentiert, enthalten einen Wahrheits*anspruch*, der sich im Wechselspiel der partikularen Perspektive auf sich und auf anderen bewähren muss. Auf der einen Seite berührt sich die Überzeugung also mit erkenntnistheoretischen Fragestellungen, auf der anderen Seite sind diese Ansprüche untrennbar mit dem jeweiligen Common Sense und daher mit normativen Fragen verknüpft. Diese normativen,

---

[256] Ebd., 75f.

im engeren Sinn moralphilosophischen Fragen nach der Verbesserung des Common
Sense und d.h. auch seiner Maßstäbe, sprengen den Rahmen adäquater Anwendung und
Umsetzung gegebener Kriterien. Denn da Erkennen für den Pragmatismus vom Handeln
nicht sauber trennbar ist, mündet die Frage nach Wahrheit und Rechtfertigung von
Überzeugungen in Hinblick auf das Selbst in die Frage der normativen *Erweiterbarkeit*
seiner Handlungsmöglichkeiten und in Hinblick auf den Common Sense in die Frage
nach seiner melioristischen *Erneuerbarkeit*. An diesem Punkt treten wir in die Sphäre
des Ästhetischen ein, in der es noch um die Produktivität des Common Sense und die
Kreativität des Selbst gehen wird.

Übergang 3: Überzeugung und Gewohnheit

Die erkenntnistheoretische Frage nach der Bildung von Überzeugungen ist untrennbar
verknüpft mit der praktischen Frage nach der Bildung von Gewohnheiten. Der Begriff
der Gewohnheit ist also für den Pragmatismus grundlegend. Es ist wichtig zu wiederholen, dass die Ausrichtung des Pragmatismus auf Praktikabilität nicht nur moralische
Hintergrundannahme oder zukünftiges Fernziel ist – die Verbindung von Denken und
Praxis ist viel direkter: Der Zweifel wird durch eine Überzeugung ausgeräumt, die sich
als Gewohnheit ablagert und bewähren muss. Umgekehrt entsteht die Überzeugung erst
durch ein Erproben, durch Praktiken. Die Überzeugung, welche auf das Selbst einwirkt,
steht als Gewohnheit an der Schwelle zum Handeln. Doch gibt es eine Überzeugung
ohne Gewohnheit? Und wenn ja: wie findet der Übergang von einer zur anderen statt?
Gibt es umgekehrt Gewohnheiten ohne Überzeugung? Oder sind beide im Pragmatismus synonym? Die Schriften des Pragmatismus ebenso wie die ihrer Interpreten werden
an diesem Punkt zuweilen unscharf. Oft werden beide Begriffe scheinbar gleichgesetzt.
So schreibt etwa Helmut Pape: „Als empirischer Prozess hat Denken einen konkreten
Zweck zu erfüllen. [...] Eine Überzeugung ist deshalb eine Gewohnheit des Verhaltens,
die in der Bereitschaft besteht, unter bestimmten Umständen auf bestimmte Weise zu
handeln. Diese Verhaltensgewohnheit ist also die Überzeugung selbst."[257]

Mir scheint, dass die Begriffe klarer differenziert werden können, wenn folgende Unterscheidung eingeführt wird: *Die Gewohnheit ist die Verkörperung einer Überzeugung,*
und sie bildet die *Schnittstelle zwischen Denken und Handeln*. Damit hängt eine weitere
Differenz, eine Differenz der Perspektiven zusammen: Die Überzeugung markiert die
ausdrückliche Affirmation der eigenen Haltung aus der ‚Innenperspektive'. Die Gewohnheit markiert die unausdrückliche, leibkörperlich sedimentierte Haltung, die sich im
Handeln zeigt und als Verhalten ‚außenperspektivisch' in den Blick rücken kann. Doch ist
diese Differenz graduell. Insbesondere anhand von Dewey wird sich zeigen, wie beide
Perspektiven miteinander verknüpft werden können. Doch was genau heißt *Verkörperung*
der Gewohnheit? Gemeint ist nicht eine reduktionistische Sicht auf die physikalischen
Reaktionen des Körpers, sondern das Wechselverhältnis von Handlung und Verhalten.[258]

---

[257] Pape, *Der dramatische Reichtum der konkreten Welt*, a.a.O., 61.
[258] Die Differenzierung zwischen Handlung und Verhalten wird von Krüger behandelt in: *Zwischen
    Lachen und Weinen*, Bd. II, a.a.O., 162ff.

Beide, die Überzeugung und die Gewohnheit, bilden sich durch *Kontinuität* im Handeln, soweit ist Pape zuzustimmen. Wenn man nur für einen Augenblick von etwas überzeugt ist, um es danach in Frage zu stellen, bezeichnet man es nicht als Überzeugung. Deswegen kann man auch sagen, dass das Selbst Überzeugungen nicht nur hat, sondern im gewissen Ausmaß seine Überzeugungen *ist*. Die Kontinuität der Überzeugung bewährt sich an der potenziellen Umsetzbarkeit in Handlungen, durch welche die Kontinuität des Selbst, also seine *Kohärenz*, gewährleistet ist. So kann jemand von der Richtigkeit globaler sozialer Gerechtigkeit unter allen Menschen überzeugt sein, ohne dass diese Überzeugung je eine Entsprechung in der Wirklichkeit findet. Um etwas anderes handelt es sich hingegen bei der Überzeugung, es existierten Marsmenschen. Für diese Überzeugung besteht keinerlei Handlungsmöglichkeit in unserem gegenwärtigen Verständnis der Wirklichkeit. Die Kontinuität einer Überzeugung korreliert der Praxis oder der potenziellen Praktikabilität. Diese Praktikabilität bewährt sich als Gewohnheit. Folgt man diesem Gedanken, dann wäre eine Differenz zwischen fiktiven Marsmenschen-Überzeugungen und potenziell realisierbaren Gewohnheiten zu treffen. Die Verkörperung wäre dann zu verstehen als realitätsversicherndes und handlungseröffnendes Moment.

Für Peirce ist die Gewohnheit nicht nur eine verkörperte, sondern auch eine allmählich vergessene Überzeugung.

> „Belief is not a momentary mode of consciousness; it is a habit of mind essentially enduring for some time, and mostly (at least) unconscious; and like other habits, it is (until it meets with some surprise that begins its dissolution) perfectly self-satisfied."[259]

Peirce stellt nicht nur die Kontinuität von Überzeugungen als Gewohnheiten heraus, die als Gewohnheiten ‚unbewusst' werden. Er deutet darüber hinaus an, es gäbe noch andere Gewohnheiten als die, die aus der Überzeugung entstehen. Vermutlich denkt er an körperliche Gewohnheiten: Doch was sind diese abzüglich ihrer Überzeugung? Wenn die Überzeugung sich durch Wiederholung als Gewohnheit bewährt und in ihrer Verkörperung gewissermaßen automatisiert hat, tritt sie in den Hintergrund. Doch die Vergessenheit, die der Gewohnheit im Unterschied zur Überzeugung anhaftet, ist bereits Teil der Überzeugung. Die Überzeugung ist, je weniger zweifelsanfällig sie ist, *selbstvergessen* und implizit. Sie wird zu einer Hintergrundshaltung, die mit dem eigenen supponierten Common Sense verschmilzt.

Vielleicht ist die Gewohnheit stärker handlungsleitend als die Überzeugung? Wodurch bietet die Gewohnheit Orientierung? In einer Schrift von 1880 (drei Jahre nach der *Festlegung einer Überzeugung* veröffentlicht) nimmt Peirce folgende Unterscheidung verschiedener Gewohnheitsformen vor:

> „A cerebral habit of the highest kind, which will determine what we do in fancy as well as what we do in action, is called a *belief*. The representation to ourselves that we have a specified habit of this kind is called a *judgement*. [...] and under the influence of a belief-habit this gives rise to a new judgement, indicating an addition to belief. Such a process is called *inference*; the antecedent judgement is called *premiss*; the consequent judgement, the *conclusion*;

---

[259] Peirce, ‚What Pragmatism Is', CP 5.417.

the habit of thought, which determined the passage from the one to the other (when formulated as a proposition), the *leading principle*."[260]

Peirce argumentiert an dieser Stelle naturalistisch, wenn er die Überzeugung als höchste Gewohnheit des Gehirns bezeichnet. Hervorheben möchte ich folgendes: Die Gewohnheit des Denkens – im Unterschied zur naturalistischen Hirntätigkeit – wird als *leitendes Prinzip* bezeichnet, und dadurch erhält der Begriff der Gewohnheit eine weitere Konnotation. Gewohnheiten werden handlungsleitend. Hier wird eine andere Unschärfe erkennbar: *Der Übergang von Gewohnheiten zu Handlungsregeln.* Gewohnheit in dieser Hinsicht nähert sich dem Begriff des Common Sense als *bon sens* an, als praktisches Alltagswissen, welches im Körper gespeichert ist.

Für das partikulare Selbst sind Gewohnheiten fraglos, solange es ungehindert handeln kann. Gewohnheiten verankern das Selbst normativ im Common Sense. Der Common Sense, so könnte man in Anlehnung an Wellmer sagen, stellt so etwas wie die fallibilistische Kommunikationsgemeinschaft dar. Doch wie er selbst sagt, ist der Streit um die Wahrheit immer auch ein Streit *um die Sprache*. Und d.h., es muss die Möglichkeit zur Bildung neuer Vokabulare geben. Von irgendwoher kommt etwas Neues in die diskursive Auseinandersetzung. Dieses Neue geht zunächst über den Diskurs hinaus. Es handelt sich dabei gleichwohl nicht um vorsprachliche Entitäten, sondern um das Vage, welches dem Common Sense anhaftet. Auch die Überzeugungen, die in einem Common Sense kursieren, sind nicht explizit, sondern implizit. Sie entsprechen eher dem, was auf partikularer Ebene die Gewohnheiten sind. In begrenztem Ausmaß trifft auf den Common Sense in Konfrontation mit einem anderen Common Sense (einer anderen Kultur) das zu, was Wellmer in Bezug auf die Perspektive der ersten Person auf sich und auf andere beschreibt: Bestimmte Gebräuche sind darin selbstverständlich und fraglos, sie werden erst sichtbar und fragwürdig in der Konfrontation mit anderen, die einen anderen Common Sense teilen. Begründungen für Überzeugungen sind begrenzt. Die Gründe haben ihr Ende, und das Selbst nimmt eine Position ein, die sich aus vielen Faktoren zusammensetzt, welche sich nicht in den *expliziten* Gründen erschöpft. Wäre es so, müsste die eine Position die andere augenblicklich überzeugen können, wenn sie nur klar argumentiert und wahrhaftig spricht. Doch auch und gerade Standpunkte, die normativ schwer wiegen, zeigen die Grenzen der guten Gründe auf, entweder, weil die Auseinandersetzung nicht wahrhaftig, also unehrlich verläuft oder, weil den Standpunkten Motive zugrunde liegen, über die sich das Selbst jeweils *nicht* im Klaren ist. Das ist das, was Putnam als das Offensichtliche beschreibt, welches aus Sicht desjenigen, der argumentiert, gar nicht zweifelhaft ist, weil es Teil seines zu selbstverständlichen Common Sense bildet.

Damit wird kein Obskurantismus verteidigt, sondern im Gegenteil darauf hingewiesen, dass die scheinbare Transparenz der Gründe ihre Grenzen hat, die es immer wieder zu reflektieren gilt. Überzeugungen bilden sich also nicht nur durch explizite Argumente, und je stärker sie sich zu einer Gewohnheit verfestigen, umso stärker drohen sie in das abzurutschen, was Peirce als *Stufe der Beharrlichkeit* in der Festlegung einer Überzeugung bezeichnet. Das Selbst wird zunehmend abstandslos, da die

---

[260] Peirce, What is a Leading Principle?, in: Buchler (Hg.), a.a.O., 130.

Überzeugung als Gewohnheit selbstverständlich und sogar als Teil leibkörperlicher Reaktionsformen erscheint. Dieser Aspekt ist es, um den der Begriff des Common Sense den des Diskurses erweitert. Denn die (Denk-)Handlungen vom Selbst im Singular und Plural finden nicht nur auf einer ausdrücklich sprachlichen Ebene statt – ebenso wenig jedoch als List der Vernunft hinter dem Rücken des Subjekts, sondern das Selbst ist in seinen leibkörperlichen Gewohnheiten Teil eines auch unausdrücklichen und vagen Common Sense, der sich in ihm sedimentiert hat. Um die Handlungsspielräume des Selbst zu erweitern, muss man daher auch auf dieser Ebene ansetzen. Gewohnheiten unterscheiden sich also von Überzeugungen dadurch, dass sie für das Selbst handlungsnäher und daher realitätsversichernder sind. Auf normativer Ebene jedoch können sie dem transparenten Austausch guter Gründe im Weg stehen, weil das Selbst nicht direkt Zugriff auf sie hat.

Gewohnheit und Regelbefolgen

Die Schwierigkeit der normativen Implikationen des Gewohnheitsbegriffs besteht darin, dass an diesem Punkt das Denken wieder in dualistische Oppositionen auseinanderzufallen droht: Entweder man versteht Gewohnheiten überindividuell (wie etwa Bourdieu) als Habitus, welcher den Individuen durch Sozialisation eingeschrieben ist. Dann besteht die Gefahr eines Strukturalismus, der die Handlungsfähigkeit des einzelnen Selbst zugunsten eines behavioristischen Begriffs von Gewohnheit als Verhaltensdispositionen unerklärt lässt.[261] Eine etwas andere Variante mit ähnlichem Problem enthält die physikalistische Argumentation, nur dass Gewohnheiten dann nicht durch sprachlich-gesellschaftliche Strukturen erklärt werden, sondern durch naturwissenschaftlich-kausale Gesetzmäßigkeiten, also durch eine physikalische Regelmäßigkeit. Demgegenüber beinhaltet ein ‚subjektivistischer‘ intentionalistischer Handlungsbegriff die Schwierigkeit, wie die normative und ‚gewohnheitsfreie‘ Intention des Subjekts mit seinen Gewohnheiten verknüpft werden kann. Diese Schwierigkeit lässt sich an dem berühmten Paradox des wittgensteinschen Regelbefolgens veranschaulichen:

> „Unser Paradox war dies: eine Regel könnte keine Handlungsweise bestimmen, da jede Handlungsweise mit der Regel in Übereinstimmung zu bringen sei. Die Antwort war: Ist jede mit der Regel in Übereinstimmung zu bringen, dann auch zum Widerspruch. Daher gäbe es hier weder Übereinstimmung noch Widerspruch."[262]

Das Paradox ist also folgendes: Wer die Anwendung von Regeln normativer Praxis als Anwendung expliziter Regeln versteht (hinter jeder Regel steht eine noch grundlegendere), gerät in einen Regelregress. Versteht man sie hingegen nicht als bewusstes Befolgen der richtigen Regel, sondern als Regelmäßigkeit im Sinn einer empirisch beschreibbaren Regelhaftigkeit, geht die normative Dimension der Regel verloren. Denn nun geht es nicht mehr um die Innenperspektive des Selbst, sich zu entscheiden, normativ nach einer Regel zu handeln, sondern um die außenperspektivische Beschreibung eines regelhaften Verhaltens. Gewohnheit nähert sich als Regelmäßigkeit,

---

[261] Vgl. Shusterman (Hg.): *Bourdieu. A Critical Reader*, a.a.O.
[262] Wittgenstein, *Philosophische Untersuchungen*, a.a.O., § 201.

als *regelmäßiges Verhalten* der einen Seite des wittgensteinschen Paradoxes. Regelbefolgen umfasst also zwei Ebenen: Wenn man einer Regel folgt, weiß man im Moment
des Verhaltens nicht, *warum* man ihr folgt, es handelt sich um ein quasiautomatisches
Verhalten. Die Frage, *ob* eine Handlung einer (supponierten) Regel entspricht, kann
nicht während des Handelns gestellt werden. Sie ist für den Zeitraum des Handelns
suspendiert. Die Kriterien der Regeln sind dem Selbst in dem Moment des Tuns nicht
gegenwärtig, denn wenn es diese reflektieren würde, könnte es in dem gegebenen
Moment nicht nach der Regel handeln. Auf die Gewohnheit übertragen heißt das: Im
Moment des Handelns kann das Selbst nicht auf seine Gewohnheiten reflektieren,
weil die Gewohnheit damit außer Kraft gesetzt werden würde. Pragmatistisch formuliert würde das Selbst seine Handlungsfähigkeit durch einen Zweifel, der nicht zur
Ruhe kommt, blockieren.

Auch zeitlich beinhaltet Regelbefolgen zwei Ebenen: Auf der ersten Ebene muss das
Selbst mit den Regeln der Gewohnheit übereinstimmen. Diese unausdrückliche Über-
einstimmung wird hier mit dem Common Sense umschrieben. „Das Wort Übereinstim-
mung und das Wort Regel sind miteinander verwandt, sie sind Vettern. Lehre ich Einen
den Gebrauch des einen Wortes, so lernt er damit auch den Gebrauch des anderen."[263]
Auf der zweiten Ebene, wenn das Selbst sich für die Zuordnung einer Situation zu einer
Gewohnheitsregel entschieden hat, handelt es danach. Wittgenstein sagt: „Ich folge der
Regel blind." Doch an dieser Stelle kommt eine dritte Ebene ins Spiel, dass nämlich
Regeln nicht automatisch befolgt werden, sondern auf einer sozialen Praxis beruhen, es
sich also um Gepflogenheiten handelt. „Es kann nicht ein einziges Mal nur ein Mensch
einer Regel gefolgt sein. Es kann nicht ein einziges Mal nur eine Mitteilung gemacht,
ein Befehl gegeben, oder verstanden worden sein, etc. – Einer Regel folgen, eine Mitteilung machen, einen Befehl geben, eine Schachpartie spielen sind *Gepflogenheiten*
(Gebräuche, Institutionen)."[264] An diesem Punkt sieht man, wie nahe das Regelbefolgen
dem Begriff der Gewohnheit kommt. Die Übereinstimmung, die dem Regelbefolgen
zugrunde liegt, beruht auf einer sozialen Praxis, die dem Selbst nicht ausdrücklich
gegenwärtig ist. Sie bildet die Hintergrundannahme, auf Grund derer es überhaupt erst
zu Urteilen gelangt. Die Übereinstimmung entspricht daher in etwa dem, was hier mit
Common Sense gemeint ist.

Die Frage, die sich an dieser Problematik entzündet hat, ist nun, inwiefern sich die
Regeln an Kriterien orientieren oder nicht. Eine Interpretationsrichtung geht davon aus,
dass Regeln quasi automatisch vollzogen werden, da diese dem Selbst durch die Gesellschaft eingeschrieben werden. Das Hintergrundswissen für die Gewohnheiten – der
Common Sense – bleibt implizit und lässt sich auch nicht transparent explizieren. In der
analytischen Philosophie hat diese Debatte (neben anderen) zu zwei bekannten Interpre-
tationsrichtungen geführt: die eine davon geht auf Saul Kripke zurück und erklärt
Regelbefolgen durch gesellschaftlich legitimierte Behauptbarkeitsbedingungen. Sie sind
seine Antwort auf die Frage: „Aber kann der einzelne die Frage aufwerfen, ob sich die
Gemeinschaft immer irrt, selbst wenn sie ihren Fehler nie korrigiert?"[265] Die andere

---

[263] Ebd., § 224.
[264] Ebd., § 199.
[265] Saul Kripke, *Wittgenstein über Regeln und Privatsprache*, Frankfurt/M. 1987, 141, Anm. 87.

Interpretationsrichtung nimmt an, dass das Hintergrundsverständnis, welches das Regelbefolgen ermöglicht, unausdrücklich ist, aber ausdrücklich gemacht werden kann, wenn es vergegenwärtigt wird.[266] Das vorgeblich skeptische Paradox des Regelbefolgens löst sich für Kripke durch die Einführung sozial sanktionierter Behauptbarkeitsbedingungen auf.[267] Cavell kritisiert: „Kripke spricht davon, dass wir mit Blick auf unsere Kriterien ‚zur Übereinstimmung gelangen‘, aber das legt in meinen Augen ein Zurückweisen der Wittgenstein'schen Idee der Übereinstimmung nahe oder sagen wir ihre Kontraktualisierung oder Konventionalisierung. Für Wittgenstein liegt die Übereinstimmung, auf der unsere Kriterien beruhen, in unseren natürlichen Reaktionen."[268] Diese vermeintlich ‚natürlichen Reaktionen‘, die nicht physikalistisch gemeint sind, sondern eher als selbstverständlich-alltägliche Neigungen, sind m.E. das, was im Pragmatismus im Begriff der Gewohnheit mitgemeint ist. *Der pragmatistische Gewohnheitsbegriff befindet sich so zwischen den beschriebenen Optionen eines Regelbefolgens und einer unausdrücklichen Übereinstimmung.* Denn Gewohnheiten folgen nicht ausdrücklichen Kriterien, sondern den unausdrücklichen ‚Regeln‘ des Common Sense, die mit ihrer leibkörperlichen Verankerung zusammenhängen.

Gewohnheit und Erneuerung

Eine neuere Interpretationsmöglichkeit ist von Robert Brandom entworfen worden. Brandom entwickelt ein komplexes inferentialistisches Modell von Normativität, er nennt es normative Pragmatik, welches auf der normativ korrekten Verwendung von Begriffen und Schlüssen beruht. Die Normativität des Regelfolgens ist aus seiner Sicht in der sozialen Praxis implizit enthalten, ohne dass sie dem einzelnen Selbst gegenwärtig sein muss. Sie zeigt sich in intersubjektiven sprachlichen Relationen von Behauptungen und Schlussfolgerungen. Brandoms Entwurf hat indessen den Nachteil, sich auf Sprache und sprachliche Interaktionen zu beschränken. Der Vorteil des pragmatistischen Gewohnheitsbegriffs ist dagegen, eine *verkörperte* Praxis zu kennzeichnen, die aus Sicht Brandoms (wie vieler anderer analytischer Philosophen) unergiebig und überholt ist. Sie beruht auf Brandoms Kritik am klassischen Pragmatismus, die jedoch in ihrer Diagnose ähnlich irreführend ist wie einst die scharfe *Kritik der instrumentellen Vernunft* Horkheimers gegen Dewey: Bei Horkheimer liegt dieser Kritik der Vorwurf zugrunde, Wahrheit als ‚cash value‘ zu betrachten, also Wahrheit dem jeweiligen Nutzen unterzuordnen. Für Brandom hingegen manifestiert sich das ungelöste Problem des Pragmatismus im weiten Sinn (zu dem er kurzerhand den Heidegger von *Sein und Zeit* sowie Wittgensteins *Philosophische Untersuchungen* rechnet)[269] darin, dass sie zu

---

[266] Vgl. dazu z.B. Charles Taylor, To Follow a Rule ..., in: Shusterman (Hg.), *Bourdieu. A Critical Reader*, a.a.O., 32f.

[267] Davide Sparti, Espen Hammer (Hg.), Stanley Cavell, *Die Unheimlichkeit des Gewöhnlichen*, Frankfurt/M. 2002, 216.

[268] Cavell, Der Streit um das Gewöhnliche: Szenen der Unterweisung bei Wittgenstein und Kripke, in: Ebd., 255.

[269] Eine Ausnahme bildet für ihn Peirce, jedoch bleibt dies unerklärt. Robert B. Brandom, *Begründen und Begreifen. Eine Einführung in den Inferentialismus*, Frankfurt/M. 2001, 52.

naturalistisch argumentieren und Normativität auf die soziale Praxis zurückführen, ohne sie erklären zu können. In Auseinandersetzung mit Rorty erläutert Brandom seine Kritik am Begriff des Vokabulars. Brandom unterscheidet zwei Formen von Vokabularen: Die erste Form dient dazu, mit der Umgebung zurechtzukommen. Das ist das naturalistische Vokabular. Dazu rechnet Brandom alles, was wir instrumentell erreichen wollen, ganz gleich, ob es seine Wurzeln in der Biologie, den historischen Umständen, unseren sozialen Praktiken oder den idiosynkratischen Fluchtlinien unserer individuellen Weltsicht hat. Brandom zufolge ist damit das Herzstück des klassischen amerikanischen Pragmatismus charakterisiert. *„To think of vocabularies this way is really to think of them in the terms of the metavocabulary of causes (of already describable effects)."*[270] An diesem Punkt wird die Ähnlichkeit zu Horkheimers Kritik an Dewey greifbar, denn beide unterstellen dem Pragmatismus eine instrumentalistische Sicht (sei es auf die Vernunft, sei es auf Vokabulare). Brandoms Kritik am supponierten Instrumentalismus besteht darin anzunehmen, Vokabulare dienten dazu, festgelegte Absichten zu beschreiben und umzusetzen.

> „Insofar as the point of vocabularies is conceived as helping us to survive, adapt, reproduce, and secure antecedently specifiable wants and needs, limning the true vocabulary-independent structure of the environment in which we pursue those ends would evidently be helpful. It is much less clear what the representationalist picture has to offer if we broaden our attention to include the role of vocabularies in *changing* what we want, and even what we need."[271]

Dem stellt Brandom eine andere Art von Vokabularen gegenüber: Vokabulare, die uns nicht nur dabei helfen könnten, das zu erreichen, was wir wollen, sondern auch dabei, neue Zielsetzungen zu entwickeln. Es werden also zwei Formen von Zielsetzungen unterschieden: Einerseits die Aufrechterhaltung des Bestehenden und die Umsetzung bereits transparenter Wünsche und Zielsetzungen und andererseits die Entwicklung von und den Spielraum für neue Zielsetzungen. Verwirrend an der Diagnose von Brandom ist die Vermengung von Naturalismus (Kausalität), Instrumentalismus und Subjektivität. Die Umsetzung von Wünschen und idiosynkratischen Impulsen hingegen kann nicht instrumentalistisch erklärt werden, denn dazu müsste von ihrer Transparenz ausgegangen werden. Einem ähnlichen Irrtum erliegt Horkheimer. Der objektiven Vernunft stellt er die subjektive und zugleich instrumentelle Vernunft gegenüber, dessen Ziel die Selbsterhaltung des Subjekts ist. Die instrumentelle Vernunft dient dem Selbsterhalt durch das Auffinden der richtigen Mittel für den subjektiven Zweck und nicht durch Reflexion auf mögliche Ziele.[272] Dewey hatte jedoch längst gezeigt, dass die Dichotomie von Mittel und Zweck (bzw. Ziel) sich als ein weiteres trügerisches Gegensatzpaar in die dualistische Geistesgeschichte der Neuzeit einreihen lässt und bei genauerem Hinsehen fiktiv ist. Auch bei Brandom findet eine Vermengung statt, insofern als Vokabulare einerseits als kausal, andererseits jedoch als instrumentell gekennzeichnet

---

[270] Robert B. Brandom, Vocabularies of Pragmatism: Synthesizing Naturalism and Historicism, in: Brandom (Hg.), *Rorty and His Critics*, Malden 2000, 169.

[271] Ebd., 170.

[272] Max Horkheimer, *Zur Kritik der instrumentellen Vernunft*, Hg. von Alfred Schmidt, Frankfurt/M. 1967. Vgl. auch Rolf Wiggershaus, *Die Frankfurter Schule*, München/Wien 1986, 385.

werden. Die Diagnose des Pragmatismus als erste Variante der beschriebenen Vokabulare und Zielsetzungen ist, wie ich meine, unzutreffend. Denn es geht gerade Dewey, jedoch auch Peirce und James darum, den inneren Zusammenhang der Entwicklung von alten zu neuen Überzeugungen und Gewohnheiten bzw. Vokabularen aufzuzeigen. Gerade in der Reflexion auf die alten Überzeugungen und Gewohnheiten können erst die neuen entwickelt werden. Die Vorstellung einer instrumentellen (oder in Brandoms Kritik: naturalistisch-repräsentationalistischen) Haltung als einer sich selbst durchsichtigen Position, ist mit dem Pragmatismus gar nicht zu vereinbaren, und das hängt wesentlich mit seinem Gewohnheitsbegriff zusammen.

Die Idee, Gewohnheit und damit die Verkörperung des Selbst sei nur in einer naturalistisch-repräsentationalistischen Sichtweise erklärlich, und das Neue, die Transformierbarkeit des leibkörperlichen Selbst sei damit inkompatibel, widerspricht den grundlegenden Einsichten des frühen Pragmatismus: Denn wenn die Wahrnehmung des Körpers und seiner Gewohnheiten selbst eine Gewohnheit darstellt, die veränderbar ist, ist der naturalistischen Sicht im engen Sinn der Boden entzogen. Überdies beinhalten Gewohnheiten als unausdrückliche soziale Praxis partikulare Handlungsregeln und greifen daher in den normativen Bereich über. Diese unausdrücklichen Handlungsregeln sind dem Selbst nicht unbedingt gegenwärtig und sie sind nicht auf das einzelne Selbst beschränkt. Sie reflektieren den unausdrücklichen Common Sense. Der entscheidende Unterschied zu Brandom liegt gleichwohl, wie ich meine, in der *ästhetischen Wende des Pragmatismus*. Wenn Normativität sich nicht in begrifflichen Behauptungen und Begründungen erschöpfen soll (und das ist eine These dieser Arbeit), sondern sie im Ausgang des Denkens und Empfindens des je partikularen Selbst verankert wird, durch welche erneuernde Handlungsspielräume entstehen können, dann ist Gewohnheit auch ästhetisch aufzufassen. Schon bei Peirce enthält die Gewohnheit ein kreatives Moment, und dieses findet sich insbesondere bei Dewey und im Neopragmatismus wieder. Mit einer rein naturalistisch-instrumentalistischen Interpretation wird man diesem Begriff und der Ausrichtung des Pragmatismus nicht gerecht.

II. Spielräume der Gewohnheit

Gewohnheiten spielen für das, was das Selbst *tut* ebenso wie für die Frage, wer das Selbst *ist*, eine zentrale Rolle. Sie verankern das Selbst leibkörperlich in der Welt. Gewohnheiten bilden die Basis und formen die Regeln des Handelns. In der Gewohnheit werden die Überzeugungen verkörpert. Die Gewohnheit nimmt damit im Pragmatismus die entscheidende Brückenstellung ein zwischen der Suspension des Handelns im Zweifel, der Transformation von Überzeugungen und ihrer erneuten Festlegung. Anders gesagt: An der Gewohnheit wird der dritte Weg des Pragmatismus diesseits vermeintlich körperlosen Denkens und vermeintlich körperlich-determinierten Reaktionen besonders deutlich. Auf *makrologischer* Ebene wurde dafür argumentiert, jedes Denken in einem gesellschaftlichen Kontext zu situieren, der im Common Sense auf den Begriff gebracht wird. Mit dem Common Sense war zugleich der sozialphilosophische Bezug des Denkens und eine Zurückweisung skeptizistischer Positionen einhergegangen. Auf *mikrologischer Ebene* verkörpert sich dieser alltäglich-selbstverständliche Handlungsraum des Common Sense im je partikularen Pool an Gewohnheiten. Und umgekehrt: Der Common Sense ist eine Art sozialer Großgewohnheit. Denken als eine Form des Umgangs mit und Zugangs zur Welt geht immer von einem gegebenen Rahmen an impliziten Hintergrundannahmen aus, von einem solchen Pool an unausdrücklichen Gewohnheiten, die nicht alle und nicht alle auf einmal in Frage gestellt werden können. Das hatte sich in der Diskussion um den Begriff des Zweifels in Absetzung vom cartesischen Universalzweifel gezeigt. Deswegen wird der Standpunkt des Selbst *in seiner Partikularität* betont. Ich möchte noch einmal ein Zitat Putnams aufgreifen:

> „Der Kern des – von Dewey und James, wenn nicht auch von Peirce vertretenen – Pragmatismus war, wie mir scheint, die Betonung der Vorrangstellung des Standpunkts des Handelnden. Wenn wir erkennen, dass wir einen *bestimmten Standpunkt* einnehmen, ein bestimmtes ‚Begriffssystem' verwenden müssen, sobald wir mit einer praktischen Tätigkeit – im weitesten Sinne von ‚praktischer Tätigkeit' – beschäftigt sind, dürfen wir nicht gleichzeitig behaupten, dies sei eigentlich nicht ‚die Weise, in der sich die Dinge an sich verhalten'."[273]

---

[273] Putnam, *The Many Faces of Realism*, a.a.O., 83. Zit. nach Rorty, *Wahrheit und Fortschritt*, a.a.O., 64, Hervorhebung von H. S.

Gewohnheit und Realitätsverankerung

Was heißt es, dass dieser partikulare Standpunkt *nicht* ‚nicht die Weise' sei, ‚in der sich die Dinge an sich verhalten'? Damit ist natürlich die Frage des Realismus berührt, und die Frage, inwiefern der partikulare Standpunkt des Selbst nur ein partikularer ist (im Sinn von bloß subjektiv), demgegenüber eine unabhängige, objektive Realität veranschlagt werden kann. Wenn man pragmatistisch darin mitgeht, die Festlegung von Überzeugungen prozessual und fallibilistisch zu verstehen, dann kann eine dualistische Sichtweise, in der Überzeugungen einer unerkennbaren Realität gegenüberstehen, nicht aufrechterhalten werden. Das würde die Möglichkeit beinhalten, einen Standpunkt außerhalb seiner Überzeugungen einnehmen zu können, von dem aus feststellbar wäre, wie die Realität an sich gegenüber der bloß subjektiven Überzeugung aussehen könnte. Ich gehe davon aus, dass das nicht möglich ist. Daran ändert auch die Annahme eines gesellschaftlichen (oder wissenschaftlichen) Großsubjektes nichts, denn auch von dessen Wahrheiten muss das partikulare Selbst überzeugt sein. Doch wenn man sich von einem kantschen Dualismus und jeder Form eines Ding-an-sich verabschiedet, um eine holistische Position zu beziehen (und da bestehen viele unterschiedliche Möglichkeiten), betritt man quasi hegelsches Terrain, denn dann besteht kein *prinzipielles* Außerhalb der eigenen (individuellen und kollektiven) Überzeugungen. Diese konstituieren die Realität. Wenn man also sagt, die eigene Überzeugung ist nicht bloß Ausdruck eines partikularen Standpunktes angesichts einer überpartikularen Realität, dann heißt das mit Peirce: „Die Realität ist erkennbar." Das, wovon wir überzeugt sind, unsere Gewohnheiten und unser Common Sense, sind alles, was wir – im jeweils gegebenen Zeitpunkt – an Realität zur Verfügung haben.[274]

Entscheidend ist an dieser Stelle der Übergang vom partikularen Standpunkt zum allgemeineren Standpunkt des jeweiligen Common Sense. Der Wirklichkeitsbezug des einzelnen Selbst kann nicht allein in seiner Partikularität im Sinn einer idiosynkratischen Individualität bestehen, dann wäre die Position des Selbst ununterscheidbar von einem psychotischen Selbst. Insofern ist Peirce rechtzugeben, dass das Individuum der Gemeinschaft bedarf, um kontinuierlich einen Wirklichkeitsbezug herzustellen. Daran knüpft jedoch ein weiteres zentrales Problem, das an dieser Stelle ebenfalls nur angedeutet werden kann: Wenn die Überzeugungen, die gewissermaßen zu Gewohnheiten geronnen sind, unseren Wirklichkeitsbezug herstellen, wie kann man dann noch an Überzeugungen als rein sprachlichen Gebilden festhalten oder eine Sphäre der Gründe von einer kausaler Ursachen klar trennen? Wenn man die Frage nach dem Selbst auf das Problem der Sprache reduziert, stellt sich die Frage, wodurch die Wirklichkeitsverankerung gegeben ist. Wenn man über die Sprache hinaus von einer Realität ausgehen möchte, in der es ‚situiert' ist, dann kann das nicht nur sprachlich erklärt werden: Entweder es droht dann ein Sprachidealismus, in dem alles sprachlich vermittelt oder sogar sprachlich konstituiert ist,[275] oder man steht vor der Schwierigkeit, ein Außerhalb der

---

[274] Es sei denn, man vertritt einen Antirealismus, bei dem man nicht nur behauptet, man könne die Realität nicht erkennen, sondern auch, dass es sie nicht gäbe. Diese Position halte ich für widersprüchlich.

[275] Vgl. auch hier für die verschiedenen Varianten sprachphilosophischer Wirklichkeitsverankerungen: Willaschek, *Der mentale Zugang zur Welt*, a.a.O.

Sprache anzunehmen, welches dann schnell zu etwas Ähnlichem wie dem Ding-an-sich bei Kant zu werden droht. Nun ist jede Überzeugung im Wesentlichen durch ihre sprachliche Struktur bestimmt. Eine Überzeugung lässt sich als Proposition beschreiben. Darüber hinaus ist sie jedoch, wie der Pragmatismus betont, eine Handlungsgrundlage, und an diesem Punkt berührt sich, wie gezeigt wurde, der Begriff der Überzeugung mit dem der Gewohnheit.

Mit der hier vertretenen Interpretation des Pragmatismus kann das Problem der Wirklichkeitsverankerung durch den Common Sense und den Begriff der Gewohnheit erklärt werden. Insbesondere über die Gewohnheit ist die Verkörperung des Selbst in der Welt zu erklären, deren ‚Realitätsgehalt' jedoch zugleich durch die perspektivische Begrenzung des Common Sense eingeschränkt ist. Damit ist folgendes gemeint: Eine Auffassung von Realität ebenso wie eine Gewohnheit können auf der Ebene des alltäglichen Common Sense-Verständnisses als selbstverständlich und damit als selbstverständlich real in ihrer verkörperten Materialität gelten. Von dem partikularen (oder wie Putnam sagt: bestimmten) Standpunkt des Selbst in seiner Situiertheit aus ist diese Weltsicht *selbstverständlich, normal und real*. Das schließt nicht aus, dass in der Zukunft durch die Verschiebung des Common Sense, durch neue Perspektiven der Wissenschaft, etc. eine Verschiebung dessen stattfinden kann, was einmal als unumstößlich real und damit unveränderlich galt. Nicholas Rescher dagegen vertritt einen realistischen Pragmatismus, den er als ‚rechten Pragmatismus' von ‚linken' und d.h. aus seiner Sicht relativistischen Positionen abgrenzt. Der rechte Pragmatismus orientiert sich an der Wirklichkeit und hält an einem Begriff der Objektivität fest. Den Schwerpunkt auf Umsetzbarkeit und Gemeinschaftlichkeit zu setzen kritisiert Rescher als postmoderne Beliebigkeit.[276] Aus den bisherigen Überlegungen sollte jedoch hervorgegangen sein, dass die Verabschiedung von einem vorbehaltlosen Objektivitätsbegriff keineswegs in einen Relativismus mündet, im Gegenteil: Durch die Reflexion auf die Verankerung im kritischen Common Sense wird zugleich eine Perspektivierung des Denkens vorgenommen *und* eine Wirklichkeitsverankerung hergestellt.

Wichtig für den Zusammenhang der Arbeit ist jedoch, dass der Begriff der Realität auf sehr unterschiedliche Sichtweisen von Wirklichkeit zielen kann. Es ist etwas anderes, ob man von der physikalischen Realität spricht, ob man Realität und Wahrheit verknüpft und von mathematischen Realitäten spricht oder ob man von der Realität des menschlichen Körpers im Verhältnis zu seiner Leiblichkeit spricht. Für die Frage nach dem Selbst und seiner Handlungsfähigkeit wird v.a. letzteres im Vordergrund stehen. Der Begriff der Gewohnheit schlägt also als Brücke zwischen körperlichem Verhalten und geistig-intentionaler Handlung einen dritten Weg diesseits cartesianischer Oppositionen ein. Dieser dritte Weg zeigt sich auch in der Differenzierung zwischen den Begriffen der Handlung und des Verhaltens: Gewohnheit im pragmatistischen Sinn

---

[276] Nicholas Rescher, *Realistic Pragmatism. An Introduction to Pragmatic Philosophy*, New York 2000, 246f. Eine andere Ordnung nimmt bspw. H. O. Mounce in *The Two Pragmatisms* (London 1997) vor. Er unterscheidet pragmatistische Positionen anhand der Realismus-Idealismus-Debatte und gelangt zu der überraschenden Schlussfolgerung, dass Rorty und Dewey einen idealistischen und zugleich postmodernen positivistischen Szientismus vertreten würden, demgegenüber der Realismus von Peirce und James toleranter sei (vgl. ebd. 231).

bezeichnet kein behavioristisch-automatisches Verhaltensmuster, welches einer rein intentionalistischen Handlungsweise gegenüberstünde.[277] Behavioristische Interpretationen des Pragmatismus geben dessen Ausrichtung nicht richtig wieder, weil Peirce, James und Dewey den Pragmatismus (wenn auch auf unterschiedliche Weise) normativ begründen. Diese Interpretation hat zur Folge, den Pragmatismus auf eine naturalistisch-instrumentalistische Interpretation zu reduzieren. Doch auch umgekehrt lässt sich der Begriff der Gewohnheit nicht vereinnahmen: Man kann der Gewohnheit nicht jedes Handlungsmovens und damit die Intentionalität des Selbst anlasten, damit wäre der Begriff überfrachtet und verfremdet.

Gewohnheiten prägen das Miteinander von Selbst und anderen in Gemeinschaft und Gesellschaft. Sie bewegen sich jedoch nicht auf der expliziten Ebene diskursiver Kommunikation, sondern auf einer impliziten Ebene, die hier mit dem Begriff des Common Sense umrissen worden ist. Deswegen, weil Gewohnheiten implizit sind, ist der Pragmatismus auf keinen rein intentionalistischen Handlungsbegriff reduzierbar. Pragmatistisch verstandene Handlung berücksichtigt die Verkörperung des Handelnden und seinen Bezug auf andere. Im Folgenden wird der Versuch unternommen, dieses Mittelfeld der Gewohnheit zwischen leibkörperlicher und sozialer *Verortung* des Verhaltens einerseits und der Gewohnheit als *partikularer Eigenart* eines Handlungsspielraums andererseits zu plausibilisieren.

An den Begriff der Gewohnheit im Kontext einer pragmatistischen Konzeption des Selbst sind also viele Erwartungen geknüpft: Nicht nur manifestiert sich an ihm der dritte Weg des Pragmatismus jenseits von Physikalismus und (Sprach-)Idealismus, über das alltagsweltliche Verständnis von Gewohnheit hinaus wird hier überdies für das *transformative* Potenzial von Gewohnheiten argumentiert. Der Begriff umfasst damit weit mehr als ein wiederholbares Handlungsmuster. Die Gewohnheit als verkörperte Überzeugung geht fließend über in die Eigenarten des Selbst, die als Partikularität Basis für transformative Impulse bilden. Gewohnheiten haben indirekt mit Selbstreflexion und direkt mit der Verkörperung und Situiertheit des Selbst zu tun. Wir ,sind in unseren Gewohnheiten', so wie man alltagssprachlich sagt, dass wir ,in Gedanken sind'.[278]

Es ist keine Übertreibung zu sagen, dass die Gewohnheit in der gesamten pragmatistischen Theorie des Denkens, der *Theory of Inquiry* bei Dewey und im Fall von Peirce sogar in seiner Metaphysikkonzeption zentral ist. Gegenüber dem pragmatistischen Begriff des Common Sense als eines sozialen Hintergrundwissens beinhaltet die Gewohnheit durch ihre leibkörperliche Rückbindung eine materiale Komponente, die über

---

[277] Diese Behauptung unterliegt gewissen Einschränkungen, da bspw. Mead seine Theorie symbolischer Interaktion durchaus als behavioristisch bezeichnete. Insgesamt wird man damit jedoch dem Pragmatismus, zumal dem von Peirce, James und Dewey, nicht gerecht. Vgl. George Herbert Mead, *Geist, Identität und Gesellschaft*, Frankfurt/M. 1973.

[278] Vergleiche dazu Nagl, *Charles Sanders Peirce*, a.a.O., 24. Nagl stellt an dieser Stelle den engen Bezug von Zeichen und Gedanken dar und betont, dass Peirce zufolge nicht die Zeichen in uns, sondern eher wir in den Zeichen sind. Vgl. dazu auch Charles S. Peirce: „Es gibt kein Element des menschlichen Bewusstseins, dem nicht etwas im Wort entspricht [...]. Das Wort, das der Mensch gebraucht, [ist] der Mensch selbst [...]. So ist meine Sprache die Gesamtsumme meiner selbst, denn der Mensch ist das Denken." In: Apel (Hg.), *Schriften I*, a.a.O., 223.

das Diskursive und das ausdrücklich Semiotische hinausgeht. Die pragmatistische Ge-
wohnheitstheorie widerspricht allerdings an diesem Punkt dem gegenwärtigen Common
Sense: Während man annimmt, dass Gewohnheiten (insbesondere in der Konnotation von
schlechten Gewohnheiten) das Selbst in seinen Handlungen unflexibel werden lassen,
postuliert schon Peirce ihr produktives Moment, eine selbsterzeugende Dynamik melio-
ristischer Transformation. James und insbesondere Dewey betonen überdies, dass die
Kultivierung von Gewohnheiten für die Flexibilisierung von Denken und Handeln unerlässlich ist. Die Bedeutungsspanne des pragmatistischen Gewohnheitsbegriffs reicht bei
Peirce von einer metaphysischen Kosmologie und erkenntnistheoretischen Rückbindung
durch die Begriffe des Zweifels und des Glaubens über die Gewohnheit als leibkörperlicher Verhaltensdisposition bei James zu einem ethisch-ästhetischen Gewohnheitsbegriff
als Eigenart, der bereits bei James angelegt ist, jedoch erst von Dewey, insbesondere in
seiner ästhetischen Theorie, ausgebaut wird und in der neopragmatistischen Theorie von
Shusterman als ästhetisch-alltägliche Erfahrung wiederkehrt und weiterentwickelt wird.

Etymologie

Der pragmatistische Gewohnheitsbegriff umfasst Aspekte, die sich in der Etymologie
des Begriffs wiederfinden lassen und in der heutigen Alltagssprache verschüttet sind.
Etymologisch hängt der Begriff im Deutschen eng mit den Wortfamilien ‚wohnen‘ und
‚gewinnen‘ zusammen. In den älteren Sprachzuständen bestand zwischen ‚zufrieden
sein, gefallen finden‘ und ‚bleiben, sich aufhalten‘ keine scharfe Trennung.[279] Mit
Gewinnen ebenfalls verwandt ist der Begriff ‚Wonne‘, worin der Bezug von Gewohnheit und Genießen erkennbar ist, auf den wir später zu sprechen kommen werden. In der
gegenwärtigen alltagssprachlichen Verwendung wird der Begriff der Gewohnheit
jedoch häufiger in der Konnotation „gewöhnlich, üblich, herkömmlich“ gebraucht. In
diesem Kontext schwingt die Abwertung von ‚gewöhnlich, niedrig, gemein‘ mit, weil,
wie das Wörterbuch uns belehrt, „das, was allgemein üblich und gebräuchlich ist, wenig
Wert besitzt“.[280] Deutlich wird die implizite Bewertung, die auch auf den Begriff der
Gewohnheit übertragen wird, an der häufigen Verwendung der Redewendung von
‚schlechten Gewohnheiten‘ im Unterschied zu ‚guten Gewohnheiten‘, von denen kaum
gesprochen wird. Auch der englische Begriff des ‚habits‘, der im Pragmatismus zentral
ist, weist einen ähnlichen Wortursprung auf, was den engen Bezug zum Begriff des
Wohnens betrifft. Im Englischen und im Romanischen ist die Wurzel des Begriffs habit
mit lat. habitare = Wohnen und habere = haben verwandt. Der ältere Wortstamm weist
auf heute fast vergessene Aspekte der Gewohnheit hin: Wir bilden Gewohnheiten,
wenn wir uns in einer Handlung wohl fühlen, wenn wir uns in diesem Zustand aufhalten möchten, darin ‚wohnen‘ wollen.[281] Mit dem Pragmatismus soll auch an diese

---

[279] *Das Herkunftswörterbuch, Etymologie der deutschen Sprache, Duden*, Bd. 7, hg. von Günther Drosdowski, Mannheim 1989, 240f.

[280] Ebd., 241.

[281] In dieser Hinsicht liegen natürlich Parallelen zu Heidegger nahe, auch wenn man nicht vergessen
darf, dass der Pragmatismus mit seinem Gewohnheitsbegriff keine Fundamentalontologie entwickelt, sondern Philosophie mit dem alltäglichen Handeln verknüpft.

vergessenen Konnotationen von Gewohnheit angeknüpft werden. Dabei wird gezeigt
werden, dass der Übergang von der leibkörperlichen Gewohnheit zur partikularen
Eigenart, die für eine ästhetische Perspektive auf das Selbst wichtig wird, ein graduel-
ler ist. Das, was heute alltagssprachlich unter Gewohnheit gefasst wird, bezeichnet
hingegen eher die Routine oder den Automatismus eines Verhaltens.

Gewohnheit im pragmatistischen Sinn ist ein *normativer* Begriff. In der ihr kommt
die prekäre Situiertheit des Selbst zum Ausdruck, die die modifizierbare Grundlage
seines Denkens und Handelns bildet. Doch wie ist Gewohnheit mit Handlungsfähigkeit
als Handlungstransformation vereinbar? Wie kann durch Gewohnheiten etwas ‚Neues'
entstehen? Sind sie nicht eher Grundlage für die Wiederholung des ‚Alten'? Die Antwort des Pragmatismus hängt auch hier mit einer Infragestellung dualistischer Begriffe
zusammen. Handlungsfähigkeit als erneuernde Transformation des Selbst muss an den
alten Formationen der Gewohnheit anknüpfen. Das Alltagsverständnis von Gewohnheit
als konservativer Kraft im Unterschied zur freien, innovativen Handlungsfähigkeit ist
bereits Ausdruck eines kulturrelativen Common Sense, in dem Handeln in zwei unver-
bundene Aspekte – den der körperlosen Unabhängigkeit und der körperlichen Determi-
niertheit – auseinandergefallen ist. Dewey fasst es treffend zusammen:

> „Habit is an ability, an art, formed through past experience. But whether an ability is limited to
> repetition of past acts adapted to past conditions or is available for new emergencies depends
> wholly upon what kind of habits exist. The tendency to think that only ‚bad' habits are disser-
> viceable and that bad habits are conventionally enumerable, conduces to make all habits more
> or less bad. [...] In fact only in a society dominated by modes of belief and admiration fixed by
> past customs is habit any more conservative than it is progressive."[282]

Der Pragmatismus verschiebt also die Perspektive auf die Entstehung des Neuen, sie
lässt sich nur sinnvoll beantworten, wenn der *Übergang von alt zu neu* beschrieben
wird. *Dieser Übergang ist ohne Gewohnheit undenkbar.* Indem das Selbst seine Handlungsweisen, seine Gewohnheiten, kultiviert und in kleinen Schritten flexibilisiert,
transformiert es sich selbst mit. Denn das Selbst *ist* auch seine Gewohnheiten (wie seine
Überzeugungen, seine Zweifel).

Gewohnheitsformen

Selbstverständliches Handeln aufgrund von Gewohnheiten kann starr oder flexibel
sein. Starres Gewohnheitshandeln ähnelt einer instinktiven Handlungskette, die, angestoßen durch einen Reiz, vollständig durchlaufen wird. Je länger diese starren Hand-
lungsketten sind, umso pathologischer sind sie. Quasi-automatische Reaktionen auf
Signale wie das Bremsen des Wagens angesichts einer roten Ampel oder das Loslaufen
der Sprinterin beim Startschuss sind nützliche Gewohnheitsimpulse, die Reaktionen
beschleunigen. Sie werden indessen problematisch und pathologisch, wenn bspw. eine
Sprinterin bei jedem Knall, den sie hört, losläuft. Eine relative Reflexivität ist sogar bei
diesen Gewohnheitsimpulsen notwendig, und sei es, sich nur in bestimmten Kontexten
auf sie einzustellen. Die starre Wiederholung längerer und komplexerer Handlungsket-

---

[282] Dewey, *Human Nature and Conduct*, a.a.O., 48.

ten hat jedoch eine pathologische Tendenz: Der Drang des Alkoholikers, immer weiter
zu trinken, wenn er erst einmal damit angefangen hat, der Wutanfall des Cholerikers,
der kaum aufzuhalten ist, wenn er einmal ins Rollen gebracht wurde, die repetitiven
Handlungsmuster von Neurotikern, die bis ins Kleinste präzise wiederholt werden und
die absonderlichsten Formen entwickeln können. Die starre Wiederholung von gewohnten Handlungsabläufen neigt immer ins Pathologische, die Gewohnheit wird
starr, weil sie nicht kultiviert wird. Eine kultivierte Wiederholung findet sich hingegen
bspw. in meditativen Praktiken, die sich die Wiederholung, die Gleichförmigkeit als
solche vor Augen führt, um von ihr wegzuführen. Die pathologische Verengung von
Gewohnheiten kommt zustande, weil diese als wesentliches Moment des Handelns
nicht reflektiert werden. Der Pragmatismus, insbesondere von Dewey, zeigt dazu ein
Gegenmodell auf.

Eine andere kultivierte und spielerische Form der Wiederholung von Gewohnheiten
lässt sich an der kindlichen Haltung illustrieren: Schlafengehen, Familienfeste, etc.
müssen immer gleich ablaufen: Orte, Gegenstände, einzelne Worte, Lieder dürfen nicht
vergessen werden. Die Gewohnheit wird zum Ritual und übernimmt eine Funktion, die
über die der Gewohnheit, schlafen zu gehen, hinausgeht. Jedes Ritual, nicht nur das
kindliche, ist mit der Gewohnheit verwandt: Es unterscheidet sich aber dadurch, dass im
Ritual die Gewohnheit formalisiert wird. Das Ritual bildet einen Rahmen, der Gewohnheiten mit ihren einzelnen Merkmalen vergegenständlicht und auf diese Weise bewusst
wiederholbar macht. Das Ritual hat gegenüber der Gewohnheit einen symbolischen
Mehrwert. Es erinnert an etwas, ruft etwas wach, verweist auf etwas. Es scheint bei aller
Unterschiedlichkeit immer dadurch charakterisiert zu sein, nach einer festgelegten
Ordnung abzulaufen. Sein symbolischer Mehrwert hat damit zu tun, in Angst- und
Entscheidungssituationen eine stabilisierende, Sicherheit suggerierende Funktion zu
übernehmen. Es hat einen festgelegten Anfang und Abschluss, es ist zeitlich begrenzt.
Ist das Ritual ursprünglich religiös konnotiert, wird der Begriff heute auch in einem
weiter gefassten Sinn gebraucht. Aber auch heute noch ist das Ritual überindividuell
und gemeinschaftsstiftend. Und vor allem ist es wesentlich auf den Körper bezogen.
Welche vielfältigen Formen das Ritual auch annehmen mag, die Komponente des
Körperlichen ist immer zentral. Diese religiös-metaphysischen Anklänge finden sich in
Peirce' Gewohnheitsbegriff wieder.

Eine weitere Variante der gleichförmigen Gewohnheit ist die Routine, sie bildet in
gewisser Hinsicht einen Gegensatz zum Ritual. Wird das Ritual nur zu bestimmten
Anlässen aufgerufen, bestimmt die Routine den gewöhnlichen Alltag. Ähnlich wie im
Ritual indessen geht die Routine mit einer Vergegenständlichung der Gewohnheit
einher: Im Ritual werden symbolische Gehalte an Personen, Dingen, Bewegungen,
Geräuschen, Handlungsfolgen vergegenständlicht. Die Routine dagegen bezieht sich auf
die Fertigkeit in bestimmten Techniken, mit bestimmten Gegenständen, bspw. die
Fertigkeit der Computerspezialistin, die quasi-automatisch mit Programmen operiert,
des Kochs, der wie im Schlaf der Speise die passenden Gewürze zufügt. Die Routine ist
im Unterschied zum Ritual instrumentell und nicht selbstzweckhaft oder religiös.
Alltagssprachlich hat der Begriff positive wie negative Konnotationen: Eine Routineun-
tersuchung beim Arzt ist harmlos und neutral, der Routinier ist ein anerkannter und

souveräner Spezialist, dem seine Fertigkeiten selbstverständlich und zu einer zweiten Natur geworden sind. Wenn hingegen eine Tätigkeit zur Routine verkommt, ist die Gelassenheit des Routiniers in Unachtsamkeit und Gleichgültigkeit umgeschlagen, er beginnt Fehler zu begehen, weil er sich zu sicher war. Der Übergang von der Gewohnheit zur Routine wird v.a. bei James thematisiert.

Pathologische Wiederholung, Routine, Ritual. Allen Gewohnheitsformen ist gemeinsam, dass sie wesentlich körperlich sind. Wie aber steht es mit körperlichen Gewohnheiten im engeren Sinn? Auch eine Körpergewohnheit wie etwa das Gehen, darf nicht starr werden. Würde sie maschinengleich ablaufen, führte bereits das geringste Hindernis zu einem Scheitern. Die notwendige Flexibilität, auf die Umgebung zu achten und sich ihr anzupassen, findet sich bereits auf der Ebene der Instinkte bei Tieren. Im Unterschied zu Tieren (jedenfalls zu den meisten) jedoch lässt sich bis hier der Begriff der Gewohnheit durch den der Eigenart ersetzen. Alle Menschen lernen zu laufen, aber jedes Individuum hat einen anderen, einen individuellen Gang. Die Gewohnheit kann als Eigenart des partikularen Selbst betrachtet werden. Das ist das eine Extrem, zu dem sich der Begriff ausdehnen lässt. Das andere Extrem ist, dass in der Gewohnheit ein Einklang mit der Umgebung stattfindet, dass das Selbst im gelungenen Gewohnheitshandeln Teil des Common Sense wird.

> „Tatsächlich hat der Begriff der Gewohnheit, angefangen von der aristotelischen Hexis-Lehre, jedoch eine Tradition, die über Schelling in den französischen Spiritualismus, etwa Ravaissons, reicht und sehr viel weiter gehende Überlegungen zu Zeit, Geschichte, Individualität und Leben umfasst als die Lamarcksche *Philosophie zoologique*."[283]

Im Folgenden wird sich zeigen, dass diese unterschiedlichen Facetten sich in den verschiedenen pragmatistischen Ausarbeitungen des Gewohnheitsbegriffs wiederfinden, v.a. wird der produktive und kreative Aspekt der Gewohnheit dabei zum Vorschein kommen.

II.1. Peirce: Gewohnheit als Affinität zum Kosmos

Die Gewohnheit ist ein Schlüsselbegriff der peirceschen Metaphysik: Darin lautet die vielleicht ungewöhnlichste Behauptung, die Entwicklung von Naturgesetzen stelle eine kosmologische Gewohnheitsbildung dar. Peirce zufolge sind Naturgesetze nicht ewig, sondern bilden sich in der Evolution als Gewohnheiten heraus. Der objektive Idealismus von Peirce wird an dieser Stelle besonders deutlich: „The one intelligible theory of the universe is that of objective idealism, that matter is effete mind, inveterate habits becoming physical laws."[284] Diese Dehnung des Gewohnheitsbegriffs muss

---

[283] Michael Hampe, Naturgesetz, Gewohnheit und Geschichte. Zur Prozesstheorie von Charles Sanders Peirce, *Deutsche Zeitschrift für Philosophie*, 49 (2001) 6, 921. Vgl. auch für einen philosophiehistorischen Überblick über die unterschiedlichen Gewohnheitsbegriffe: Michael Hampe, Jan-Ivár Lindén, *Im Netz der Gewohnheit*, a.a.O., sowie Lindén, *Philosophie der Gewohnheit. Über die störbare Welt der Muster*, Freiburg 1997.
[284] Peirce, The Architecture of Theories, in: Justus Buchler (Hg.), a.a.O., 322.

man wohl als metaphorisch bezeichnen.[285] Es handelt sich bei Peirce jedoch um mehr
als metaphysische Spekulationen, welche die Konzeption des Selbst nur am Rand
streifen, denn hier wird in kosmologischem Format ersichtlich, warum Peirce auch
hinsichtlich des Selbst und seiner Handlungen kein behavioristisches Konzept von
Gewohnheit vertritt. Der überdehnte Gewohnheitsbegriff von Peirce wirft Licht auf
die Frage nach der leibkörperlichen (materialen) Situiertheit des Selbst im Common
Sense, auf die Affinität zwischen Selbst und Wirklichkeit. Mit Peirce über Peirce
hinaus, so schlage ich vor, kann einem Begriff des Selbst der Weg geebnet werden,
welcher die Produktivität seiner leibkörperlichen Verfasstheit in der Gewohnheit
beschreibt. Handlung wird somit nicht dualistisch in deterministisch-naturalistisches
Verhalten einerseits und unerklärliche Handlungsfähigkeit andererseits gespalten,
sondern der Impuls zur transformativen Handlung erwächst der Gewohnheit – in
einem weit gefassten Sinn – selbst.

Zugleich wird mit Peirce' Gewohnheitsbegriff der gegenüber dem Pragmatismus zuweilen erhobene Vorwurf eines reduktionistischen Naturalismus entkräftet, denn Natur
gilt nicht als deterministisch, sondern als intrinsisch vage und von Zufall bestimmt, ihre
Gesetze bilden sich allmählich zu ‚Gewohnheiten' in einem metaphorischen Sinn
heraus. Unter dem Einfluss der Evolutionstheorie entwickelt Peirce also eine dynami-
sche Kosmologie, deren Naturgesetze selbst (und nicht nur die Gattungen der Flora und
Fauna) Zufall und Veränderung ausgesetzt sind.[286] Wenn man weder ein transzendentales Bewusstseinssubjekt veranschlagen will noch eine sich selbsttätig erfüllende Natur-
geschichte, muss das Mittelfeld eines alltagszugewandten Realismus ausgeleuchtet
werden, welcher die gewohnheitsmäßige Verankerung des Selbst in einem an den
Rändern vage bleibenden Common Sense ansiedelt.

Ich schlage daher eine nichtidealistische Akzentverlagerung von Peirce' kosmologischen Gewohnheitsbegriff hin zu dieser alltagsweltlichen und leibkörperlichen Verankerung des Selbst vor: Das, was in seiner Konzeption die Gewohnheitsbildung der Natur
und ihrer Gesetze genannt wird, soll hier auf die Bildung und Transformation des Common Sense übertragen werden, wie es von Peirce an einigen Stellen selbst bereits formuliert wurde. Indirekt ist damit ein Bezug zur Wirklichkeit gegeben, denn der Common
Sense bezeichnet ja kein neutrales Wissen, sondern eine unausdrückliche Haltung, in der
wir in der Welt und der Natur auf bestimmte Weise *sind*. Diese Haltung befindet sich
indessen in beständiger Bewegung, auch wenn die Bewegungen manchmal sehr langsam
sind. Wir sehen sie nicht, so wie man das Wachstum der Pflanzen oder die tektonischen
Verschiebungen der Kontinentalplatten mit bloßen Augen nicht sehen kann. Doch im
Unterschied zu diesen Bewegungen tragen wir zur Verschiebung des Common Sense bei
(und im Unterschied zur schottischen Schule meine ich, dass diese Bewegung schneller
ist als die der Verschiebung von Kontinentalplatten). Der Common Sense ist uns nicht
äußerlich, die mikrologische Form des Common Sense ist die Gewohnheit, die sich in

---

[285] Vgl. zu einer systematischen Metaphern-Theorie Bernhard H. F. Taureck, *Metaphern und Gleich-
nisse in der Philosophie. Versuch einer kritischen Ikonologie der Philosophie*, Frankfurt/M. 2004.

[286] Krüger, *Zwischen Lachen und Weinen*, Bd. II, a.a.O., 164. Vgl. auch Peirce, *Naturordnung und
Zeichenprozess. Schriften über Semiotik und Naturphilosophie*, hg. und eingeleitet von Helmut
Pape, Frankfurt/M. 1991, 145.

Bewegung befindet. Wie auch Nagl betont, nimmt Peirce damit Überlegungen vorweg, die Thomas S. Kuhn 1962 in *Die Struktur wissenschaftlicher Revolutionen* entfaltete.[287] Während indessen Kuhn die normalwissenschaftliche Routine von revolutionär strukturierten Paradigmenwechseln unterscheidet, wobei auch er davon spricht, dass (vorbehaltlich dem Wissenschaftler) „die Schuppen von den Augen fallen"[288], ist dieser Prozess bei Peirce im beweglichen Alltagswissen des Common Sense verankert. Wie zuvor diskutiert wurde, ist die jeweilige Alltagshaltung des Selbst untrennbar verknüpft mit seinen Überzeugungen, die ihm als absolut wahr erscheinen. Die Infragestellung dieser selbstverständlichen Überzeugungen wird bei Peirce auf individuellerer Ebene analysiert als bei Kuhn, nämlich nicht als Struktur, sondern durch den partikularen Zweifel und – wie wir gleich sehen werden – durch die ‚Geistesblitze‘ oder Überraschungen der Abduktion, die eng mit der Gewohnheit des Selbst zusammenhängen.

Für die Konzeption des Selbst und seine Handlungsfähigkeit ist dies zentral: Die Entwicklung des Neuen, die Transformation der Wirklichkeit wird auf eine sich transformierende Wirklichkeit als Gewohnheit zurückgeführt, von der das Selbst Bestandteil ist. Peirce entwickelt also in seiner Kosmologie einen alternativen Entwurf, der sowohl dem reinen Zufall und Chaos als auch einem statischen Determinismus entgeht. Die Gewohnheit stellt die gesuchte Verbindung her, „die den Abgrund zwischen dem Zufallsdurcheinander des Chaos und dem Kosmos von Natur und Gesetzmäßigkeit überspannt".[289] So wird durch den Begriff der Gewohnheit auf kosmologischer Ebene die *Möglichkeit der Veränderung*, der *Entwicklung des Neuen* eingeführt. Gewohnheit bedeutet nicht statische Wiederholung fixer Gesetze, sondern enthält ein selbsterzeugendes Moment. Die spekulative Frage nach dem Ursprung der Gewohnheit, nach der Herausbildung der ‚ersten‘ Gewohnheit beantwortet Peirce gleichwohl mit dem Hinweis, dass der „erste, infinitesimal geringe Keim der Verhaltensbildung [habit-taking] durch Zufall erzeugt" wird.[290] Dem zugrunde liegt Peirce' synechistische Theorie, der zufolge die „Kontinuität die Abwesenheit letzter Teile im Teilbaren ist und dass die Form, unter welcher allein etwas verstanden werden kann, die Form der Allgemeinheit ist, was dasselbe ist wie Kontinuität".[291] Diese hegelsch anmutende Konzeption von Peirce geht davon aus, dass anstelle letzter atomistischer Teile das *Vage*, das Unbestimmte am Anfang steht, welches sich durch Gewohnheiten zunehmend bestimmt. Peirce führt damit „die Bestimmbarkeit in den Gedanken der Kontinuität ein. Alle

---

[287] Vgl. Nagl, *Charles S. Peirce*, a.a.O., 110. Thomas S. Kuhn, *Die Struktur wissenschaftlicher Revolutionen*, Frankfurt/M. 1976.

[288] Kuhn, ebd., 165.

[289] Peirce, Die gläserne Natur des Menschen, in: Ders., *Naturordnung und Zeichenprozess*, a.a.O., 229.

[290] Peirce, Antwort auf die Nezessiaristen. Erwiderung auf Dr. Carus, in: *Religionsphilosophische Schriften*, hg. von Hermann Deuser, a.a.O., 224. Vgl. auch den Aufsatz von Johannes Hoelz, Gottes evolutionäre Liebe. Ansatzpunkte für eine Theologie in semiotischer Perspektive, in: *Die Welt als Zeichen und Hypothese. Perspektiven des semiotischen Pragmatismus von Charles S. Peirce*, hg. von Wirth, Frankfurt/M. 2000. Hoelz zeichnet die spekulative Metaphysik von Peirce nach und zeigt ihre theologischen Gehalte auf. Zugleich wird die metaphysische Basis des pragmatistischen Gewohnheitsbegriffs sichtbar.

[291] Peirce, Artikel „Synechismus", in: Baldwin's Dictionary of Psychology and Philosophy 1901/02 in: Ders., *Semiotische Schriften*, hg. von Christian Kloesel und Helmut Pape, Bd. 1, Frankfurt/M. 1986, 374.

Gegenstände befinden sich in einem Zusammenhang kontinuierlicher Relationen, der sich durch das Prinzip der Verhaltensgewohnheit stetig verdichtet".[292] Wichtiger jedoch als die Frage nach dem Anfang ist Peirce, wie dem Pragmatismus allgemein, die Perspektive der Zukünftigkeit. Peirce legt hier den Grundstein für die pragmatistische Idee des *Meliorismus*, „dass sich alle Dinge auf dem Wege des Fortschritts zu einem besseren Zustand befinden".[293]

Man kann diese Haltung problematisch finden, wenn sie als eschatologische Beschreibung einer makrologischen oder kosmologischen Entwicklung aufgefasst wird, die als Selbstgänger agiert. Ich schlage dagegen vor, den Begriff des Meliorismus mikrologisch auf das Selbst hin zu wenden, als Zukünftigkeit pragmatistischen Denkens und Handelns, nicht als ontologische Prognose. Es geht darum, die praktische Alltagszugewandtheit des Pragmatismus stark zu machen, die sich bei Peirce selbst in seiner Diskussion des Zweifels und des kritischen Common Sense gezeigt hat. An diesen Punkten wird die Distanz zu einem Idealismus Hegels von Peirce größer. Denn auch wenn sein Idealismus eine, wie Oehler es nennt, „eschatologische Ontologie"[294] impliziert, wird jede Überzeugung und jede Gewohnheit unter den fallibilistischen Vorbehalt gestellt, wieder in Zweifel gezogen werden zu können. *Meliorismus* hieße dann, die beständige Verbesser*barkeit* von Denken und Handeln, ohne dass das Ziel oder die Richtung festgelegt wären. Auf diese Weise wurde weiter oben vorgeschlagen, mit Peirce über Peirce hinausgehen: Der Fallibilismus muss nur einen Schritt weiter vollzogen werden, indem er die Fehlbarkeit der philosophischen Gesamtvision mitumfasst.

Wegen dieser metaphysischen Einschränkung sind die Begriffe des Common Sense und der Gewohnheit zentral. Die alltäglichen, gesellschaftlichen und wissenschaftlichen Paradigmen, Diskurse und unausdrücklichen Haltungen lassen sich nicht komplett und instantan verändern, weil wir darin situiert sind. Das Gleiche gilt für die Gewohnheiten des partikularen Selbst. Denn wir stehen nicht über (oder neben) der Wirklichkeit unseres Common Sense und unserer Gewohnheiten. Woher kommen die Impulse? Was ist es, neben den Zweifeln, dass das Selbst zu Veränderungen animiert? Warum ist es so, dass die neu hinzutretenden Selbste immer zu einer Verschiebung des Gesamtbildes drängen? Was tragen sie Neues bei und woher nehmen sie es? Und woher wissen wir, dass es sich um eine *melioristische* und nicht verschlechternde Erneuerung handelt?

Ob also die Verbesserungen des Denkens und Handelns, so wie sie sich unserem Common Sense heute darstellen, dauerhafte und d.h. universelle Verbesserungen darstellen im Sinn des peirceschen Meliorismus kosmologischen Formats kann selbst *nicht* universell beantwortet werden. In dieser Form ist dieser Meliorismus zurückzuweisen, andernfalls man den gegenwärtigen partikularen Standpunkt absolut zu setzen drohte. Auch die letzte Stufe der Wahrheit der Forschergemeinschaft muss deswegen konsequenterweise als eine fehlbare Gewohnheitsbildung angesehen werden.

Dennoch bleibt das klassische Dilemma, dass die Vision eines beständigen Fallibilismus sich möglicherweise selbst als falsch erweist und stattdessen schließlich zu einer

---

[292] Hoelz, Gottes evolutionäre Liebe. Ansatzpunkte für eine Theologie in semiotischer Perspektive, a.a.O., 424.

[293] Peirce, Evolution, Synechismus, Liebe, in: Ders. *Naturordnung und Zeichenprozess*, a.a.O., 252.

[294] Oehler, *Sachen und Zeichen*, a.a.O. 17.

finalen Wahrheit vorgestoßen wird, die dieser Ausgangsthese widerspricht. Doch hat dieses Dilemma nur zur Folge, die fallibilistische Haltung selbst noch unter fallibilistischen Vorbehalt zu stellen. In Hinblick auf die Praktikabilität von Denken und Handeln ändert sich dadurch nicht grundsätzlich etwas, weil die Haltung der potenziellen *Verbesserbarkeit* (und nicht der Gewissheit einer tatsächlichen Verbesserung) kritikresistent ist. Von einer beständigen Verbesserbarkeit auszugehen heißt nur, das Bestehende zu überprüfen und weiterzuentwickeln. Das muss nicht heißen, dass alles automatisch besser wird, es kann auch nur heißen, dass etwas *anders* wird. Auch die Vervielfältigung von Gewohnheiten kann eine sinnvolle Entwicklung darstellen, bei der vielleicht die Frage nach einem eindeutigen ‚besser‘ suspendiert werden muss. Andernfalls müsste man zugleich fragen, *für wen* und *nach welchen Maßstäben* etwas *besser* wird. Die Bewertung der Veränderungen kann nur im Rekurs auf bestehende Maßstäbe vorgenommen werden, die selbst potenziell revidierbar bleiben müssen.

Eine weitere Schwierigkeit haftet dem Konzept des Meliorismus an: Wenn alles immer besser würde, bedeutete das auch, dass es jetzt nicht gut genug ist. Das ist in Bezug auf den Common Sense und die Gesellschaft insgesamt unstrittig, in Bezug auf das Selbst jedoch nicht, wenn das hieße, es insgesamt als defizient zu erachten. Das partikulare Movens, von dem jedes melioristische Denken ausgeht, entzöge sich damit jede Grundlage. Bei einem teleologischen Meliorismus bestünde daher die Gefahr, dass „der menschliche Verstand nur als eine Ansammlung von Hindernissen zwischen dem Realen und unserer schließlich und endlich erzeugten Vorstellung des Realen" aufgefasst wird. Das Selbst wird (um Gehlens Begriff zu entlehnen) zu einem Mangelwesen, die gegenwärtige Situation defizitär. Diese Position ließe sich dadurch umgehen, so Oehler, dass „Realität nicht als die Ursache oder die Quelle oder das Stimulans des Erkenntnisprozesses" betrachtet wird, „sondern als sein Ziel, sein [...] Abschluss, seine Vollendung, ja seine Erfüllung".[295] D.h., die peircesche Vorstellung kosmologischer Gewohnheitsbildung, die sich erst in der abschließend erkannten Realität erfüllt, könnte durch eine Umdeutung des Realitätsbegriffs umgangen werden. Doch ändert dies nichts an dem Problem: Entweder man hat dann *zwei* Realitätsbegriffe, bei denen die alltägliche Realität der idealen Realität unverbunden gegenübersteht. Damit handelt man sich die Schwierigkeit ein, erklären zu müssen, wie diese Realitätsbegriffe miteinander verknüpft sind. Oder man hält an *einem* Realitätsbegriff fest, von dem man dann entweder sagen müsste, er sei zu Beginn defizitär und mit ihm das Selbst, welches Teil dieser Realität ist, und das war ja das Ausgangsproblem; oder man sagt, die Realität ist zu Beginn (gegenwärtig) nicht defizitär, sondern unbestimmt und vage. Dann wird indessen eine unbekannte Größe durch eine weitere unbekannte Größe erklärt.

Diese Schwierigkeit scheint mir mit folgendem Problem zusammenzuhängen. Auf der einen Seite wird von Peirce ein sehr voraussetzungsreicher und zumindest streitbarer Begriff der Realität postuliert. „Realität als Vollendung" zielt auf einen Universalienrealismus. Dieser macht ganz andere Voraussetzungen als ein Common Sense-Realismus, den man zuweilen in Peirce hineinlesen kann.[296] Sein kritischer Common

---

[295] Ebd.
[296] Auch zur Differenzierung von Universalienrealismus und Common Sense-Realismus vgl. Willaschek, *Der mentale Zugang zur Welt. Realismus, Skeptizismus und Intentionalität*, a.a.O., v. a. 76ff.

Sense und der Rückgriff auf Reid legen dies zumindest nahe. Darüber hinaus ist mit dem Universalienrealismus ein mangelhaftes Bild des individuellen Selbst verknüpft. Oben wurde jedoch bereits dafür argumentiert, dass das Selbst zu der Entwicklung des Neuen gerade *durch seine Partikularität* beiträgt, weil es dem Unbestimmten des Common Sense Kontur verleiht, weil es sich im Zweifel erst konkretisiert. Das Moment der Veränderung, so wurde behauptet, ist ohne die Partikularität des Selbst nicht denkbar. Durch den Anstoß der Partikularität entwickelt sich die Gesellschaft weiter. Damit ist weder gemeint, dass die Partikularität des Selbst schlichtweg affirmiert werden soll noch, dass sie rein negativ als Kontrast fungiert, sondern der Vorschlag war, *im Zweifel* der Partikularität einerseits die Sichtbarmachung des zuvor nicht Beachteten zu betonen – und in diesem Sinn wäre die Partikularität des Zweifels eine Negativfolie –, andererseits jedoch die Bekräftigung der eigenen Besonderheit in den Blick zu nehmen, durch die *etwas Neues* entstehen kann. Dies wurde überdies an dem Begriff des Sinnes deutlich. Das Neue entstünde dann durch die Bejahung von Aspekten der Partikularität, die zuvor nicht bejaht wurden, *weil sie noch vage waren*. Im Unterschied zu Peirce wird hier die Auffassung vertreten, dass die Richtung dieser Entwicklung offen ist und dass im Bestehenden positive Potenziale vorliegen, die jedoch erst Kontur erhalten müssen, und in diesem Sinn ist die Denkbewegung von Peirce der Dialektik Hegels tatsächlich nicht unähnlich, insofern als es zu einer zunehmenden Bestimmung des Unbestimmten führt.

Zwanglose Eingebung: Die Überraschung der Abduktion

Wie oben gezeigt wurde, lässt sich bei Peirce eine Konzeption des Selbst herausschälen, welche die Negativität des Zweifels und ihre Begrenzungen gerade zum produktiven Konstituens von Handlung werden lässt, indem neben der Sichtbarmachung der Fragwürdigkeit des Selbst auch die Bekräftigung der Partikularität des Selbst herausgearbeitet wurde. Partikularität umfasst neben der Begrenztheit der Perspektivität zugleich die Singularität des jeweiligen Standpunktes. In der Singularität ist latent schon das Potenzial zur Erneuerung des Common Sense enthalten, allein dadurch, dass sie sich von anderen Standpunkten unterscheidet. Doch blieb der Zweifel zu negativ, um dieses Erneuerungspotenzial beschreiben zu können. Es gibt indessen einen Begriff bei Peirce, in dem explizit die Entwicklung des Neuen behandelt wird. In seiner Theorie der Forschung hat Peirce neben dem Begriff der Deduktion und der Induktion einen dritten Begriff eingeführt: die Abduktion. Durch sie ist die Stufe des Denkens charakterisiert, die etwas Neues ermöglicht. Abduktion im engeren wissenschaftlichen Sinn meint die Hypothesenbildung, die sich im Forschungsprozess überprüfen lässt und so längerfristig eine neue Überzeugung und damit eine neue Gewohnheit motiviert.

> „The abductive suggestion comes to us like a flash. It is an act of insight, although of extremely fallible insight. It is true that the different elements of the hypothesis were in our mind

---

Willascheks Untersuchung ist v.a. in Hinblick auf die Vielfältigkeit des Realismus-Begriffes sehr erhellend, da er damit zugleich zeigt, dass in gegenwärtigen Debatten um Realismus und Anti-Realismus diese Differenziertheit oftmals nicht gründlich genug vorgenommen wird.

before; but it is the idea of putting together what we had never before dreamed of putting together which flashes the new suggestion before our contemplation."[297]

Über die Forschungstheorie im engeren Sinn hinaus ist damit der Moment beschrieben, in dem das Selbst einen überraschenden Einfall hat. Dieser spielt für die Abduktion eine so entscheidende Rolle, dass Peirce sie an einer Stelle sogar zum Hauptimpuls des Denkens kürt. „Der wichtigste Impuls des Denkens ist die *Überraschung.*"[298] Während dem Begriff des Zweifels und der Selbstkontrolle ein Moment des Zwangs innewohnt, ist der Begriff der Abduktion und das Erlebnis der Überraschung durch *Zwanglosigkeit* und *Affirmation* charakterisiert. Doch die Abduktion geht über die subjektive Stimmigkeit hinaus. Peirce umkreist die rätselhafte Frage, wie es möglich ist, dass unsere Eingebungen oftmals der Wirklichkeit entsprechen oder uns in der Wirklichkeit handlungsfähig machen, anders gesagt: Wie kommt es, dass Abduktionen oft kein wirklichkeitsferner Wahn sind? Bereits im Zusammenhang der Diskussion des Zweifels bei Peirce wurde der Begriff des „sozialen Impulses" genannt. Der Unterschied zwischen dem Universalzweifel cartesianischer Art und dem pragmatistischen Zweifel kristallisierte sich als soziale Rückbindung an einen (immer potenziell zweifelhaften) Common Sense heraus. Hier benennt Peirce mit der Abduktion „die Hoffnung, dass zwischen dem Verstand des Denkenden und der Natur eine hinreichende Affinität bestehe, um das Raten nicht vollkommen hoffnungslos zu gestalten, vorausgesetzt, dass alles Geratene durch einen Vergleich mit der Beobachtung geprüft wird".[299] Diese Affinität, so werde ich im Weiteren zeigen, ist jedoch nicht länger durch einen Begriff der Natur im deterministischen Sinn zu halten, sondern durch einen leibkörperlich situierten Common Sense.

Abduktion und Sinnen

In seinen religionsphilosophischen Schriften beschreibt Peirce den oben schon angesprochenen Begriff des *musement*, den Oehler als ‚Sinnen' und Hermann Deuser als ‚Versonnenheit' übersetzt haben. Wichtig daran ist, dass es sich um einen regellosen Zustand handelt, in dem das Selbst ‚nichts bestimmtes will'. „Genaugenommen handelt es sich um PURES SPIEL. [...] Pures Spiel kennt keine Regeln außer eben diesem Gesetz der Freiheit. Es wehet, wo es will."[300] Das Selbst, welches sich einer Situation hingibt, ohne etwas bestimmtes zu wollen, also eine zwanglose Situation erlebt, enthebt sich nicht seiner Gewohnheiten. Das würde eine Fremdheit des Selbst sich und der Situation gegenüber bedeuten. Was vielmehr in der versonnenen Situation passiert, ist eine selbstvergessene Vertrautheit, das „Eintrinken" (‚drinking in') von Impressionen.[301] Hier zeichnet sich ein anderes Bild des Selbst ab, eines Selbst, welches in Einklang mit sich und der Welt, in der Muße des Sich-selbst-Genießens neuen Einfällen aufgeschlossen ist.

---

[297] Peirce, Perceptual Judgments, in: Buchler, a.a.O., 304

[298] Ders., Notizen zu Teilen von Humes Traktat ‚über die menschliche Natur', in: Ders., *Semiotische Schriften*, hg. von Kloesel und Pape, Bd. 2, a.a.O., 260.

[299] Ders., *Collected Papers* 1.121, in: Nagl, a.a.O., 116.

[300] Ders., *Religionsphilosophische Schriften*, hg. von Deuser, a.a.O., 332.

[301] Vgl. Nagl, *Charles S. Peirce*, a.a.O., 111. Ch. Peirce, ebd., 333.

Man fühlt sich an Kants Ästhetik erinnert, von der Hannah Arendt schreibt: „Je größer der Mangel und je größer die Unlust, desto intensiver wird die Lust sein. Es gibt
hier nur eine Ausnahme, und das ist die Lust, die wir empfinden, wenn wir mit Schönheit in Berührung kommen."[302] In Peirce' Überlegungen zur Ästhetik steht das Schöne
im Mittelpunkt, welches dem religiösen Einklang mit der Welt verwandt ist. Etwas von
diesem Einklang findet sich in dem Zustand des *belief* wieder, doch viel stärker natürlich im Sinnen, weil es, im Unterschied zur Überzeugung, *nichts Bestimmtes will*. Die
Überzeugung dagegen ist nie frei von der Gefahr, in die Methode der Autorität zurückzufallen, also den eigenen Standpunkt gegenüber anderen absolut zu setzen. *Im Sinnen
hingegen setzt sich das Selbst nicht, sondern es setzt sich aus.* Wie an dem Begriff der
Abduktion deutlich wird, bleibt die Ästhetik von Peirce „in den Totalprospekt seiner
kosmologischen Konzeption" eingebettet.[303] Die Ästhetik ist daher nicht Selbstzweck,
sondern die kreative Basis für Hypothesenbildungen, wenn auch nicht in einem instrumentellen Sinn. Im Gegenteil: Gerade durch die ‚Interesselosigkeit' des Sinnens, welches an Kants Ästhetik erinnert, wird die partikulare Fülle des Selbst zwanglos mobili-
siert. Seine Gewohnheiten stellen hier nicht einen Widerstand dar, der durch Zwang,
durch Konfrontation mit der Realität gebrochen werden muss, sondern das Selbst bejaht
sich in seinen Gewohnheiten. Die Gewohnheiten werden als *Eigenarten* des Selbst im
Zusammenspiel mit der Situation genießbar. Peirce beschreibt eine Art ästhetische
Erfahrung, die unabhängig von einem ästhetischen Objekt sein Sinnen genießt. Für die
Frage nach der Gewohnheit und der Transformierbarkeit des Selbst ist dabei entscheidend, dass das Selbst offen für Neues ist, ohne einen Mangel zu erleiden. Gerade weil
es mit sich selbst, und d.h. mit seinen Gewohnheiten als singulären Eigenarten und mit
der Wirklichkeit in Übereinstimmung ist, kann es Veränderungen aufgreifen oder
initiieren, wie es in der Haltung der Selbstkontrolle nicht möglich wäre. Zweifellos
enthalten diese Überlegungen ein metaphysisches Moment. Wie ich meine, muss und
kann der Pragmatismus sich nicht vollständig von der Metaphysik befreien. Dieses
Spannungsverhältnis wurde bereits beschrieben. Denn dann wäre seine Philosophie
tatsächlich ein sachlich-positivistischer Instrumentalismus. Das metaphysische Moment
kann jedoch quasi ‚partikularisiert' werden, wenn es ästhetisch gefasst wird: Das Sinnen
beschreibt diesen ästhetisch-metaphysischen Moment als vorübergehendes Empfinden
einer harmonischen Übereinstimmung mit der Welt. Mit James kann man sagen, dass
das Selbst ein Recht hat, an diese vorübergehende Übereinstimmung zu *glauben*. James
schreibt, „daß wir uns hier und da moralische Ferien gönnen dürfen, daß wir der Welt
ihren Lauf lassen dürfen in dem Bewußtsein, daß das Ende in bessern Händen als in
unseren ist".[304] Und nicht zufällig findet sich der Begriff des Sinnens in Peirce' religionsphilosophischen Schriften. Die *moralischen Ferien* einer metaphysisch-ästhetischen
Erfahrung sind für die Öffnung der Handlungsspielräume des Selbst ein wesentliches
Moment, sie lassen sich jedoch, wie ich meine, am besten als positive Ausgesetztheit
fassen. Sie bleiben vage und sollten sich nicht zu einem metaphysischen System verhärten. Sie bleiben partikular und man sollte vermutlich vermeiden, solche Erfahrungsfor-

---

[302] Hannah Arendt, *Das Urteilen. Texte zu Kants politischer Philosophie*, München 1998, 44.
[303] Oehler, *Charles Sanders Peirce*, a.a.O., 115.
[304] James, *Was ist Pragmatismus?*, a.a.O., 40f.

men über die Partikularität hinaus in größeren Menschenmengen zu aktivieren. Mit
diesen Einschränkungen versehen, spielen die *moralischen Ferien* für die zwanglose
Aufgeschlossenheit des Selbst gegenüber Neuem jedoch eine wichtige Rolle.

Das zwanglose Moment, in dem das Neue für das Selbst greifbar ist, die Überraschung, für die das Selbst im Sinnen aufgeschlossen ist, beschreibt Peirce mit dem
Begriff der Abduktion. Wie ist es möglich, dass wir zwanglos etwas erfassen, das
wirklichkeitsrelevant ist? Peirce erklärt dieses Phänomen durch den Begriff der
Instinktanalogie. Der Instinkt bezeichnet dabei keine behavioristische Verhaltensdisposition, sondern signalisiert als Impuls die *Zugehörigkeit* des Selbst zur Welt. Der
Begriff des Instinktes ist missverständlich, weil er in der Tat ein deterministisches
Weltbild nahe legt, welches bereits in seiner Fragwürdigkeit skizziert wurde. Doch
die Instinkt*analogie* beschreibt eher, dass das Selbst in der Abduktion seinen Impulsen folgt, *als ob es Instinkte seien*, dem Instinktiven analog. Dieser *Impuls* stellt den
Motor des Handelns dar, ohne dass damit gesagt wäre, *wie* die Handlung im Einzelnen verlaufen wird. Was bewegt das Selbst dazu, zu handeln? Woher bezieht es seine
Kraft? Die Erklärung von Peirce ist sein kosmologischer Gewohnheitsbegriff, der mit
dem Begriff des Vagen zusammenhängt. Das Selbst stimmt durch das Sinnen ästhe-
tisch-metaphysisch mit der Situation überein. Diese Übereinstimmung enthält zweierlei: Zum einen ist das Selbst mit sich und der Situation einverstanden, d. h. es bejaht
die Situation, so wie sie ist. Zum anderen führt dieses *Einverständnis* dazu, dass es
seine Bereitschaft vergrößert, mit der Situation *aktiv übereinzustimmen*, und das geht
über das unmittelbare Einverständnis hinaus. Das Neue bahnt sich seinen Weg durch
das Einverständnis des Selbst, Teil von etwas zu sein, und dadurch aktiv mit etwas
übereinzustimmen, indem es verbessert werden kann. Ein Zimmer, dass mir nicht
gehört, lädt nicht zum Aufräumen ein. Eine Gesellschaft, zu der ich mich nicht zugehörig fühle, lädt nicht zur Veränderung ein. Um etwas bewegen zu können, muss das
Selbst mit der Situation wenigstens in Teilen einverstanden sein. Es muss sich *als Teil*
begreifen, um sich verantwortlich fühlen zu können. Einverstanden genug, um die
Situation als Teil von sich zu begreifen, verantwortlich genug, um sie verbessern zu
wollen. Man könnte auch sagen, das Selbst müsse sich damit partiell identifizieren
können. Deswegen sind die Gewohnheiten und der Common Sense so wesentlich.
Hier spielt der ästhetisch-metaphysische Einklang eine Rolle, doch auch der prosai-
schere, leibkörperlich als positive Gewohnheit sedimentierte Einklang, der auf dem
zuweilen reibungslosen Handeln des Selbst innerhalb eines supponierten und stimmi-
gen Common Sense basiert. *Etwas* muss selbstverständlich genug sein, damit das
Selbst sich setzen kann und nicht nur ausgesetzt ist. Wie im Folgenden eingehender
besprochen wird, ist dieses Einverständnis ein zentrales Ingrediens der Transformation des Selbst. Um etwas Neues entdecken oder erfinden zu können, kann das Selbst
also nicht nur im Rahmen seiner Selbstkontrolle agieren, denn, wie gesagt: „Self-
control of any kind is purely inhibitory. It originates nothing."[305] Während im akuten
Handlungszwang die Selbstkontrolle hilfreich ist, ist sie es für die Flexibilisierung der
eigenen Gewohnheiten nicht. Das Unkontrollierbare enthält das Neue. Durch Gewalt
lernt man es niemals kennen, und Kontrolle ist immer auch latent gewalttätig. Die

---

[305] Peirce 5.194, in: Colapietro, a.a.O.

Entdeckungen und die Erfindungen der Forschung und der Künste entfalten ihr Potenzial nicht durch gelehrsamen Drill, sondern durch die Neugierde des Selbst, durch seine Lust am Neuen.

Aber Peirce geht neben der sozialen Übereinstimmbarkeit des Selbst mit anderen auch wirklich von einer Affinität zwischen Selbst und Natur aus.[306] Das Selbst ist Teil der Welt, die sich in einer unbestimmten Evolution melioristisch transformiert und in kosmologischen, makrologischen und mikrologischen Gewohnheiten materialisiert. „Auf der Hoffnung, dass es diese Ähnlichkeit oder *Affinität zwischen dem Geist des Denkenden und dem der Natur* (reasoner's mind and nature's) gibt, gründet sich die Abduktion."[307] Diese Theorie eines Einklangs zwischen Mensch und Natur ist nicht anders als alltagsweltlich zu plausibilisieren: „Warum sollte man glauben, dass dem Menschen alleine diese Gabe verwehrt sei, wo man doch schon glaubt, dass jedes arme Huhn mit einer angeborenen Neigung zu einer positiven Wahrheit begabt sei?"[308] Peirce ist an dieser Stelle postanalytischen Diskursen sehr nahe, da er ein ontologiekritisches Motiv mit dem entgegenwirkenden Impuls, systematisch zu philosophieren, verschränkt.[309] „Der Versuch, dieses Problem zu lösen, lässt Peirce – terminologisch ziemlich unruhig – zwischen ‚Realismus' und ‚objektivem Idealismus' hin und her pendeln."[310] Doch auch wenn Peirce diese Prämisse nicht beweisen, sondern nur postulieren kann (so wie sich letztlich keine Prämisse wirklich beweisen lässt), welche Alternative wäre plausibler? In Hinblick auf seine kosmologischen Überlegungen kann man negativ argumentieren, dass heutige Wissenschaftstheorie in weiten Teilen das Problem ernst nimmt, die statistische Gesetzmäßigkeit der Natur nicht zweifelsfrei feststellen zu können. Wie weit man das Pendel von einem falsifizierbaren Objektivitätsbegriff zu einem wissenschaftstheoretischen Skeptizismus schwingen lässt, muss an dieser Stelle nicht diskutiert werden, da hier das Selbst im Mittelpunkt steht und der Platz für seine situierte Handlungsfähigkeit frei gehalten werden soll. Doch für die ‚Materialität' seiner Situierung ist wichtig, dass das Gegensatzpaar von naturalistischem Determinismus und rein subjektiver Handlungsfreiheit immer problematischer zu werden scheint. Willaschek, der, wie erwähnt, für eine Rehabilitation des Common Sense-Realismus argumentiert, formuliert es so:

> „[D]ie Frage, ob unsere heutigen wissenschaftlichen Theorien tatsächlich wahr sind, [ist] keineswegs leicht zu beantworten: die empirische Unterbestimmtheit dieser Theorien, das hohe Maß an Idealisierung, das in ihre Grundbegriffe eingeht, sowie die Tatsache, dass sich bisher alle empirischen Theorien irgendwann als falsch herausgestellt haben, sind die wichtigsten

---

[306] Dabei handelt es sich, worauf mich Klaus Oehler hinwies, um einen uralten Gedanken, der zuerst am ausführlichsten von der antiken Philosophie der Stoiker entwickelt wurde, die Peirce kannte und in seine eigene Kosmologie integrierte.

[307] Hoelz, Gottes evolutionäre Liebe. Ansatzpunkte für eine Theologie in semiotischer Perspektive, a.a.O., 418.

[308] Peirce, Über Theoriebildung (Lowell-Vorlesung 8), in: Ders. *Naturordnung und Zeichenprozess*, a.a.O., 422. Hoelz weist darauf hin, dass Russell in dieser Überlegung von Peirce eine Stärke seiner Forschungslogik sah und auf diese Frage von Peirce selbst keine Antwort hatte.

[309] Nagl, *Charles S. Peirce*, a.a.O., 120.

[310] Ebd., 117.

Gründe, die von Theorie-skeptischer Seite gegen die Annahme angeführt werden, unsere heutigen Theorien seien zumindest näherungsweise wahr.“[311]

Damit sind wir indessen wieder bei dem Spannungsverhältnis zwischen Skeptizismus und ungeprüftem Wahrheitsglauben angelangt. In Hinblick auf eine melioristische Transformation von Selbst und Wirklichkeit ist es jedoch handlungswirksamer, von einer potenziellen Kongruenz zwischen Selbst und ‚Natur‘ auszugehen als von deren Inkompatibilität. Damit ist jedoch v.a. etwas darüber gesagt, wie das Selbst in seinen Gewohnheiten und im Common Sense sich erfährt und handelt.[312] Und, wie oben mit Putnam argumentiert wurde, ist der jeweilige partikulare Standpunkt inklusive seiner Annahmen über die Realität alles, was uns an Wirklichkeitsverankerung zur Verfügung steht.

Die Annahme einer potenziellen Harmonie von Mensch und Welt, die Überzeugung, dass der Mensch in die Welt passt, wurde bei Kant ästhetisch gefasst. „Die schönen Dinge zeigen an, dass der Mensch in die Welt passe und selbst seine Anschauung der Dinge mit den Gesetzen seiner Anschauung stimme.“[313] Diese Vorstellung einer Harmonie zwischen Selbst und Welt lädt zu theologischen Deutungen ein, und sie enthalten ja auch ein ästhetisch-metaphysisches Moment. Johannes Hoelz geht in seiner Interpretation von Peirce so weit zu sagen, dass „von jeder einzelnen Abduktion als einem Offenbarungsgeschehen und von der Gesamtheit aller vergangenen und noch zukünftigen Abduktionen als der einen Offenbarung Gottes gesprochen werden kann“.[314] Man muss jedoch nicht religiös sein, um Peirce’ Theorie der Abduktion plausibilisieren zu können. Der Begriff der Abduktion gewinnt an nichttheologischer Plausibilität, wenn man ihn mit dem Begriff des Common Sense verknüpft, wie ihn insbesondere Dewey beschreibt: Im Genießen kommt die Ausgesetztheit des Selbst positiv zum Tragen. Auf einer vorreflexiven und leibkörperlichen Ebene bejaht das Selbst seine Situation, noch bevor es sich setzt, indem es sich aussetzt. Es genießt das Aufgehen in einem Common Sense. Diese Überlegung hat Dewey später in der ästhetischen Erfahrung weiterentwickelt, in der ebenfalls ein affirmativer Zustand des Selbst beschrieben wird. In der vollendeten ästhetischen Erfahrung bei Dewey sind Selbst und Welt, Selbst und andere nicht mehr zu trennen, besser gesagt: Aus subjektiver Perspektive tritt diese Frage vorübergehend zurück. Das Selbst ist abstandslos in einer Situation, die es genießt. Dies ist das oben beschriebene ästhetisch-metaphysische Moment.

In der prosaischeren Wendung auf die instinktanaloge Affirmation der Selbstverständlichkeit bezogen enthält die Gewohnheit nicht nur ein handlungsleitendes Moment, wie es zuvor als Sedimentierung der Überzeugung in Handlungsregeln beschrieben wurde. Sie enthält auch ein *selbsterzeugendes* Moment: In der Übereinstimmung des Sinnens mit den eigenen Gewohnheiten und dem supponierten Common Sense kann das Selbst in Situationen *selbstvergessen* agieren und von der *Selbstkontrolle ablassen, weil*

---

[311] Willaschek, *Der mentale Zugang zur Welt*, a.a.O., 87f.

[312] An diesem Punkt wird sowohl die Nähe zur Existenzialontologie von Heidegger als auch zur philosophischen Anthropologie von Plessner deutlich. Für einen Vergleich kontinentaler Traditionen (insbesondere Heideggers) mit der Philosophie von Peirce siehe Oehler, *Sachen und Zeichen*, a.a.O., 18ff.

[313] Kant, *Reflexionen zur Logik*, Nr. 1820 a, *Kants ges. Schriften*, hg. von Weischedel, Bd. 16, 127.

[314] Hoelz, a.a.O., 428.

es sich auf seine Gewohnheiten verlässt. Erst auf dieser Basis kann es spielerisch seinen Impulsen folgen. In dieser Weise verstehe ich die Abduktion bei Peirce: Sie ermöglicht es dem Selbst, sich überraschen zu lassen und seinen eigenen leibkörperlichen Impulsen zu folgen, die ihm nicht vollständig durchsichtig sind, gerade *weil* es seinen Gewohnheiten gegenüber abstandslos ist und ihnen vorübergehend positiv ausgesetzt ist. Gewohnheit als selbsterzeugendes Moment lässt sich so als partikulare Eigenart des Selbst verstehen, die gleichwohl jedem Selbst als potenzielle Affinität zur Welt zur Verfügung steht. In der kosmologischen Sicht von Peirce rücken sich gewissermaßen die Dinge allmählich zurecht, bis ‚es passt‘. Eingeschränkt lässt sich das auch vom Selbst sagen: Der Impuls als Teil der selbsterzeugenden Kraft im Sinn von Peirce drängt in Richtungen, die zuvor vage waren. Deweys Begriff der qualitativen Situation ist von diesen Überlegungen Peirce' stark beeinflusst, und Dewey selbst hat in seiner Forschungstheorie die Idee der Hypothesenbildung weiterentwickelt: Die Abduktion oder die Hypothese bildet sich nicht aus dem Nichts, sondern sie stellt eine *neue Verbindung* her zwischen Teilen (einer Frage, einer problematischen Situation), die zuvor unverbunden oder vage waren. Der *Einklang des Sinnens*, und wie wir noch sehen werden, der *Einklang der ästhetischen Erfahrung* bei Dewey stellt so etwas wie *die ästhetische Antizipation dieser neuen Verbindung* dar.

Mit dem Begriff der Abduktion bei Peirce ist uns ein spielerischer Begriff an die Hand gegeben, der zu einer alternativen Konzeption jenseits des ‚Mangel-Paradigmas' beitragen kann. Dennoch muss die Instinktanalogie, welche die Abduktion ermöglicht, nicht biologistisch verstanden werden. Wenn man auch einräumt, dass es keinen unverstellten Zugang zu einer ‚Natur' geben kann, so sollte man dennoch daran festhalten, dass das Selbst ein Konglomerat an kontrollierbaren und nicht kontrollierbaren Aspekten darstellt. Kreativ und transformativ sind die überraschenden, nichtkontrollierbaren Anteile des Selbst. Sie mögen sein, was sie sein wollen: Natur, Kultur, Zufall, Idiosynkrasie. Sie bestimmen sich erst in der Semiosis der nachträglichen Reflexion. Wichtig bleibt aber, die Blickrichtung zu ändern. Vielleicht sollte man weniger danach fragen, woher das Selbst die Impulse gewinnt, zu handeln, sondern eher, was das Selbst davon abhält, seinen unbestimmten Impulsen freien Lauf zu lassen. Wenn Rationalität bei Peirce mit Selbstkontrolle in Verbindung gebracht wird, ist klar, dass unkontrolliertes Handeln irrational sein muss. Mit unkontrolliertem Handeln assoziiert man vielleicht affektive Ausbrüche, in denen das Selbst nicht mehr es selbst ist. Diese Form des Handelns ist gleichwohl nur die andere Seite der Medaille eines verengten Bildes rational-kontrollierten Handelns, welches seine leibkörperlichen Neigungen und Affekte nicht integriert, sondern nur unter Verschluss hält. Beide unterstehen dem Zwang. Aus diesem resultiert auch die ratlose Frage nach der Handlungsfähigkeit innerhalb deterministischer wie transzendentaler Theorien. Doch könnte man viel eher sagen, dass Untätigkeit bereits eine Form des Zwangs darstellt. Deswegen ist es so wichtig, den Begriff der Gewohnheit in das Konzept des Selbst einzubauen. Selbstkontrolle zwingt das Selbst zur Hemmung von Impulsen. Im Sinnen entfällt dieser Zwang. Abduktion beschreibt zwanglos-spielerisches Handeln. Die Impulse, die darin zum Tragen kommen, sind nicht einfach unbändige Kräfte, sondern das Selbst greift auf seine unbestimmten, unausdrücklichen Gewohnheiten zurück. Sie sind immer auch positiv-partikulare Impulse.

Dieser positive Impuls, der eher *als Glaube an die Berechtigung der eigenen Partikularität* denn als Zweifel zu beschreiben ist, ist für Transformationen unerlässlich. Gesellschaftliche Veränderungen finden nur deswegen statt, weil zunächst einzelne partikulare Selbste auf ihre Eigenarten (die sich aus ihren partikularen und in sich widersprüchlichen Gewohnheiten ergeben) hören und dadurch etwas Neues auf den Weg bringen. Dabei darf man natürlich nicht vergessen, dass der abduktive Impuls sich prinzipiell in jede Richtung entwickeln kann. Die pragmatistische Maxime des Meliorismus ist daher eher als eine Hoffnung denn als die Prognose einer tatsächlichen Entwicklung zu verstehen. Peirce betrachtet Gewohnheit also als weit mehr denn ein automatisch-deterministisches Werkzeug, mit dem das Selbst innerhalb eines festgelegten Rahmens handeln kann, weil die ‚Natur' sich selbst beständig in Bewegung hält.

Ich habe versucht, dieses Konzept von seiner makrologischen Version mikrologisch auf das Selbst hin zu dimensionieren. Wenn man nicht davon ausgeht, dass dieses ein Mangelwesen ist, dann muss man seine Impulse auch positiv besetzen. Wenn man zugleich davon ausgeht, dass seine Impulse nicht Ausdruck einer deterministischen Natur sind, sondern selbst partikulare Eigenarten innerhalb eines Common Sense, dann gewinnt der Gewohnheitsbegriff eine kreative Komponente.

II.2. James: Die automatische Gewohnheit

James setzt die Bildsamkeit von Gewohnheiten bereits auf der organisch-materialen Ebene an. Er behauptet, dass „die Erscheinungen der Gewohnheit im Lebewesen bedingt sind durch die Bildsamkeit der organischen Stoffe, aus denen ihre Körper zusammengesetzt sind".[315] Ähnlich wie Peirce setzt er mit seinem Gewohnheitsbegriff auf der metaphysischen Ebene einer Konzeption von ‚Natur' an, jedoch mit einer Akzentverschiebung: Während Peirce makrologisch die Entwicklung der Naturgesetze als Gewohnheitsbildung beschreibt, beschreibt James eher mikrologisch die Eigenschaft ‚organischen Materials', der einzelnen Dinge. Wichtig ist dennoch, dass beide den Begriff der Gewohnheit in der ‚Natur' verankern, die selbst als modifizierbar begriffen wird. Dennoch bleibt klar, dass der Gewohnheitsbegriff von James schon deswegen andere Schattierungen aufweist als der peircesche, weil James über die Gewohnheit v.a. in seiner Psychologie schreibt, in welcher er selbst noch einem psychophysischen Dualismus verhaftet ist.[316]

Ist die Idee der Bildsamkeit von Material als Gewohnheitsbildung plausibel? Als generelles Charakteristikum ist sie unstrittig, wenn sie so weit gefasst wird, dass die Falte in einem Kleidungsstück oder in einem Stück Papier die Faltenbildung an gleicher Stelle zukünftig erleichtert und daher eine selbstverstärkende Tendenz vorliegt. Das Gleiche behauptet James nun auf organischer Ebene: dass „die Erscheinungen der Gewohnheit im Lebewesen bedingt sind durch die Bildsamkeit der organischen Stoffe,

---

[315] James, *Psychologie*, Leipzig 1909, 132.

[316] Vgl. für eine humorvolle Kritik an James, insbesondere an seinem Begriff des Selbst: Richard M. Gale, *The Divided Self of William James*, Cambridge 1999.

aus denen ihre Körper zusammengesetzt sind".[317] James führt eine Vielzahl von Bei-
spielen organischer Gewohnheitsbildung an, bspw. die Narbe auf der Haut, die für
Verletzungen besonders anfällig ist oder chronische Erkrankungen, die sich selbst
verstärken, weil der Körper sich daran gewöhnt hat, dass ein bestimmtes Körperteil
besonders empfindlich ist und auf bestimmte Dinge in gewohnter Weise reagiert.

Wie aber fängt eine Gewohnheit an, sich herauszubilden? Wie prägt sich eine Haltung
in einer bestimmten Weise ein? James hat darauf zwei Antworten: Die erste lapidare ist
der Zufall.[318] Die zweite, angedeutete legt folgende Reihenfolge nahe: Eine willentliche
Handlung kann in eine Gewohnheit übergehen, doch vor der willentlichen Handlung
steht der unwillkürliche *Impuls*. „The voluntary action must before that, at least once,
have been impulsive or reflex."[319] Ein weiterer Punkt der Modifikation oder Aneignung
von Gewohnheiten ist die *Übung*. Hier stellt James fest, dass Übungen in den Phasen, in
denen sie nicht aktiv praktiziert werden, intern ‚weiterarbeiten‘, d.h. wenn jemand bspw.
einen Bewegungsablauf im Sport lernt und einige Tage aussetzt, ‚arbeitet‘ der Lerneffekt
im Selbst weiter. Die Handlungen des Selbst sedimentieren sich leibkörperlich. Daran
zeigt sich, dass in den Gewohnheiten selbst ein dynamisches Moment des Lernens
enthalten ist. Die Bildung von Gewohnheiten ist eine Vereinfachungsleistung, welche die
Impulse des Selbst regelt und vereinfacht. „Die Gewohnheit vereinfacht unsre Bewegungen, macht sie exakt und verringert die Ermüdung."[320] Die Herausbildung von Gewohnheit als eine Form modifizierbaren Automatismus ermöglicht es dem Selbst, sich ohne
beständige Reflexion zu verhalten und dadurch den Spielraum für komplexere Handlungen zu eröffnen, die größerer Reflexion und Flexibilität bedürfen.

> „Die große Hauptsache bei aller Erziehung ist also, unser Nervensystem zu unserem Bundes-
> genossen, nicht zu unserem Feind zu machen. [...] Je mehr wir von den Einzelheiten unseres
> täglichen Lebens dem mühelos arbeitenden Automatismus anvertrauen, desto mehr sind unsere
> höheren Geisteskräfte frei ihrer eigenen Aufgabe nachzugehen."[321]

Das Selbst hat einen Überschuss an ungerichteten Impulsen, die nach keiner festgelegten
Ordnung ablaufen. Durch Zufall, Anweisung, soziale Prägung und Übung entwickelt es
ein Netz an Handlungsgewohnheiten, die irgendwann automatisch und quasi-natürlich
werden. „Gewohnheit verringert die bewußte Aufmerksamkeit, mit welcher unsere Handlungen ausgeführt werden" (136). Für James sind Gewohnheiten dabei insgesamt eher
starr. Zugleich sind sie für das Handeln und damit für das Selbst grundlegend, und an
dieser Stelle setzen seine moralphilosophischen Erwägungen ein, denn es besteht jederzeit
die Möglichkeit der Entwicklung ‚falscher‘ Gewohnheiten. Deswegen lautet der Rat von
James, man solle sich möglichst früh viele gute Gewohnheiten aneignen.

> „Es gibt keinen bedauernswerteren Menschen als einen solchen, der als einzige Gewohnheit
> die einer beständigen Unentschlossenheit besitzt. [...] Reichlich die Hälfte der Zeit eines sol-

---

[317] James, *Psychologie*, a.a.O., 132.
[318] Ders., *Principles of Psychology*, Cambridge/Mass. 1981, 114. Die englische Originalfassung wird
        zitiert, wenn die Textpassagen in der gekürzten deutschen Version nicht enthalten sind.
[319] Ebd., 113, Fn. 4.
[320] Ders., *Psychologie*, a.a.O., 135.
[321] Ebd., 142.

chen Menschen geht auf im Entschlüsse-Fassen oder Bereuen von Dingen, die so tief in ihm eingewurzelt sein müssten, dass sie für sein Bewusstsein gar nicht existierten."[322]

Die Gefahr, die James anspricht, ist die eines permanenten Zweifelns, welches Handlung verunmöglichte. Neben verschiedenen praktischen Regeln, die nahegelegt werden, um Gewohnheiten zu schulen und Veränderungen in den Gewohnheiten herbeizuführen, lautet sein wichtigster Ratschlag daher: „Halte durch eine kleine freiwillige tägliche Übung die Fähigkeit zur Anstrengung stets lebendig in dir" (146). Dabei handelt es sich um eine fast paradoxe Handlungsempfehlung, denn ein Charakteristikum der Gewohnheit besteht laut James gerade darin, dass sie Anstrengung und bewusste Aufmerksamkeit durch eine Form von automatisierter Routine verringert. Deswegen schlägt James vor, *sich die Anstrengung und Aufmerksamkeit zur Gewohnheit zu machen*. Er setzt damit einen Kontrapunkt zu seiner pessimistischen Einschätzung der Tendenz zur Starrheit von Gewohnheiten.

Gegenüber Peirce nimmt James eine feinere Differenzierung des Gewohnheitsbegriffs im *verkörperten* Handeln vor. So beschreibt er das Phänomen längerer Handlungsabläufe, die, einmal angestoßen, quasi-automatisch ablaufen. Das Selbst bemerkt scheinbar nicht, dass es sie ausführt. Dennoch hängen sie von nicht beachteten Empfindungen ab (139). So kann Autofahren quasi-automatisch sein, man kann sich nebenbei unterhalten, Musik hören, telefonieren, als hätte sich der Körper selbstständig gemacht – aber: wenn etwas den Fluss der Handlung unterbricht, ein Hindernis auf der Fahrbahn, ein unbekanntes Geräusch in der Karosserie, wird die wachsame Autofahrerin sofort aufmerksam, besser gesagt, sie bemerkt, dass sie die ganze Zeit auf einer leibkörperlichen Ebene, die parallel zu der Ebene des (Selbst-)Gesprächs oder des Musikhörens lief, aufmerksam war. Das jedenfalls gilt für verkehrssicheres Autofahren. Davon lässt sich die schlechte Gewohnheit als Routine differenzieren: In der Routinehandlung droht diese indirekte Aufmerksamkeit abhanden zu kommen. Die Beurteilung der Gewohnheit bleibt daher bei James ambivalent, da er sie zum Teil auf den Begriff der Routine reduziert. Doch widerspricht er sich an dieser Stelle. Denn gerade die Geisteskräfte, die zur Abstraktion und Verallgemeinerung neigen, drohen, wenn sie nicht im Alltag umgesetzt werden, sinnlos und moralisch fragwürdig zu werden, wie er selbst betont.

> „Es ist ganz gleich wie groß unser Vorrat an *Grundsätzen*, ganz gleich wie vortrefflich die Güte unserer *Gefühle* ist, wenn wir nicht jede konkrete Gelegenheit zum Handeln wahrgenommen haben, weil unser Charakter von dem Besseren gänzlich unberührt bleiben. Mit bloß guten Vorsätzen ist, wie das Sprichwort sagt, der Weg zur Hölle gepflastert" (145).

Die ‚höheren Kräfte' sind nichts ohne ihre praktische und konkrete Umsetzbarkeit und Umsetzung, d.h. ohne eine *Kultivierung der Gewohnheiten*. Zum einen geht es James um die Formbarkeit der Gewohnheiten durch Anstrengung und Aufmerksamkeit, zum anderen geht es um eine Unabhängigkeit von Gewohnheit, die nur dadurch herstellbar ist, dass der Gewohnheit der niedrige, gewöhnliche Bereich überantwortet wird, um einen Bereich für Handlungsspielräume offenzuhalten.[323]

---

[322] Ebd.
[323] Vgl. dazu Hartmann, *Die Kreativität der Gewohnheit*, a.a.O., 153.

Entstehung und Bildung von Gewohnheit

James berührt damit einen entscheidenden Punkt: Welchen Sinn haben Gewohnheiten? Ihre Bildung erklärt sich durch die Handlungsnotwendigkeit des Selbst. Dieses benötigt eine Basis, die ihm Handlungsspielräume dadurch ermöglicht, dass diese Basis quasi-automatisch abläuft. Wenn wir jeden Tag neu Laufen lernen müssten, wären wir unser Leben hindurch mit nichts anderem beschäftigt als Laufen zu lernen. Gewohnheit selbst ist also kein statischer Zustand, sondern Ergebnis langer Lernprozesse, in denen Muster habitualisiert werden. Lernen findet durch experimentieren mit und Wiederholen von Bewegungen, von Bewegungsabläufen statt. Im Experimentieren mit verschiedenen Bewegungsabläufen werden einige als Gewohnheiten gewonnen, die für die jeweiligen praktischen Ziele und Zwecke des Selbst ergiebig sind. Sie werden durch Wiederholung mit der Zeit automatisch, sie werden selbstverständlich, so selbstverständlich, dass sie wie ‚natürliche Impulse‘ erscheinen. Die praktische Bedeutung von Gewohnheit besteht darin, Handlungen durch Automatisierung zu vereinfachen, sie verringert durch Wiederholung die Ermüdung. Gewohnheit setzt die bewusste Aufmerksamkeit herab, die sich somit anderen Dingen zuwenden kann (135). *Dadurch entsteht die scheinbar paradoxe Situation, dass Gewohnheit neue Handlungsspielräume ermöglicht, indem sie vermeintlich Handlungsspielräume einschränkt.* Ohne die Selbstverständlichkeit gewohnter Muster, die immer eine Auswahl und damit eine Einschränkung auf bestimmte Bewegungs- und Handlungsmuster mit sich bringt, wäre es undenkbar, seine Aufmerksamkeit anderen, neuen Dingen zuzuwenden und dadurch *neue* Handlungsweisen zu entwickeln. Aus Sicht des Pragmatismus ist Handlungsfreiheit nur auf der Grundlage von und im Zusammenspiel mit Gewohnheiten denkbar und umsetzbar, Freiheit ist die Bewegungsfreiheit der Aufmerksamkeit. Die Aufmerksamkeit verlässt sich auf ihre körperlichen Gewohnheiten, so sehr, dass sie sie vergessen kann. Dass die Grenzen der Handlungsfreiheit auch etwas mit gesellschaftlich geprägten Gewohnheiten zu tun haben, hat auch schon James gesehen. So schreibt er:

> „Die Gewohnheit ist nach alledem ein gewaltiges Schwungrad im Getriebe der Gesellschaft, ihr wertvollstes konservatives Agens. Sie allein hält uns alle in den Banden des Gesetzes und schützt die Kinder des Glücks vor den mißgünstigsten Sprößlingen der Armut. Sie allein verhütet, daß die mühsamsten und abstoßendsten Lebenswege von jenen verlassen werden, die dazu erzogen sind auf ihnen zu wandeln" (141).

Damit ist ein wichtiges Moment angesprochen, welches etwa in dem bourdieuschen *Habitus* soziologisch sehr genau untersucht worden ist. Bei Dewey werden wir nun sehen, dass die Gewohnheit gleichwohl auch in gesellschaftlicher Hinsicht ein transformatives Potenzial enthält.

II.3. Dewey: Von der Gewohnheit zur Eigenart

Der Begriff der Gewohnheit durchzieht das gesamte Werk von Dewey, doch explizit zum Zentrum der Überlegungen wird sie in der Schrift *Human Nature and Conduct* von 1922, aus seiner mittleren Schaffensphase.[324] Der Einfluss von Peirce' Aufsatz *Die Festlegung einer Überzeugung* und von James' *Psychologie* ist unverkennbar, gleichwohl enthält Deweys Schrift eine entscheidende Weiterentwicklung des Gewohnheitsbegriffs. Wie wir gesehen hatten, versteht Peirce die Gewohnheit einerseits als kosmologische ,Affinität zur Welt', die den wachsenden Einklang von Selbst und Common Sense umfasst. Andererseits ist das gewohnheitsmäßige Sinnen bei Peirce handlungsfördernd, dadurch dass es einen spielerischen Ruhepol bildet, der von dem Wechselspiel zwischen Zweifel und Überzeugung vorübergehend befreit. Dennoch blieb die leibkörperliche Seite der Gewohnheit bislang ungeklärt. Auch bei James tritt ein Widerspruch auf: Gewohnheit soll automatisiert – quasi zur Routine – werden, um dem Denken Freiraum zu gewähren, gleichzeitig ergibt dieses Denken nur Sinn, wenn es sich auf die konkrete Praxis beziehen kann. Dieses ungelöste Spannungsverhältnis zwischen leibkörperlichen und sozialen Verhaltensweisen und reflektierter Handlung wird von Dewey behandelt. Denken ist dabei nie sauber von der Gewohnheit ablösbar, es kann zwar in eine Situation eingreifen, in der die alte Gewohnheitsform gestört wird, doch die Art, *wie* das Denken darauf reagiert, rekurriert ebenfalls auf Gewohnheiten, nur auf andere. Stärker als James betont Dewey die Beweglichkeit von Gewohnheiten: *Die Erweiterung von Handlungsspielräumen wird durch die Flexibilisierung und Variation von Gewohnheiten ermöglicht. Dabei muss die enge Verbindung zwischen Denken und Gewohnheit stärker in den Blick rücken.* Andernfalls bliebe der alte Dualismus zwischen erneuerndem Denken und wiederholenden deterministischen leibkörperlichen Praktiken erhalten. Das Selbst stellt mit Dewey weder eine substantielle noch transzendentale Entität dar, es bildet sich graduell heraus und verändert sich. Dewey zufolge wird sogar in jedem wachen Moment die Balance zwischen dem Organismus und seiner Umwelt unterbrochen und wiederhergestellt. „The truth is that in every waking moment, the complete balance of the organism and its environment is constantly interfered with and is constantly restored" (125).

Zentral für seinen Begriff der Gewohnheit ist eine holistische Grundhaltung, die in wesentlichen Punkten mit der von Peirce und James übereinstimmt: Der Mensch ist Teil einer sich verändernden Wirklichkeit. Für elementare Funktionen, wie bspw. das Atmen, sind nicht nur die Lunge, sondern auch Luft, zum Gehen nicht nur Beine, sondern

---

[324] Auch wenn Dewey zu diesem Zeitpunkt schon 63 Jahre alt war, könnte man fast sagen, dass es sich um ein *früheres* Werk handelt. (In Deweys umfassenden Werk ist *Human Nature* natürlich unter den mittleren Werken verzeichnet) Sein erstes Hauptwerk *Erfahrung und Natur* erschien 1925, seine Ästhetik *Kunst als Erfahrung* jedoch erst 12 Jahre später, die *Logik* erst 1938. Dewey wurde 93 Jahre alt und seine Produktivität blieb bis zum Schluss ungebrochen. Sein hohes Alter führte er nicht zuletzt auf das Praktizieren der Alexandertechnik zurück, dessen Körperpraktiken, wie erwähnt, schon in die theoretischen Reflexionen von *Human Nature* Eingang fanden. Vgl zum Verhältnis von Deweys Biographie und Theoriebildung: Shusterman, *Philosophie als Lebenspraxis*, a.a.O., 21–91, insbes. 43.

auch der Boden notwendig. „[W]e must begin with recognizing that functions and habits are ways of using and incorporating the environment in which the latter has its say as surely as the former" (15). Doch ist die Gewohnheit hier stärker als bei Peirce als *verkörperte* Gewohnheit zu verstehen, die eine Anpassung an die Umwelt darstellt. Bei allen klassischen Pragmatisten ist die naturalistische Verankerung der Gewohnheit nicht deterministisch zu verstehen. Gewohnheit und Common Sense stellen also den Rahmen, innerhalb dessen überhaupt von ‚der Natur' und von ‚dem Selbst' gesprochen werden kann. Ein deterministischer Blick auf Gewohnheiten könnte aus Sicht des Pragmatismus nur vorgeben, die Außenperspektive einzunehmen, von der aus er zu sprechen vermeint. Die Vorstellung von Natur, die dieser Außenperspektive zugrunde liegt, ist selbst bereits Teil des bestehenden Common Sense, in dem sich jedes Selbst befindet. In dieser Hinsicht nimmt die pragmatistische Philosophie Überlegungen vorweg, die später von Heidegger und Wittgenstein formuliert worden sind, jedoch mit entscheidenden Differenzen: Die Lebensform des Selbst, sein In-der-Welt-Sein, wird stärker als *verkörperte Lebensform* gedacht. Und der Fokus des Pragmatismus ist ein anderer: Weder geht es darum, zu erkennen, wie das verkörperte Selbst und die Welt sich fundamentalontologisch zueinander verhalten, noch geht es darum, die metaphysischen Irrtümer zu beschreiben, zu denen uns die Sprache treibt, sondern darum, mögliche melioristische Formen der Umsetzbarkeit von Überlegungen im Handeln zu artikulieren.

Gewohnheiten werden, wie John Dewey treffend bemerkt, zunächst meist mit schlechten Gewohnheiten assoziiert (21). Selten wird gesagt, jemand habe eine hervorzuhebende gute Gewohnheit, gelungene Handlungen werden vielmehr gerade nicht mit Gewohnheiten in Zusammenhang gebracht. Sie gelten nicht als individuelle Eigenleistung, sondern als Ergebnis auferlegter Prägungen. Sie sind im Alltagsverständnis *scheinbar* nichts, was dem Selbst angehört, sondern entfernen das Selbst eher von sich. Deswegen werden gelungene Handlungen nicht als Gewohnheiten klassifiziert, sondern scheinen das Selbst vielmehr von gelungenen Handlungen abzuhalten. Die schlechten Gewohnheiten werden wie eine Macht über das Selbst wahrgenommen, die guten Gewohnheiten hingegen eher als technische Fähigkeiten betrachtet, als passive Werkzeuge, die wir uns zueigen machen. Etwas anderes ist es, wenn die positiven *Eigenarten* eines partikularen Selbst hervorgehoben werden: die Großzügigkeit einer Person, eine angenehme Art zu sprechen, ihre Eigenart, Konflikte zu lösen, etc. Die Eigenschaften werden als Teil der ‚Persönlichkeit', der Eigenart des Selbst betrachtet und sind damit scheinbar etwas, was das Selbst *ist*, wohingegen Gewohnheiten etwas zu sein scheinen, was das Selbst *hat*. Hier wird jedoch behauptet, die Gewohnheiten des Selbst seien Teil seiner *Eigenart*. So könnte man sagen, dass jede gelungene Kunst auf der sensiblen Kultivierung von Gewohnheiten aufbaut, sei es der leibkörperlich selbstverständlich gewordene Umgang mit einem Musikinstrument oder auch das gewohnheitsmäßige Wissen um die Kunsttradition, in der man sich befindet, und die es mit diesem Wissen weiterzuentwickeln gilt. Ich meine, dass man Dewey so verstehen kann: „When we are honest with ourselves we acknowledge that a habit has this power because it is so intimately a part of ourselves. It has a hold upon us because we are the habit" (ebd.). Im Unterschied zu James rücken für Dewey das Selbst und seine Gewohnheiten also untrennbar zusammen. „All habits are demands for certain kinds of activity; and they constitute the self" (ebd.). Während James eher ihre Routine stark macht, beschreibt Dewey die Produktivität von Gewohnheiten, die er von ersterer abgrenzt. „We are confronted with two kinds of habit, intelligent and routine" (51). Dem liegt eine weitere Annahme zugrunde: Dewey kritisiert die künstliche Unterscheidung in Aktivität und Passivität, die der zwischen Mangel und Fülle korreliert.

> „Any one who observes children knows that while periods of rest are natural, laziness is an ac-quired vice – or virtue. While a man is awake he will do something, if only to build castles in the air."

Deswegen ist es falsch, generell danach zu fragen, warum das Selbst handelt.[325] Bedürf-nisse sind aus dieser Perspektive keine Motive im Sinn eines Zustands des Mangels, der zu Handlung motiviert, sondern sind selbst eine Aktivität oder ein aktiver Prozess. Die Frage nach Motiven spielt erst eine Rolle, wenn es um spezifische Handlungen geht. (85) An diesem Punkt wird interessanterweise die Rolle der anderen wichtig. Unsere Motive entstehen auch aus den Urteilen, die einmal andere über unser Handeln gefällt haben (Tadel, Lob). Die Kritik an Dewey, er vernachlässige die Frage der Intersubjekti-vität, trifft also nicht überall zu. „In order to act properly he needs to view his act as others view it" (85). Die Gewohnheit wird erst dadurch zu einer konservativen Kraft, die den Handlungsspielraum einschränkt, wenn man sie von den Impulsen, von den Motiven und vom Denken abspaltet.

> „To laud habit as conservative while praising thought as the main spring of progress is to take the surest course to making thought abstruse and irrelevant and progress a matter of accident and catastrophe. The concrete fact behind the current separation of body and mind, practice and theory, actualities and ideals, is precisely this separation of habit and thought" (49).

Mittel und Zweck in Bewegung

In welcher Form jedoch kann die erneuernde Kraft von Gewohnheiten gedacht werden? Wie jedes hypostasierende Prinzip kritisiert der Pragmatismus starre Dualismen. Einer davon ist die philosophische Aufspaltung von Handlung und Handlungsimpulsen in Mittel und Zweck. Dewey zeigt eingehend, dass diese Dichotomie fiktiv und daher handlungsbehindernd ist, wenn das Mittel, welches genau genommen den Weg zum Zweck darstellt, degradiert wird, während der Zweck, der angeblich zu Beginn des Prozesses bereits feststeht, und dem Selbst vollständig durchsichtig ist, nur noch erlangt zu werden braucht. Am Ende des Durchgangs stünde unausweichlich die Leere. Denn der Zweck als *das* Gesetz *in seiner Reinform* kann in das tatsächliche alltägliche Leben gar nicht integriert werden. Und selbst in diesem unwahrscheinlichen Fall sind ihm die Insignien des Todes eingeschrieben, denn mit der Erreichung des vollkommenen Zwecks oder Zieles stellte sich zugleich der absolute Stillstand ein (122). Aus pragma-tistischer Perspektive kann der Maßstab für Handlungsfähigkeit nur darin liegen, den je partikularen Ort des Selbst ausfindig zu machen und Schritt für Schritt zu entwickeln. Das Selbst ist dann der Zukunft (und wie später diskutiert wird, anderen) gegenüber offen, da es sich beständig im *Übergang* befindet (nicht im *Wechsel*, denn der Übergang

---

[325] Dewey, *Human Nature and Conduct*, a.a.O., 84.

akzentuiert die dazu notwendigen Kontinuitäten). Das Selbst sollte von der gegenwärtigen Situation ausgehen, die augenblicklichen Mittel aufwerten und reflektieren, die für den Handlungsspielraum wesentlich sind.

> „The problem of deliberation is not to calculate future happenings but to appraise present proposed actions. [...] Every attempt to forecast our future is in the end the auditing of present concrete impulse and habit. Therefore the important thing is the fostering of those habits and impulses which lead to a broad, just, sympathetic survey of situations."[326]

Man kann aber noch einen Schritt weitergehen: Die Auflösung der Mittel-Zweck-Dichotomie, wie sie Dewey formuliert, hat weitreichende Konsequenzen für die Konzeption des partikularen Selbst: Dieses entwickelt sich nämlich erst in lebendiger Auseinandersetzung seiner Gewohnheiten mit Situationen, in die es gerät. Durch diese Verhältnisbestimmung, wird nicht nur die Situation konkreter fassbar, sondern das Selbst nimmt überhaupt erst Kontur an. Ebenso wenig wie zu Beginn einer Handlung der Zweck vollständig transparent ist, so ist auch das Selbst nicht feststehend oder in sich transparent. Durch die Handlung ,entdeckt' es sich und seine Gewohnheiten. Genaugenommen werden in diesem Prozedere auch erst die Zwecke konkreter gefasst. Am Anfang einer Handlung ist der Zweck und die Problemstellung im peirceschen Sinn vage oder – wie Dewey 16 Jahre später in seiner Logik sagen wird: die qualitative Situation ist noch nicht ausdifferenziert. Die Frage danach, inwieweit das Selbst sich im Handeln *entdeckt* oder *erfindet*, kann daher nicht klar entschieden werden.

Um handlungsfähig zu sein, so Dewey, kann nicht nur ein abstrakt-metaphysisches Ziel in den Blick genommen werden, es müssen die kleinen Zwischenschritte berücksichtigt werden, die zu jedem Prozess des Denkens, der auch ein Lernprozess ist, dazugehören. Ohne diese Zwischenschritte wird das Ziel abstrakt und unerreichbar. Der Glaube an unveränderliche Prinzipien steht dabei nicht nur der Handlungsfähigkeit im Wege. In der Unterordnung unter eine nichtmenschliche autoritäre Struktur demütigt sich das Selbst und nimmt eine kindliche Haltung ein, die nicht eigenverantwortlich ist. So schreibt auch John McDowell:

> „Full human maturity would require us to acknowledge authority only if the acknowledgement does not involve abasing ourselves before something non-human. The only authority that meets this requirement is that of human consensus."[327]

Philosophie bleibt einem kindlichen Glauben verhaftet, wenn sie unerschütterliche Garantien behauptet. Diese Verknüpfung hat ihre Parallele in Cavells Beschreibung des Denkens, in welcher er das Verhältnis von Skeptizismus und Alltäglichkeit mit dem Verhältnis Kind-Erwachsener vergleicht. Doch während Cavell (und Putnam) eher auf die Sensibilisierung des partikularen Standpunktes abheben, ist Deweys Umgang mit der Auflösung autoritär-metaphysischer Überzeugungen konkreter und leibkörperlicher. Wenn nur das Ziel anvisiert wird, werden die unreflektierten Gewohnheiten, die im Körper gespeichert sind, unkontrolliert ihren üblichen Verlauf nehmen und den Lern-

---

[326] Ebd., 143f.
[327] John McDowell, Towards Rehabilitating Objectivity, in: Robert Brandom (Hg.): *Rorty and His Critics*, a.a.O., 110.

prozess verhindern. Deswegen muss es um die Kultivierung von möglichst flexiblen Gewohnheiten gehen, denn:

> „An aim not framed at the basis of a survey of those present conditions which are to be employed as means of its realisation simply throws us back upon past habits. [...] In *fact* ends or consequences are still determined by fixed habits and the force of circumstance" (160, 162).

Dewey erwähnt an einer Stelle in *Human Nature and Conduct* die Bemerkung eines Freundes, dass die Überzeugung, man gelange am ehesten dann an das gewünschte Ziel, wenn es sich nur um das richtige Ziel handle und der nötige Wille vorhanden sei, auch unter gebildeten Menschen wie ein Aberglaube verbreitet sei (23). Nicht zufällig wählt er als Beispiel den Versuch, eine gerade Körperhaltung einzunehmen. Dieser Versuch scheitert jedoch, wenn man den körperlichen Gewohnheiten nicht die nötige Aufmerksamkeit schenkt. „He pointed out that this belief is on a par with primitive magic in its neglect of attention to the means which are involved in reaching an end" (23). Nicht zufällig ist dieser Freund, von dem Dewey spricht, F. M. Alexander, der Begründer der sogenannten Alexander-Technik, bei der es um Körperbeherrschung durch eine Rationalisierung der Aufmerksamkeit auf den Körper geht. Dewey selbst praktizierte diese Technik und schrieb mehrere Vorworte für Bücher von Alexander. In dem Kapitel zum Leib-Körper-Problem werde ich darauf näher eingehen. Wichtig für die Gewohnheit ist hier:

> „It is as reasonable to expect a fire to go out when it is ordered to stop burning as to suppose a man to stand straight in consequence of a direct action of thought and desire. [...] Of course something happens when a man acts upon his idea of standing straight. For a little while, he stands differently, but only a different kind of badly. He then takes the unaccustomed feeling which accompanies his unusual stand as evidence that he is now standing right" (24).

Das Beispiel ist übertragbar auf sämtliche Bereiche des Handelns: Sich eine Handlung vorzunehmen, ohne ihre Realisierbarkeit im Rahmen der gegebenen Gewohnheiten und Umstände zu berücksichtigen, ist träumerisch und unrealistisch, denn: „Ideas, thoughts of ends, are not spontaneously generated. There is no immaculate conception of meanings or purposes. Reason pure of all influence from prior habit is a fiction. But pure sensations out of which ideas can be framed apart from habit are equally fictitious" (25). Wie an vielen Stellen wird auch hier deutlich, dass Dewey einen dritten Weg zwischen Rationalismus und Empirismus sucht: Weder die reine Sinneswahrnehmung noch die reine Vernunft können das Selbst im Handeln anleiten. Es gibt keine ‚unbefleckte Empfängnis‘ von Bedeutungen oder Zielen. Das, womit das Selbst seine Ziele wahrnimmt und anvisiert, ist bereits gesättigt von Gewohnheiten innerhalb eines spezifischen Common Sense-Rahmens. Je flexibler indessen die Gewohnheiten eines Selbst sind, umso handlungsfähiger ist es in ungewohnten Situationen und umso sensibler kann es überhaupt erst das Neue an Situationen oder eigenen Impulsen freilegen. Mittel und Zwecke sind dann nur unterschiedliche Phasen innerhalb eines Handlungsprozesses: „Means and ends are two names for the same reality." (28). Die Flexibilität oder Bildsamkeit von Gewohnheiten stellt aus Deweys Perspektive alles andere als den Gegensatz zur Originalität des Selbst dar (70).

Der Philosophie von Dewey liegt ein spezifisches Bild des Selbst zugrunde. Das Selbst ist sich selbst nicht durchsichtig, und weil es das nicht sein *kann* (wie Peirce überzeugend in seinem Aufsatz zum *kritischen Common Sense* gezeigt hat), kann es auch seine Ziele nicht durchweg transparent formulieren und umsetzen, im Gegenteil: der Versuch, ein abstraktes Ziel zu erreichen, wird daran scheitern, dass das Selbst seine Gewohnheiten (und seine Verwurzelung im Common Sense) nicht genügend berücksichtigt hat, wodurch es in seinem Handlungsspielraum viel stärker eingeschränkt wird. Kafkas Parabel ‚*Vor dem Gesetz*‘ ist ein schönes Bild dafür. Falsch verstandenes instrumentelles Denken geht davon aus, dass nur die richtigen Mittel gefunden werden müssen, um sein Ziel zu erreichen. Aus dieser Sicht kann der Pragmatismus wie ein irregeleiteter Voluntarismus wirken. Tatsächlich ist der Prozess viel komplexer: Im Verlauf der kleinschrittigen Suche nach Mitteln und Wegen verändert sich die Wahrnehmung von dem ursprünglichen Ziel und es verändert sich die Wahrnehmung des Selbst von sich selbst in seinen Absichten. Die pragmatistische Sichtweise betont, dass Zwecke oder Ziele Zwischenetappen auf dem Weg des Selbst zu Wachstum und besserer Erfahrung darstellen. Einen neutralen Referenzpunkt gibt es nicht. Den Zweck vom Mittel abzulösen ist aus Deweys Sicht fiktiv. Um ein Ziel zu erreichen, müssen wir uns auf das nächstliegende Mittel konzentrieren. Es wird vorübergehend zum Zweck.

Das Selbst kann also nicht willentlich irgendeine neue Gewohnheit oder eine neue Routine etablieren, es kann nur durch Übung und Aufmerksamkeit, durch Kultivieren einer Flexibilität eine neue Gewohnheit entwickeln. Die Bereitschaft, dabei die Mittel als vorübergehendes Ziel zu setzen, scheint den besten Boden dafür zu bieten. Eine abstrakte Zielsetzung tut dies nicht.

> „As soon as we have projected it, we must begin to work backward in thought. We must change *what* is to be done into a *how*, the means whereby. The end thus re-appears as a series of ‚what next‘, and the what next of chief importance is the one nearest the present state of the one acting“ (29).

Die Frage danach, was Mittel, was Zweck (bzw. Zielsetzung) ist, ist auch und vor allem eine der Perspektive. Von etwas als Zweck zu sprechen heißt, eine Vogelperspektive einzunehmen, von Mitteln zu sprechen hingegen, aus einer teilnehmenden, konkreteren Perspektive zu sprechen. Der Zweck muss als eine Reihe von Mitteln betrachtet werden. Einmal einen Gedanken an einen Zweck gefasst, müssen wir rückwärts gehen bis zu dem nächsten Mittel. Die Mittel, die in unserer Macht stehen, sind die Gewohnheiten. Dabei muss man bestimmte Gewohnheiten als gegeben hinnehmen, um handlungsfähig zu bleiben, gerade wenn man eine bestimmte Tätigkeit lernen will.

Wenn das vorgenommene Ziel ungewohnte Handlungen erfordert, muss das Selbst eine Handlung finden, die eine *konkrete* Alternative enthält; das Problem muss indirekt, über einen Umweg ‚flankiert‘ werden (27f.). Wenn wir z.B. unsere aufrechte Haltung verbessern wollen, müssen wir eine Handlung finden, die so ungewohnt ist, dass sie mit den Gedanken an die alte Gewohnheit nicht verknüpft ist. D.h. gerade nicht, die alte Gewohnheit zu ignorieren, sondern ihre Reichweite sehr genau zu berücksichtigen, um eine neue Gewohnheit etablieren zu können. Es geht also darum, einen neuen Handlungsablauf zu entdecken, der damit zugleich Mittel und Zweck ist.

„Until one takes intermediate acts seriously enough to treat them as ends, one wastes one's time in any effort at change of habits. Of the intermediate acts, the most important is the *next* one. The first or earliest means is the most important end to discover" (28).

Mittel und Zwecke sind also zwei Namen für dieselbe Wirklichkeit. Doch nimmt Dewey eine Umwertung vor: Es geht nicht in erster Linie darum, ein Ziel zu haben, um dann den Weg dorthin, die Mittel auf dem Weg dorthin als bloß hinderliches Beiwerk zu behandeln. Der wichtigste Schritt ist der *nächste, also der erste und nicht der letzte.* Doch erklärt er nicht genauer, wie es zu dem ersten Schritt kommt. Er spricht von der ‚Entdeckung' eines neuen Handlungsablaufes. Dazu müsse man sich eine konkrete Vorstellung von der Zielsetzung machen. Jemand, der aufhören möchte, Alkohol zu trinken, sich aber noch nicht konkret ausgemalt hat, wie und mit wem er seine nüchternen Abende wohl zubringen wird, hat schlechte Chancen. Jemand, der gerne Klavierspielen möchte, dabei jedoch immer nur die Virtuosin im Blick hat und nicht darüber nachdenkt, wie viel Übung für dieses Ziel vonnöten ist, wird kaum die Geduld aufbringen, sich die Gewohnheit des Klavierspielens anzueignen. Die Zielsetzung wird zu einem Wunschtraum, „a mere end, that is a dream. [...] Just as end, it is vague, cloudy, impressionistic. We do not *know* what we are really after until a *course* of action is mentally worked out" (28f.). Das Gleiche gilt für philosophisches Denken: Eine Theorie, die ein abstraktes Prinzip als Ziel vor Augen hat, ohne die Zwischenschritte zu berücksichtigen, die das Denken dabei gehen muss und nicht überspringen darf, wird der Fragestellung nicht gerecht werden (23). Ein Ziel wird nicht alleine dadurch erreicht, dass man es vor Augen hat. Wenn das Ziel zum Gesetz wird wie bei Kafka, wird der Mann vom Lande nie eintreten. Ein abstraktes Ziel *kann* man gar nicht erreichen.

„In fact, ends are ends-in-view or aims." Doch was heißt *ends-in-view*? Der nächstbeste Schritt kann in seinen Folgen nicht vorhergesehen werden, sondern er muss erahnt werden. Das Handeln wird umso sicherer gehen, wenn es in seinen Ahnungen – also in seinen Hypothesenbildungen – möglichst aufmerksam die Ausrichtung der alten Gewohnheiten beachtet.

Kreativität: Kollision des Bekannten, Ausschwärmen ins Unbekannte?

Deswegen müssen die Zwischenschritte kultiviert werden, und d.h. auch eine Kultivierung von möglichst flexiblen Gewohnheiten. Doch die Schwierigkeit besteht darin, im Handlungsverlauf zu wissen, *welcher nächste Schritt der beste wäre.* Für Dewey ist dieser Prozess grundlegend, sowohl für das Handeln des partikularen Selbst als auch für öffentliches und wissenschaftliches Handeln. Der Übergang vom alltäglich-experimentellen Erproben einer Handlung zum wissenschaftlichen Experimentieren, wie sie in seiner ‚theory of inquiry' Niederschlag findet, ist fließend. Doch was heißt es, das Nächstliegende sehen zu lernen und in welcher Form kann es den Handlungsspielraum des Selbst vergrößern? Das Ziel nimmt erst in seiner möglichen Umsetzbarkeit Gestalt an. „We do not *know* what we are really after until a *course* of action is mentally worked out."[328] Das, woran sich das Selbst dabei orientiert, ist etwas, das in der Orientierung erst Kontur erhält. Dieser Prozess erinnert nicht zufällig an Peirce' Begriff des

---

[328] Dewey, *Human Nature and Conduct*, a.a.O., 28f.

Zweifels. Doch während der Zweifel bei Peirce eher negativ gefasst blieb, beschreibt Dewey ein positiveres Handlungsmodell.

Das Neue findet Eingang durch die Impulse, die nicht biologistisch verstanden werden. Im Gegenteil, Dewey schreibt sogar, dass im Verhalten die Gewohnheiten gegenüber den Impulsen primär sind. Die Gewohnheiten werden zu einer Art zweiten Natur, die die Impulse des Selbst überlagern (65). Die scheinbar darunterliegenden und unverfälschten erneuernden Impulse jedes neu auf die Welt kommenden Individuums sind für Dewey ein (wenn auch idealisiertes) Bild für die Erneuerbarkeit der Gesellschaft und ihres Common Sense.[329]

> „Each individual that comes into the world is a new beginning, the universe itself is, as it were, taking a fresh start in him and trying to do something, even if on a small scale, that it has never done before."[330]

Trotz einer Geisteshaltung der Nachahmung, zu der man herangezogen wird, bleibt eine Ahnung von der Utopie, die in der Kindheit aufscheint, „wherein growth is normal not an anomaly, activity a delight not a task, and where habit-forming is an expansion of power and not its shrinkage".[331] Aus dieser Aufspaltung von Aktivität als Pflicht und Untätigkeit als dessen Gegenpol, einer Gegenüberstellung, die für Dewey künstlich ist, ergeben sich umgekehrt auch die widersprüchlichen Träume vom ‚Paradies‘, in welchem das Selbst einerseits Ruhe und Stillstand des Begehrens findet und mit dem es zugleich den Traum einer Rückkehr zur Natur verbindet (72). Doch wie definiert Dewey Impulse?

> „The word impulse suggests something primitive, yet loose, undirected inicial. Man can progress as beasts cannot, precisely because he has so many ‚instincts‘ that they can cut across one another." (75, Fn. 1).

Der Impuls wird vom Instinkt unterschieden. Letzterer trägt gegenüber ersterem eine deterministische Konnotation, die Dewey in diesem Zusammenhang vermeiden will.

Der Impuls steht für einen *Handlungsüberschuss*, der den vermeintlich festgelegten Ablauf von Gewohnheiten (oder Instinkten) übersteigt. Entscheidend dabei ist, dass eine Alternative zum Konzept des ‚Mangel-Selbst‘ gezeichnet wird. Die Aufwertung des Impulses von Dewey ist gleichwohl nicht im Sinne eines bergsonschen *élan vital* zu verstehen. Der pragmatistische Impuls gewinnt seine Qualität durch die *Verknüpfung mit* der Gewohnheit im Handeln, nicht *durch Abgrenzung von* jeder rationalen Aneignung (53).

Im Unterschied zu James hält Dewey Gewohnheiten für formbarer, jedoch nicht durch eine Anstrengung des Willens, nicht durch den Kampf von Wille und Routine, sondern eher durch eine Kultivierung des Wechselverhältnisses von Gewohnheiten und Impulsen. Während James möglichst viel der täglichen Routine überantworten will, damit das Denken frei sein kann und darin, wie wir gesehen haben, widersprüchlich

---

[329] Dewey nimmt hier Überlegungen vorweg, die Hannah Arendt später – unabhängig vom Pragmatismus – im Begriff der Natalität entfalten sollte.

[330] Dewey, *Construction and Criticism*, in: *Later Works*, Bd. 5, a.a.O., 127–143, in: Joas, *Die Kreativität des Handelns*, a.a.O., 207.

[331] Ders., *Human Nature and Conduct*, a.a.O., 71.

bleibt, erklärt Dewey diese Spaltung aus der verbreiteten Erfahrung, dass Gedanken, die von den Gewohnheiten abgetrennt werden, in der Anwendung nicht funktionieren, weil andere, gegensätzliche Gewohnheiten sich in den Weg stellen.

„To learn the habit of learning" (75) heißt, Gewohnheiten flexibel genug zu halten, um sie für *Veränderungen durch einen zunächst ungerichteten Handlungsüberschuss zu öffnen.* Was Dewey dabei als *Impuls* beschreibt, ähnelt seinen *Ideen* in der Logik. Der Impuls beschreibt jedoch eher einen leibkörperlichen Überschuss, die Idee dagegen die kreative Hypothesenbildung. So unterschiedlich der jeweilige systematische Hintergrund sein mag: In beiden Fällen geht es um ein *Ausschwärmen in unbekanntes Terrain,* welches sich durch die Gewohnheit absichert, während der Handlungsüberschuss ein kreatives Potenzial enthält, durch den der Schritt in etwas Neues gewagt wird.

> „Impulse defines the peering, the search, the inquiry. It is, in logical language, the movement into the unknown, not into the immense inane of the unknown at large, but into that special unknown which, when it is hit upon, restores an ordered, unified action. During this search, old habit supplies content, filling, definite, recognizable, subject-matter" (126).

Deweys Impulsbegriff befindet sich in direkter Schnittstelle eines naturalistisch orientierten Konzeptes von einem Handlungsüberschuss und eines kreativen Momentes, welches an den Begriff der Hypothesenbildung (bzw. der Idee in der Logik) und an den Abduktionsbegriff bei Peirce anknüpft. Der kreative Schritt in unbekanntes Terrain muss sich immer an der Partikularität des Selbst orientieren, und daher ist das *special unknown* – das *naheliegende Unbekannte* – weder eindeutig als Entdeckung noch als Erfindung zu bestimmen. „Our attention in short is always directed forward to bring to notice something which is imminent but which as yet escapes us" (126). An anderen Stellen wiederum wird der ästhetische Aspekt und der partikulare Standpunkt des Selbst stärker hervorgehoben. „Habit as a vital art depends upon the animation of habit by impulse. [...] But art, little as well as great, cannot be improvised. It is impossibe without spontaneity, but it is not spontaneity. [...] Thought is born as the twin of impulse in every moment of impeded habit" (118).

Die Trennung von Gewohnheit und Denken ist für Dewey letztlich ein intellektueller Reflex auf die soziale Trennung von körperlicher Arbeit und geistiger Tätigkeit (52).[332] Gewohnheiten werden subjektiv als individuell wahrgenommen, tatsächlich entwickeln sie sich vor dem Hintergrund des kritischen Common Sense, in dem das Selbst sich bildet. Es befindet sich von Anfang an in einem Austausch mit konkreten anderen, die sich wechselseitig beeinflussen. „Our individual habits are links in forming the endless chain of humanity."[333] Doch je stärker sich einzelne Gewohnheiten verhärten und vom Denken abspalten – und aufgeblendet: soziale Großgewohnheiten, die sich in Institutionen niederschlagen – umso größer ist die Wahrscheinlichkeit, dass es zu Konflikten kommt. Zugespitzt formuliert, können starre Gewohnheiten sich auf lange Sicht nicht

---

[332] In seinen genealogischen Analysen nimmt er an vielen Punkten eine historisierende Aufarbeitung der Philosophie vorweg, wie Michel Foucault sie später – an vielen Punkten radikaler und konsequenter – umgesetzt hat. Für einen Vergleich von Dewey und Foucault siehe: Shusterman, Portraits philosophischer Lebensweisen. Dewey, Wittgenstein, Foucault, in: *Philosophie als Lebenspraxis,* a.a.O., 21–91.

[333] Dewey, ebd., 19.

halten, es sei denn mit Gewalt. Aber nicht nur die Gesellschaft, auch das partikulare Selbst ist zwischen den verschiedenen Anforderungen und widersprüchlichen Gewohnheiten zerrissen (90f.). Der erneuernde Impuls kann daher auch als Folge der Spannungen zwischen den konfligierenden Gewohnheiten betrachtet werden, die jeweils für sich ein klares Handlungsmuster vorzugeben scheinen. Aus den kollidierenden Gewohnheiten heraus bricht sich der innovative Impuls Bahn. Bei diesen Gewohnheitskollisionen wird jedoch eher ein Impuls *aus der Störung heraus* freigesetzt, hier besteht also eher eine Begriffsverwandtschaft vom Impuls zum Zweifel. Das Selbst wird sozusagen gezwungen, seine festgelegten Gewohnheiten zu unterbrechen. Demgegenüber enthält der Impuls als Handlungsüberschuss, der in das naheliegende unbekannte Terrain ausschwärmt, ein zwangloses Moment des Einklangs.

Die Kreativität der Gewohnheit kommt bei Dewey, so möchte ich zusammenfassen, durch zwei Momente zustande: Durch die Kollision des Bekannten zwischen widerstreitenden Gewohnheiten, die sich in einem erneuernden Impuls entladen, und durch einen ästhetisch-affirmativ gefassten Begriff des Impulses, der dem der Ideen, der Hypothesenbildung und der Abduktion verwandt ist. Letzterer ist als affirmative Antizipation einer Verknüpfungsleistung zu verstehen, in welcher eine positiv-ästhetische Verbindung zwischen dem bekannten und dem unbekannten Terrain hergestellt wird. Die kreative Leistung besteht zumeist weniger in einem gewaltigen Sprung zwischen alt und neu, sondern in der *möglichst schönen und einfachen Verbindung zwischen dem Alten und dem Neuen, deren Affinität durch die positive Ausgesetztheit, durch das Genießen antizipiert wird. Sie besteht in dem Ausschwärmen in das naheliegende Unbekannte.* In beiden Fällen ist die Funktion der Gewohnheit zentral. Was die Kollision von widerstreitenden Gewohnheiten betrifft, scheint mir nach den obigen Ausführungen weniger Klärungsbedarf zu bestehen (Kollisionen manifestieren sich bspw. im Zweifel) als hinsichtlich der zwanglos-ästhetischen Verbindung von alt und neu. Um dieser Idee mehr Kontur zu verleihen, werde ich im Folgenden auf die ästhetische Erfahrung von Dewey eingehen, in welcher sich weitere Hinweise für diese Überlegungen befinden.

Gewohnheit, ästhetische Erfahrung und Kohärenz des Selbst

Deweys Fokus auf Ästhetik speist sich aus einer gesellschaftskritischen Haltung, die die bestehende Kultur- und Kunstwelt als Ausdruck spezifischer historischer Umstände betrachtet und deshalb infrage stellen kann. Motivation dafür ist, dass Dewey die Kunstpraxis seiner Zeit als reduziert und ihren Erfahrungsgehalt als verarmt ansieht, in welcher sich die gesamtgesellschaftliche Situation widerspiegelt. Methodisch geht seine Kritik genealogisch vor: Er vergleicht den Status von Kunst in der Antike mit dem in der Moderne, um zu zeigen, dass Kunst nicht immer und a priori autonom war, sondern dass die Absonderung der Ästhetik als eines eigenständigen Bereiches eine Folge historischer und sozio-ökonomischer Prozesse darstellt. Durch die allmähliche Abspaltung der Kunst als *l'art pour l'art* vom alltäglichen Handeln und Erfahren wurde auch, so lautet eine seiner Schlussfolgerungen, die gewöhnliche von der ästhetischen Erfahrung getrennt und erstere abgewertet.

Dewey sieht Kunst als Speicher kultureller Inhalte. So lässt sich erklären, warum Kunst als zweckfrei angesehen wurde und wird. Sie erhält durch diese Zuschreibung eine Ausgleichsfunktion gegenüber der Alltagswirklichkeit, wie Dewey problematisiert. „So lange wie die Kunst den Schönheitssalon einer Zivilisation darstellt, ist weder die Kunst, noch die Zivilisation ohne Gefahr."[334] Die Dichotomie zwischen Kunst und Leben, die sich historisch herausgebildet hat, bietet in seinen Augen nur unzureichende wechselseitige Kompensationen innerhalb eines insgesamt verfehlten Gesellschaftskonzeptes. Diese Aufspaltung verdoppelt sich nochmals im Bereich der Kunst gegenüber der Unterhaltung – in dem dialektischen Verhältnis von hoher Kunst und sogenanntem vulgären Vergnügen. Ununterdrückbar scheint das Bedürfnis nach Genuss, schreibt Dewey, und sucht sich andere Kanäle, wenn Kunst unzugänglich wird. Das Vulgäre entsteht erst in Abgrenzung zu geistig-entrückter Kunst. „Wenn das, was die Gebildetenschicht unter Kunst versteht, aufgrund seiner Entrücktheit für die Masse des Volkes zum blutleeren Gebilde wird, dann richtet sich das Verlangen nach Ästhetik leicht auf das Billig-Vulgäre" (12). Kunst und „das Billig-Vulgäre" sind also als historische Begriffe konstitutiv in gegenseitiger Abgrenzung und gleichzeitiger Abhängigkeit miteinander verbunden. Der Begriff ästhetischer Erfahrung bei Kant etwa geht von der Autonomie der Kunst aus. Sie ist Selbstzweck, wohingegen Gebrauchskunst als Mittel zum Zweck für das bloß Angenehme zuständig ist. Das, was in der autonomen Kunst fehlt, wird, so Dewey, von dem vulgären Vergnügen übernommen: Der Bezug zur Alltagswelt, die leibliche Beteiligung der Rezipienten, etc. Die Mittel-Zweck-Dichotomie, die zwischen Kunst und Gebrauchskunst oder Kunsthandwerk besteht, stellt sich so als ein Symptom der Zeit und nicht als intrinsische Eigenschaft von Kunst- oder Erfahrungsformen dar. Die Differenzierung in hohe und niedrige Kunst bedarf daher einer demokratisierenden Umgestaltung, die befördert werden kann, wenn Theorie sich zunächst auf die bestehenden Alltagserfahrungen richtet, um dann spezifische Differenzen zur ästhetischen Erfahrung zu markieren. So können längerfristig die Sichtweisen auf Kunst und Alltag verändert und einander wieder angenähert werden kann.

Zu Deweys Theorie gehört also wesentlich die Infragestellung der Autonomie von Kunst. Durch die ästhetische Erfahrung findet eine Vermittlung statt: Die Bereicherung der Erfahrung stellt den Zweck von Kunst dar. Über die unmittelbare ästhetische Erfahrung hinaus besteht ihr Wert und Zweck letztlich in einer Steigerung der Lebensfreude.[335] Der Wert von Kunst liegt in ihrem Gebrauchswert, der erfüllenden Erfahrung einer Kohärenz des Selbst, die in Hinblick auf erweiterte Handlungsspielräume fruchtbar gemacht werden kann (306ff). Dewey widerspricht damit Ästhetikkonzeptionen insbesondere kantscher Prägung, die das Kontemplative und Interesselose der ästhetischen Erfahrung in den Vordergrund rücken. Er kritisiert sowohl die mangelnde Berücksichtigung des zu kontemplierenden Inhalts als auch die Leugnung von Affekten in der ästhetischen Erfahrung.

> „Nicht das Fehlen von Wunsch und Gedanken, sondern deren vollständiges Eingehen in die wahrnehmende Erfahrung charakterisiert die ästhetische Erfahrung in ihrer Besonderheit gegenüber Erfahrungen, die vornehmlich *intellektuell* oder *praktisch* sind."[336]

---

[334] Dewey, *Kunst als Erfahrung*, a.a.O., 396.
[335] Shusterman, *Pragmatist Aesthetics*, a.a.O., 10.
[336] Dewey, *Kunst als Erfahrung*, a.a.O., 297.

Ästhetische Erfahrung erhält eine politische Dimension, da sowohl die engen Grenzen der Kunst als auch die anerkannten Rezeptionsweisen problematisiert werden. Dewey strebt eine kapitalismuskritische Demokratisierung von Kunst an, was einerseits bedeutet, Kunst allen Gesellschaftsschichten zugänglicher zu machen, andererseits und grundsätzlicher jedoch beinhaltet, den bestehenden *Status* von Kunst in Frage zu stellen. Damit wird einer Entwicklung entgegengetreten, in welcher Kunst sich mit zunehmender geistiger Entrücktheit von den Alltagserfahrungen entfernt und stattdessen zusehends musealisiert und verdinglicht wird. Seine Kritik lautet, dass das Postulat der Autonomie von Kunst und Ästhetik diese implizit instrumentalisiert, da nur bestimmte (musealisierte, körperfeindliche, elitäre) Kunstformen mit der Kunst an sich identifiziert und so Kriterien impliziert werden, die als überhistorisch oder transzendental gelten, obwohl sie einen faktisch-fiktiven Common Sense widerspiegeln. Indem Dewey seinen Fokus auf die ästhetische Erfahrung legt, rückt er von der Fetischisierung und Ontologisierung der Kunst ab.

Die primäre Aufgabe von Ästhetik – sowohl der Theorie als auch der konkreten Ausübung – soll in der Bereicherung von Erfahrung und nicht in einer angenommenen selbstzweckhaften Schönheit liegen. Ästhetik hat einen Nutzen, nämlich den, eine vorübergehende Kohärenz des genießenden Selbst zu ermöglichen, nicht nur in der Rezeption von Kunstwerken, sondern potenziell in allen Lebensbereichen. Hohe Kunst insgesamt ist für Dewey zu sehr vom alltäglichen Leben abgeschnitten. Ebenso wie das Verhältnis hoher und niedriger Kunst ist das Verhältnis alltäglicher und ästhetischer Erfahrung wechselseitig bedingt: Die vorherrschende Alltagsform, Erfahrungen zu machen, ist aus Dewey Sicht eine verkümmerte, die entweder in *Ziellosigkeit* oder in *mechanische Routine* umkippt, entweder *stagniert* oder *haltlos* wird. Kunst kompensiert diese Verkümmerung, bleibt jedoch selbst diesen Gegensätzen verfangen, wenn sie nicht zu einer Transformation beiträgt.

> „Jede dieser beiden Arten von Erfahrung ist so stark vertreten, dass man sie unbewusst zur Norm für die gesamte Erfahrung erklärt hat. Erscheint dann die Ästhetik, so kontrastiert sie derart stark mit dem Bild, das man sich von Erfahrung macht, dass es unmöglich ist, ihre besonderen Eigenschaften mit den Merkmalen jenes Bildes in Übereinstimmung zu bringen, und sie erhält ihren Platz und Rang außerhalb" (53).

Den einseitigen Alltagserfahrungen stellt Dewey einen vielseitigeren Erfahrungsbegriff gegenüber, bei dem er den Nachdruck auf die Weise, *wie* erfahren wird, legt. (47) Das, was Dewey unter ästhetischer Erfahrung versteht, beschreibt m.E. jene Momente, in denen das Selbst kohärent in seinen Handlungen aufgeht: Alltagsweltlich gesprochen zeigt sich diese Erfahrung vielleicht in einem gelungenen Gespräch, an welches man sich später gerne erinnert, weil der Dialog zwanglos und fruchtbar verlaufen ist. Die Beteiligten haben vielleicht etwas Neues in dem Gespräch gelernt, ohne dass es zu Verstimmungen gekommen ist. Ästhetische Erfahrung kann stattfinden, wenn jemand glaubt, etwas Gelungenes geschrieben zu haben oder auch in einem gelungen ausgetragenen Spiel, in gelungener Sexualität, in einem gelungenen gemeinschaftlichen Beisammensein. Es handelt sich hier also um eine spezifische Qualität von Erfahrungen, die nicht primär von dem *Was*, sondern von dem *Wie* abhängt und deshalb potenziell in jeder menschlichen Erfahrung angelegt ist. Ästhetische Erfahrung ist unverkürzt. Sie hängt im weitesten Sinn mit einem Erlebnis von Glück oder Erfüllung zusammen und wird als *motivationsfördernd* gekennzeichnet (49). Unvollständige, nichtästhetische Erfahrung ist hingegen immer zwischen zwei Polen angesiedelt, z.B. zwischen Aktivität und Passivität. Die von Dewey umschriebene Erfahrung liegt zwischen diesen Gegensatzpaaren, wobei es ihm nicht um einen durchschnittlichen Mittelwert geht, sondern um eine Überwindung von Dichotomien.

Auch die klassische Trennung von Produktion und Rezeption lässt sich aus Sicht von Dewey nicht aufrechterhalten (60f.). Zur Produktion gehört demnach, dass Kunstproduzenten, während sie arbeiten, in sich die Haltung der Rezipienten verkörpern. Umgekehrt stellt die Rezeption eine Handlung dar, andernfalls sie nur ein Wiedererkennen wäre. Wenn sie in Aktion tritt „muss der Betrachter Schöpfer seiner eigenen Erfahrungen sein. Und das, was er geschaffen hat, muss Beziehungen einschließen, die vergleichbar sind mit jenen, die der Autor des Werkes empfand."[337] Diese Haltung lässt sich auch auf Situationen übertragen, die im engen Sinn ‚nichtkünstlerisch' sind. Übertragen auf Alltagshandlungen heißt das, das Selbst ist in jeder Situation nicht nur ‚Rezipient' sondern auch ‚Produzent'.

Problematisch an Deweys Erörterungen der ästhetischen Erfahrung bleibt jedoch, dass sie einer Metaphysik der Präsenz verhaftet zu bleiben scheinen. Sie erinnern schließlich doch an romantische Subjektkonzeptionen, in denen die Wahrheit geschaut wird – etwa so, wie Fichte von der intellektuellen Anschauung sagte: „Man hat sie oder man hat sie nicht."[338] Deweys Stärke ist gleichwohl, dass er von Alltagserfahrungen ausgeht und die Ästhetik an den Common Sense rückbindet – dennoch entwickelt er teilweise die Tendenz, die gewöhnliche Erfahrung in einer großen Synthese spiritualisieren zu wollen.[339] Der Gefahr einer mystischen Aufladung des Erfahrungsbegriffes als „unaussprechbar und mystisch"[340] kann jedoch entgangen werden, wenn die jeweilige Erfahrung als partikulare beschrieben wird. Was für Konsequenzen lassen sich daraus für das partikulare Selbst und seine Gewohnheiten ziehen? Wie ich meine, lassen sich in einigen neopragmatistischen Ansätzen fruchtbare Weiterentwicklungen des deweyschen Erfahrungsbegriffs finden.

---

[337] Ebd., 68. Schöpfer seiner eigenen Erfahrungen zu sein, wird das Hauptanliegen der Philosophie Rortys sein. Diese ist nur eine unter zahlreichen Stellen bei Dewey, die zeigen, wie stark sein Einfluss auf Rortys Denken ist.

[338] Vgl. bei Rüdiger Bubner: Zur Analyse ästhetischer Erfahrung, in: Willi Oelmüller (Hg.), *Ästhetische Erfahrung*, Paderborn 1981, 249.

[339] Dewey, *Kunst als Erfahrung*, a.a.O., 18. Zur Kritik an Deweys Begriff ästhetischer Erfahrung siehe Shusterman, *Kunst Leben*, a.a.O.

[340] Ebd., 341.

III. Partikulare Selbstverortung:
Vom Pragmatismus zum Neopragmatismus

Ich komme zu zwei neopragmatistischen Philosophen, zu Richard Rorty und Richard Shusterman. In den letzten Jahrzehnten hat sich die philosophische Landschaft verändert: Der *linguistic turn*, das Schlagwort *Postmoderne* und die Philosophie der Dekonstruktion sowie die Kritik an dem modernen Begriff des Subjekts haben neue Dispute und eine Verschiebung der pragmatistischen Perspektiven mit sich gebracht.[341] Die neopragmatistischen Denker, die ich im Folgenden diskutieren werde, müssen vor diesem veränderten Hintergrund gesehen werden, der ihre Theorien beträchtlich beeinflusst hat.

Sowohl Rorty als auch Shusterman haben die Idee einer unveränderlichen Essenz, sei es im Selbst oder in der Welt, nochmals radikaler verabschiedet als der klassische Pragmatismus, der mit Peirce noch einer asymptotisch-realistischen Wahrheitskonzeption, mit James einem Pluralismus, der später in den radikalen Empirismus mündete und mit Dewey einem zuweilen metaphysischen Erfahrungsbegriff verhaftet. Konsequenz ist, dass die neopragmatistischen (zum Teil nur impliziten) Begriffe des *Common Sense* und des *Selbst* sich verschieben: Argumentiert Rorty vor dem Hintergrund einer ästhetisch-sprachphilosophischen Wende, so greift Shusterman eher den deweyschen Begriff ästhetischer Erfahrung auf, den er jedoch stärker an das Alltägliche – und das heißt: an populärkulturelle und leibkörperliche Alltagserfahrungen zurückbindet. Er vermeidet damit die metaphysischen Tendenzen Deweys zu einem Mythos der Präsenz. Sowohl Rorty als auch Shusterman bieten, wie ich meine, jeweils ein Theoriemodell an, welches zu erklären versucht, wie die Handlungsfähigkeit des Selbst innerhalb eines je spezifischen und kontingenten Common Sense denkbar ist.

Wie ich im Folgenden zeigen werde, knüpfen beide an die oben herausgearbeiteten komplementäre Tendenzen des frühen Pragmatismus hinsichtlich der Frage nach erneuernden Impulsen des Selbst an: Bei Rorty findet sich eine Weiterführung der ,negativen Handlungsimpulse', die bei Peirce als Zweifel und bei Dewey als ,Kollisionen der Gewohnheiten' beschrieben wurden. Explizit nimmt Rorty zwar auf Dewey Bezug und

---

[341] Vgl. für eine Differenzierung der unterschiedlichen Fassungen des linguistic turn: Sandbothe, Die pragmatische Wende des linguistic turn, in: Ders. (Hg.): *Die Renaissance des Pragmatismus. Aktuelle Verflechtungen zwischen analytischer und kontinentaler Philosophie*, a.a.O., 96–127. Für einen Überblick über die Verflechtungen strukturalistischer, poststrukturalistischer und existenzphilosophischer Strömungen in Frankreich siehe: Taureck, *Französische Philosophie im 20. Jahrhundert*, a.a.O.

verortet sich in dessen Tradition, da er ein ästhetisches Konzept des Selbst entfaltet, gleichwohl erinnert die Tonart, in der er argumentiert, nämlich erneuernde Impulse aus einem negativen Begriff des Selbst, aus seiner negativen Ausgesetztheit, zu extrahieren, stärker an Peirce.[342] Shusterman dagegen, der sich ebenfalls hauptsächlich auf Dewey bezieht, wenn auch mit stärkerem Akzent auf den leibkörperlichen Aspekten ästhetischer Erfahrung, scheint ein Konzept zu entwickeln, in welchem der Ort des Selbst, von dem aus Handlungsfähigkeit möglich ist, eher positiv-affirmativ gefasst ist. Die Kohärenz des Selbst, so scheint es, ist hier die Folge einer positiven Ausgesetztheit, die zum Teil eher an das Sinnen von Peirce erinnert.

III.1. Rorty: Zwietracht des Selbst

Idiosynkrasie und Partikularität

Der Neo-Pragmatismus von Rorty unterscheidet sich von dem frühen Pragmatismus durch den Versuch einer ‚Partikularisierung' und Ästhetisierung von Philosophie unter dem Vorzeichen der sprachphilosophischen Wende. Für Rorty manifestiert sich alles, was die Alltagswelt ausmacht, in Vokabularen. So kann in seinen Augen nur eine Verschiebung oder Neuentwicklung von Vokabularen stattfinden, nicht aber eine zunehmende Annäherung an ontologische oder mentalistische Wahrheiten. Wir sind Rorty zufolge in den Vokabularen unserer kontingenten historischen gesellschaftspolitischen Situationen gefangen und müssen diese Begrenzungen im Denken berücksichtigen. Grund für diese Eingrenzung des Geltungsbereiches von Philosophie ist eine radikal nachmetaphysische Haltung, die auf folgenden Postulaten aufbaut: Selbst, Gemeinschaft, Gesellschaft und Sprache werden als kontingent erachtet. Im Unterschied zu früheren pragmatistischen Positionen vertritt Rorty keinen Realismus mehr, er nimmt auch keine teleologische Bewegung hin zu den Erkenntnissen einer idealen Forschergemeinschaft an wie noch Peirce. Es gibt keine wachsende Annäherung an das Wahre, sondern nur wechselnden Perspektiven, die von neuen Vokabularen getragen werden, welche Alternativen im Denken und Handeln eröffnen können. Anstelle eines erkenntnistheoretischen Telos postuliert Rorty ein ethisch-ästhetisches, und dieses gründet auf *Solidarität*: Der Begriff der Solidarität fußt bei Rorty auf der kontingenten Wahrheit einer Gesellschaft und enthält zugleich ein regulatives Ideal beständiger zukünftiger Sensibilisierung.

Das, was als wahr gilt, wird laut Rorty nicht gefunden, sondern vielmehr erfunden, präziser: diese Unterscheidung wird unscharf, da keine neutrale Außenperspektive mehr angenommen wird. Im Anschluss an Nietzsche bezeichnet Rorty die Wahrheiten innerhalb einer Gesellschaft als „bewegliches Heer von Metaphern", mit Mary Hesse und Thomas Kuhn klassifiziert er wissenschaftliche Revolutionen als „metaphorische Neubeschreibungen", „nicht [als] Einsichten in die immanente Natur der Natur".[343]

---

[342] Für Rortys Versuch, Dewey naturalistisch-darwinistisch umzudeuten und von seinen hegelianisch-metaphysischen Anteilen zu lösen siehe: Dewey zwischen Hegel und Darwin, in: Ders, *Wahrheit und Fortschritt*, a.a.O., 419–444.

[343] Rorty, *Kontingenz, Ironie und Solidarität*, a.a.O., 42f.

Darüber hinaus beinhaltet der Wahrheitsbegriff von Rorty spezifische pragmatistische Implikationen. Es geht darum, „Wahrheit nicht mehr als ‚genaue Darstellung der Wirklichkeit', sondern – in einer Formulierung von James – als dasjenige zu verstehen, ‚was zu glauben für uns besser ist'".[344] Wahrheit ist demnach nicht nur deskriptiv, stattdessen wird der rigide Dualismus zwischen deskriptiven und normativen Aussagen aufgegeben.[345] Über James hinaus und mit Dewey erhält Wahrheit überdies eine politische Komponente: Wahrheit wird als Ausdruck gesellschaftlicher Einigungsprozesse diagnostiziert, und daraus ergibt sich die Konsequenz, dass erkenntnistheoretische Überlegungen von politischen und moralphilosophischen nicht mehr losgelöst betrachtet werden können. Was als wahr gilt, hängt auch davon ab, in welcher Form gesellschaftliche Einigungsprozesse verlaufen, wie viele Mitglieder einer Gesellschaft daran beteiligt werden, ob die Einigung gewaltfrei vonstatten geht, etc. Wahrheit ist deswegen für Rorty fortan weder korrespondenz- noch im engeren Sinn konsenstheoretisch zu denken, sondern resultiert aus kontingenten gesellschaftlichen Einigungsprozessen, deren Ergebnisse potenziell durch zukünftige Generationen wieder umgestoßen werden könnten. Rorty artikuliert indessen die Hoffnung, dass die Einigungsprozesse zu einer melioristischen demokratischen Weiterentwicklung führen, für die es gleichwohl keinerlei Garantie gibt.[346] Wahrheit gilt also in einem relativ zu dem jeweils kontingenten Common Sense – er nennt es das Gemeinwesen – stehenden Sinn.[347] Jedoch wäre es irreführend, Rorty deswegen als Relativisten zu charakterisieren, da „der Relativismus gar nichts Wahres enthält, während am Ethnozentrismus immerhin etwas wahr ist".[348] Relativismus unterschlägt, dass gar nicht alle Überzeugungen gleichzeitig in Frage gestellt werden können, sondern dass jede philosophische Position nur auf der Basis möglicherweise unausdrücklicher Annahmen formulierbar ist, eine Haltung, die Rorty als Ethnozentrismus kennzeichnet und zu der er sich bekennt. Philosophie hat keinen privilegierten Zugriff auf Wahrheit, sondern reflektiert im doppelten Sinn die Gesellschaft. Sie ist ebenso *Teil* der Gesellschaft wie sie Reflexionen *über* die Gesellschaft vornimmt.

Rortys philosophische Zwischenposition besteht darin, dass er einerseits vor dem Hintergrund des *linguistic turn* argumentiert, andererseits jedoch die ästhetische Selbsterschaffung, die darin nicht aufgehen kann, in den Mittelpunkt seiner Theorie rückt. Daraus resultiert ein immanenter Widerspruch zwischen seinem sprachlichen Holismus und seiner Ästhetik der Selbsterschaffung, die auf bestimmten Dualismen beruht. Dieser Konflikt zwischen unausgesprochenem Dualismus und unausgewiesenem Holismus spitzt sich im Begriff des Selbst zu:[349] Das Selbst wird physikalistisch gedacht,[350] doch zugleich

---

[344] Ebd., 20f.

[345] Vgl. dazu auch: Putnam, Beyond the Fact/Value Dichotomy, in: *Realism With a Human Face*, a.a.O., 135–142.

[346] Siehe Rorty, *Hoffnung statt Erkenntnis*, Wien 1994.

[347] Rorty, *Kontingenz, Ironie, Solidarität*, a.a.O., 84–123.

[348] Ders., *Solidarität oder Objektivität*, Stuttgart 1988, 37, Fn. 13.

[349] Vgl. dazu: Isaac Nevo, Richard Rortys Romantic Pragmatism, in: Hollinger, Depew (Hg.), *Pragmatism: From Progressivism to Postmodernism*, a.a.O., 287.

[350] Rorty, Physikalismus ohne Reduktionismus, in: *Eine Kultur ohne Zentrum*, Stuttgart 1993, 60ff.

werden ihm Überzeugungen, Wünsche, etc. zugestanden. Wie im Vorangehenden deutlich wurde, steht der Begriff der Überzeugung im Pragmatismus schon mit einem Fuß auf dem Feld der Gewohnheit, und diese lässt sich aufgrund ihrer leibkörperlichen Verwurzelung rein diskursiv nicht länger einholen. Rorty selbst hält sich von dieser Konsequenz fern, gleichwohl lässt er sich dazu hinreißen, einen romantischen Polytheismus zu befürworten und damit der ästhetisch-mystischen Sphäre Raum zu öffnen.[351]

Doch was bedeutet das für den Begriff des Selbst? Ist das Selbst kontingentes Konglomerat aus Sprache, wie Rorty postuliert, kann seine Eigenmächtigkeit konsequenterweise nur eine Sprachliche sein. Freiheit in der Sprache hieße Neuerfindung von Vokabularen. Aber ist die Vorstellung des Selbst als Konglomerat von Sprache denn in Übereinstimmung zu bringen mit der physikalistischen Konzeption des Selbst? Und selbst wenn diese Sichtweisen sich vereinbaren ließen, wo ist der Ort des Selbst ausfindig zu machen? Rorty versucht den Widerspruch zwischen Handlungsfähigkeit als Selbsterschaffung und seiner sprachlichen und physikalistischen Konzeption des Selbst folgendermaßen zu lösen: Durch die Ästhetisierung von Sprache. Damit ist das Problem jedoch nur verschoben, nun stellt sich nämlich die Frage, wie Sprache kreativ sein kann, anders gesagt: wie neue Vokabulare entstehen können. Die dekonstruktivistische Perspektive auf Sprache als sich permanent verschiebende Signifikanten, lässt dem Selbst keinen Ort und verfolgt überdies eine unausgewiesene Metaphysik, die Rorty selbst kritisiert hat.[352] Dieser theorieimmanente Widerspruch kann gelöst werden, wenn die Partikularität des Selbst als *situierte Idiosynkrasie* gefasst wird, wie ich im Folgenden vorschlagen werde. Sie stellt eine ästhetische Weiterentwicklung des klassischen Pragmatismus von Peirce, James und Dewey dar, auch wenn Rorty die naturalistische Einbettung – die sich im Vorangegangenen als Einbettung in den Common Sense und in die leibkörperlichen Gewohnheiten zeigte – zu umgehen versucht.

Er knüpft daher in seinem Konzept des Selbst eher an den negativen Aspekt der pragmatistischen Selbstkonzeption an: Wie sich nämlich herausstellen wird, ist Rortys Konzept der Idiosynkrasie der Selbsterschaffung eine, die aus dem Leiden des Selbst – seiner quasianthropologischen Disposition, gedemütigt werden zu können – resultiert: Dadurch, dass die Diskurse, die das Selbst laut Rorty konstituieren, zu einer Lücke führen, in der seine Handlungsfähigkeit und d.h. auch seine Kohärenz in Frage gestellt werden. Die ‚Demütigbarkeit' des Selbst ist m.E. nichts anderes als das, was hier als Ausgesetztheit des Selbst beschrieben wurde. Sie kommt im frühen Pragmatismus im Zweifel auf den Begriff, der, wie wir gesehen haben, auch ein *Selbstzweifel* ist. Handlungsimpulse, so wurde argumentiert, erwachsen dem Selbst daraus, dass seine Überzeugungen und Gewohnheiten an eine Grenze geraten, an der es *nicht anders kann* als zu zweifeln. Wie darüber hinaus bei Dewey deutlich wurde, entstehen neue Handlungsspielräume aus der Kollision widerstreitender Gewohnheiten (die Überzeugungen verkörpern). Doch ist damit nur eine Seite angesprochen: Für die Handlungsfähigkeit des Selbst ist auch die *positive Ausgesetztheit* des Selbst notwendig, in der sich das Selbst in seiner Partikularität bekräftigt. Dieses affirmative Moment wurde u.a. bei Peirce als Sinnen, bei James als Recht zum Glauben und bei Dewey als ästhetische Erfahrung herausgearbeitet. Der große

---

[351] Ders., Pragmatism as Romantic Polytheism, in: Dickstein (Hg.), *The Revival of Pragmatism*, a.a.O.

[352] Vgl. ders., *Dekonstruieren und Ausweichen*, Stuttgart 1993, insbes. 118 ff.

Widerspruch von Rortys Theorie besteht nun darin, dass die positive Selbsterschaffung rein aus der negativen Ausgesetztheit des Selbst in seiner Begrenztheit angesichts bestehender Diskurse (oder wie er sagt: Vokabulare) entsteht. Der Begriff der *Idiosynkrasie* stellt darin den einzig positiven Ausgangspunkt dar, der an unseren Begriff der Partikularität anschlussfähig ist. Doch wird sich zeigen, dass die Idiosynkrasie nur dann fruchtbar zu machen ist, wenn sie nicht ausschließlich individualistisch-privat konzipiert wird. Diese Gefahr besteht bei Rorty. Sein Selbstkonzept stellt daher nur dann eine Weiterentwicklung des klassischen Pragmatismus dar, wenn es gelingt, seinen Begriff der Idiosynkrasie *als situierte Partikularität* an den Common Sense und den Gewohnheitsbegriff zurückzubinden: nicht nur privat im Sinn einer *Deprivation* – nämlich negativ, sondern auch positiv als Fülle der partikularen Eigenarten.

Selbsterschaffung und Ästhetizismus

Der Pragmatismus von Rorty unterscheidet sich von dem frühen Pragmatismus also im Wesentlichen durch den Versuch einer Privatisierung und Ästhetisierung von Philosophie. Grund für diese Eingrenzung des Geltungsbereiches der Philosophie ist eine postulierte radikal nachmetaphysische Haltung, die in der Sprachauffassung Rortys begründet liegt. Auch Peirce, James und Dewey nehmen der Philosophie gegenüber eine metaphysikkritische Position ein, ihre Philosophien entstand allerdings vor dem *linguistic turn* und haben deswegen, wie oben diskutiert wurde, ein unproblematischeres Verhältnis zu nichtsprachlichen Erfahrungen. Für Rorty jedoch manifestiert sich alles, was die Alltagswelt ausmacht, in Vokabularen. So kann in seinen Augen nur eine Verschiebung von Vokabularen sowie eine Neuentwicklung solcher stattfinden, nicht aber eine zunehmende Annäherung an objektive Wahrheiten. Schon in *Der Spiegel der Natur*[353] entfaltet Rorty eine erkenntnistheoretische Position, die sich von Wahrheitskonzepten wie der Korrespondenztheorie und in Konsequenz von ,Zwei-Welten Theorien' abwendet. Begründet wird die Abwendung von der Vorstellung einer Welt ,draußen', der sich das Selbst annähern kann und dadurch den Wahrheitsgehalt vergrößert, sowie der dazugehörigen Vorstellung, dass der Welt etwas im Verstand korrespondiert, das diese repräsentiert, mit einem metaphysikkritischen Gestus. Rorty knüpft an die ethische Komponente im pragmatistischen Wahrheitsbegriff an, spitzt sie gleichwohl in Hinblick auf die Gesellschaft zu. „Eine Gesellschaft ist dann liberal, wenn sie sich damit zufrieden gibt, das ,wahr' zu nennen, was sich als Ergebnis solcher Kämpfe, [die auf Überzeugungskraft und nicht auf Gewalt basieren, H. S.], herausstellt."[354] Neu sind diese Überlegungen Rortys nicht, bereits Peirce hatte in *Die Festlegung einer Überzeugung* darauf hingewiesen, dass das als wahr gilt, wovon Selbst und Gesellschaft längerfristig überzeugt sind, weswegen eine experimentell-zwanglose Methode der Methode Autorität vorzuziehen sei. Gleichwohl liegt Peirce' Akzent stärker auf der Wissenschaft, für Rorty hingegen ist jedes wissenschaftliche Forschungsunternehmen im Rahmen der jeweiligen gesellschaftlichen Vokabulare und ihrer Wahrheits-Auffassung zu sehen. Auch die Wissenschaft ist für Rorty nicht frei von Autorität. Deswegen gibt er, wie wir

---

[353] Ders., *Der Spiegel der Natur*, a.a.O.
[354] Ders., *Kontingenz, Ironie und Solidarität*, a.a.O., 96.

noch genauer sehen werden, den Objektivitätsbegriff zugunsten des Begriffs der Solidarität auf.

Aus diesen Annahmen resultiert Rortys Figur der *liberalen Ironikerin*, die metaphysischen Begründungen auszuweichen versucht. Geht man davon aus, dass es nur kontingente Vokabulare gibt, aus denen sich das Selbst zusammensetzt und in denen es sich bewegt, ergibt sich für Rorty zwangsläufig eine ironische Haltung zu sich und zur Welt, da alle Annahmen potenziell revidierbar sind. Es gibt sozusagen keine Garantien mehr. Jedoch ist eine vorläufige Stabilität für das Selbst notwendig, es bedarf einer notfalls provisorischen Kohärenz. Diese Kohärenz oder Stabilität ergibt sich – so Rorty – durch die Vokabulare der Öffentlichkeit, die sich bereits sedimentiert haben. Das, was Rorty als öffentliche Vokabulare bezeichnet, ist, wie ich meine, nichts anderes als der Common Sense in sprachphilosophischer Wende. Öffentliche Vokabulare sind gewissermaßen alte Vokabulare, die selbstverständlich geworden sind. In diesem Zusammenhang erklärt Rorty auch seine ethnozentrische Haltung, bestehende westliche liberale Demokratien als viablen Ausgangspunkt zu nehmen, der seinen Erfahrungen zugänglich war und ist. Rorty verortet sich damit als partikularer Philosoph innerhalb einer Gesellschaft, die ihn geprägt hat und aus deren Teilnehmerperspektive heraus er argumentiert. Sein Konzept von Liberalität ist dabei sehr spezifisch und schließt sich der Definition Judith Shklars an, wonach Liberale die Menschen sind, „die meinen, dass Grausamkeit das schlimmste ist, was wir tun".[355]

Daraus folgt auch Rortys Forderung einer Trennung der öffentlichen und privaten Bereiche: Seiner Meinung nach kann es keine überzeugende umfassende und letztgültige Theorie über das Selbst, über Rationalität oder ein anderes Prinzip geben, welches ein Fundament dafür abgeben könnte, Öffentliches und Privates zu vermitteln. Eine solche Auffassung kollidiert mit Rortys Wahrheitsbegriff und mit seiner Vorstellung von Moralität. In der Diagnose ist Rorty recht zu geben: Jede Annahme eines absoluten Prinzips impliziert die Gefahr von Gewalt und Demütigung anderer. Gegenwärtige politische Auseinandersetzungen um Glaubensbegriffe zeigen dies allzu deutlich.[356] Das Bestreben, eine umfassende Theorie zur Grausamkeitsvermeidung zu entwickeln, könnte zur Folge haben, anderen gegenüber grausam zu sein, die die Ansichten dieser Theorie nicht teilen. Doch ist Rortys Therapievorschlag unbefriedigend: Er verweist die Philosophie als ästhetische Tätigkeit in den privaten Bereich, in welchem sie auf Selbsterschaffung hinausläuft, und lässt für das Öffentliche einen Begriff der Solidarität, der bestehende liberale Prinzipien weiter ausbaut und differenziert. Dennoch treffen und überschneiden sich beide Sphären im Selbst, welches im privaten Bereich zum einen seine Persönlichkeit entfaltet, sich aber zum anderen durch Auseinandersetzung mit neuen Vokabularen sensibilisiert, was wiederum für den Bereich der öffentlichen Solidarität Konsequenzen hat. *Rorty versucht mit dem Konzept der Ästhetisierung also einen Freiraum für das Selbst zu schaffen.* Philosophie soll wie Literatur von Geltungsansprüchen befreit werden und stattdessen Zeugnis ablegen von persönlichen Auseinan-

---

[355] Ebd., 14.

[356] Vgl. dazu Heidi Salaverría: *Gewalt des Glaubens. Überprüfung eines problematischen Konzeptes.* Radiovortrag unter: http://www.swr.de/swr2/sendungen/wissen-aula/archiv/2006/08/20/index.html

dersetzungen. Die Öffentlichkeit stellt darin nur den Durchgangsort von privater Produktion zur privaten Rezeption dar, und das ist natürlich zu wenig.

Rorty hat ein „Bild des Ich als eines mittelpunktlosen und kontingenten Netzes".[357] Dieses Netz entwickelt sich aus den vielfältigen Prägungen, die in der Biographie eines Individuums wichtig sind. Das Bedürfnis nach Selbsterschaffung, von dem Rorty spricht, kann als ein Befreiungsversuch von diesen Prägungen angesehen werden. Die Befreiung bestünde darin, Neubeschreibungen zu finden, die das Selbst zu etwas in sich kohärentem machen. Diese Kohärenz, so sagt er unter Berufung auf Nietzsche, findet ihren stärksten Ausdruck, wenn jemand von seinem Leben sagen kann: „So wollte ich es",[358] d.h. die Kohärenz ist eine ausschließlich subjektive. Das Entscheidende ist deshalb nicht die mimetische Annäherung an ein ‚Außerhalb' oder ‚Innerhalb' i.S. authentisch unverbrüchlicher Erfahrungen oder einer unumstößlichen objektiven Wahrheit, sondern die einzige Richtschnur liegt in den Empfindungen, die idiosynkratisch als wichtig erachtet werden. Es geht darum, das Konglomerat der spezifischen „zufallsblinden Prägungen"[359] – der Idiosynkrasien – zu einem Extrakt der *eigenen* Geschichte zu destillieren. Für Rorty ist hierbei wichtig, die Gefahr zu bannen, eine Wiederholung zu sein. Er setzt seine Hoffnungen auf die Möglichkeit, die eigene Geschichte retrospektiv zu beeinflussen. Wer ein neues Vokabular geschaffen hat, kann die gesellschaftliche Prägung ein Stück weit abstreifen. Die Gefahr, sich selbst dabei als neue Autorität zu installieren, glaubt er dadurch gebannt, dass der Prozess ins Private verlagert wird. Die Markierung dieses Prozesses als eines privaten hängt mit Rortys Einschätzung des Neuen, mit dem Aufkommen neuer Vokabulare zusammen. Der Unterschied zwischen neuen und alten Vokabularen manifestiert sich im unvertrauten oder vertrauten Gebrauch von Sprache. Die Frage danach, wie und warum der erneuernde Gebrauch zustandekommt, hält er nicht für nützlich. Sprache soll nicht mehr als ein Medium gedacht werden, welches sich einer Wahrheit annähert, sondern die Geschichte der Sprache und damit der Künste, Wissenschaften und Moral wird zu einer Geschichte schöpferischer Vokabulare.

Diese Leerstelle ist in Bezug auf die Selbsterschaffung des Selbst von Belang: Da es nicht länger übergeordnete Kriterien geben soll und kann, anhand derer die Entstehung von Vokabularen erklärt wird, ist es letztlich Zufall, welche der idiosynkratischen Extrakte als genial und welche als bloß exzentrisch beurteilt werden. Ebenso wenig kann Rorty erklären, *wie und warum* es zur Entwicklung neuer Vokabulare kommt. Einziger Maßstab einer objektiveren Beurteilung des neu entwickelten Vokabulars ist retrospektiv, ob eine größere Anzahl von Menschen die neuen Vokabulare, die sich gebildet haben, billigen und schätzen, mit anderen Worten: *ob sie in den Common Sense eingehen.* Zugrunde liegt Rortys Theorie ein Optimismus, der es erlaubt, seinen Eigenarten nachzugehen, auch wenn diese leidvoll oder defizient sind: In der Hoffnung, diese Eigenheiten könnten zu einem neuen Vokabular führen, welches in seinem Wirkungskreis über das rein idiosynkratische Selbstverständnis – quasi als Nebenprodukt – hinausweist, wenn es bei anderen auf Anklang stößt. In Anspielung auf Heidegger sagt Rorty:

---

[357] Rorty, Der Vorrang der Demokratie vor der Philosophie, in: *Solidarität oder Objektivität?*, a.a.O., 105.
[358] Ders., *Kontingenz, Ironie und Solidarität*, a.a.O., 62.
[359] Ebd., 61.

„„Die elementarsten Worte, in denen sich das Dasein ausspricht' sind nicht die elementarsten in dem Sinne, daß sie näher am Sein der Dinge an sich wären, sondern nur in dem Sinn, dass sie *uns* näher sind."[360]

Hier deutet sich eine erste Schwierigkeit an: Rorty wendet sich zwar von transzendentalen Subjektkonzeptionen ab, aber die Weise, in der er über die Neuheit und Originalität der Vokabulare schreibt, bleibt offenbar einem romantischen Geniebegriff verhaftet. Denn es gibt keine Erklärung dafür, woher diese elementarsten Worte kommen, und ihre Herkunft bleibt noch unverständlicher, wenn man bedenkt, dass Rorty zugleich einen Physikalismus vertritt. Es bleibt also nicht nur eine Leerstelle in Hinblick auf die Frage, *woher* das Neue (das neue Vokabular) kommt, sondern auch in Hinblick darauf, *wohin* es geht, ob es sozusagen bereitwillige Abnehmer findet. Denkbar ist ja, dass die Öffentlichkeit eher neue Vokabulare akzeptieren und aufnehmen wird, welche die Möglichkeit bereitstellen, Bezüge zu bereits bestehenden Vokabularen, die gerade als wünschenswert angesehen werden, herzustellen. Damit wäre die Richtung, in die sich ein Kulturwandel entwickelt, nicht völlig willkürlich, sondern abhängig von gesellschaftlichen Machtverhältnissen, und um das zu zeigen, muss man keine große Begründungsleistung aufbringen. Neue Vokabulare kommen also zum Tragen, wenn die Machtverhältnisse es zulassen und weil andere Vokabulare ausgeschlossen werden. Es wäre für Rortys Konzept daher zuträglicher gewesen, diese Machtverhältnisse zu berücksichtigen und nicht an seiner Spaltung der Sphären des Öffentlichen und Privaten festzuhalten, mit denen Rorty sich in der *philosophical community* beileibe keine Freunde gemacht hat. Die klassischen Pragmatisten, insbesondere Peirce mit seinem Konzept des kritischen Common Sense und Dewey mit seiner hochkomplexen Theorie des Verhältnisses von Öffentlichkeit und Privatheit[361], waren an diesem Punkt schon weiter.

Rorty fragt – zumindest nicht in *Kontingenz, Ironie, Solidarität,* in dem er sein Konzept der Selbsterschaffung entfaltet – nicht nach den Mechanismen, die bislang hartnäckig bestimmten gesellschaftlichen Gruppen die Möglichkeit verweigert haben, ihre Vokabulare einzubringen. Er vermeidet eine Verhältnisbestimmung des partikularen Selbst zum Common Sense. Ebenso wenig scheint er es für sinnvoll zu erachten, danach zu fragen, warum jemandem bestimmte Worte als elementar erscheinen. Der oben angedeutete Widerspruch zwischen einem sprachlichen Holismus und einer dualistischen Ästhetik wird an dieser Stelle virulent: Aus einer rein sprachlichen Perspektive lässt sich die Genese neuer Vokabulare nicht erklären, ebenso wenig wie die Motivation, diese zu entwickeln. Doch lässt sich das Verhältnis von Kreativität und radikaler Partikularität in all seiner Angreifbarkeit – nämlich als Idiosynkrasie – noch näher bestimmen.

Zwietracht der Gewohnheiten: Eigenmächtigkeit und Ausgesetztheit

Rorty beschreibt die Motivation für die Entwicklung neuer Vokabulare als eine Befreiung von Prägungen. Diese Befreiung bewegt sich also auf der sprachlichen Ebene, jedoch in einer partikular-ästhetischen Modifikation, was sich darin andeutet, dass Rorty von Voka-

---

[360] Ebd., 196.
[361] Dewey, *Die Öffentlichkeit und ihre Probleme,* a.a.O.

bularen und nicht von Diskursen spricht. „In this context a ‚vocabulary' should be understood as an inseparable, holistic mixture of language and belief.“[362] Wenn man dieser Interpretation von Nevo folgt und die Unschärfe zwischen dem pragmatistischen ‚belief' und den Gewohnheiten mitdenkt, dann wären Vokabulare allerdings weit mehr als Sprache im enggefassten Sinn. Die spezifischen Prägungen, die jeweiligen Idiosynkrasien, sollen also durch ein neues Vokabular erst *Kontur gewinnen* und dadurch handhabbar werden. Ich möchte an den *partikularen Zweifel* bei Peirce erinnern: Es war herausgearbeitet worden, dass durch den peirceschen Zweifel das zuvor Vage erst Kontur erhält, wodurch die Partikularität des Selbst sichtbar und dadurch ein Ort geschaffen wird, von dem aus neue Handlungsspielräume entwickelt werden können. Rorty scheint nun das Vage, welches bei Peirce im Common Sense verankert ist, stärker auf das Selbst in seinen gesellschaftlichen Prägungen zu beziehen, indem den vagen und fremdgebliebenen Prägungen eigenmächtig ein partikulares Gepräge gegeben wird. *Hier hat also eine Verschiebung vom peirceschen Realen hin zu einer gesellschaftlichen Realität, aus der sich das Selbst bei Rorty bis in seine idiosynkratischen Eigenarten zusammensetzt, stattgefunden.* Während in vielen poststrukturalistischen oder dekonstruktivistischen Theorien das vermeintlich autonome Subjekt angegriffen und tatsächlich als Resultat von (z.B. gesellschaftlichen oder ideologischen) Diskursen beschrieben wird, dreht Rorty die Diagnose um und begibt sich *in die Perspektive des ausgesetzten Selbst*: Das Selbst, so eine Implikation seiner Theorie, hat ein kontingentes *Bedürfnis nach Autonomie*, denn diese ist nicht gegeben, sondern muss allererst gebildet werden. Um die damit im Common Sense drohende Gefahr zu stark werdender Eigenmächtigkeit einzudämmen, schränkt Rorty den Spielraum der Selbsterschaffung auf die private Sphäre ein. Was sind diese *zufallsblinden Prägungen*, von denen Rorty spricht? Ich meine, dass sich dahinter ein modifizierter Begriff der pragmatistischen *Gewohnheit* – sozusagen im ästhetischen Gewand – verbirgt. Bei Dewey war dafür argumentiert worden, dass es (mindestens) zwei Formen der Kreativität gibt: die Entstehung neuer Impulse durch die *Kollision widerstreitender Gewohnheiten*, die sich gegenseitig keinen Platz mehr lassen und das *zwanglose Ausschwärmen in das naheliegende Unbekannte*. Rorty stellt m.E. die Möglichkeit der Weiterentwicklung des ersten Kreativitätsmodells dar, in der zwieträchtige Gewohnheiten im Sinn idiosynkratischer Eigenarten kollidieren.

Denn woher rührt laut Rorty das Bedürfnis nach Autonomie? Und wer sagt, dass die Bildung der Autonomie des Selbst eine Gefahr für die Öffentlichkeit darstellen muss? Woraus entsteht die Motivation für die Neuentwicklung von Vokabularen? Rorty bietet im wesentlichen zwei Erklärungen für diese Motivation an: Eine besteht darin, mit der „Vergangenheit abzurechnen", also die Macht der Prägungen abzustreifen, „der Vergangenheit dasselbe antun zu können, was sie ihnen [den Dichtern in einem sehr weit gefassten Sinn] anzutun versucht hat: Er hofft zu erreichen, dass sie *seine* Prägung trägt",[363] eine andere darin, mit den Unbewussten, welches Rorty als andere Quasi-Personen im Selbst beschreibt, in ein Gespräch zu treten.[364]

---

[362] Nevo, Richard Rortys Romantic Pragmatism, a.a.O., 285.
[363] Rorty, *Kontingenz, Ironie, Solidarität*, a.a.O., 62f.
[364] Ders., Freud und die moralische Reflexion, in: *Solidarität oder Objektivität*, a.a.O., 46.

Interessant daran ist, dass sowohl die Vergangenheit als auch das Unbewusste personalisiert werden und quasi als Angreifer gegen die Identität des Selbst fungieren. Der Widerspruch zwischen einem sprachlichen Holismus und einem ästhetischen Dualismus wird in der Frage nach dem Selbst noch stärker sichtbar: Der sprachliche Holismus wird, sobald es um die Frage nach den Motivationen des Selbst geht, neue Vokabulare zu entwickeln, brüchig und nähert sich einem freudianisch psychologischen Selbst an, welches von Wünschen und Ängsten (z.B. vor einer Entmachtung) umgetrieben wird. Diese psychoanalytischen Komponenten, die bei Freud durch die Triebe empirisch rückgebunden sind, lassen sich nicht mit dem Selbst als eines mittelpunktlosen Netzes aus Sprache vereinbaren. Sie können dadurch nicht wirklich erklärt werden. Bekanntlich oszilliert Freuds Theorie des Selbst zwischen empirischen und strukturalistischen Erklärungen, die später von Lacan daraufhin zugespitzt wurden, das Unbewusste sei strukturiert wie eine Sprache. Bleibt der Handlungsimpuls bei Freud noch ambivalent zwischen biologisch konnotierten Instinkten und kulturell konnotierten Trieben, so wird bei Lacan der Handlungsauslöser durch den Mangel erklärt, der in der Struktur des Subjekts liegt, da die Sprache dem Subjekt vorgelagert wird. Das handelnde partikulare Selbst scheint mit der Psychoanalyse nicht befriedigend beschreibbar zu sein, und wie Taureck schreibt: „Es scheint, die Psychoanalyse ist von einem *Dilemma* bedroht: Entweder ist sie empiristische Wissenschaft, oder sie ist Philosophie."[365]

Das Gegenteil von Eigenmächtigkeit ist die Ausgesetztheit des Selbst und ein Aspekt davon ist die potenzielle Demütigung. Diese setzt Rorty aber als nichtsprachlich. Und hier liegt der eklatante Widerspruch: Wenn man nämlich eine nachmetaphysische Position einnimmt, die Rorty in der liberalen Ironikerin personifiziert, welche sich der Partikularität ihrer eigenen Position bewusst ist, ohne etwas daran ändern zu können (denn das führte wieder in die Metaphysik), wenn man also diese Position, die für Rorty ironisch ist, einnimmt, dann kann man nicht länger von einer Gemeinsamkeit aller Menschen auf Basis einer transzendentalen Vernunft ausgehen (ebenso wenig wie von einer kommunikativen Vernunft). Das Selbst ist „*nicht durch eine gemeinsame Sprache*, sondern nur durch Schmerzempfindlichkeit mit der übrigen Spezies humana verbunden [...], besonders durch die Empfindlichkeit für die Art Schmerz, die die Tiere nicht mit den Menschen teilen – Demütigung".[366] Damit ist ein Bereich angesprochen, der nicht in Sprache aufgeht. Das moralische Fundament des Selbst, welches für Rortys Begriff der Solidarität entscheidend werden soll, nämlich die Gemeinsamkeit aller Menschen, gedemütigt werden zu können, gründet in einer spezifischen *nicht rein sprachlichen Ausgesetztheit des Selbst*. Rorty geht davon aus, dass Schmerz etwas Nichtsprachliches ist, und deswegen setzt er an dieser Stelle an, ein moralisches Postulat aufzustellen: Alle Menschen können gedemütigt werden und sollten sich für das Aufspüren solcher Situationen, die immer wieder andere sein können, sensibilisieren. Wenn Rorty annimmt, dass bestimmte Erfahrungen allen Menschen gemeinsam sind, so hat er jedoch bereis ein universalisiertes Prinzip, bzw. ‚Antiprinzip' aufgestellt, welches seiner Absicht, keine universellen Prinzipien aufzustellen, widerspricht. Wenn er das nicht denkt, muss er konsequenterweise auch

---

[365] Bernhard H. F. Taureck, (Hg.) *Psychoanalyse und Philosophie. Lacan in der Diskussion*, Frankfurt/M. 1992, 8. Siehe auch: Ders., *Französische Philosophie im 20. Jahrhundert*, a.a.O., 110f.

[366] Rorty, *Kontingenz, Ironie, Solidarität*, a.a.O., 158 (Hervorhebungen von H. S.)

unsere Wahrnehmungen von Schmerz als historisch kontingent ansehen. Das tut er aber nicht, und diese Position hat weitreichende Konsequenzen: Innerhalb seiner Theorie gibt es keine Sprache der Unterdrückten, da ihr Leid nichtsprachlich ist, und er unterschlägt damit, dass es unterschiedliche Grade und Formen der Unterdrückung gibt, je nachdem Menschen durchaus in der Lage sind, ihren Schmerz oder ihre Wut zu äußern.[367] Es scheint nur sprachlose Opfer und sprachmächtige Dichter zu geben – in dem weit gefassten Sinn Rortys, wonach auch Philosophen und Wissenschaftler zu den Dichtern zählen. Die radikalste Konsequenz ist schließlich folgende:

> „Unsere Beziehung zur Welt, zu brutaler Gewalt und nackter Pein ist nicht von derselben Art wie die zu anderen Menschen. Angesichts des Nicht-Menschlichen, Nicht-Sprachlichen haben wir nicht mehr die Fähigkeit, Kontingenz und Pein durch Aneignung und Umwandlung zu überwinden, sondern nur noch die Fähigkeit, Kontingenz und Pein zu erkennen. […] Der endgültige Sieg der Metaphern für Selbsterschaffung über die Metaphern für Entdeckung würde darin bestehen, dass wir uns mit dem Gedanken versöhnen, dass dies die einzige Art von Macht über die Welt ist, auf die wir hoffen können. Denn damit hätten wir endlich der Idee abgeschworen, dass die Wahrheit, und nicht nur Gewalt und Pein, ,dort draußen' zu finden seien."[368]

Rorty unterscheidet an dieser Stelle brutale Gewalt von zwischenmenschlichen Beziehungen und dadurch gewinnt man den Eindruck, Gewalt sei etwas Abstraktes, welches qualitativ auf einer anderen Ebene als der von Intersubjektivität anzusiedeln sei. Damit weicht er politischen Reflexionen aus, die weitergehende moralphilosophische Erwägungen dringlich machen, oder zumindest nahe legen, sich über die Genese von Zuständen Gedanken zu machen, in denen Gewalt und Herrschaft ausgeübt werden. Diese Enthaltsamkeit Rortys kann in zwei Richtungen gelesen werden: Als nüchterne Bestandsaufnahme eines Ironikers, der diesbezüglich philosophische Überlegungen für sinnlos hält oder aber als Äußerung eines Liberalen, der schlicht optimistischer ist als andere. Beide Positionen verharmlosen jedoch gleichermaßen und bieten keine Antworten auf mögliche katastrophische Zustände.[369]

Eine ebenso große komplementäre Leerstelle ist Rortys Schweigen zur positiven Ausgesetztheit, zu den leibkörperlichen Erfahrungen, über die Shusterman schreibt. Das Genießen spielt gerade im ästhetischen Bereich – schon bei Peirce im Sinnen und bei Dewey in der ästhetischen Erfahrung – eine große Rolle, wird bei Rorty aber nicht berücksichtigt. Der Gewinn eines neuen Vokabulars kondensiert sich stattdessen in dem ,so wollte ich es', oder wird negativ in Begriffen der Macht umschrieben – der Macht anderer über das Selbst, von der es sich durch neue Vokabulare zu befreien sucht. Doch Rorty denkt das Selbst zu stark in Machttermini, es muss sich vor Entmachtung, d.h. vor Demütigung schützen und sich deswegen seiner selbst bemächtigen. Autonomie erweist

---

[367] Ebd., 160

[368] Ebd., 78f., Vgl. auch Shustermans ausführliche Kritik in: *Kunst Leben*, a.a.O., 241ff.

[369] Vgl. Heinz Paetzold, (Post)Modernity and Pragmatism. Rorty's Pragmatism and the Postmodern, 29f., in: *The Discourse of the Postmodern and the Discourse of the Avantgarde*, Maastricht 1994. Manchmal nimmt der Euphemismus Rortys fast schon zynische Züge an: „Mein Eindruck ist eben, dass die Dinge seit der französischen Revolution – wenn man einmal von einigen Unterbrechungen wie Hitler und so weiter absieht – eigentlich immer ein bisschen weiter vorwärts gegangen sind." Interview *Verblüffend gute Laune* in der *Tageszeitung* vom 16. Juni 1997.

sich bei Rorty genaugenommen als Eigenmächtigkeit, denn es geht in der Selbsterschaffung primär darum, seine Einzigartigkeit zu verstärken, und damit, sich stärker von anderen zu unterscheiden.

> „Selbsterkenntnis gehört durchaus nicht zu dem, was uns und anderen Angehörigen gemeinsam ist, sondern im Gegenteil zu dem, was uns von ihnen trennt: Sie hängt zusammen mit unseren zufälligen Idiosynkrasien, mit den ,irrationalen' Komponenten unseres Ich, mit den Komponenten also, durch die wir in unvereinbare Brocken aus Überzeugungen und Wünschen aufgespalten werden."[370]

Der Gegenbegriff zur *Eigenmächtigkeit* ist hier der vorgeschlagene, weniger machtgesättigte Begriff der *Partikularität* als Eigenart: Betont werden sollte nicht nur die Einzigartigkeit der Autonomie des Selbst und damit im *negativen Sinn* seine Unabhängigkeit und Abgrenzung von anderen, sondern auch seine Erfahrung der Einheitlichkeit und der Kohärenz im *positiven Sinn*, z.B. im Phänomen des Genießens. Bei Rorty jedoch scheint der Autonomie als Eigenmächtigkeit teilweise der Wunsch nach idiosynkratischer Selbstkontrolle zugrundezuliegen, die wesentlich mit der Distinktion und Abgrenzung von anderen zusammenhängt, welche es dem Selbst ermöglicht, von sich sagen zu können: ,so wollte ich es'. Diese nachträgliche Bejahung der eigenen Geschichte wird durch die Macht anderer bedroht, von der das Selbst sich in Rortys Modell nur durch die beständige Neuschaffung von eigenen Vokabularen befreien zu können scheint. Seine Ästhetik ist daher „eher eine Poetik, eine Theorie des fleißigen Herstellens, als eine Ästhetik des erfüllten Genießens",[371] die überdies einer Machtlogik verhaftet bleibt, die beileibe nicht die einzige mögliche Option darstellt.

Denkt man das Selbst in dieser Form, ergibt sich eine Zwietracht von Eigenmächtigkeit und unfreiwilliger leibkörperlicher Ausgesetztheit des Selbst. Diese Dichotomie beschreibt jedoch nur einen Aspekt der Handlungserneuerung, nämlich den oben genannten negativen Aspekt der *Kollision unvereinbarter Gewohnheiten*, für die eine neue Basis – bei Rorty in Form eines neuen Vokabulars – gefunden werden muss. Bei Shusterman wird sich zeigen, dass auch die andere beschriebene Form der Erweiterung der Handlungsspielräume durch positive Ausgesetztheit für das Selbst zentral ist. Die *Zwanglosigkeit der ästhetischen Antizipation einer Kohärenz des Selbst* ist vermutlich jedoch auch für das Entstehen des Neuen in Rortys Konzeption unerlässlich. Nur durch den ,Kampf der Gewohnheiten' wird sicherlich kein neues Vokabular gebildet. Das *Aussschwärmen in das naheliegende Unbekannte bedarf auch einer positiven Basis.*

Das einzige Nichtsprachliche sind bei Rorty also Gewalt und Schmerz, gegen die man seiner Ansicht nach nichts tun kann. Dass Schmerz nicht wegdiskutiert werden kann, ist evident. Weniger evident ist der Glaube, das Leibkörperliche – und nicht zuletzt die Gewohnheit – widerstände jeglicher theoretischen und praktischen Aneignung. Rorty übertreibt die Gegensätzlichkeit des Leibkörperlichen und Sprachlichen ebenso sehr wie die von Unterdrückten und Dichtern und von Common Sense und Idiosynkrasie und verliert auf diesem Weg mögliche Verbindungen zwischen vordergründig sinnlichen, vorsprachlichen Freuden des Körpers und ihrer theoretischen Reflexion aus dem Blick.

---

[370] Rorty, Freud und die moralische Reflexion, in: *Solidarität oder Objektivität*, a.a.O., 46f.
[371] Shusterman, *Kunst Leben*, a.a.O., 243.

Damit weicht er Fragen darüber aus, wie seine Konzeption des Selbst als vollständig kontingent sich mit den Grenzen des Sprachlichen und mit der Leibkörperlichkeit des Selbst zusammen denken lassen.[372] Warum weist Rorty dem nichtsprachlichen Bereich nur die Rolle des Schmerzes, der Demütigung, des Schreckens zu? Die Selbsterschaffung soll auf den Bereich der Sprache (der Vokabulare) eingeschränkt werden. Dazu im Widerspruch steht jedoch, dass das Movens des Handelns in der vorsprachlichen Ebene der möglichen Demütigung verankert ist. Die Motivation zur Selbsterschaffung resultiert aus der Ausgesetztheit, welche die Autonomie des Selbst in Frage stellt, die das Selbst zu bilden und zu konsolidieren versucht, aber Ausgesetztheit umfasst auch positive Aspekte.

Doch es gibt eine Passage, an der von einem positiven nichtsprachlichen Impuls die Rede ist und dieser stellt zugleich die einzige Verbindung zwischen der öffentlichen und der privaten Sphäre her: Durch neue Vokabulare, so Rortys Hoffnung, könnten andere Menschen *sensibilisiert* werden und auf mögliche, bislang unerkannte Formen von Grausamkeit aufmerksam gemacht werden. Diesen Gedanken von Rorty halte ich für grundlegend: „Nur das hat ästhetischen Nutzen, was unsere Sensibilität für alles, was wir mit uns selbst oder für andere tun sollen, schärfen kann."[373] Der Gefahr des Selbst, gedemütigt werden zu können, also seiner *Ausgesetztheit*, korreliert nämlich umgekehrt seine Tendenz, *sich zu setzen*, und damit *andere auszusetzen*, d.h. potenziell auch, andere zu demütigen. Diese Gefahr des Selbst wurde im Einführungskapitel beschrieben. Sie findet sich bei Peirce in der Beschreibung der Methode der Autorität und droht, sich in Gesellschaften als faktisch-fiktiver Common Sense zu verfestigen. Rorty beschreibt jedoch noch einen Aspekt, der bislang unberücksichtigt blieb: Auch in der ästhetischen Selbsterschaffung, die etwa bei Dewey als freudvolle ästhetische Erfahrung beschrieben wird und der dort nichts Aggressives anhaftet, droht die Gefahr einer gewaltsamen Setzung des Selbst, wenn es darum geht, dass das Selbst sich in seiner idiosynkratischen Autonomie dadurch *setzt, dass es sich von anderen absetzt*, um der Gefahr, eine Wiederholung zu sein, zu entkommen. Es geht Rorty also darum, vor der „Tendenz zur Grausamkeit zu warnen, die dem Streben nach Autonomie inhärent ist".[374] Eine Möglichkeit, in der die Erschaffung von Vokabularen über die rein private Funktion der Selbsterschaffung hinausgeht, ist, dass sie gerade diesen inneren Zusammenhang von Selbsterschaffung und Grausamkeit zeigen kann, indem sie uns „hilft, [...] Grausamkeit von *innen* zu sehen", und dadurch dazu beiträgt, „den dunkel erahnten Zusammenhang von Kunst und Folter zu artikulieren".[375]

Mit der Fähigkeit, gedemütigt werden zu können und der zur Sensibilisierung (durch neue Vokabulare) spricht Rorty zwei Dimensionen der Ausgesetztheit des Selbst an, die an der Grenze der Diskursivität liegen. Ausgesetztheit in diesem weitgefassten Sinn bleibt in Rortys Philosophie zugleich zentral und widersprüchlich. Sowohl die Motivation für moralisches Handeln als auch dafür, neue Vokabulare zu entwickeln, speist sich aus einer nicht nur diskursiven Ebene, die in dem einen Fall zur Sensibilisierung für andere, im anderen Fall zur Sensibilisierung für sich selbst und die eigenen Idiosynkra-

---

[372] Shusterman, *Kunst Leben*, a.a.O., 237ff.

[373] Rorty, *Kontingenz, Ironie, Solidarität*, a.a.O., 272.

[374] Ders., ebd., 234.

[375] Ders., ebd. 237.

sien führt. Doch setzt Rorty eine nichtsprachliche Ebene – nämlich die von Schmerz und Gewalt –, die er innerhalb seines Theoriemodells gar nicht setzen dürfte. An diesem Punkt fällt er hinter seine selbst gesetzten Maßstäbe und in einen Dualismus zurück, dem gegenüber man die Frage stellen muss, wie dieser mit Rorty Verabschiedung jeden unveränderlichen Zugangs zu einer objektiven Welt zusammenpassen kann. Er fällt damit auch hinter einen kritischen Common Sense zurück, der bereits bei Peirce die Unhintergehbarkeit der jeweils vagen Perspektive innerhalb eines Kontextes beschreibt, aus dem das Selbst nicht willkürlich heraustreten kann.

Rortys Begriff der Kontingenz spielt an diesem Punkt eine zentrale Rolle, hat jedoch unterschiedliche Konnotationen, die nicht genügend differenziert werden. Aus der Unschärfe diese Konnotationen lassen sich einige Widersprüchlichkeiten erklären, denn Kontingenz impliziert hier:

– Vergänglichkeit (in Bezug auf den Körper)

– Nichtsprachlichkeit (in Bezug auf Schmerz und Gewalt)

– Relativität (in Bezug auf philosophische Geltungsansprüche)

– Ausgesetztheit (in Bezug auf Sensibilisierung und Demütigung)

Durch diese Differenzierung wird deutlich, dass es im wesentlichen zwei Formen von Kontingenz gibt, die Rorty nicht auseinander hält: Die Kontingenz der Vergänglichkeit und der radikalen Nichtsprachlichkeit im Schmerz bezeichnen die Endlichkeit und die Passivität des Selbst. In diesen Bereichen ist eine handelnde Aneignung oder Modifizierbarkeit kaum möglich. Was jedoch die Ausgesetztheit und die Relativität angeht, so gibt es einen größeren Spielraum, den Rorty unterschlägt.

Die Vergänglichkeit und die Handlungsunfähigkeit (zu welcher die Sprachlosigkeit gehört) stellen *Grenzbereiche* dar, an denen das Selbst endet. Sie liegen nicht im Bereich der Verhandelbarkeit des Selbst. Doch wie mittlerweile deutlich geworden sein sollte, handelt es sich bei diesen Grenzbereichen um Extreme. Insbesondere die Nichtsprachlichkeit sollte unter Vorbehalten behandelt werden, da wir gesehen hatten, das sich zwischen Sprache und Körper eine wichtige Grauzone befindet, nämlich die der Gewohnheit, des Ästhetischen, des Semiotischen. Es ist wichtig, die Grenzen der Handlungsfähigkeit zu benennen, um nicht einem Voluntarismus zu verfallen, dennoch: selbst die Annahme dieser Grenzen ist dem Selbst nur innerhalb seines jeweiligen Common Sense bekannt und kann sich verschieben. Dort, wo diese Grenze überschritten wird, hört das Selbst auf. Demgegenüber kann jedoch von einem Bereich der Ausgesetztheit gesprochen werden, der dem Selbst mittelbar zugänglich ist.

Nach den bisherigen Ausführungen bezeichnet die Ausgesetztheit des Selbst das vage Aufgehen im Kontext des Common Sense. Dieses geht in zweierlei Hinsicht über das Sprachliche hinaus: Zum einen, weil es, solange es vage ist, dem Selbst nicht durchsichtig ist, denn die gesellschaftlichen Prägungen durch den Common Sense stellen ja keine fremde Macht dar, die das Selbst jederzeit diskursiv artikulieren könnte. Vielmehr ist es Teil davon und das heißt, sein Selbst setzt sich aus verschiedenen Anteilen eines je spezifischen Common Sense zusammen. Zum anderen spielt der Begriff der Gewohnheit als *Verkörperung* unausdrücklicher Überzeugungen eine zentrale Rolle. Auch wenn das Selbst sich eine Überzeugung zueigen gemacht hat, so wird sie in den Gewohnheiten automatisiert und vergessen. Die Ausgesetztheit an die eigenen Gewohnheiten sedimentiert sich im Verhalten, welches der ausdrücklichen diskursiven Artikulation nicht jederzeit verfügbar ist. Rortys Theorie kann als spezifische Weiterentwicklung dieser Ausgesetztheit betrachtet werden, die auch mit der gewohnheitsmäßigen Verankerung des Selbst zusammenhängt. Das Bedürfnis nach Autonomie, von dem Rorty spricht und welches zu der Entwicklung neuer Vokabulare führt, wird durch die Kollision widersprüchlicher und unausdrücklicher Gewohnheiten angetrieben. Das Selbst sieht sich einer Heteronomie seiner Gewohnheiten ausgesetzt, durch die es zu einer Neuverortung getrieben wird. Autonomie durch Neuentwicklung von Vokabularen heißt also genaugenommen Selbstverortung und nicht Selbsterschaffung, denn es soll dadurch eine Verbindung und Kohärenz hergestellt werden zwischen vergangenen bzw. marginalisierten Gewohnheitsanteilen als Eigenarten des Selbst. Und diese Verbindung wird dadurch hergestellt, dass die unvereinbaren Gewohnheiten als Eigenarten durch ein partikulares Vokabular kompatibel gemacht werden.

Ich fasse zusammen: Für Rorty ist nach der Verabschiedung von einem objektiven Wahrheitsbegriff Philosophie ein Rahmen, unter dem alte und neue Vokabulare gefasst werden. Die motivationale Hauptquelle des Philosophierens besteht für Rorty nicht in einem kontemplativen Streben nach Wahrheit, sondern darin, dass das Selbst sich transformativ selbst erschafft. Das kann auch heißen, sich durch Vokabulare einen Ort zu schaffen, von dem man sagen kann: ‚so wollte ich es.‘ Philosophieren in diesem Sinn ist der Produktion von Literatur darin verwandt, dass neue Perspektiven und neue Worte gefunden werden, mit anderen Worten: Eine wesentliche Motivation für das Philosophieren liegt laut Rorty darin, dass (imaginäre) Handlungsspielräume vergrößert werden, die über die Prägungen des Common Sense hinausgehen. Dieser Drang, einen eigenen idiosynkratischen Ort des Selbst zu artikulieren, den Rorty als Bildung der Autonomie des Selbst beschreibt, enthält zugleich potenziell die Gefahr zur Grausamkeit, da darin – so spitzt er zu – nicht der solidarische Bezug zu anderen und zum Common Sense, sondern die Absetzung von anderen im Mittelpunkt steht. Wie wir im nächsten Kapitel sehen werden, ist dies nicht die einzige Möglichkeit, Selbsterschaffung zu verstehen.

Gleichwohl trifft Rorty etwas Entscheidendes: Wenn das Selbst ein eigenes Vokabular entwickelt, so kann man das analog verstehen zu der Festlegung einer Überzeugung, von der Peirce sprach. Wenn das Selbst, und das hatten wir bei Peirce und James gesehen, von etwas überzeugt ist, dann hält es diese Überzeugung für absolut wahr. Es ist darin abstandslos und kann sich nicht gleichzeitig über seine Überzeugung stellen und diese relativieren. Das Gleiche gilt nun auch für Vokabulare im Sinne eines ‚Überzeugungs-Clusters‘: Wenn man eine eigene Theorie entwickelt hat und von dieser überzeugt ist, dann ist man vermutlich – zumindest in den Situationen, in denen diese Thema ist – von dieser Theorie absolut überzeugt. Jedenfalls bis zu dem Zeitpunkt, an dem sich eine andere Theorie als besser erweist oder jemand anderes einen besseren, einen neuen Vorschlag hat. Was hat das mit ästhetischer Selbsterschaffung zu tun? Nun, darin liegt Rortys Radikalität: Philosophische Theorien sind für ihn – das gilt jedenfalls *für einen Teil* der Theorieproduktion – nichts anderes als Selbsterschaffung. Dem ist jedoch nur als Diagnose, nicht aber als Therapie zuzustimmen. In moralphilosophischer Hinsicht ist die Warnung Rortys hilfreich, nicht zu vergessen, dass die

Motivation zum Philosophieren uns oftmals als neutrale Suche nach objektiver Wahrheit *erscheint*, obwohl sie wesentlich die partikulare und in diesem Sinn auch ästhetische Suche nach Selbstverortung umfasst. In Bezug auf die Umsetzung und intersubjektive Auseinandersetzung mit Philosophie kann das Ziel jedoch nicht ein rein idiosynkratisches sein, sondern muss sich auf die kritische Verbesserung des Common Sense richten. Diese Annahme wird plausibler, wenn man sich vor Augen führt, dass es darum geht, eine partikulare Ordnung in die zufallsblinden Prägungen des Common Sense zu bringen, also auch in die vorgegebene vage Ordnung von gesellschaftlichen Überzeugungen und Gewohnheiten, aus denen sich das Selbst zusammensetzt. Je vager der Common Sense bleibt, umso vager bleibt auch der Ort des Selbst. Philosophieren hieße hier, dem partikularen Standpunkt Kontur zu verleihen – denn damit ist er mehr als idiosynkratisch, und in diesem Sinn ist Rortys Theorie mit Putnams kompatibel, der bereits oben zitiert wurde: „Der Kern des [...] Pragmatismus war, wie mir scheint, die Betonung der Vorrangstellung des Standpunkts des Handelnden. Wenn wir erkennen, dass wir einen *bestimmten Standpunkt* einnehmen [...], dürfen wir nicht gleichzeitig behaupten, dies sei eigentlich nicht ‚die Weise, in der sich die Dinge an sich verhalten.‘“[376]

Doch wenn alles, was uns zur Verfügung steht, Vokabulare sind – in einem weit gefassten Sinn, der hier als Common Sense und Gewohnheiten beschrieben wurde, dann sind darin auch die entsprechenden Wahrheitsansprüche zu verorten. Andernfalls droht Rortys Konzept in einen Fatalismus zu kippen, der alle Vokabulare ironisch relativiert, und daraus würde merkwürdigerweise ein metaphysischer Wahrheitsbegriff resultieren, der reserviert bliebe für eine fiktive Welt, in der es noch ein objektives ‚Innen‘ und ‚Außen‘ gäbe.

Wenn man sich von der metaphysischen *Suche nach Gewissheit* verabschiedet hat, so wie es der Pragmatismus tut, dann besteht Philosophieren in dem auf Zukünftigkeit gerichteten Meliorismus einer beständigen Vergrößerung der Handlungsspielräume des Selbst im Singular und Plural. Wesentlicher Bestandteil dieses Prozesses ist dabei, dass das Selbst Orte artikuliert, von denen aus es handlungsfähig ist, von denen aus es mehr ist als ein Konglomerat fremdgebliebener Prägungen oder gesellschaftlicher Diskurse. Gleichwohl: Rorty Stärke liegt in der kritischen Selbstanwendung des pragmatistischen Zweifels auf seine eigene idiosynkratische Tätigkeit, nämlich auf das Philosophieren. Ich halte diesen Gedanken für eine konsequente Weiterentwicklung des Wechselspiels von Zweifel und Glaube im klassischen Pragmatismus – abzüglich der genannten Übertreibungen, durch die Rortys Theorie widersprüchlich wird. Rorty legt also den Finger auf den Zusammenhang von „Ästhetik und Metaphysik“,[377] dessen Gefahr darin besteht, den eigenen partikularen Standpunkt absolut zu setzen. Darin kann man den Einfluss von Peirce' ‚apriorischer Methode‘ zur Festlegung einer Überzeugung sehen, nämlich, dass der eigene Standpunkt der ‚Vernunft genehm‘ ist, und deswegen apriorisch *erscheint*, weil die eigene Subjektivität verallgemeinert wird. Wenn dabei die eigene Partikularität vergessen wird, droht die Gefahr, dass die Setzung des Selbst sich

---

[376] Putnam, *The Many Faces of Realism*, a.a.O., 83. Zitiert bei Rorty, *Wahrheit und Fortschritt*, a.a.O., 64, Hervorhebung von H. S.

[377] Rorty, *Kontingenz, Ironie, Solidarität*, a.a.O., 244.

über andere hinwegsetzt. In der möglichen Umsetzung der Theorie, so könnte man mit Peirce sagen, wird sich die apriorische Methode entweder experimentell-forschend der oder dem Anderen und der Realität des Common Sense öffnen oder sie wird zur Methode der Autorität, in der der eigene Standpunkt anderen aufgezwungen wird. Das beschreibt Rorty mit der Gefahr zur Grausamkeit.

Eine Stärke des Pragmatismus (nicht nur von Rorty) ist es, den Zweifel als Selbstzweifel an der eigenen selbstverständlichen Verortung zu thematisieren. Wenn Rorty vom Ideal der liberalen Ironikerin spricht, so zielt das m.E. auf nichts anderes als das Eingeständnis dieses Dilemmas: um die Partikularität des eigenen Standpunktes zu wissen, ohne diese Ironie dauerhaft aufrechterhalten zu können, denn das liefe auf Zynismus hinaus. Philosophie als private Selbsterschaffung zu bezeichnen, ist vor diesem Hintergrund als eine Art Gefahrenprophylaxe zu verstehen, nicht wieder in einen metaphysischen Absolutismus zurückzufallen.

Das graduelle Selbst

Eine Weiterentwicklung von Rortys Theorie deutet sich in dem Begriff des graduellen Selbst an, den dieser in dem neueren Aufsatz *Feminismus und Pragmatismus* entwickelt, der bereits kurz in dem Kapitel zum Zweifel bei Peirce angedeutet wurde. In diesem Aufsatz verabschiedet Rorty sich von der Idee einer rigiden Trennung zwischen öffentlicher und privater Sphäre. Der Begriff des Selbst (genau genommen spricht Rorty von der Person) wird gesellschaftlich rückgebunden. Er spitzt es folgendermaßen zu:

> „In unserer Gesellschaft fällt es weißen, heterosexuellen Männern – und zwar sogar ernsthaft egalitär gesinnten weißen, heterosexuellen Männern – meiner Generation nicht leicht, die mit Schuldgefühlen vermischte Erleichterung darüber abzuwehren, dass sie nicht als Frauen, Homosexuelle oder Schwarze zur Welt gekommen sind."[378]

Das Selbst graduell aufzufassen heißt hier, dass aus der jeweils partikularen Perspektive eines spezifischen Common Sense Frauen, Homosexuelle oder Schwarze weniger eine volle Person darstellen als diejenigen, die den Common Sense dominieren. Rorty zufolge ist „das Person-Sein eine graduelle Angelegenheit, keine Frage des Alles oder Nichts. [...] Das liegt nicht daran, daß es so etwas wie ‚Sklaven von Natur aus' gäbe, sondern es liegt an der Kontrolle, welche die Herren über die von den Sklaven gesprochene Sprache ausüben, es liegt an ihrer Fähigkeit, den Sklaven den Glauben zu vermitteln, ihre Leiden seien vom Schicksal über sie verhängt und irgendwie verdient; man dürfe sich nicht gegen sie wehren, sondern man müsse sie erdulden" (317). Rorty knüpft damit an die Problematik an, die im Zusammenhang mit dem Begriff des Zweifels und der Frage nach der *Berechtigung von Zweifeln an einem Common Sense* bei Peirce beschrieben wurden. Ebenso wenig, wie man willentlich zweifeln kann, kann das Selbst sich ohne weiteres über den jeweiligen Common Sense hinwegsetzen, und zwar nicht, weil der Common Sense etwas in dem Selbst unterdrückte, welches sich transzendental bestimmen ließe, sondern weil das Selbst sich vage aus seinen diversen Diskursen und unausdrücklichen Gewohnheiten zusammensetzt. Hier wird indirekt an Peirce' *Methode*

---

[378] Ders., Feminismus und Pragmatismus, in: *Wahrheit und Fortschritt*, a.a.O., 324.

der Autorität zur Festlegung einer Überzeugung angeknüpft. Dessen gewaltsame Festsetzung, so wurde oben diskutiert, installiert sich ja nicht nur ‚äußerlich' in restriktiven Maßnahmen, sondern auch ‚innerlich' in dem autoritären Glauben, welcher im Common Sense und in den Gewohnheiten verankert wird.

Im Unterschied zu universalistischen Moralphilosophen glaubt Rorty nicht an die Möglichkeit, Gerechtigkeit durch eine gesellschaftliche Einigung auf formale Kriterien zu erzielen, nach denen entschieden wird, ob jemandem Unrecht widerfährt oder nicht. Diese Kriterien sind für das Weiterbestehen einer Gesellschaft zweifellos wichtig, sie genügen allerdings nicht, um sich für das zu sensibilisieren, was innerhalb der jeweiligen (Rechts-)Praxis eines Common Sense noch keinen Ort hat. Deswegen hatte Cavell Rawls Universalismustheorie als „good enough justice" kritisiert, in welcher für Ungerechtigkeiten, die noch nicht klar artikulierbar sind, kein Platz vorgesehen ist, und er hatte sich gegen Rawls Annahme gewendet, dass berechtigte Kritik an Institutionen schon innerhalb ihrer Kriterien begründet werden können muss.[379]

Rortys Theorie ist an diesen Gedanken Cavells anknüpfbar: Das lässt sich an einem Beispiel zeigen, welches er von Catharine MacKinnon aufgreift: Eine richterliche Entscheidung in den USA habe gestattet, Frauen von der Beschäftigung als Gefängniswärter auszuschließen, „da sie so leicht vergewaltigt würden" (292). „Nicht einmal ansatzweise wurde die Möglichkeit zur Veränderung von Bedingungen gesehen", so MacKinnon, „aufgrund deren die Fähigkeit der Frauen, vergewaltigt werden zu können, zum Definitionsmerkmal der Frau wird".[380] Rorty zielt hier auf folgenden Punkt: Um Ungerechtigkeiten artikulieren zu können, muss der partikulare Standpunkt derjenigen, die Ungerechtigkeit erfahren, zunächst einmal sichtbar werden. *Es muss der Ort des Selbst allererst geschaffen werden, an dem der Zweifel oder der Protest Kontur erhält.* Solange dieser Ort keine konkrete partikulare Gestalt erhalten hat, bleibt er vage und unverständlich. Er erscheint anderen als verrückt. Darin ist Rortys Theorie als Weiterentwicklung des partikularen Zweifels bei Peirce lesbar: Ob ein Zweifel berechtigt ist oder nicht, lässt sich erst im Prozedere der Artikulation und der Abgleichung mit dem Common Sense zeigen, und zwar nicht dadurch, dass er richtiger oder falscher ist, sondern dadurch, dass der partikulare Zweifel einen Ort im Common Sense erhält.

> „So kann es sein, dass Ungerechtigkeiten nicht einmal von denen, die darunter zu leiden haben, als Ungerechtigkeiten empfunden werden, bis jemand eine Rolle erfindet, die bis dahin nicht gespielt worden ist. Erst wenn jemand einen Traum hat sowie eine Stimme, um diesen Traum zu beschreiben, beginnt bis dahin naturwüchsig Erscheinendes kulturbedingt auszusehen, und was bis dahin wie Schicksal wirkte, sieht nun aus wie eine moralische Niederträchtigkeit" (293).

---

[379] Cavell, *Conditions Handsome and Unhandsome*, a.a.O., 3. Rawls, *A Theory of Justice*, a.a.O., 533. Der Gerechtigkeit halber muss man hinzufügen, dass Rawls seinen Standpunkt mittlerweile modifiziert hat, und wie Rorty schreibt: „Die Geschichtlichkeit der Gerechtigkeit – eine Geschichtlichkeit, die Rawls in seinen Abhandlungen der Achtziger eingesehen hat – läuft darauf hinaus, dass die Geschichte fortwährend neue Arten von ‚konkreten Anderen' hervorbringt, in deren Lage man selbst hineinversetzt werden könnte." Rorty, Feminismus und Pragmatismus, a.a.O., 296, Fn. 8.

[380] Catherine MacKinnon, On Exceptionality, in: *Feminism Unmodified: Disourses on Life and Law*, Cambridge/Mass. 1987, 77. In Rorty, a.a.O., 292.

Bezogen auf das obige Beispiel wäre diese neue Rolle die der Gefängniswärterin, deren Funktion so selbstverständlich geworden wäre, dass die dazu notwendigen Sicherheitsvorkehrungen keiner Diskussion mehr bedürfen. Ein anderes Beispiel: Wenn jemand vor fünfzig Jahren davon gesprochen hätte, dass die USA einmal eine schwarze Außenministerin haben würden, wäre er möglicherweise für verrückt erklärt worden. (Dass die Erweiterung der denkbaren Rollen des Selbst innerhalb der Gesellschaft nicht automatisch zu einer gesellschaftlichen Verbesserung führen muss, steht auf einem anderen Blatt geschrieben.)

Was hat das mit Rortys Begriff der Selbsterschaffung zu tun? Die Erfindung von Vokabularen hat moralphilosophische und politische Konsequenzen, wenn es darum geht, einen Ort des Selbst zu artikulieren, der zuvor noch nicht existierte. In dieser Hinsicht ist auch der Begriff des graduellen Selbst aufzufassen: Je größer die Möglichkeiten des Selbst sind, Zweifel zu artikulieren, die als berechtigt anerkannt werden, und neue Handlungsspielräume zu ersinnen, die innerhalb des Common Sense nicht als verrückt gelten, umso stärker gewinnt das partikulare Selbst an Kontur. Der Gewinn dieser Sichtweise liegt darin, dass Rorty auf die Grenzen eines vermeintlich rationalen Gerechtigkeitsbegriffs hinweist und betont, dass nicht nur zur privaten Selbsterschaffung, sondern auch für die Weiterentwicklung der Gesellschaft die *Artikulation des partikularen Standpunktes* von größter Bedeutung ist. Und diese Artikulation findet nicht nur in negativer Hinsicht – als Artikulation des Zweifels, als Kollision unvereinbarer Gewohnheiten – statt, sondern auch in positiv-ästhetischer Hinsicht, durch die Bildung neuer Gewohnheiten (und diese gehen über die Erfindung von Vokabularen hinaus). „Sobald man einsieht, es müsse mehr getan werden, als sich auf die den Standards der existierenden Gemeinschaft gemäße Akzeptierbarkeit zu berufen – ist ein derartiger Akt der Fantasie die einzige Zuflucht" (309). Es sollte deutlich geworden sein, dass Rorty hier alles andere als einen Ästhetizismus propagiert. Es geht vielmehr um die Frage, wie neue Handlungsspielräume des Selbst innerhalb eines spezifischen Common Sense, der diesen Handlungsspielräumen Grenzen setzt, entstehen können. Wie schon bei Peirce wird die Erweiterung von Handlungsspielräumen durch das Sinnen ästhetisch gefasst. Doch während Peirce noch mit einem kosmologischen Vertrauen in die Weiterentwicklung der Wissenschaften argumentierte und demgemäß einen weniger individuellen Begriff des Sinnens prägte, in dem das Selbst vielmehr im Sinnen zwanglos aufgeht, beschreibt Rorty dieses Moment stärker in Hinblick auf die konkrete Partikularität des Selbst. Er beruft sich in diesem Zusammenhang auf Dewey, den er zitiert:

> „Soweit das, was vage gesprochen Realität heißt, in philosophischen Texten überhaupt eine Rolle spielt, können wir sicher sein, dass jene ausgewählten Aspekte der Welt gemeint sind, die deshalb gewählt werden, weil sie dazu angetan sind, das Urteil dieser Männer über das lebenswerte Leben zu stützen, und daher besonders hoch gepriesen werden."[381]

Dewey beschreibt an dieser Stelle nichts anderes als die Partikularität von Realitätskonzeptionen in philosophischen Texten, und Rorty greift dieses Zitat auf, um dazu zu ermutigen, *die eigene partikulare Perspektive auch gegen einen scheinbar die Realität repräsentierenden (philosophischen) Common Sense zu bekräftigen.* Man sollte sich von

---

[381] Dewey, *Philosophy and Democracy*, in: *The Middle Works*, Bd. 11, 145. In : Rorty, a.a.O., 312.

diesem nicht allzu sehr beeindrucken und vor allem nicht davon abhalten lassen, der eigenen Perspektive zu vertrauen. „Du solltest dich nicht innerhalb der Grenzen ihres moralischen Universums bewegen. Versuche stattdessen, eine eigene Realität zu erfinden, indem du Aspekte der Welt auswählst, die dazu angetan sind, *dein* Urteil über das gelungene Leben zu stützen" (313, Übersetzung leicht modifiziert [H. S.]). Rorty knüpft hier auch an Deweys Auflösung der Mittel-Zweck-Dichotomie an: Das Ziel einer besseren Gesellschaft, in der das partikulare Selbst einen Ort für sich findet, kann nicht von vorneherein feststehen. Es kann nur durch ein *Ausschwärmen in das naheliegende Unbekannte* entdeckt werden. Das unbekannte Terrain wird nicht dadurch erkundet, dass an der Suche nach Gewissheit festgehalten wird, sondern *dadurch, dass die eigenen Gewohnheiten im Sinn der partikularen Eigenheiten aufgewertet werden*. Rorty zitiert die Schriftstellerin Marlyn Frye, der zufolge es „letzten Endes keinen Unterschied gibt zwischen Fantasie und Mut" (311). Das naheliegende Unbekannte zu artikulieren erfordert Fantasie, und um fantasievoll sein zu können, muss zugleich der Mut vorhanden sein, etablierte Vorstellungen infrage zu stellen. Es bleibt die Ungewissheit, ob die Artikulation des eigenen Ortes als verrückt angesehen wird. Und solange sich der eigene partikulare Ort noch nicht etabliert hat, bleibt tatsächlich die Unsicherheit, ob es sich möglicherweise um eine jener individualistischen Halluzinationen handelt, von denen Peirce sprach. Die einzige Berechtigung, die dem Selbst bleibt, um die Notwendigkeit neuer Vokabulare zu legitimieren, ist die partikulare Ausgesetztheit eines noch so verschwommenen Leidens des Selbst oder des anderen. Es bleibt einerseits, wie in dem Film *Die Zwölf Geschworenen*, immer die Berechtigung, zu sagen: *Ich habe Zweifel*, auch wenn noch nicht begründet werden kann, warum. Und andererseits wird betont, dass neue partikulare Vokabulare den Mut haben sollten, in das naheliegende Unbekannte auszuschwärmen, auch wenn sie von anderen zunächst für verrückt erklärt werden. Stärker als Peirce macht Rorty damit das *emanzipatorische Potenzial der Partikularität des Selbst* stark, durch welches sich der Common Sense verändern kann, auch auf die Gefahr hin, dass diese Bemühung als sinnlos angesehen wird und auch auf die Gefahr hin, dass das Selbst sich in seiner Idiosynkrasie verirrt, dadurch die anderen aus dem Blick verliert und seine eigene Partikularität als Autorität befestigt.

> „Sinnlosigkeit ist nämlich genau das, womit man liebäugeln muss, wenn man sich im Bereich zwischen den sozialen [...] Praktiken bewegt, ohne willens zu sein, sich auf eine alte Praktik einzulassen, während es noch nicht gelungen ist, eine neue zu schaffen" (314).

In moralphilosophischer und politischer Hinsicht relevant ist, dass Rorty sich hier deutlich von seiner Idee privatistischer Selbsterschaffung abwendet und stattdessen unterstreicht, dass Prozesse, in denen ein neuer partikularer Ort entwickelt wird, am ehesten in Gruppen stattfinden können, die sich gegenseitig in ihrer Selbstdefinition unterstützen. Rorty deutet damit über die idiosynkratische Selbsterschaffung hinaus einen *partikularen Common Sense* an, in dem die „Flirts mit der Sinnlosigkeit" nicht nur von einem einzelnen Selbst, sondern in einer Gruppe artikuliert werden, „da Einzelpersonen [...] auf sich selbst gestellt nicht dazu imstande sind, semantische Autorität zu erlangen, *ja nicht einmal semantische Autorität über sich selbst*. Um diese Autorität zu erringen, muss man die eigenen Aussagen als Elemente einer gemeinsamen Praxis hören. Andernfalls wird man selbst nie erfahren, ob sie mehr sind als irres Gerede, und man wird nie erfahren, ob man eine Heldin oder eine Verrückte ist" (322). Davon abgesehen, dass der Prozess zu sehr auf das sprachlich-semantische reduziert wird, ist dem Gesagten zuzustimmen. Rorty nennt als Beispiel die Beschreibung der Schriftstellerin Adrienne Rich, die von der Spaltung zwischen ihrer Rolle als Dichterin und als Frau schreibt.

> „Die verschiedenen zutreffenden Beschreibungen, deren sie sich bediente, fügten sich nicht zu einem Ganzen. Die zutreffenden Beschreibungen eines jungen männlichen Dichters dagegen hätten sich, wie sie implizit andeutet, ohne weiteres zu einem Ganzen zusammengefügt. Rich sagt, in jungen Jahren sei sie außerstande gewesen, zu der Art von Kohärenz oder Integrität zu gelangen, die nach unserem Verständnis für richtige Personen charakteristisch ist. Denn Personen, die sich im vollen Glanz ihres Menschseins zu sehen vermögen, sind dazu in der Lage, sich ruhig und als Ganze zu sehen. Sie spüren keine Risse, die sie in Stücke spalten, sondern können Spannungen zwischen ihren alternativen Selbstbeschreibungen schlimmstenfalls als notwendige Bestandteile einer harmonischen Vielfalt in der Einheit begreifen" (319).

So gelangt Rorty überraschenderweise zu der Schlussfolgerung, dass politischer Separatismus – in diesem Fall feministischer Separatismus – eine entscheidende Funktion hat, um dem Selbst im Singular und im Plural einen Ort zu verschaffen, den es zuvor nicht hatte. Es geht also darum, einen *partikularen kritischen Common Sense* zu etablieren, der sich bewusst von dem bestehenden faktisch-fiktiven Common Sense absetzt, innerhalb dessen für seine partikularen Standpunkte bislang kein Platz bestand. Entscheidend sind hier zwei Punkte: Zum einen überschreitet Rorty sein individualistisches Konzept der Selbsterschaffung und wendet es ins Politische, zum anderen betont er, dass ein kritischer Common Sense nicht nur negativ verfahren sollte, sondern dass es auch darum geht, positiv einen neuen Ort zu schaffen. Aus Rortys Sicht liegt den gesellschaftlichen Kämpfen und Auseinandersetzungen keine unveränderliche Realität zugrunde, vielmehr müssen neue Realitäten (aus Sicht des jeweils zu bestimmenden Common Sense) erfunden werden. Er setzt damit auch grundlegende (oben beschriebene) Einsichten von James fort.

Zum vermeintlichen Dilemma
zwischen Naturalismus und Anti-Repräsentationalismus

Die Konzeption des Selbst bei Rorty steht vor folgendem Dilemma: Das Selbst wird durch seine sprachliche Konstitution erklärt. Diesen Weg gehen auch so divergierende Ansätze wie Dekonstruktion oder verschiedene ‚interpretationistische' Ansätze in der analytischen Philosophie, in denen eine eng gefasste sprachliche Perspektive Vorrang hat vor der partikularen und leibkörperlichen Perspektive des Selbst. Innerhalb dieser Ansätze können Reflexionen über das Subjekt in sprachlicher Hinsicht unternommen werden, die jedoch relativ freischwebend bleiben, weil die Verankerung in der Wirklichkeit unklar bleibt. In vorliegender Interpretation des Pragmatismus wird diese Wirklichkeitsverankerung durch die verkörperten Gewohnheiten hergestellt, bei Rorty fehlt diese Einbettung. Sein ‚interpretationistischer' Ansatz kann nicht erklären, wie sich das Mentale auf die Welt bezieht und damit wird letztlich auch die Realität des Mentalen, die psychologische Realität des Selbst und sein Verhältnis zum Körper nicht ersichtlich. Das Subjekt löst sich gewissermaßen in Sprache auf. Das ist die ein Seite des Dilemmas. Die andere Seite ist folgende: Rorty hält zugleich an einem physikalistisch-kausalistischen Weltbild fest. Der Versuch, die *Realität* des Mentalen zu erklären, und damit eine Wirklichkeitsverankerung herzustellen, mündet in einen physikalistischen Naturalismus, der das Selbst schließlich naturwissenschaftlich auflöst. Das Körper-Geist Problem wird zugunsten des Körpers entschieden, Denken wird zu einer neurobiologischen Angelegenheit erklärt. Die andere Seite des Dilemmas ist hier, dass in dem physikalistischen Weltbild die Sprache, die Wahrheitsansprüche (der Naturwissenschaften) und damit unser Selbstverhältnis ungeklärt bleiben. An diesem Punkt wird der Physikalismus Rortys widersprüchlich und die Seite des ‚Interpretationismus' wieder virulent, von der aus das eigene unreflektierte Selbstverhältnis kritisiert werden kann.[382] Während also der ‚Interpretationismus' das Gesetz als Gesetz der Sprache bezeichnen würde, ist das Gesetz des Physikalismus das Naturgesetz.

> „Die Situation ist somit, kurz gefaßt, diese: Der reduktionistische Naturalismus bewahrt die Realität des Mentalen; Aber unser Selbstverständnis geht in dieser Position verloren. Der Interpretationismus geht von unserem Selbstverständnis aus und hält an diesem fest; aber die Realität des Mentalen droht in dieser Position verloren zu gehen."[383]

In diesem Widerspruch bewegt sich Rorty. Das partikulare Selbst in seiner Teilnehmerperspektive bleibt in beiden Fällen, wie der Mann vom Lande vor dem Gesetz, außen vor. Sowohl interpretationistische als auch physikalistische Ansätze postulieren ihr Gesetz (sei es das Gesetz der Sprache oder das physikalistische Gesetz) als Gesetz. Keine der beiden Optionen entgeht dem Problem, eine letzte Begründung schuldig zu bleiben. Aus Sicht des Pragmatismus indessen ist jede Position eine Frage der Überzeugung, die sich wiederum – wie hier argumentiert wurde – aus dem jeweiligen Common Sense speist. Am Anfang jeder Position steht ein Glauben, ein Für-wahr-Halten, welches der Bewährung harrt. Oehler fasst es so zusammen:

> „Schon Kant hatte in seiner Lehre vom Primat der praktischen Vernunft die Rechte des Glaubens gegenüber den Ansprüchen des Wissens verteidigt. Der Pragmatismus geht aber noch einen Schritt weiter, indem er lehrt, dass der Glaube auch in dem Sinne primär ist, dass überhaupt alles Wissen aus ihm hervorgegangen ist und hervorgeht."[384]

Philosophie, die ein Prinzip als Gesetz setzt, ergeht es wie dem Türhüter in der Parabel: Sie beruft sich auf eine Autorität, die sie nicht wirklich kennt, weil sie – als Prinzip, als Gesetz – über das Selbst hinausgeht. Die metaphysische Position vergisst ihre eigene Positionierung, ihre Setzung als Setzung, an die sie glaubt. Das philosophierende Selbst muss, wie der Türhüter, zunächst an das Gesetz glauben, um es dann für sich und gegenüber anderen zu beanspruchen. Dem erkenntnistheoretischen Dilemma zwischen Physikalismus und ‚Interpretationismus' liegt das Problem zugrunde, dass jedes Selbst notwendig Setzungen vornimmt, obwohl es diesen Setzungen ausgesetzt ist. Rorty behauptet zum einen, sich von dem philosophischen Objektivitätsbegriff zugunsten einer Perspektive der Selbsterschaffung zu verabschieden, zum anderen jedoch hält er an einem physikalistisch-linguistischen Bild des Selbst fest. Konsequenterweise müsste

---

[382] Rorty, Physikalismus ohne Reduktionismus, in: *Eine Kultur ohne Zentrum*, a.a.O., 48–72.

[383] Michael Esfeld, Der Pragmatismus und die Philosophie des Geistes, in: *Holismus in der Philosophie des Geistes und in der Philosophie der Physik*, Frankfurt/M. 2002.

[384] Oehler, in: Ders.(Hg.), *William James, Pragmatismus*, a.a.O., 26f.

er indessen auch seinen Physikalismus als eine Überzeugung zur Disposition stellen, die das Selbst innerhalb seines Common Sense eingenommen hat. Damit wird die physikalische Realität nicht zum bloßen Vokabular verdünnt, im Gegenteil: Unsere wissenschaftlichen Paradigmen hinsichtlich dessen, was als real gilt, sind wirkungsmächtig. Der gegenwärtige Common Sense darüber, wie die physikalische Realität aussieht, ist für uns wahr, insofern diese für uns selbstverständlich ist und in vielerlei Hinsicht funktioniert. Ebenso ist es mit unserer alltäglichen Wirklichkeitsvorstellung, die sich in unseren Gewohnheiten und im Handeln verkörpert und vorübergehend bewahrheitet. Gleichwohl müssen Realitätsannahmen unter einem fallibilistischen Vorbehalt stehen, und das tun sie für Rorty zum Teil nicht.

> „Was der einzelne Mensch als ‚sein Ich‘ erkennt, sind nicht Organe, Zellen und Teilchen, die seinen Körper bilden, sondern größtenteils seine Überzeugungen und Wünsche. Diese Überzeugungen und Wünsche sind freilich physiologische Zustände unter einer anderen Beschreibung (wobei wir allerdings, um die für eine nichtreduktionistische Auffassung kennzeichnende *ontologische Neutralität* zu wahren, hinzufügen müssen, dass sich gewisse ‚neurale‘ Beschreibungen unter einer ‚physikalischen‘ Beschreibung auf psychologische Zustände beziehen).“[385]

Welche ontologische Neutralität? – Erkenntnis ist für Rorty „als die kontinuierliche Interaktion menschlicher Wesen mit der Außenwelt aufzufassen“.[386] Sie ist „a matter of acquiring habits of actions for coping with reality“.[387] In Anlehnung an Donald Davidson vertritt Rorty die Position, Philosophen sollten die Idee aufgeben, Erkenntnis sei auf etwas gegründet, das als letzte Evidenzquelle diente. Die Mengen von Überzeugungen, so János Boros, seien demzufolge im Allgemeinen wahr, nicht weil sie als propositionale Einstellungen durch Konfrontation mit der physikalischen Wirklichkeit bewiesen wurden, sondern weil die Menge in sich kohärent ist. „A major reason [...] for accepting a coherence theory is the unintelligibility of the dualism of a conceptual scheme and a ‚world‘ waiting to be coped with.“[388] Parallel zu diesem kohärenztheoretischen Ansatz hält Rorty jedoch, wie sich oben andeutete, an einem physikalistischen Begriff der Kausalität fest, der ein anderes Vokabular umfasst als die Welt der Gründe, in denen Überzeugungen festgelegt werden. Die Differenz ist folgende: „Although there are causes of the acquisition of beliefs, and reasons for the retention or change of beliefs, there are no causes for the truth of beliefs.“[389] Rorty nimmt also in Anlehnung an Davidson eine Unterscheidung von *Kausalität* und *Rechtfertigung* vor. Normative Relationen, so die Kurzfassung seines Arguments, sind rein intradiskursiv. Extradiskursive Relationen dagegen sind rein kausal und nicht rechtfertigend. *Die Vorstellung des Repräsentationalismus, die Rorty kritisiert, gibt vor, zugleich normativ zu sein und eine*

---

[385] Rorty, Physikalismus ohne Reduktionismus, in: *Eine Kultur ohne Zentrum*, a.a.O., 64, Hervorheb. von H. S.

[386] János Boros, Repräsentationalismus und Antirepräsentationalismus, in: *Deutsche Zeitschrift für Philosophie* 47 (1999), 4, 541.

[387] Rorty, *Objectivity, Relativism, and Truth*, Cambridge 1991, 118.

[388] Donald Davidson, A Coherence Theory of Truth and Knowledge, in: Ernest LePore (Hg.), *Truth and Interpretation*, Oxford 1993, 309.

[389] Rorty, *Objectivity, Relativism, and Truth*, a.a.O., 121.

Beziehung zu etwas Extradiskursiven zu haben. Darin bestünde ihr Irrtum. Nur in Vokabularen kann so etwas wie Rechtfertigung stattfinden, der intersubjektive Bereich beschreibt die Welt der Rechtfertigungen und Gründe gegenüber der physikalistischen Welt der Ursachen.

Wie Boros zeigt, verschiebt sich dadurch jedoch nur das Problem, denn „wenn wir solche Dualitäten wie Natur-Vernunft, Objekt-Subjekt, Welt-Schema aufgeben, dann gibt es keine Möglichkeit mehr, die kausalen Verhältnisse zwischen ihnen zu untersuchen".[390] Wenn der Begriff der Kausalität selbst Teil eines veränderbaren partikularen Vokabulars darstellt, andernfalls die Argumentation in einen infiniten Regress gerät, dann kann die strikte Trennung zwischen Psychologie und Philosophie, zwischen Körper und Leib *prinzipiell* nicht mehr aufrechterhalten werden. Dies gilt in besonderem Maß für die Selbstwahrnehmung des Körpers. Wenn die Zuordnung des Begriffs der Kausalität selbst unklar ist, dann ist auch unklar, wo die Grenzen zwischen rein kausalen psychophysischen Mechanismen und (wie auch immer zu verstehenden) nichtkausalen, mentalistischen Vorgängen zu ziehen sind. Das Problem wird überdies noch komplizierter, weil es nicht nur darum geht, inwiefern das Selbst Zugang zu und Erfahrungen von seinem natürlichen Körper hat, sondern auch, *wie das Selbst in und mit seinen leibkörperlichen Gewohnheiten handelt.* Das, was als Natur-Körper aufgefasst wird, wird aus der Perspektive der jeweiligen sozialen Praktiken wahrgenommen und bewertet, d.h. es handelt sich nicht nur um eine erkenntnistheoretische, sondern auch um eine normativ-politische Frage. Was gilt als natürlich? Wenn also die Wahrnehmung von ‚Natur' selbst Teil der sozialen Praktiken ist, ist auch der Körper ‚Effekt' naturalisierender Diskurse. Darauf gibt Rorty keine Antwort. Seine überraschende feministische Wende in dem oben diskutierten Aufsatz unterschlägt den gesamten Bereich der Auseinandersetzung mit der sozialen Konstruktion von (geschlechtlichen) Körpern, die weit über den Feminismus hinaus mittlerweile in die Philosophie Einzug gehalten hat.[391]

Einerseits behauptet Rorty, das Selbst sei ein mittelpunktloses Netz aus Vokabularen, andererseits hält er an einem physikalistischen Dualismus fest, den er durch seine Konzeption der Bildung von Vokabularen zu überwinden vorgibt. Das Selbst ist ein Netz aus linguistischen Praktiken, welches durch Kausalität mit der Welt verbunden ist. Unklar bleibt, wie. Mit anderen Worten, der Begriff der Kausalität erweist sich als letztlich dualistisch. Diese Position unterstützt auch Boros.

> „Wenn behauptet wird, daß unsere Überzeugungen oder Überzeugungssysteme von der Umwelt kausal verursacht werden, dann sollte diese Überzeugung selbst auch von der Umwelt verursacht werden, und so weiter. Wenn man diesen unendlichen Regreß vermeiden will, dann kann die Kausalität (der metaphorische Ausdruck einer naturalistischen Attitüde) als der nonreferentielle Endpunkt aller Begründungsversuche aufgefaßt werden. Dann aber, obwohl ursprünglich ein vollkommen naturalistischer Begriff, verbleibt in der Kausalität die Nichtbeweisbarkeit und Nichterkennbarkeit des Dinges an sich. [...] So wird die kantsche transzendentale Gegenständlichkeit bei Davidson und Rorty zu einer ‚quasi-transzendentalen' Kausalität."[392]

---

[390] Boros, Repräsentationalismus und Antirepräsentationalismus, a.a.O., 549f.
[391] Vgl. dafür paradigmatisch Judith Butler, *Das Unbehagen der Geschlechter*, Frankfurt/M. 1991.
[392] Boros, Repräsentationalismus und Antirepräsentationalismus, a.a.O., 550.

Rorty fällt in seinem Physikalismus hinter Dewey zurück, der mit dem leibkörperlichen Begriff der Gewohnheit soziale und leibkörperliche Praktiken benennen konnte, die bei Rorty wieder unsichtbar werden. Indem Rorty zugleich metaphysisch-ontologische Bestimmungen durch einen ästhetischen Gebrauch von Vokabularen hinter sich zu lassen versucht, bleibt er widersprüchlich.

Wenn der Begriff der Kausalität also selbst unklar ist, da er vermeintlich naturalistisch aus einer Metapher abgeleitet wird, dann ist auch unklar, wo die Grenzen zwischen vermeintlich rein kausalen Mechanismen und (wie auch immer zu verstehenden) nicht-kausalen Vorgängen zu ziehen sind. Die Idee, Gewohnheit und damit die Verkörperung des Selbst sei nur innerhalb einer naturalistisch-repräsentationalistischen Sichtweise erklärbar, und das Neue, die Transformierbarkeit des leibkörperlichen Selbst sei damit inkompatibel, widerspricht den grundlegenden Einsichten des Pragmatismus: Denn wenn die Wahrnehmung des Körpers und seiner Gewohnheiten selbst eine Gewohnheit darstellt, die auch unter ästhetischen Gesichtspunkten transformierbar ist, ist der naturalistischen Sicht *im engen Sinn* der Boden entzogen. Überdies beinhalten, wie gezeigt wurde, Gewohnheiten als unausdrückliche soziale Praktiken partikulare Handlungsregeln und greifen daher in den normativen Bereich über. Diese unausdrücklichen Handlungsregeln sind dem Selbst nicht unbedingt gegenwärtig, und sie sind nicht auf das einzelne Selbst beschränkt. Sie reflektieren einen unausdrücklichen Common Sense. Gewohnheiten müssen im Spannungsverhältnis gesehen werden zwischen dem Vagen eines abstandslosen Common Sense hinsichtlich dessen, was der natürliche Körper ist einerseits und einer veränderbaren Leiblichkeit andererseits, die der handelnden Transformation offen steht. In Bezug auf das Selbst ergibt sich damit ein Spannungsverhältnis zwischen Körper und Leib.

III.2. Das Leib-Körper-Problem

Während die dualistische Tendenz in der Philosophie vielfach fortbesteht, entweder den Körper außenperspektivisch oder den Leib innenperspektivisch zu reflektieren, kann mit der Philosophie des Pragmatismus (ähnlich wie mit der philosophischen Anthropologie) das Leib-Körper-Verhältnis in seinem Wechselverhältnis transformativ in den Blick genommen werden.[393] Dabei wird weder der Leib noch der Körper als unhintergehbar postuliert, sondern beide Perspektiven verweisen als variable Gewohnheiten semiotisch aufeinander. Damit wird ein Konzept vorgeschlagen, welches philosophische Vereinseitigungen zugunsten eines reduktiven Physikalismus, eines Sprachidealismus oder einer Leibtranszendenz umgeht und stattdessen den handelnden Leibkörper in seinen Gewohn-

---

[393] Ich greife diese Differenzierung aus der philosophischen Anthropologie von Helmuth Plessner auf. Siehe *Die Stufen des Organischen und der Mensch*, a.a.O., 293ff. Die Differenz zwischen Körper und Leib kann gleichwohl auch für den Pragmatismus fruchtbar gemacht werden, um die verschiedenen Perspektiven zu verdeutlichen und Dualismen zu umgehen, wie sie bei Rorty zu finden sind. Vgl. für eine genaue Analyse der Körper-Leib-Differenz bei Plessner, Krüger, Die negative Einheit der Sinne: Körper-Leib und Urteilskraft im kategorischen Konjunktiv, in: *Zwischen Lachen und Weinen*, Bd. I, a.a.O., 35–53.

heiten in den Vordergrund stellt. Diese leibkörperlichen Gewohnheiten inkorporieren
überdies gesellschaftliche Normen als sozialer Habitus.

Seit ihren Anfängen unterhält die abendländische Philosophie als Repräsentantin
des Geistes ein geteiltes Verhältnis zum Körper, und das hat sich bis heute nicht
geändert.[394] Geändert hat sich indessen die Einschätzung des Wesens dieser Teilung,
und geändert hat sich die Terminologie, in der über diese gesprochen wird. Diese
Teilung verdoppelt sich im deutschsprachigen Raum in der begrifflichen Differenzierung zwischen Körper und Leib. So war in der hiesigen Debatte die Rede vom Leib-
Seele-Problem lange Zeit geläufiger als die Wendung Körper-Geist, während sich im
angloamerikanischen Raum eher die Formulierung ‚mind-body-problem‘ durchgesetzt
hat (und nicht etwa ‚soul-body-problem.‘) Klingt im ersten Fall die Beseeltheit des
menschlichen Leibes durch, steht im zweiten Fall der materielle Körper einem imma-
teriellen Geist gegenüber (in einigen Debatten zugespitzt zum ‚mind-brain-problem‘).
Diese verdoppelte Teilung, die im deutschen Begriffspaar Körper und Leib greifbar
wird, lässt sich implizit innerhalb der Philosophie als eine Arbeitsteilung ausmachen,
die sich zum Teil in der Differenz zwischen kontinentaler und angloamerikanischer
Philosophie widerspiegelt – auch wenn die explizite begriffliche Differenzierung in
Körper und Leib nur im Deutschen besteht. Es handelt sich dabei um zwei unterschiedliche inhaltliche Fragestellungen, die über das bloß Terminologische hinausreichen: Hebt man eher auf lebendige innenperspektivische Erfahrungen ab, spricht man
vom Leib, zielt man eher auf eine außenperspektivische physikalische Beobachtung
ab, spricht man vom Körper.[395]

Es handelt sich also um eine doppelte Teilung: Nicht nur zwischen Körper und Geist,
sondern auch zwischen Körper und Leib. Dennoch haben die meisten der diversen
Theorien des Körpers und des Leibes eines gemeinsam: Sie nehmen eine *kontemplative*
Haltung zum Körper, bzw. zum Leib ein. Sie fragen danach, was der Körper oder der
Leib *ist* und geraten damit in unlösbare Widersprüche. Der Pragmatismus fragt hinge-
gen, was der Körper oder der Leib *tut* und stellt damit eine der wenigen philosophischen
Richtungen dar, die zu der kontemplativen Tendenz der Philosophie quer verläuft und
eine *transformative* Haltung einnimmt. So lässt sich, wie ich meine, die philosophische
Fragestellung von einer unbeweglichen Teilung zwischen Körper und Geist oder Leib
und Seele zu einem *beweglichen Leib-Körper-Verhältnis* verschieben. Dadurch kann

---

[394] Für eine Problematisierung des Körper-Geist-Dualismus anhand einer religionssoziologische Studie
zum Verhältnis von Fast-Food und Leib Christi siehe: Heidi Salaverría, Fast-Food und Leib Christi.
Pragmatistische Reflexionen auf das Verhältnis von Christentum und Esskultur, in: Eva Kimminich
(Hg.), *Welt – Körper – Sprache. Perspektiven kultureller Wahrnehmungs- und Darstellungsformen*,
Band 5, *GastroLogie*, Frankfurt/M./Berlin 2005, 1–25.

[395] In seiner etymologischen Herkunft bezeichnet der Leib das Lebendige, woran die begriffliche
Verwandtschaft zum englischen ‚life‘ erinnert, während der Begriff des Körpers in seiner lateinischen Wurzel auf ‚corpus‘ zurückgeht. Das Bedeutungsfeld von Körper umfasst einerseits den toten
Körper, wie im englischen und französischen Begriff für Leiche als ‚corpse‘ bzw. ‚corps‘ deutlich
wird, andererseits den abstrakten, nichtmenschlichen Körper als Stoffmasse, als Bezeichnung für
jedes Gebilde von räumlicher Ausdehnung. Darüber hinaus findet sich eine weitere abstrahierte
Verwendung im Sinn von ‚Verband‘ im Begriff der Körperschaft wieder.

dualistischen Erstarrungen entgegengetreten werden. Anhand des pragmatistischen Begriffs der *alltagsverankerten Gewohnheit* werde ich dafür argumentieren, dass Leib und Körper zwei bewegliche Variablen sind, die relativ und fallibel aufeinander verweisen. Damit wird zugleich die perspektivische Einschränkung jeden Philosophierens über den Körper und den Leib betont. Gegenwärtige Reflexionen müssen von den kontingenten semiotischen und normativ-diskursiven Praktiken ebenso wie den leibkörperlichen (individuellen *und* sozialen) Gewohnheiten ausgehen und versuchen, diese transformativ in den Blick zu bekommen. Damit wird ihre Wirklichkeit und Wirksamkeit nicht aufgehoben, sondern es soll im Folgenden deutlich werden, dass eine rein kontemplative Fragerichtung auf eine unhintergehbare Natur des Körpers oder auf eine Transzendenz des Leibes spekulativ bleibt und sich in Widersprüche verwickelt. Der pragmatistische Begriff der Gewohnheit hingegen vermittelt zwischen dem verkörperten Denken und dem handelnden Körper bzw. Leib. Dieses mobile Wechselverhältnis gilt es praktisch, semiotisch und philosophisch auszuloten.

Das Leib-Körper-Problem im philosophischen Gesamtkontext

Um zu verstehen, vor welchem Problemhorizont der Pragmatismus für das Leib-Körper-Problem eine geeignete Antwort bieten kann, möchte ich sehr summarisch die diesbezügliche gegenwärtige Theorielandschaft abstecken: Durch den *linguistic turn* seit Mitte des letzten Jahrhunderts hat sich die Frage nach dem Verhältnis von Körper und Geist v.a. in der angloamerikanischen analytischen Philosophie zu einer Frage nach dem Verhältnis von Körper und Sprache verschoben. Man könnte meinen, die Körpervergessenheit der Philosophie habe nach dem *linguistic turn* in der Fokussierung auf die Sprache eine neue Legitimation gefunden. Dennoch bleibt, wie gerade diskutiert, die Frage ungeklärt, inwiefern sprachliches Denken und physikalische Wirklichkeit aufeinander bezogen sind. Ganz grob lässt sich sagen, dass die Frage vielfach entweder zugunsten des physikalischen Körpers oder zugunsten der Sprache beantwortet wurde. Der Physikalismus (und seine Varianten) betrachtet Sprache als empirisches, neurolinguistisches Phänomen[396], der ‚Interpretationismus' (und seine Varianten) halten ‚realistische' Fragen nach der Bezugnahme auf die Wirklichkeit des Körpers für falsch gestellt.[397] Beide Sichtweisen nehmen indessen auf den menschlichen Körper nur als Zeichen einer materiellen Wirklichkeit Bezug. Genau genommen müsste man daher nicht von einer Körpervergessenheit sprechen, sondern von einer *Leibvergessenheit*, denn was in der analytische Philosophietradition unterschlagen wird, ist die lebendige innenperspektivische Erfahrung des Leibes. Dieses Dilemma zeigt sich bei Rorty besonders deutlich. Die Frage, inwiefern bspw. die Proposition eines Zweifels neurologischen Hirnfunktionen korreliert, ist etwas anderes als die Frage, ob ein Zweifel dem leiblichen Gefühl der Scham korreliert, die sich im Erröten

---

[396] Daniel Dennett, *Consciousness Explained*, Harmondsworth 1992. Vgl. für eine Problematisierung seiner Position: Rorty, Daniel Dennett über intrinsische Eigenschaften, in: Ders., *Wahrheit und Fortschritt*, a.a.O., 144–179.

[397] „Den Begriff der Bezugnahme brauchen wir nicht; die Bezugnahme selbst, was immer sie sein mag, brauchen wir auch nicht." Davidson, *Wahrheit und Interpretation*, Frankfurt/M. 1984, 318.

manifestiert.[398] Die analytische Philosophie bleibt daher nicht nur einem Körper-Geist-, sondern v.a. einem *Körper-Leib-Dualismus* verhaftet.

Sowohl die sprachzentrierten als auch die physikalistischen Ansätze sind nicht unkritisiert geblieben. Die unhinterfragten dualistischen Dogmen, die der supponierten Neutralität eines naturwissenschaftlich-physikalistischen oder eines logisch-analytischen Ausgangspunktes zugrunde liegen, wurden aufgedeckt.[399] Das Ergebnis dieser Debatte war eine Aufhebung des Gegensatzes von Tatsachen und Werten und eine Einschränkung der Monarchieansprüche der Naturwissenschaft. Die Kritik am ‚Mythos des Gegebenen', also an einer unverstellten Perspektive auf die Wirklichkeit der Natur, mündete in ein holistisches Konzept der Sprachvermitteltheit des Denkens und Handelns. Die Annahme, die Naturwissenschaften könnten mit einer wissenschaftstheoretischen Fundierung seitens der Philosophie einen wertfreien Maßstab für Objektivität an die Hand geben, wurde in Frage gestellt. Die ontologische Basis und damit das Körper-Geist-Problem wurden sprachlich verflüssigt. Zugleich hat diese sprachliche Verflüssigung jedoch ihre Grenzen darin, dass sie nicht länger auf eine universelle Sprachlogik zurückgreifen kann, sondern selbst relativ zur jeweiligen normativ-diskursiven Praxis, also zum jeweiligen Common Sense steht. Zunehmend wird Sprache daher kontextualisiert und als Bestandteil sozialer und verkörperter Praktiken verstanden, die über das rein Linguistische hinausreichen. Diese Entwicklung hat u.a. einem postanalytischen Alltagsrealismus den Weg geebnet, der gegen die Tendenzen eines linguistischen Idealismus gerichtet ist. Dennoch haben auch die pragmatistischen Common Sense-Realisten nicht den Leib im Blick, sondern den Körper als Teil der alltagsrealistischen Wirklichkeit.

Wenn man die Sprache an die soziale Praxis zurück bindet, wie es im postanalytischen Diskurs geschieht, schwingt das Pendel von der Versprachlichung indessen wieder zu einer Verkörperung zurück, denn soziale Praxis umfasst nicht nur die diskursive Praxis, sondern auch die leibkörperliche Handlung und Erfahrung sowie ihre komplexe Semiotik. Seit einigen Jahrzehnten verweist die Forschung sogar darauf, inwiefern sprachliche Äußerungen von leibkörperlichen Erfahrungen und Kommunikationsformen abhängen.[400] Die analytische Tradition hat also über weite Strecken nicht nur den *individuellen Leib* vergessen, sondern, so ließe sich nun hinzufügen, auch die *Sozialität des Leibes*: Denn nicht nur die naturwissenschaftlichen Paradigmen über den Körper unterliegen historisch wandelbaren Diskursen, und nicht nur die gesellschaftlich-normative Perspektive auf den Körper ist von gegenwärtigen Diskursen bestimmt, sondern diese werden zugleich von uns als leiblichen Akteuren verkörpert und sind als sozialer Habitus Bestandteil unserer leibkörperlichen Gewohnheiten. Soziale Praktiken bestehen nicht nur aus Diskursen.

---

[398] Vgl. zum Thema Scham aus einer phänomenologischer Perspektive, die indessen (post-)strukturalistische Überlegungen aufgreift und damit die Normativität des Leibes thematisiert: Hilge Landweer, *Scham und Macht*, a.a.O.

[399] Für eine zusammenfassende Diskussion dieser Entwicklung, die jedoch selbst einer Leibvergessenheit unterliegt, vgl: Sandbothe, *Die pragmatische Wende des linguistic turn*, in: *Die Renaissance des Pragmatismus*, a.a.O., 96–127.

[400] Mark Johnson, *The Body in the Mind. The Bodily Basis of Meaning, Imagination, and Reason*, Chicago 1987.

Der *linguistic turn* der analytischen und postanalytischen Philosophie hat in der ‚kontinentalen' Tradition Parallelen in einer politisch ausgerichteten Kritik an der ‚Natur' des Körpers. Sie baut v.a. auf (Post)-Strukturalismus und dekonstruktivistischer Theoriebildung auf.[401] Diese Kritik besagt, dass der Körper nicht nur diskursiv vermittelt ist, sondern darüber hinaus, dass Diskurse selbst kontingente gesellschaftliche Formationen und Herrschaftsverhältnisse widerspiegeln. Der Körper erweist sich aus dieser Perspektive als soziale Konstruktion. Das, was wir als Körper und daher als Natur betrachten, ist immer schon durch die *diskursive Perspektive auf* den Körper eingefärbt. Das Körper-Geist-Problem wird zu einer politischen und normativen Angelegenheit. Erkenntnistheoretische Fragen nach dem Verhältnis von Körper und Sprache (wie sie die analytische Tradition stellt) werden zum Symptom: Sie spiegeln eine spezifische Konzeption von Wissenschaft wider, in der eine bestimmte Form von Objektivität vorausgesetzt wird, die aber – ohne Kenntlichmachung – selbst von normativen und politischen Interessen durchdrungen ist. D.h., die erkenntnistheoretische Frage danach, was *ist*, erweist sich auch als Frage danach, was für das Selbst im Singular und Plural *sein sollte*.[402] In dieser Hinsicht ist der Post-Strukturalismus pragmatistisch: Er ist transformativ und nicht kontemplativ.

Diese (post-)strukturalistische Perspektive hat v.a. durch die feministische Philosophie an Einfluss gewonnen. In ihr kristallisierte sich die Untrennbarkeit von Deskriptivität und Normativität heraus: Die Frage danach, was eine Frau ist, erwies sich als Frage danach, was eine Frau sein soll und sein darf. Bereits Simone de Beauvoir hatte festgestellt, dass die Frau nicht als Frau geboren wird, sondern zur Frau wird und damit ihren ontologischen Status in Frage gestellt. Diese Überlegung wurde später aufgegriffen, um nicht nur das soziale Geschlecht (gender) als solches sichtbar zu machen, sondern sogar auch das körperliche Geschlecht (sex) in seiner sozialen Konstruiertheit offen zu legen.[403] Besonders deutlich wurde dies in Fragen der Geschlechtsumwandlung, zugleich zeichnen sich hier die Grenzen des Diskursiven ab.[404]

Angesichts dieser Grenze wird der blinde Fleck der post-strukturalistischen Perspektive manifest, und darin ist sie der (post-)analytischen Philosophie verwandt: Subjektiv-leibliche Erfahrungen werden entweder ausgeklammert oder selbst als Ausdruck gesellschaftlich-diskursiver Einschreibungen betrachtet. Da kein Außerhalb (einer unabhängigen Wirklichkeit und daher auch eines unabhängigen Körpers) angenommen wird,

---

[401] Für eine semiotische Rekonstruktion von Moderne und (Post-)Strukturalismus, v.a. in Hinblick auf die Kontinuität von der Moderne zu den (Post-)Bewegungen: Roland Posner, Semiotik diesseits und jenseits des Strukturalismus: Zum Verhältnis von Moderne und Postmoderne, Strukturalismus und Poststrukturalismus, in: *Semiotik nach dem Strukturalismus, Zeitschrift für Semiotik* Bd. 13, Heft 3/4, 1993.

[402] Butler, a.a.O.

[403] Ebd.

[404] Gesa Lindemann, *Das paradoxe Geschlecht. Transsexualität im Spannungsfeld von Körper, Leib und Gefühl.* Frankfurt/M. 1993. Lindemann vertritt eine wichtige Zwischenposition, da sie poststrukturalistische, phänomenologische und semiotische Überlegungen verknüpft und überdies nie den Bezug zur soziologischen und alltäglichen Wirklichkeit aus den Augen verliert. Vgl. dafür dies., Die Konstruktion der Wirklichkeit und die Wirklichkeit der Konstruktion, in: Dies., Theresa Wobbe (Hg.), *Denkachsen.* Frankfurt/M. 1994, sowie: Zeichentheoretische Überlegungen zum Verhältnis von Körper und Leib, in: Barkhaus et al. (Hg.), *Identität, Leiblichkeit, Normativität*, a.a.O.

kann es auch kein abgrenzbares Innerhalb (einer unabhängigen Subjektivität und daher einer unabhängigen Leiblichkeit) geben. Der Post-Strukturalismus gerät hier jedoch mit seinem transformativen Anspruch in Konflikt. Denn wenn eine Verbesserung der gegenwärtigen politisch-gesellschaftlichen Situation durch eine Aufdeckung der Konstruktion von Körpern und Körperbildern angestrebt wird, muss auch deren normative Umsetzbarkeit für das einzelne verkörperte Individuum innerhalb der Gesellschaft reflektiert werden, und dafür ist ein – wie auch immer gebrochener – Begriff ‚leiblicher Innenperspektive' unerlässlich. Eine Reflexion auf die Konstellationen von Machtdiskursen über den Körper kann nur dann umsetzbar sein und ist nur dann in sich kohärent, wenn sie die Perspektive der subjektiv erlebten Wirklichkeit und Leiblichkeit derjenigen berücksichtigt, zu deren Lebensverbesserung die Theorie angetreten war. Andernfalls fällt sie zurück in eine kontemplative Reflexion darauf, was der Körper oder was der Leib *ist* und nicht, was er *tut oder tun könnte*. Die Frage der Handlungsfähigkeit bleibt im Post-Strukturalismus erklärungsbedürftig, weil auch hier eine Tendenz zur *Leibvergessenheit* bestehen bleibt.

Anders dagegen die Tradition der Phänomenologie, in der die Leiblichkeit im Mittelpunkt steht.[405] Entgegen dualistischen Positionen postuliert die Phänomenologie eine unhintergehbare Einheit von Leiblichkeit und Subjektivität. Genau genommen lässt sich deswegen eine phänomenologische Distinktion von Innen- und Außenperspektive nicht vornehmen – denn der Leib bildet die primäre Einheit, von der aus wahrgenommen, gedacht, empfunden und gehandelt wird. Die Phänomenologie des Leibes richtet sich dabei sowohl gegen einen körperlosen Intellektualismus, wie man ihn der sprachanalytischen Tradition vorwerfen könnte, wie gegen einen objektivistischen Physikalismus. Paradigmatisch ist die Äußerung von Waldenfels: „Wir betrachten den Leib nie rein von außen, wir *sind* ja der Leib."[406] Gegenüber der analytischen und der post-strukturalistischen Richtung spricht für die Phänomenologie ihre differenzierte und konkrete Entfaltung der erfahrenen und erlebten Leiblichkeit und der sinnlichen Erfahrungen. Ein weiteres Zentralthema phänomenologischer Theoriebildung ist die Endlichkeit des leiblichen Selbst. Gerade in Anbetracht der zunehmenden Technologisierung des menschlichen Körpers und der Körperbilder stellt der Verweis auf unsere Passivität und Sterblichkeit ein wichtiges Korrektiv dar, um unrealistische Machbarkeitsfantasien einzudämmen und nicht aus den Augen zu verlieren.

Das Problem phänomenologischer Herangehensweise liegt indessen darin, dass sie zu einer umgekehrten Vereinseitigung führt: Die gesellschaftlich-kulturelle Vermittlung des Leibes sowie Fragen nach der ‚Natur' des menschlichen Körpers bleiben unbeantwortet. Der Leib erhält einen transzendentalen Status, der mehr Fragen als Antworten aufwirft.[407] Die Unmittelbarkeit des Leibes wird als gegeben erachtet. Seine Unmittel-

---

[405] Vgl. als Vertreter neuerer Phänomenologie etwa Bernhard Waldenfels, der sich stark an Merleau-Ponty orientiert: *Das leibliche Selbst*, Frankfurt/M. 2000. Eine etwas andere, stärker noch auf den Leib konzentrierte Ausrichtung liegt bei Hermann Schmitz vor: *System der Philosophie*, Bonn 1973–1988.

[406] Waldenfels, *Das leibliche Selbst*, a.a.O., 251.

[407] Vgl. für eine überzeugende pragmatistische Kritik an Merleau-Pontys Leibbegriff: Richard Shusterman, Der schweigende, hinkende Körper der Philosophie, *Deutsche Zeitschrift für Philoso-*

barkeit wird zuweilen mystisch erhöht, etwa wenn der präreflexive Leib gegenüber dem objektivierenden Körper als handlungsleitend postuliert wird, als wäre der Leib Sprachrohr unserer authentischen Natur, dessen Geheimwissen er uns vermitteln könnte. Zusammenfassend muss man deswegen sagen: Die Phänomenologie tendiert zu einer *Körpervergessenheit* und bleibt dem ‚Mythos der Präsenz' verhaftet.

Diesen Punkt beleuchtet die philosophische Anthropologie, insbesondere Helmuth Plessner. Plessner untersucht bspw. an den Phänomenen von Lachen und Weinen das Wechselverhältnis von Körper-Haben und Leib-Sein. Lachen und Weinen kennzeichnen die Abständigkeit des Menschen in seiner ‚exzentrischen Positionalität' zu sich selbst.[408] Damit eröffnet die philosophische Anthropologie einen Weg, das Wechselverhältnis von Körper und Leib, von Aktivität und Passivität, von Innen- und Außenperspektive philosophisch auf den Begriff zu bringen. Mit der Phänomenologie hat dieser Ansatz gemeinsam, der Endlichkeit des Leibes Rechnung zu tragen. Gegenüber der Phänomenologie argumentiert die philosophische Anthropologie jedoch stärker empirisch und setzt die ‚exzentrische Positionalität' des Menschen, die sich aus seiner unauflösbaren Doppelaspektivität von Körper und Leib ergibt, in eine Kontinuität mit der Positionalität der Tiere und Pflanzen.[409]

Aus Sicht der (post)analytischen Philosophie bleibt die Phänomenologie dem ‚Mythos des Gegebenen' verhaftet. Die Phänomenologie könnte darauf erwidern, dass es ihr gerade nicht um die Materialität des Körpers geht, dessen unmittelbare Gegebenheit zu Recht in Frage gestellt wird, sondern um das leibliche In-der-Welt-Sein, welches gar nicht als ‚Gegebenes' objektiviert werden kann. Die philosophische Anthropologie macht demgegenüber (durch ihre Anbindung an die Empirie und das Spannungsverhältnis von Körper und Leib) die transzendentale Vereinseitigung der Phänomenologie sichtbar. An diesem Punkt der Diskussion könnten sich die Post-Strukturalisten einmischen und darauf hinweisen, dass sowohl der physikalische Körper als auch der erfahrene Leib normativ durchzogen sind von gegenwärtigen gesellschaftlichen Diskursen darüber, was Objektivität und Subjektivität sein sollen. Ja, diese Gegenüberstellung selbst ist aus Sicht des Poststrukturalismus eine soziale Konstruktion, durch welche uns die Wahrheit von Körper und Leib erst als solche erscheint, und diese erkenntnistheoretische Einschränkung gilt auch für die Empirie, auf die sich die philosophische Anthropologie beruft. Die Diskurse haben sich normativ in unseren Wahrnehmungsweisen eingeschrieben und verkörpert, und es besteht keine Möglichkeit, einen Standpunkt außerhalb dieser einzunehmen. Die Kritik an der Annahme einer sozialen Konstruktion des Körpers lautet hingegen, dass diese Position über ihr Ziel hinausschießt, indem sie sich selbst zu verabsolutieren droht. Von welchem Standpunkt aus kann behauptet werden, dass die Körper *immer schon sozial konstruiert sind*? Heißt das, der Körper löst

---

phie, 51, 2003, 2003. Aus Sicht eines Sportwissenschaftlers liefert eine fundierte Kritik an der Phänomenologie, Volker Schürmann, Die Bedeutung der Körper. Literatur zur Körper-Debatte – eine Auswahl in systematischer Absicht, in: *Allgemeine Zeitschrift für Philosophie* 28.1, 2003.

[408] Helmuth Plessner, *Lachen und Weinen. Eine Untersuchung der Grenzen menschlichen Verhaltens*, in: Ges. Schriften VII, hg. von Günter Dux, Odo Marquadt, Elisabeth Ströker, Frankfurt/M. 1982, 288–394.

[409] Plessner, *Die Stufen des Organischen und der Mensch*, a.a.O., Vgl. auch Krüger, *Zwischen Lachen und Weinen*, Bde. I und II, a.a.O.

sich in Sprache auf? So könnte eine berechtigte Replik seitens der Phänomenologie und der philosophischen Anthropologie lauten. Und noch eine Frage bleibt offen: Inwiefern haben die vorgestellten Theorien Konsequenzen für das verkörperte Handeln? Diese Frage stellt der Pragmatismus. Damit möchte ich nach diesem Exkurs zu meinem Ausgangspunkt zurückkehren.

Pragmatismus, Leibkörper und Gewohnheit

Scheint es in dieser theoretischen Problemlage keinen Ausweg zu geben, so bleibt dennoch das alltäglich handelnde Selbst, welches ungeachtet philosophischer Fehden seinen Alltag mit seinem Körper und in seinen leiblichen Gewohnheiten bestreitet, krank und wieder gesund wird, Kinder gebiert und stirbt. Und das scheint in dieser Debatte zu fehlen: Der Rückbezug auf die alltägliche Praxis leibkörperlicher Gewohnheiten in ihrer je partikularen Eigenart. Denn hat das Denken die Argumente des *linguistic turn* und des Post-Strukturalismus durchlaufen, kann der ‚Mythos des Gegebenen' ebenso wenig wie der ‚Mythos der Präsenz' vorbehaltlos bejaht werden. Doch ist die Alternative nicht viel attraktiver: Eine Reduktion des Selbst und seines Körpers auf das rein Sprachliche lässt das alltäglich-leibliche Handeln ebenso außer acht. Mit dem Begriff der Gewohnheit, der insbesondere anhand von Dewey entfaltet wurde, kann ein partikularer Standpunkt artikuliert werden, der veränderbar ist und dennoch eine alltägliche Realität benennt, die sehr wirksam und wirklich ist. Zugleich umfasst die Gewohnheit den normativen Bezug zu sozialen Praktiken und markiert den fließenden Übergang von verkörperter Individualität und Sozialität. Die oben skizzierten Theorien gehen in ihren Diagnosen fehl, wenn sie den partikularen Standpunkt zuwenig berücksichtigen. Dann drohen sie, auf die eine oder andere Weise metaphysisch in einem schlechten Sinn zu werden. Im Folgenden werde ich die Argumente dafür ausführen, inwiefern mit dem pragmatistischen Begriff der Gewohnheit ein transformatives Leib-Körper-Verhältnis zu denken ist, welches zum Teil auch darin besteht, *das gegenwärtige Leib-Körper-Problem in seiner Reichweite zu diagnostizieren*.

Die Philosophie des Pragmatismus verläuft zu den oben skizzierten Fragestellungen (mit Ausnahme der philosophischen Anthropologie, zu der eine große Nähe besteht) zum einen darin quer, dass sie sich nicht kontemplativ, sondern transformativ versteht. Zum anderen unterscheidet sie sich dadurch, dass sie die Partikularität des Selbst sichtbar machen, die in Hinblick auf das Leib-Körper-Problem in der Gewohnheit auf den Begriff kommt. Dadurch eröffnet die pragmatistische Philosophie die Möglichkeit, Vereinseitigungen (zugunsten von Sprachidealismus, Physikalismus oder Leibtranszendenz) zu vermeiden. Charakteristisch für den Pragmatismus ist dabei der Vermittlungsversuch von Innen- und Außenperspektive: weder ist der Körper bloßes Objekt, noch rein gefühlter Leib. Ich habe auch deswegen die Gegenüberstellung der Körper- und Leibphilosophien anhand der Differenz analytischer und kontinentaler Tradition vorgenommen, weil der Pragmatismus sich *zwischen* diesen Traditionen bewegt, von beiden Seiten Aspekte aufgreift und daher für eine Körper-Leib-Vermittlung geeignet ist.[410] So

---

[410] Ähnliches gilt für gegenwärtige Entwicklungen der philosophischen Anthropologie, in der teilweise Verbindungen zum Pragmatismus aufgezeigt werden. Siehe Krüger, ebd. Für Verknüpfungen von

vertritt der klassische Pragmatismus teilweise einen fallibilistischen Naturalismus, der maßgeblich auf die analytische Philosophie eingewirkt hat. Doch die naturalistische Haltung des Pragmatismus ist von Anbeginn evolutiv ausgerichtet und zielt in normativer Hinsicht auf eine Verbesserung gegenwärtiger gesellschaftlicher und gemeinschaftlicher Zustände. Dieses Telos nimmt in der neopragmatistischen Philosophie von Rorty und Shusterman eine ästhetische Wende, die aber schon im klassischen Pragmatismus angelegt ist, wie oben gezeigt wurde. In seinen politischen und ästhetischen Schriften ist der Pragmatismus darin eher kontinentalen Strömungen wie der Hermeneutik und dem Post-Strukturalismus bzw. der Dekonstruktion verwandt.[411] Wie bis hierhin in der Arbeit argumentiert wurde, besteht die Pointe des Pragmatismus gerade in der *Verwobenheit eines durch den Common Sense abgefederten naturalistischen und ästhetischen Zugangs*. Der Common Sense und die dadurch gelieferte Wirklichkeitsverankerung lassen sich nicht kurzerhand voluntaristisch verändern, soviel sollte deutlich geworden sein. Doch die graduelle Verschiebung unserer Wirklichkeitsvorstellung Hand in Hand mit der Vergrößerung der Handlungsspielräume des je partikularen Selbst werden durch ein ästhetisches Moment der leibkörperlichen Gewohnheit vollzogen, welches den gesamten Pragmatismus durchzieht. Sogar der ‚reine' Denkprozess ist bereits bei Peirce an leibkörperliche Momente der Nervosität (im Zweifel) und der vorübergehenden Ruhe (in der Überzeugung) zurückgebunden. Zugleich ist mit Peirce als einem der modernen Gründungsväter der Semiotik die Zeichenhaftigkeit von Leib und Körper wesentlich, in der beide aufeinander verweisen. Durch die enge Verzahnung von Gewohnheitsbildung und Semiosis legte Peirce lange vor dem *linguistic turn* den Grundstein für eine Alternative zu Sprachidealismus und Physikalismus.

Doch in welchem Verhältnis stehen Leib und Körper nun zueinander? Ist der Leib das Andere des gesellschaftlich normierten Körpers, der letzte Ort authentischer, unverstellter Erfahrungen einer Innerlichkeit, wie die Phänomenologie in weiten Teilen behauptet? Oder ist der Körper das Andere des Leibes, welcher in seinen Gewohnheiten und gewohnten Erfahrungen und Empfindungen viel eher den gesellschaftlichen Einschreibungen ausgesetzt ist, wohingegen der Körper – widerständig gegen den normierten Leib – das ist oder tut, was unter Vorbehalt noch Natur genannt werden darf? Vielleicht sind diese Fragen falsch gestellt und, wie Dewey behauptet, Relikt einer metaphysischen Suche nach Gewissheit. Doch wenn man die Metaphysik von dieser Frage abzieht, so der Pragmatismus, dann bleibt eine melioristische Weiterentwicklung von Gewohnheiten und Erfahrungen leibkörperlicher Individuen in ihrer Sozialität.

Körper und Leib in Bewegung

Ausführlich wurde bereits der Begriff der Gewohnheit als Alternativbeschreibung zu einem substanziellen Körper oder einem transzendentalen Leib entfaltet. Die *Gewohn-*

Post-Strukturalismus, Phänomenologie und philosophischer Anthropologie aus feministischer Sicht vgl. Lindemann, a.a.O., Für eine Vermittlung von Feminismus, Pragmatismus und Post-Strukturalismus siehe Shannon Sullivan, *Living Across and Through Skins. Transactional Bodies, Pragmatism, and Feminism*, Bloomington, Indianapolis, 2001.

[411] Shusterman, *Vor der Interpretation*, a.a.O.

heit entzieht sich in gleich mehrerer Hinsicht dualistischen Zuordnungen und ist daher für die Verschränkung des Leib-Körper-Verhältnisses besonders geeignet: Gewohnheiten sind leibkörperlich und semiotisch, ohne dabei bloß physiologisch oder rein sprachlich zu sein, sie reflektieren gesellschaftliche Prägungen und werden doch individuell angeeignet. Überdies entgeht der Begriff der Gewohnheit der Opposition von Aktivität und Passivität. Dennoch kann man natürlich nicht sagen, dass die Gewohnheit der Körper oder der Leib *ist*. Aber die Frage, was der Körper oder der Leib ist, scheint sich nach den oben beschrieben theoretischen Schwierigkeiten philosophisch nicht sinnvoll beantworten zu lassen, und umgekehrt müssen sogar die Naturwissenschaften ihre Geltungsansprüche nach objektiver wissenschaftlicher Wahrheit angesichts des jeweiligen Common Sense (d.h. angesichts des fallibilistischen Hintergrunds jeweiliger wissenschaftlicher Paradigmen) in dieser Hinsicht einschränken. *Die Frage verschiebt sich also davon, was der Körper ist, dazu, was der Körper bzw. der Leib tut.* Darin besteht die pragmatistische Wende. Wie lassen sich unsere Gewohnheiten kultivieren, um dadurch den individuellen und gesellschaftlichen Handlungsspielraum und Erfahrungsreichtum zu vergrößern?

Sowohl Dewey als auch Shusterman wurden in ihrer Theoriebildung von Körpertechniken beeinflusst, die mit der akademischen Philosophie zunächst nichts zu tun zu haben scheinen: Dewey praktizierte sein ganzes Leben hindurch die Alexandertechnik, Shusterman ist mittlerweile selbst praktizierender Feldenkraistherapeut. Sowohl die Alexander- als auch die Feldenkraistechnik (die jeweils nach ihren Begründern benannt sind) wurden von diesen in Selbstexperimenten entwickelt, um körperlichen Einschränkungen und Leiden, schmerzhaften Körperhaltungen u.ä. entgegenzuwirken, die durch die traditionelle Medizin nicht behoben werden konnten. Ihre Körpertechniken können als Exemplifikationen des pragmatistischen Leib-Körper-Verhältnisses verstanden werden im Sinn einer partikularen Erweiterung der Handlungsspielräume.[412] Aus der Verknüpfung der Theorien dieser Körpertechniken mit pragmatistischer Reflexion lässt sich ein beweglicher Gewohnheitsbegriff gewinnen, der zwischen Leib und Körper situiert ist, im alltäglichen Handlungs- und Erfahrungsraum ansetzt und Transformationen durch eine semiotische Sichtbarmachung des vermeintlich Selbstverständlichen ermöglicht. Bei Dewey ist die philosophische Verbindung zur Alexander-Technik indirekt gegeben.[413] Darüber hinaus hat Dewey Alexander in der Entwicklung seiner Körpertechnik philosophisch beeinflusst.[414]

---

[412] Moshé Feldenkrais, *Das starke Selbst*, Frankfurt/M. 1989; ders., *Abenteuer im Dschungel des Gehirns. Der Fall Doris*, Frankfurt/M. 1977. Frederick Matthias Alexander, *Die Grundlagen der F. M. Alexander-Technik*, hg. von Edward Maisel, Anhang I: Drei Vorworte von John Dewey zu Büchern von Alexander, Heidelberg 1985. Ders., *Der Gebrauch des Selbst. Mit einer Einführung von Prof. John Dewey*, Freiburg 2001.

[413] Dewey kannte Alexander persönlich, praktizierte jahrelang die Alexander-Technik und schrieb für drei seiner Bücher ein Vorwort. Dass diese Erfahrungen in seine philosophische Arbeit einflossen, liegt auf der Hand, wird von ihm jedoch nur an wenigen Stellen kenntlich gemacht. Vgl. Edward Maisel (Hg.), *Die Grundlagen der F. M. Alexander-Technik*, Anhang I: *Drei Vorworte von John Dewey zu Büchern von Alexander*, Heidelberg 1985. Vgl. auch Shusterman 2001, 43.

[414] Vgl. z.B. Alexander, *Der Gebrauch des Selbst*, a.a.O.

Shusterman hat aus seiner philosophischen und praktischen Auseinandersetzung mit den genannten Körperpraktiken ein Konzept entwickelt, welches er *Somästhetik* nennt. Darin wird der Bezug von Pragmatismus und Körpertechniken theoretisch hergestellt.[415]

> „Eine vorläufige Definition von Somästhetik könnte folgende sein: Sie stellt eine kritische und meliorative Untersuchung der Erfahrungen und des Gebrauchs des eigenen Körpers als Ort sinnlich-ästhetischer Wertschätzung (*aisthesis*) und kreativer Selbsterschaffung dar. Sie beschäftigt sich deswegen auch mit der Erkenntnis, den Diskursen, Praktiken und Körperdisziplinen, die diese somatische Sorge strukturieren oder sie verbessern können.“[416]

Ich schließe mich dieser Ausrichtung an, möchte sie jedoch im Folgenden auf das Leib-Körper-Verhältnis zuspitzen. Meine These ist, dass die Alexander- und Feldenkraistechnik das Leib-Körper-Verhältnis auf den Kopf stellen. Diese Überlegung lässt sich auf den Pragmatismus anwenden. Die vermeintlich unmittelbaren leiblichen innenperspektivischen Erfahrungen können sich als vermittelte, erstarrte Gewohnheiten erweisen – die Leiblichkeit stellt sich als Körperlichkeit dar. Der beobachtbare Körper dagegen, der dem Selbst als äußerlicher erscheint, enthält das Potenzial zur Veränderung von Gewohnheiten. Körperlichkeit kann sich in Leiblichkeit transformieren. Dieser Grundgedanke, der mir bei Alexander und Feldenkrais vorzuliegen scheint, ist vielleicht als eine Art somatischer Zweifel beschreibbar. Bei Peirce war die Bildung des Individuellen entwicklungspsychologisch aus dem Fehler hergeleitet worden. Die leibkörperliche Imperfektion wurde als eine Vorform des Zweifels beschrieben. An diesen Gedanken kann man hier anknüpfen. Das Kind merkt, wann es einen Fehler macht. Der Zweifel jedoch enthält den Selbstzweifel einer Ungewissheit über seine Berechtigung, das Selbst ist sich nicht sicher. Bezogen auf den somatischen Zweifel: Die leibliche Erfahrung einer Handlung, die scheinbar unmittelbar und daher untrüglich und selbstverständlich scheint, kann gerade deswegen in die Irre führen, weil dem Selbst durch hartnäckig sedimentierte Gewohnheiten der Eindruck vermittelt wird, ‚richtig‘ zu handeln, auch wenn die Handlung nicht befriedigend ist. Dieser Gedanke war bereits bei Dewey beschrieben worden: „In conduct the acquired is the primitive. Impulses although first in time are never primary in fact; they are secondary and dependent.“[417] Ein gutes Beispiel sind falsche Sitzhaltungen, die für ‚natürlich‘ gehalten werden, weil die Gewohnheit sich festgesetzt hat, obwohl sie auf Dauer zu Rückenschmerzen führen.[418] Diese Schwierigkeit zieht sich jedoch durch sämtliche Handlungsbereiche des Lebens hindurch: In dem Versuch, ein Instrument, eine neue Sprache oder eine Sportart zu erlernen, ‚glaubt‘ das Selbst seinem unmittelbar reagierenden Leib, der jedoch als ‚falsch‘ geprägter Körper der gelungenen Praxis im Weg steht.

Die jeweils klare Zuordnung von Körper und Leib zu einer unvertrauten Außen- bzw. vertrauten Innenperspektive ist aus Sicht des Pragmatismus mit Feldenkrais/Alexander nicht haltbar, weil die vertraute und damit vermeintlich verlässliche leibliche Innenper-

---

[415] Shusterman, *Philosophie als Lebenspraxis*, a.a.O., 225–256.
[416] Ebd., 227.
[417] Dewey, *Human Nature and Conduct*, a.a.O., 65.
[418] Vgl. dazu Shusterman, *Philosophie als Lebenspraxis*, a.a.O., 229ff.

spektive sich als irreführend erweisen kann. Die Leiblichkeit *scheint* gegenüber den Zeichen des Körpers, die sich außenperspektivisch leichter beobachten und objektivieren lassen, zunächst außersemiotisch. Sie ist vage. So argumentiert zum Teil die Phänomenologie: Weil das Selbst in seinem transzendentalen Leib untrennbar *mit* dem Leib erfährt, kann es den Leib nicht *als etwas*, als ein Zeichen erfahren.[419] Damit wird jedoch ein bestimmter Erfahrungsbereich als unmittelbar, selbstverständlich und normal gesetzt, welcher einer semiotischen Revision offenstehen sollte. Denn die leiblichen Erfahrungen stellen keinen Garant für gelungene Praktiken und Erfahrungen dar. Vielmehr erweisen sich die als untrüglich supponierten leiblichen Erfahrungen oftmals als falsche Gewohnheiten und nicht zuletzt als Ausdruck gesellschaftlicher Körperbilder, die sich als Habitus sedimentiert haben. Sogar ästhetische Erfahrungen und Geschmacksurteile, die oft als höchst individuell und leiblich erlebt werden, hat Bourdieu als habituelles klassenspezifisches Distinktionsmerkmal herausgearbeitet.

Nun könnte man einwenden, dass die Falschheit irregeleiteter Leiberfahrungen, der Signale, die man als leibliche Zeichen auffasst, als Korrektiv einen unveränderlichen naturhaften Körper benötigen (der z.B. Rückenschmerzen signalisiert), andernfalls die Begriffe Leib und Körper ihren Sinn verlören. Diese Schwierigkeit lässt sich indessen, wie ich meine, durch die Transformativität des Pragmatismus umgehen, denn weder der Leib noch der Körper repräsentieren *feststehende starre Einheiten*. Stattdessen sollte man von einer *graduell und vorübergehend* als selbstverständlich, natürlich und normal erfahrenen *leibkörperlichen Gewohnheit* sprechen. Wenn man sich eine ‚falsche‘ Gewohnheit abgewöhnen möchte, z.B. eine falsche Sitzweise, eine nicht befriedigende Wurftechnik, einen hartnäckigen Fehler, den man in einer Fremdsprache begeht, besteht die Schwierigkeit des Umlernens darin, dass die falsche Gewohnheit sich lange Zeit leiblich ‚richtig‘ angefühlt hat, d.h., etwas wurde als selbstverständlicher, als außersemiotischer Bestandteil des Selbst *hingenommen* und nicht als semiotisches Zeichen *wahrgenommen*. Dass die Gewohnheit sich nun ‚falsch‘ anfühlt, liegt möglicherweise daran, dass man Schmerzen im Sitzen hat, im Ballsport immer wieder schlecht abschneidet oder in der fremdsprachigen Kommunikation immer wieder an ähnlichen Punkten missverstanden wird. Die Praktikabilität ist eingeschränkt oder unbefriedigend. Das heißt, der Leib stößt (jedenfalls scheinbar) an die physikalische Grenze des Körpers. Irgendetwas passt nicht, etwas ist falsch, man weiß nur noch nicht, wo der Fehler zu lokalisieren ist. Es kommt zu einer *Kollision des – jedenfalls scheinbar – Bekannten von Körper und Leib.* In diesem Sinn ist an Peirce’ Beschreibung von Zweifel und Fehler zu denken, denn erst durch genauere Reflexion und Aufmerksamkeit gewinnen diese an Kontur. Prinzipiell muss daher an dem Begriff des Körpers als eines Grenzbegriffes festgehalten werden, der sozusagen den Fehler vage signalisiert. Graduell und in den konkreten Einzelfällen erweist sich indessen die Differenz zwischen Körper und Leib als ausgesprochen kompliziert, denn: „Nichts, was mit dem Körper zu tun hat, versteht sich von selbst."[420]

Es könnte auch sein, dass vormalig als leiblich hingenommene Gewohnheiten zum Zeichen werden, weil sie aufgrund des gesellschaftlich-normativen Habitus aus dem Rahmen fallen. Eine Sitzhaltung fühlt sich ‚falsch‘ an, weil andere signalisieren, dass,

---

[419] Vgl. Schürmann, a.a.O., 2003.
[420] Philipp Sarasin, *Reizbare Maschinen. Eine Geschichte des Körpers 1765–1914*, Frankfurt/M. 2001, 32.

bspw. eine anständige Frau, *so* nicht sitzen *sollte*. In diesem Fall ist die ‚Fehlermeldung' nicht körperlich, sondern leiblich, genauer: Teil von leiblich-sozialen Praktiken. Eine essentialistische Position könnte nun auf die Idee kommen, dass Sitzen ohnehin ‚unnatürlich' ist, da der Mensch als ‚eigentlicher' Jäger und Sammler den ganzen Tag laufen müsste. Doch: Hat sich der menschliche Körper seitdem nicht verändert und dem Tragen von Kleidung, dem Sitzen auf Stühlen, etc. angepasst? Welche unserer gegenwärtigen Praktiken (vom Autofahren über das Sitzen am Schreibtisch bis hin zum Leben in Großstädten, ganz zu schweigen von weniger privilegierten Lebensumständen, in denen bspw. tagelang in gebückter Haltung Reis oder Tee gepflückt wird) ist dem leibkörperlichen Selbst ‚in seiner Natur' gemäß? Sind dies sinnvoll gestellte Fragen? Die Frage der Natürlichkeit des körperlichen Handelns stößt schnell an Grenzen.

Ich möchte das Beispiel des Sitzens noch etwas genauer exemplifizieren: Es kann durchaus vorkommen, dass Rückenschmerzen, die durch falsches Sitzen hervorgerufen wurden, *zunächst* nicht wahrgenommen werden, weil der betreffenden Person die Aufmerksamkeit dafür fehlt. Vielleicht bemerkt sie erst Stunden später starke Kopfschmerzen, ohne dass diese mit der Sitzweise ursächlich in Verbindung gebracht werden. Hier könnte man einwenden, dass es eine Frage fehlender Aufmerksamkeit ist, ein Besuch bei der Orthopädin jedoch empirisch einwandfrei den körperlichen Sachverhalt der verkrümmten Wirbelsäule, ihre medizinischen Hintergründe sowie therapeutische Maßnahmen – wie z.B. Krankengymnastik – mit auf den Weg geben könnte. Gehen wir für einen Augenblick davon aus, dass die Diagnose des körperlichen Leidens zweifelsfrei ist und die Orthopädin Recht hat. Dennoch bleibt die Frage offen, welches – gegenüber dem falschen Sitzen – das richtige sein könnte. Und selbst wenn das richtige körperliche Sitzen wissenschaftlich erwiesen wäre: Wie kann dieses erlernt werden? Indem man auf die Zeichen des ‚Körpers' hört (der partout nicht die gerade Haltung beibehalten kann)? Oder handelt es sich dabei um den Leib?

Die Frage, wie körperliche Gewohnheiten verändert werden können, stand im Mittelpunkt der Körpertechniken von Alexander und Feldenkrais. Einer der wesentlichen Mängel, die bspw. Feldenkrais der Schulmedizin attestierte, ist die mangelnde Berücksichtigung der *Partikularität leibkörperlicher Gewohnheiten*, eine auch in der Medizin vorherrschende Stereotypisierung, die den Körper als immer gleich funktionierende Maschine betrachtet. Gerade in der praktischen Transformation von Gewohnheiten indessen, so Feldenkrais, spielt die Individualität des jeweiligen Leibkörpers eine zentrale Rolle.

> „Man hat bisher nicht begriffen, welche Rolle beim Entstehen der Physiologie unseres Nervensystems individuelle Erfahrung spielt, und die Art, wie wir uns selbst zu gebrauchen lernen, ist vernunftwidrig und aufs Geratewohl. Wir lehren eine derartige Starre, geistig wie körperlich, dass wir für jede Änderung, die uns nicht in vertraute, gewohnte Umstände und Bedingungen versetzt, förmlich ‚umdressiert' werden müssen, und dies, obwohl das menschliche Nervensystem für Veränderungen, bzw. Umstellungen und Anpassungen hervorragend geeignet ist."[421]

Das Selbst muss also laut Feldenkrais nicht nur dem Umgang mit seiner Umwelt, sondern auch den Gebrauch des eigenen Körpers erlernen (91). Denn, so Feldenkrais

---

[421] Feldenkrais, *Das starke Selbst*, a.a.O., 131.

weiter: „So paradox es zunächst scheinen mag: Alles Mentale hängt beim Menschen viel mehr von der Geschichte seines Körpers ab, als dies bei anderen Lebewesen der Fall ist" (107f.). Für die Frage des Leib-Körper-Verhältnisses sind diese Überlegungen grundlegend, auch wenn Feldenkrais selbst terminologisch unklar ist. Teilweise klingt es so, als wenn der Leib (also die vertraute und vermeintlich unmittelbare Innenperspektive) durch die ‚Natur' des Körpers (also die unvertraute Außenperspektive) korrigiert werden könnte. Teilweise hingegen so, als wenn der Körper (in dem obigen Zitat das Nervensystem) durch leibliche Handlungen physikalisch verändert werden könnte. Beides muss sich nicht prinzipiell ausschließen. Wesentlich ist indessen, die *Zeichenhaftigkeit von Körper und Leib* zu berücksichtigen, wozu sie jedoch als Zeichen überhaupt erst *wahrgenommen* werden müssen, und darin besteht eine große Schwierigkeit:

> „Wir meinen, wir seien objektiv, wenn uns gerade keine ungewöhnliche Spannung bewußt ist, was jedoch nichts anderes bedeutet, als daß unseren Gefühlen nichts widerspricht: Die Situation ist uns so vertraut, daß der Widerspruch seine Macht verloren hat" (85).

Die ‚Fehlermeldung' wird nicht wahrgenommen und deswegen wird eine Gewohnheit als selbstverständlich (und in diesem Sinn als objektiv) hingenommen. Doch wie können zuvor unbemerkte somatische Fehler bemerkt werden? An diesem Punkt ist der *partikulare somatische Zweifel* zentral. Bei Feldenkrais und Alexander werden keine festgelegten Maßnahmen angewandt, um eine Gewohnheit durch eine andere zu ersetzen, sondern es werden bspw. viele verschiedene Sitzvariationen ausprobiert, die alle aus dem ‚Sitz-Repertoire' des partikularen Selbst hervorgehen, die also auf den bereits bestehenden Gewohnheiten und Möglichkeiten aufbauen. Durch das Aufzeigen der Variationsmöglichkeiten, die bereits vorliegen, wird eine größere Flexibilität angeregt.

> „Statt Fehler zu vermeiden, verwendet man sie lieber absichtlich als Alternativen für das, was man zunächst als richtig empfindet. Es könnte sein, dass Richtig und Falsch bald die Rollen tauschen. Um zu einer richtigen Bewegung zu gelangen, ist vorerst eher an bessere Bewegung zu denken als an richtige; denn die richtige Bewegung hat keine Zukunft: sie lässt sich nicht weiter entwickeln."[422]

Das, was in diesem Zitat als Bewegung bezeichnet wird, kann mit dem Pragmatismus in den Begriff der Gewohnheit übersetzt werden, und *damit kann es auch zu einer Vertauschung der Rollen von Körper und Leib kommen*: Wenn die ‚falsche' Sitzgewohnheit, die zuvor als ‚leiblich richtig' erlebt wurde, der Aufmerksamkeit zum Zeichen wird, wird sie zu einem körperlichen Zeichen. *Was jedoch als Körper, was als Leib, was als richtig oder falsch gilt, kann nicht universell, sondern nur partikular herausgefunden werden.* Die Gewohnheit verändert sich in ihrem Status, da sie aus der Unsichtbarkeit der selbstverständlichen Leiblichkeit heraustritt. Durch „somästhetisches Training",[423] durch die spielerischen Variation von anderen, ähnlichen Gewohnheiten (in diesem Beispiel: anderen Sitzweisen) kann die Gewohnheit in Bewegung gebracht werden und

---

[422] Gerhard Wallner, *Wahrnehmen und Lernen. Die Feldenkrais-Methode und der Pragmatismus Deweys*, Paderborn 2000, 102.

[423] Richard Shusterman, Wittgensteins Somästhetik: Körperliche Gefühle in der Philosophie des Geistes, der Kunst und der Politik, in: Joachim Küpper, Christoph Menke (Hg.), *Dimensionen ästhetischer Erfahrung*, Frankfurt/M. 2003, 89.

schließlich wieder in den Fundus selbstverständlich eingespielten Handelns eingehen. Das vorübergehend als ‚körperliches' Zeichen vor Augen geführte Sitzen, *auf* welches sich die Reflexion richtet, wird in transformierter Form zu einer vorübergehend selbstverständlichen Leiblichkeit, *in* welcher Handlung möglich ist. Es ist wichtig, diese beiden Ebenen auseinander zu halten, da eine vollständige Semiotisierung *als Körper* jedes Handeln *im Leib* verunmöglichen würde. (Man denke an die Geschichte des Tausendfüßlers, der so lange grübelt, mit welchem Bein er eigentlich zuerst geht, bis er gar nicht mehr laufen kann.) Daher kann eine gewisse Automatisierung leibkörperlicher Gewohnheiten sinnvoll sein, wie bereits James mahnte. Gleichwohl sollte an diesem Beispiel deutlich geworden sein, dass die Kategorien des Körpers und des Leibes variabel sind. Eine veränderte Sitzweise kann z.B. die Rückenmuskulatur stärken, doch umgekehrt ist die alltägliche oder wissenschaftlich-medizinische Wahrnehmung (der Rückenmuskulatur) geprägt von leiblichen Sehgewohnheiten, usw. Auch in der Reflexion auf die leibkörperlichen Gewohnheiten geht es weniger darum, was die Gewohnheit *ist*, sondern was sie *tut*. Weniger geht es um deren Kategorisierung in Richtig und Falsch, sondern eher um deren *Variierung*. Eine Gewohnheit wird sich nicht dadurch modifizieren, dass man sie kategorisch ablehnt, sondern dadurch, dass man sie partiell bejaht und spielerisch variiert. Eigentlich kann man daher auch nicht von der falschen Sitzgewohnheit sprechen, falsch wird sie nur, wenn sie zu einer Haltung *erstarrt*. Was die Körpertechniken daher aktivieren, ist keine völlig *neue* Sitzgewohnheit, sondern die partikulare Variation der vielen verschiedenen *alten* Sitzgewohnheiten. Der praktische Erfolg der Körpertechniken von Feldenkrais und Alexander liegt in der somatischen Umsetzung eines Gedankens, der im Pragmatismus philosophisch entfaltet wird: *Der Handlungsspielraum des Selbst kann vergrößert werden, indem das Selbst seine Partikularität kultiviert, nicht dadurch, dass es sich an stereotypisierten Regeln orientiert.* Im Denken gilt das für metaphysische Prinzipien, die eine Gewissheit vorgeben, im somatischen Handeln im engeren Sinn gilt das für hypostasierte Körperschemata. *Der somatische Zweifel erhält erst dadurch Kontur, dass das Selbst seine Gewohnheiten in ihren partikularen Ausformungen entdeckt, so wie die Überzeugungen des Selbst erst durch den Zweifel im engeren Sinn Kontur erhalten.* Die vage Abstandslosigkeit alltäglichen Denkens und Handelns des Selbst kann nicht durch überzeitliche Prinzipien verbessert werden. Melioristische Transformationen können nur durch einen Präzisierung des partikularen Standpunktes auf den Weg gebracht werden. Der somatische Zweifel in Bezug auf das Leib-Körper-Verhältnis ist dabei eine Möglichkeit. Man könnte zeigen, dass die Alexander-Technik dabei eher den Gedanken einer Kollision widerstreitender Gewohnheiten verfolgt, während die Feldenkrais-Technik eher das Ausschwärmen in das naheliegende Unbekannte kultiviert. Deutlich werden sollte, dass das Leib-Körper-Problem in dieser Lesart in einer Kontinuitätslinie steht mit der Kultivierung der Partikularität als Eigenart der Gewohnheit und als idiosynkratische Singularität, wie sie in den vorangegangen Kapiteln diskutiert wurde.

Ich habe mit dem Sitzen ein harmloses Beispiel gewählt. Doch die Problematik der Verschränkung von Leib- und Körperperspektiven durchzieht soziale Praktiken und Gesellschaften, sie geht über das Privat-Individuelle weit hinaus. Shusterman verdeutlicht die Problematik am Antisemitismus.

„Wenn rassistische oder ethnische Feindschaft sich als resistent gegen das logische Mittel sprachlicher Überzeugung erweisen, da sie eine körperliche Grundlage unbehaglicher Unvertrautheit haben, dann können wir weder diese tiefsitzenden körperlichen Gefühle noch die Feindschaft, die sie hervorbringen und verstärken, überwinden, solange wir ihnen keine Aufmerksamkeit schenken. [...] Somatische Gefühle können durch Training verändert werden, weil sie schon das Produkt von Training sind. Gefühle und Geschmack sind fast gänzlich das Resultat eines Lernprozesses und nicht eingeborene Instinkte; als Gewohnheiten, die aus unserer Erfahrung und kulturellen Bildung stammen, sind sie durch Anstrengungen zur Neugestaltung formbar."[424]

Die Gefahr einer scheinbar transzendentalen Leiblichkeit besteht in politischer und normativer Hinsicht darin, dass die eigenen leiblichen Gefühle als selbstverständlich und daher als *selbstverständlich richtig* hingenommen werden. Wenn man das Leib-Körper-Problem als eine semiotische Verschiebbarkeit von Gewohnheiten ernst nimmt, deren Variabilität größer ist als angenommen, bedeutet das eine potenzielle Fragwürdigkeit jeder Behauptung eines Ist-Zustandes des Körpers oder des Leibes. Und das betrifft individuelle Gewohnheiten ebenso wie gesellschaftliche Körperbilder. Die Attraktivität (und das Beunruhigende) dieses pragmatistischen Ansatzes ist seine offene Zukünftigkeit. Wir können uns nicht darauf verlassen, dass die gegenwärtigen individuellen und kollektiven Leibintuitionen, ebenso wenig wie unsere Körperwahrnehmungen und Körperbilder unhintergehbar wahr und richtig sind. Eher ist davon auszugehen, dass in jeder Hinsicht Verbesserungsbedarf besteht. So zeigen Feminismus, *gender studies* und *cultural studies* sowie Forschungen zum Rassismus, wie stark und gewalttätig stereotype Bilder von Weiblichkeit und Männlichkeit, von weißer Normalität etc. nicht nur die Körperbilder, sondern auch die (vermeintlich individuelle und selbstverständliche) Leibwahrnehmung prägen und reglementieren. Das kann jedoch umgekehrt nicht heißen, dass die gegenwärtigen leibkörperlichen Gewohnheiten allesamt über Bord geworfen werden könnten oder sollten. Eine Pointe des Pragmatismus besteht gerade darin, dass Transformationen nur dann fruchten, wenn sie an bereits bestehende Gewohnheiten anknüpfen und diese variieren, und das gilt für politische Haltungen und philosophisches Denken ebenso wie für Sitzgewohnheiten oder geschlechtsspezifisches Verhalten. Ausgehend von den gegenwärtigen gesellschaftlichen und philosophischen Körperbildern könnte dies geradezu paradox klingen: Je weniger man den leibkörperlichen Gewohnheiten Aufmerksamkeit schenkt (weil man sie loswerden will), um so stärker bleibt man ihnen verhaftet, nur dass man vermutlich gerade den unliebsamsten Gewohnheiten verhaftet bleibt, die besonders weit aus dem Gesichtskreis geraten sind. Da niemand seine leibkörperlichen Gewohnheiten umgehen kann, sollte man lernen, *besser* mit ihnen umzugehen. Wie anhand des Mittel-Zweck-Kontinuums bei Dewey deutlich geworden war, können Veränderungen nur durch das graduelle Reflektieren des jeweils nächsten Schrittes auf dem Weg zum jeweils angestrebten Ziel erreicht werden. Neue Handlungsspielräume, so wurde gefolgert, entstehen durch das Wechselspiel von den *Kollisionen des Bekannten* und dem *zwanglos-genießenden Ausschwärmen ins naheliegende Unbekannte.* Man könnte daher sagen, dass damit das Wechselspiel von Zweifel und Überzeugung auf einer leibkörperlichen Ebene beschrieben ist,

---

[424] Ebd., 88f.

die nun noch stärker an Kontur gewonnen hat: Auch die Verschiebung zwischen dem, was als untrüglich-leiblich und äußerlich-körperlich erfahren wird, hängt mit diesen beiden Momenten zusammen: Mit einem leibkörperlichen Konflikt einerseits, in dem ein Teil oder der ganze Körper als fremd erfahren wird, weil Handlung und Gewohnheit sich nicht in Übereinstimmung befinden. Beschreibt der *somatische Zweifel* eine Fehlermeldung, in der Leib und Körper kollidieren, so wird in der *partikularen Variation* die naheliegende Veränderung kultiviert. Für die Variierung von Gewohnheiten ist diese partikular erfahrene ästhetische Kohärenz wesentlich, die mit Shusterman als somästhetisch bezeichnet werden kann.

III.3. Shusterman: Somästhetische Kohärenz des Selbst

Shustermans Neopragmatismus ist eine kritische Weiterentwicklung wesentlicher Motive insbesondere des deweyschen Pragmatismus. Philosophie wird von Shusterman „zwischen transzendentalem Erkenntnisprivileg und dienender Ohnmacht ansiedelt, [...] die sowohl den Vorrang der Praxis als auch die Kraft theoretischer Intervention anerkennt".[425] Die Aufgabe der Philosophie besteht deswegen in der „zweifache[n] Bewegung, das Alltägliche zu affirmieren, während man auch zugleich seine Verbesserung anstrebt".[426] Darin klingt entfernt noch das pragmatistische Spannungsverhältnis von Zweifel und Überzeugung an, wenn auch deutlich stärker übertragen auf den gesellschaftlichen Common Sense. Shusterman setzt den Gedanken fort, der in Deweys Idee einer ästhetischen Kultivierung des Common Sense angelegt ist, nämlich, dass zur Veränderung der Gewohnheiten und des Common Sense das Selbst zuweilen auch affirmativ sein können muss. Das zwanglose Moment des Genießens, in dem das Selbst vorübergehend eine Kohärenz erfährt, ist für die *Erweiterung* von Handlungsspielräumen unentbehrlich. Im Unterschied zu Rorty wird hier nicht vorrangig der Mangel, nicht die Kollision der Gewohnheiten, akzentuiert, sondern die Fülle, aus der heraus das Selbst ausschwärmen kann. Und das ist nicht privat-ästhetizistisch gemeint: Ein Selbst, welches nie einen Moment des Genießens, der Kohärenz mit sich selbst erfahren hat, ist wahrscheinlich gar nicht überlebensfähig, geschweige denn handlungsfähig. Wichtig daran ist jedoch, dass seine vorübergehende Kohärenz leibköperlich rückgebunden als positive Ausgesetztheit verstanden wird. Damit ist der Gefahr vorgeschützt, in ein Konzept der eigenmächtigen Selbsterschaffung des Selbst zurückzufallen, welches bei Rorty teilweise vorliegt.

Die Theorie der Somästhetik fußt auf einem konsequent weitergedachten pragmatistischen Selbstverständnis. Da das Selbst wesentlich leibkörperlich situiert ist, kann melioristisches Denken diesen Bereich nicht aussparen. Shustermans Theorie führt zu einer pragmatistischen Philosophie der Lebenskunst, in der das Kultivieren leibkörperlicher Gewohnheiten gleichwohl nicht nur eine individualistisch-private Angelegenheit ist, sondern darüber hinaus auch für das politische Handeln des Selbst von Bedeutung ist. Der Akzent liegt dennoch auf der Partikularität des Selbst, nicht auf intersubjektiven

---

[425] Shusterman, *Kunst Leben*, a.a.O., 63.
[426] Ders., *Vor der Interpretation*, a.a.O., 25.

Problematiken. Wie wir gesehen hatten, stellt Rorty die (private) Selbsterschaffung durch Entwicklung neuer Vokabulare in den Vordergrund. Das Neue entsteht dabei aus den widerstreitenden oder unvereinbaren Aspekten, denen das Selbst ausgesetzt ist und die es sich durch neue Vokabulare zeigen macht. Rorty betont, die Rolle der Philosophie solle nicht überschätzt werden und beschränke sich am besten auf die ironische ästhetische Auseinandersetzung mit sich selbst – auch wenn diese als kritisches Korrektiv an einem Common Sense, als Sichtbarmachung der blinden Flecken innerhalb einer Gesellschaft verstanden werden kann. Doch ist auch der Impuls zur beständigen Innovation nicht unbedenklich, wie Shusterman an einer Stelle zuspitzt:

> „Die Suche des Ironikers [in Rortys Theorie] nach immer neuen Vokabularen ist nichts als die philosophische Entsprechung der Suche des Konsumenten nach immer neuen Konsummöglichkeiten. Beide scheinen narkotische Träume vom Glück zu sein, die sich vom schönsten kapitalistischen Traum (einem erbarmungslos wirklichen Traum) herleiten: dem Traum von höherem Umsatz und größeren Profiten."[427]

Doch Shusterman setzt sich auch gegen die metaphysischen Tendenzen Deweys ab. Im Unterschied zu Rorty greift er dessen Ansinnen wieder stärker auf, Philosophie und Alltag zu verknüpfen und führt es weiter, indem er explizit populäre Kultur (als eines, wie ich meine, ästhetischen Common Sense) und Alltagspraktiken in seine Überlegungen hineinnimmt.

> „Statt also Deweys totaler Begriffssuche zu folgen, lege ich mir im Geist der stückweisen pragmatistischen Anstrengung die spezifischere Aufgabe vor, die Grenzen der Kunst für Formen der populären Kultur und der ethischen [und mittlerweile somästhetischen] Kunst der Lebensgestaltung zu erweitern."[428]

Wie sich an Shusterman zeigen wird, muss eine metaphysikkritische Position nicht eine radikale Trennung des öffentlichen und des privaten Bereiches beinhalten. Der Grund für die unterschiedlichen Ausrichtungen Rortys und Shustermans hängt m.E. mit dem jeweils anders bewerteten Verhältnis des Common Sense und der Stellung der Philosophie zusammen: Für Rorty müssen sich theoretische Interventionen mit gesellschaftspolitischem Anspruch darüber legitimieren, dass der Anstoß von der Basis kommt.[429] Diese Basis, der Common Sense, erscheint bei Rorty zumeist als homogen. Der Bedarf von Theorie für die Praxis – und damit für die öffentliche Sphäre – liegt für Shusterman dagegen in der Tatsache begründet, dass „internalisierte Praxis immer schon von Konflikt gekennzeichnet ist und in unterschiedliche Richtungen weist. Die Aufgabe der Theorie besteht darin, diese unterschiedlichen Richtungen kritisch zu beurteilen und durch diese Kritik zu besseren Konzeptionen zu gelangen".[430] Wie Dewey betrachtet

---

[427] Ders., *Kunst Leben*, a.a.O., 239.

[428] Ebd., 62.

[429] „I have nothing against higher levels of abstraction. They often come in handy. But I think that the pressure to rise a higher level of abstraction should, so to speak, come from below. Locally useful abstractions ought to emerge out of local and banal political deliberations. They should not be purveyed ready-made by philosophers, who tend to take their own discipline too seriously." Rorty: Response to Ernesto Laclau, in: Mouffe (Hg.) *Deconstruction and Pragmatism*, a.a.O., 71.

[430] Shusterman, *Kunst Leben*, a.a.O., 62.

Shusterman Theorie weder als reine Darstellung einer historischen Situation, noch sieht er ihren Status als transzendentales Unternehmen, abgelöst von aktuellen Bezügen, sondern situiert sie in einer Zwischenposition. Damit wird für den *partikularen Standpunkt des Philosophierens* eingetreten. Sich gegen mögliche Totalisierungen verwehrend, betont Shusterman, dass Philosophierende auch *Teil* des Common Sense sind. Rortys Abgrenzungen von Philosophie und öffentlichem Common Sense erklären sich zum Teil aus seiner Gefahrenprophylaxe, anderen nicht zwangsläufig die eigenen Idiosynkrasien zuzumuten. Dadurch aber, *dass* er Philosophie in ihrer abgehobenen Stellung belassen will, bleibt kein Raum, um bereits bestehende Überschneidungen mit dem jeweiligen Common Sense festzustellen oder andersherum, dessen Widersprüchlichkeiten theoretisch zu beleuchten und dadurch die Theorie zu verbessern. Letztlich behält die Philosophie mit dieser Abgrenzung ihre übergeordnete Position bei, der gegenüber Alltagsproblematiken den Anstrich von Eindimensionalität erhalten. Es scheint, dass Rorty aus der Befürchtung heraus, einer bloßen Wiederholung von Vokabularen zu unterliegen, den Abstand zum Alltag und zur Öffentlichkeit größer zu machen versucht, als er ist. Dagegen wendet sich Shusterman.

Ziel seiner ‚*Ästhetik des Pragmatismus*‘ ist nicht ein neues klassifikatorisches System, sondern „die ästhetische Erfahrung selbst stärker zu befördern".[431] Es geht darum, „dass wir den ästhetischen Wert dessen schätzen lernen, das (noch) nicht als Kunst klassifiziert wird, aber sehr wohl klassifiziert werden könnte, wenn wir die Dinge nach ihrer befriedigenden Gebrauchserfahrung gruppieren könnten".[432] Eine wesentliche Komponente, die in der ästhetischen Erfahrung zu Unrecht vernachlässigt wird, ist der Körper. Gemäß der oben genannten zweifachen Bewegung der Theorie bei Shusterman, veranschlagt er nun weder, die grundlegende Bedingung ästhetischer Erfahrung ausfindig gemacht zu haben, noch – mit Rorty zu sprechen – ein neues Vokabular zu erfinden. Vielmehr argumentiert Shusterman in wechselseitiger Ausleuchtung in zwei Richtungen: Erstens zeigt er, dass leibkörperliche Komponenten innerhalb der populären Kultur als Ausdruck eines partikularen Common Sense, eine größere Rolle spielen als in der etablierten Kultur. Er scheint die Populärkultur als eine Art *idiosynkratischen ästhetischen Common Sense* aufzufassen, welcher ein Korrektiv zu den Limitationen des elitären ästhetischen Common Sense bilden kann. Der damit zusammenhängende Punkt, den Shusterman mit Dewey wieder aufgreift, ist die Leibkörperlichkeit ästhetischer Erfahrungen, denen gegenüber, wie wir gesehen hatten, Rorty eine widersprüchliche Haltung einnimmt. Shusterman beruft sich auf Foucault in seiner Annahme, dass wir nicht nur die Sprache, sondern auch die Körperpraktiken des Selbst transformieren können, da das Selbst nicht nur durch Sprache, sondern auch durch disziplinarische Maßnahmen geprägt ist, die dem Körper eingeschrieben sind. Sein Einstehen für eine Aufwertung des Somatischen ist daher nicht privatistisch zu verstehen. Die Betonung der Somästhetik hat ein transformatives Ziel. Die Zuordnung dieses Bereichs zur reinen Privatsphäre scheint vielmehr selber ein „problematisches Stück bürgerlicher Ideologie zu sein".[433] Es ist an dieser Stelle wichtig, darauf hinzuweisen, dass Shusterman keinen

---

[431] Ebd., 61.
[432] Ebd.
[433] Ebd.

hedonistischen Körperkult zelebriert. Das sollte jedoch bereits im letzten Kapitel deutlich geworden sein.

> „Denn nimmt man an, der Körper sei kein angemessener Ort für ernsthaft kritisches und imaginatives ästhetisches Denken, dann überlässt man den Verfolg körperlichen Wohlergehens der Beherrschung durch Marktkräfte, die standardisierte Ideale äußerlich beeindruckender Körperkonturen vertreten."[434]

Der Neopragmatismus Shustermans befindet sich dabei auch in kritischer Nähe zur Dekonstruktion: „Wenn [der Pragmatismus, H. S.] auch mit dem Dekonstruktivismus eine Welt dauerhafter, fester Essenzen verneint, so besteht der Pragmatismus doch auf der praktischen Stabilität unserer alltäglichen Welt und den Grenzen, die sie der Interpretation wirklich setzt."[435] Die Kritik an dekonstruktivistischer Theorie lautet dabei, dass sie gegen Totalisierungen argumentiert, dabei jedoch selber droht, totalisierend zu werden, indem sie z.B. von den *permanenten* Verschiebungen der Sprache ausgeht, dass nämlich, wie Derrida schreibt, „diese Bewegung des Spiels, die durch den Mangel, die Abwesenheit eines Zentrums oder eines Ursprungs möglich wird, die Bewegung der *Supplementarität* ist".[436] Jede Sprache ist zwar in steter Wandlung begriffen, deswegen darf jedoch nicht die Kontinuität, die sich in alltäglichen Praktiken und in unausdrücklichen Gewohnheiten manifestiert, unterschlagen werden. Die Gefahr besteht, dass die Verschiebungen in der Sprache verabsolutiert werden. Wie bereits ausgeführt wurde, lässt sich der Pragmatismus auch als eine Alternative zu der Mangelkonstruktion des Selbst verstehen. Den Mangel, die Abwesenheit als konstitutives Gegenprinzip stark zu machen, ist nicht weniger metaphysisch als der unhinterfragte Gedanke der Präsenz. Mit den Gewohnheiten und dem kritischen Common Sense wurde hier versucht, ein Mittelfeld zu bestimmen, welches beide Fallen umgeht. Doch wenn man auf der Kontinuität von Gewohnheiten insistiert, lautet die dekonstruktive Kritik vielleicht: Wer affirmiert, droht, das Falsche zu reproduzieren. Das jedoch, so die pragmatistische Gegenkritik, setzt den Ort des Selbst aufs Spiel, wie bereits diskutiert wurde. So kann das Konzept der *différance* schnell selber zu einer hermetisch geschlossenen Theorie werden, die quasi-metaphysische Züge annimmt.[437]

Eine Möglichkeit, mit dem drohenden diskursiven Monismus (einem sehr beweglichen Monismus) der Dekonstruktion umzugehen, sieht Shusterman in einer ästhetischen Betrachtungsweise. Denn die Gefahr besteht, eine übergeordnete Gesetzmäßigkeit, nämlich das ‚Gegengesetz‘ der Verschiebung, zu entwickeln, in welchem Zentrum und Außerhalb konstitutiv verwoben sind. Derrida führt aus:

> „Daher läßt sich vom klassischen Gedanken der Struktur paradoxerweise sagen, daß das Zentrum sowohl *innerhalb* der Struktur als *auch außerhalb* der Struktur liegt. Es liegt im Zentrum der Totalität, und dennoch hat die Totalität *ihr* Zentrum *anderswo*, weil es ihr nicht angehört. Das Zentrum ist nicht das Zentrum."[438]

---

[434] Ebd., 245.

[435] Ders., *Vor der Interpretation*, a.a.O., 17f.

[436] Jacques Derrida, Die Struktur, das Zeichen und das Spiel, in: *Postmoderne und Dekonstruktion*, hg. von Peter Engelmann, Stuttgart 1990, 132.

[437] Shusterman, *Pragmatist Aethetics*, a.a.O., 77.

[438] Derrida, Die Struktur, das Zeichen und das Spiel, a.a.O., 115.

Diese ‚Gegengesetzmäßigkeit' kann mit Shusterman verstanden werden als „eine andere Art ästhetischer Befriedigung [...]: eine eigentümliche metaphysische ästhetische Genugtuung. [...] Wir können also durch die zersplitterten und unverbundenen Elemente unseres postmodernen Ödlands hindurchblicken und sie alle als eine riesige Summe und Einheit von essentiell untereinander verbundenen Objekten erkennen".[439] Indem Shusterman dekonstruktive Einheitsgedanken als Ästhetische fasst, verlagert er den Fokus auf das partikulare Selbst. Damit ist nicht behauptet, die Philosophie der Dekonstruktion sei eine ästhetische Angelegenheit, sondern nur, dass die metaphysischen Tendenzen zur Übertreibung (die zu einem Selbstwiderspruch führen) dadurch entschärft werden können, dass der Fokus auf das *partikulare* quasimetaphysische Einheitsbedürfnis gerichtet wird. In dieser ästhetischen Wendung der Metaphysik knüpft Shusterman indirekt an James an: „Als ein guter Pragmatist müsste ich selbst das Absolute ‚in dem Umfange' wahr nennen, und ich tue dies ohne Zögern", wenn es dem Selbst Trost gewährt. Dieser Trost bleibt, pragmatistisch betrachtet, partikular. Als „moralische Ferien" bietet der vorübergehende Glaube an das Absolute eine Art Erholung, die in dieser vorübergehenden positiven Ausgesetztheit, eine wichtige Funktion übernimmt.[440]

Hier findet sich das Moment der Fülle und des Sinnens wieder. Mit Shusterman kann also von einem partikularen Selbst gesprochen werden, welches sich im Common Sense verankert, dadurch dass es ihn vorübergehend und momenthaft affirmiert. Darin kündigt sich bereits der Übergang zu einem Sensus Communis an, der im letzten Kapitel diskutiert werden wird. Wichtig an dieser Stelle ist, dass Shusterman durch seinen ästhetischen und leibkörperlichen, also somästhetischen Fokus, *einen Ort des Selbst beschreibt, der nicht nur negativ – etwa durch den Zweifel – Kontur gewinnt. Positive somästhetische Ausgesetztheit umfasst einen passiven Aspekt, der der affirmativen Verfestigung des Selbst hin zu einer potenziell grausamen Autonomie, vor der Rorty warnt, zu widerstehen scheint.* Vielleicht klingt diese partikulare Affirmation nach einem Mythos der Präsenz. Wie ich meine, steht man dann jedoch vor einer Patt-Situation, nämlich der Grundsatzentscheidung, ob es niemals eine momenthaft (scheinbar) präsentische Erfahrung der Kohärenz geben kann, weil die Präsenz in Wirklichkeit einer beständigen Verschiebung unterliegt oder ob es dieses Moment doch geben kann. Der Pragmatismus umgeht m.E. diese Grundsatzfrage durch die Betonung der Partikularität. Möglicherweise ist das, was das partikulare Selbst als ästhetische Präsenz erlebt, in Wirklichkeit eine Verschiebung. Aber von welchem Standpunkt aus sollte diese Frage entschieden werden? Für den Pragmatismus zählt daher nicht die Grundsatzentscheidung, sondern die Frage, inwiefern Handlungsspielräume verbessert werden können. In der Betonung der Partikularität scheint mir gleichwohl der Pragmatismus von der Dekonstruktion gar nicht so weit entfernt zu sein.

Beiden Philosophieausrichtungen geht es um eine Kritik an den metaphysisch-totalisierenden Tendenzen der Philosophie. Der Prozess der Dekonstruktion kann in einem ebenso eingeschränkten Sinn als ‚Methode' oder ‚Strategie' bezeichnet werden wie der Pragmatismus, da es in beiden Fällen darum geht, das Partikulare, das Besondere der homogenisierenden Gewalt einer schlechtverstandenen Metaphysik zu ent-

---

[439] Shusterman, *Vor der Interpretation*, a.a.O., 60
[440] James, *Was ist Pragmatismus?*, a.a.O., 40f.

ziehen. Denkbar wäre auf den ersten Blick, dass Derrida, da er gegen vermeintlich binäres, totalisierendes Denken argumentiert, eine „paraphilosophische"[441] Haltung einnimmt, dass er also Dekonstruktion als eine *Methode* versteht, mit der historisch gewordene Denkweisen analysiert werden könnten. Diesen Weg kann Derrida jedoch nicht einschlagen, da es aus seiner (ebenso wie aus pragmatistischer) Perspektive keinen *neutralen* Zugang zu Sachverhalten geben kann, wenn der Denk*modus* in der Sprache selbst Teil der Problematik bildet. Ein vermeintlich philosophisch ausgedünntes, methodisches (quasiempirisches) Denken bewegt sich bereits innerhalb der Sprache, deren Strukturen zur Debatte stehen. Deswegen bleibt Derrida „eine Strategie schließlich ohne Finalität; man könnte dies blinde Taktik nennen, empirisches Umherirren, wenn der Wert des Empirismus selbst nicht seinen ganzen Sinn aus der Opposition zur philosophischen Verantwortlichkeit bezöge".[442] In diesem Sinn kommt Derrida der hier vorgeschlagenen Lesart des Pragmatismus nahe, denn auch aus pragmatistischer Sicht lässt sich kein unproblematisierter Empirismus vertreten, wenn dessen Bewertungskriterien als Teil eines veränderbaren Common Sense selbst zur Disposition stehen. Auch aus Sicht von Derrida kann „empirisches Umherirren" nicht als philosophisches Gegenprogramm vorgeschlagen werden, da es bereits einem Dualismus – der Opposition zur philosophischen Verantwortlichkeit – verhaftet bleibt, den es zu dekonstruieren gilt.

Derridas Philosophie kann sich also nicht an metaphysischen Gesetzen orientieren, da es diese gerade in Frage zu stellen gilt, doch ohne Orientierung bliebe das Denken „empirisches Umherirren". Derridas Gegenprinzip, welches kein Prinzip sein darf, ist die *différance*: Die *différance*, deren spezielle Schreibweise u.a. darauf hindeutet, dass es sich nicht eigentlich um einen Begriff handelt, sondern um die leere Bedingung für Begriffe, die neben der Binarität von Aktivität und Passivität steht – die *différance* umschreibt Derrida als Urspur oder Urschrift.[443] Kein Begriff, sondern ein ‚Dazwischen', eine Leerstelle, die jedoch konstitutiv für das binär-metaphysische Denken selbst ist, welches es darin zugleich überschreitet. Gleichzeitig muss Derrida jedoch dem Widerspruch entgehen, selber eine notwendige Bedingung zu setzen, die transzendental ist und die damit (als Opposition zum Empirischen) in das binäre Denken zurückfiele. Deswegen nimmt Derrida einen partikularen Ausgangspunkt ein. „Ich gehe also, strategisch, von dem Ort und dem Zeitpunkt aus, wo ‚wir' sind, obwohl mein erster Schritt in letzter Instanz nicht zu rechtfertigen ist."[444] Dieses ‚Wir' ist in meinen Augen nichts anderes als ein kritischer Common Sense. Das Prinzip der *différance* ist folglich eine Setzung, die Derrida *als Setzung* von seinem partikularen Ort aus markiert, eines partikularen Ortes, den Derrida mit anderen in einem kontingenten Common Sense teilt, „*obwohl mein erster Schritt in letzter Instanz nicht zu rechtfertigen ist*". Genaugenommen handelt es sich dabei jedoch nicht nur um eine Setzung, denn der Ort, von dem aus

---

[441] Taureck führt diesen Begriff in bezug auf Foucault ein: „‚Paraphilosophisch': Es wird ein Weg gesucht, der neben der Philosophie verläuft." Taureck, *Französische Philosophie im 20. Jahrhundert*, a.a.O., 109.

[442] Derrida, Die différance, in: Engelmann (Hg.), *Postmoderne und Dekonstruktion*, a.a.O., 81f.

[443] Ebd., 91, 95.

[444] Ebd., 82.

das Selbst den ersten Schritt geht, diesem Ort ist es *ausgesetzt*. Deswegen ist der erste Schritt in letzter Instanz nicht zu rechtfertigen, das Selbst muss, so würde der Pragmatismus sagen, vorübergehend an die Berechtigung seines Schrittes *glauben*. An diesem Punkt kommt die Philosophie von Derrida der des Pragmatismus, wie er in dieser Arbeit verstanden wird, sehr nahe, da der Ausgangspunkt des Denkens in seiner Partikularität und Kontingenz sichtbar gemacht wird. Den Ort und Zeitpunkt, „wo ‚wir' sind", bezeichnet der Pragmatismus als Common Sense, *mein erster Schritt ist darin ein partikularer Schritt*, und durch die Berücksichtigung der partikularen Verortung kann ein kritischer Common Sense etabliert werden.

Ich möchte an dieser Stelle auf Kafkas Parabel ‚*Vor dem Gesetz*' zurückkommen. In einer differenzierten dekonstruktiven Interpretation hat Derrida das Gesetz in der Parabel als das Gesetz der *différance*, als Gesetz des Aufschubs gelesen.

> „Der Ursprung der *différance* ist das, dem man sich *nicht* nähern, das man sich *nicht* präsentieren, sich *nicht* repräsentieren und in das man vor allem *nicht* eindringen *darf* und kann. Dies ist das Gesetz des Gesetzes, der Prozeß eines Gesetzes, in Ansehung dessen man niemals sagen kann ‚da ist es', hier oder da ist es. Und es ist weder natürlich noch institutionell."[445]

Das Gesetz ist also, so könnte man diese Passage verstehen, das Verbot der metaphysischen Präsenz. Deswegen gelangt der Mann vom Lande nicht in das Gesetz, er darf nicht eintreten, weil damit der Prozess der *différance* unterbrochen wäre. Als eine regulative Idee ist diesem Gedanken zuzustimmen, doch sollte jedes regulative Ideal, wie ich meine, partikular eingeschränkt werden. Das partikulare Selbst kann kein Gesetz für alle aufstellen. Die Annahme, das Gesetz – und sei es ein Anti-Gesetz – stellte sich von selbst auf, ist mit dem Pragmatismus ebenso wenig in Übereinstimmung bringen. An diesem Punkt fällt Derrida selbst in eine metaphysische Haltung zurück.

> „Es gibt eine Singularität der Beziehung zum Gesetz, ein Singularitätsgesetz, das sich, ohne dies doch jemals zu können, mit dem allgemeinen oder universalen Wesen des Gesetzes in Beziehung setzen muß."[446]

Auch wenn das partikulare Selbst sich immer mit einem universalen Gesetz in Beziehung zu setzen versucht, denn das paradoxale Verhältnis von Metaphysik und Partikularität sieht auch der Pragmatismus, dann kann dennoch nicht von einem „Singularitätsgesetz" gesprochen werden. Hier trennen sich die Wege von Dekonstruktion und Pragmatismus. Der Unterschied scheint mir auf folgender unterschiedlicher Voraussetzung zu basieren: Derrida dekonstruiert *innerhalb der Philosophie*, der Pragmatismus dagegen beansprucht, auch für den *außerphilosophischen, außertextuellen Bereich sprechen zu dürfen*, um die Handlungsspielräume des Selbst in seinen Gewohnheiten im Alltag vergrößern zu können – denn darin liegt seine Hoffnung. Im diesem Sinn ist der Äußerung Derridas zuzustimmen, dass wir „vor dem Text sind".

> „Der Text bewahrt sich wie das Gesetz. [...] Präzisieren wir. Wir sind *vor* diesem Text."[447]

---

[445] Ders., *Préjugés*, Wien 1992, 68. Vgl. auch Taureck, Jacques Derrida, Das Gesetz des Gesetzes bei Kafka, in: Ders., *Französische Philosophie im 20. Jahrhundert*, a.a.O., 204.
[446] Derrida, *Préjugés*, a.a.O., 39f.
[447] Ebd., 78.

Doch im Unterschied dazu schlägt der Pragmatismus vor, nicht wie der Mann vom Lande vor dem Gesetz zu verharren, sondern *den ersten Schritt zu gehen und zu handeln*. Denn, vor dem Text zu sein heißt auch, außerhalb des Textes zu sein: im Alltag, im Common Sense, in den Gewohnheiten. Der Text ist für den Pragmatismus kein Gesetz. Um nicht wie der Mann vom Lande unglücklich vor dem Gesetz zu sterben, ohne gehandelt zu haben, sollte das partikulare Selbst den ersten Schritt wagen und in das naheliegende Unbekannte ausschwärmen. Vielleicht könnte man in dieser Hinsicht sogar sagen, dass Shusterman die Idee der *différance*, also die Dekonstruktion der Annahme einer bruchlosen Präsenz und einer metaphysischen Einheit oder einer festlegbaren Struktur auf das Selbst in seiner Partikularität überträgt. Seine kulturtheoretisch-genealogische Diagnose vom gegenwärtigen Selbst unterscheidet sich auch darin von Rortys Beschreibung: Das partikulare Selbst vereint bereits eine Vielzahl an divergierenden und sich im Handeln verschiebenden Haltungen in sich. Während Rorty die Gefahr eines grausamen, weil homogenisierenden, eigenmächtigen Selbst beschreibt, ist das in sich vielschichtige, inkohärente Selbst für Shusterman schon Realität.

> „Die Vielzahl der Haltungen und die unschlüssige Suspension sowohl des Glaubens als auch der Ungläubigkeit sind kein ästhetischer Luxus mehr, sondern eine Lebensnotwendigkeit. Denn worauf kann man sich ohne Selbstbetrug oder Ironie noch in voller Überzeugung und mit ganzem Risiko einlassen?"[448]

Das Problem besteht also nicht nur darin, dass das Selbst sich gegenüber anderen in seinen Überzeugungen eigenmächtig verfestigt, sondern auch darin, dass es in seiner eigenen Positionierung verunsichert ist. Verunsicherung ist jedoch auf Dauer schwer erträglich, vermutlich resultiert daraus längerfristig eine ironische Position, die mit Rorty als emanzipatorische Haltung nur hochzuhalten ist, wenn sie zu einer Bereitschaft für die Sensibilisierung der eigenen blinden Flecke führt. Das ist jedoch nur möglich, wenn das Selbst vorübergehend ästhetische Momente der Kohärenz erfährt. Niemand ist weder bereit noch fähig, ständig alles in Zweifel zu ziehen. Ein Selbst, welches beständig in seinen Überzeugungen verunsichert ist, wird dann eher dazu neigen, sich der peirceschen *Methode der Autorität* anzuschließen, die noch in den grausamen Tendenzen der eigenmächtigen Selbsterschaffung widerhallt, von denen Rorty spricht. Der Versuch, Differenzen und Inkohärenzen einzuebnen, mündet in einer metaphysischen Homogenisierung des eigenen Standpunktes. Indem die Partikularität als differierender und gleichwohl fehlbarer Ort des Selbst beschrieben wird, kann diese Gefahr umgangen werden. Shusterman diagnostiziert gleichwohl im gegenwärtigen intellektuellen Common Sense eine einseitige Tendenz zur zweifelnden Haltung, die das leibkörperliche Genießen vernachlässigt, insbesondere in der Ästhetik.

> „Wenn ich die positiven Freude und Genüsse stärker betone als die ‚negativen', dann einfach deshalb, weil dies die Dimensionen ästhetischer Erfahrung sind, an die am meisten erinnert werden muß, da sie in der jüngsten Philosophie und der asketischen Religiösität modernistischer Kunst am meisten ignoriert und diskreditiert werden."[449]

---

[448] Shusterman, *Kunst Leben*, a.a.O., 143.
[449] Ders., Provokation und Erinnerung. Zu Freude, Sinn und Wert in ästhetischer Erfahrung, *Deutsche Zeitschrift für Philosophie* 47 (1999) 1, 134.

Für jedes Handeln, auch und gerade für emanzipatorisches Handeln ist es wesentlich, dass das Selbst einen positiven partikularen Ort hat. Zwanglos-ästhetisches Genießen ist für die Entwicklung eines eigenverantwortlichen partikularen Standpunktes grundlegend. Bei Shusterman wird, wie ich meine, die potenzielle Heterogenität des Common Sense betont, die es in Gestalt der partikularen Selbste sichtbar und hörbar zu machen gilt. Für diesen Punkt spricht die Tatsache, dass Alltagspraktiken vage und oft widersprüchlich sind oder sich überschneiden, so dass relativ neue Handlungsspielräume durch genaue Untersuchung und Vergleiche gewonnen werden könnten. Die Partikularität dieser Differenzen zu benennen ist für das Gewahrwerden und für die Verschiebung des eigenen Standpunktes wesentlich. In dieser Hinsicht sind sich Dekonstruktion und Pragmatismus nahe. Doch berücksichtigt erstere zu wenig die positiv zu füllende Idee eines partikularen Ausgangspunktes des Selbst und unterstreicht stattdessen den Fluss und das Flüchtige von Sprache, dem das Selbst ausgesetzt ist. So schreibt Derrida:

> „Es gibt nichts, weder in den Elementen noch im System, das irgendwann oder irgendwo einfach anwesend oder abwesend wäre. Es gibt durch und durch nur Differenzen und Spuren von Spuren."[450]

Auch die späteren ethischen Schriften Derridas, die sich an der Philosophie des Anderen von Emmanuel Lévinas orientieren und damit einen stärkeren Bezug zum Selbst und zur Praxis aufweisen, füllen nicht wirklich die genannte Leerstelle. (Eine nähere Begründung muss an dieser Stelle vertagt werden.) Die Philosophie der Dekonstruktion teilt „a fundamental belief in the untrustworthiness of *Common Sense* and ordinary language".[451] Ich möchte dagegen mit Shusterman die Vertrauenswürdigkeit des *kritischen Common Sense* im Sinn von Peirce nahe legen: Dieser enthält eine Alternative gegenüber zu sprachlich (post-)strukturell argumentierenden Ansätzen wie auch gegenüber übertriebenen Vorstellungen von einer individualistischen Selbsterschaffung jenseits des Common Sense, wie sie partiell Rorty verficht. Zweifellos ist damit ein heikler Punkt berührt: Von einem vielfältigen oder heterogenen Common Sense zu sprechen, setzt sich dem Verdacht einer Beschönigung gesellschaftlicher Verhältnisse aus. Muss man nicht gegenwärtig angesichts der Globalisierung in ökonomischer, politischer und kultureller Hinsicht eher von einer zunehmenden gewaltsamen Standardisierung und Homogenisierung sprechen, in der den einzelnen Standpunkten immer weniger Gehör geschenkt und in materiellökonomischer Hinsicht einem Großteil der Weltbevölkerung der existenzielle Boden unter den Füßen weggezogen wird? Hier soll nichts beschönigt werden. Die Frage bleibt dennoch, von *welchem Standpunkt* aus auch in einer desolaten globalen Lage Handlungsorte entwickelt werden können. Wenn man von einem homogenen im Unterschied zu einem heterogenen Common Sense spricht, müssen die Ebenen sauber auseinander gehalten werden: Es ist wichtig, die Gefahr des homogenen, *faktischfiktiven Common Sense* zu benennen, wie Rorty es zuweilen tut. Die Diagnose kann jedoch schnell in eine Festschreibung kippen, in welcher dessen mögliche potenzielle und latente Heterogenität nicht mehr wahrgenommen wird. Die Entwicklung partiku-

---

[450] Derrida, *Positionen*, Wien 1986, 67.
[451] Coates, *The Claims of Common Sense*, a.a.O., 2.

larer Standpunkte, wie Rorty sie im Zusammenhang mit dem Begriff des graduellen Selbst beschreibt, gerät dann aus dem Blick. Von einem heterogenen, *produktiv-ästhetischen Common Sense* zu sprechen, hieße dagegen, sich für dessen Potenziale zu sensibilisieren. Shusterman ist Fürsprecher einer Sensibilisierung, welche die leibkörperlichen Gewohnheiten des Selbst somästhetisch mitumfasst. Wie sehr die Sensibilisierung für unsere leibkörperliche Situiertheit weit über eine private Ästhetik hinaus auch Konsequenzen für moralphilosophische Fragen nach der Würde des Selbst und damit für das praktisch-politische Handeln hat, verdeutlicht Shusterman an einem drastischen Zitat von Wittgenstein:

> „Verstümmle einen Menschen ganz & gar schneide ihm Arme und Beine Nase & Ohren ab & und dann sieh was von seinem Selbstrespekt & von seiner Würde übrig bleibt & und wieweit seine Begriffe von solchen Dingen dann noch die selben sind. Wir ahnen gar nicht, wie diese Begriffe von dem gewöhnlichen, normalen Zustand unseres Körpers abhängen."[452]

Diese Fantasien, die v.a. deswegen so grauenhaft sind, weil man weiß, dass sie nicht nur Fantasien, sondern sehr real sind, zeigen den Abgrund des Selbst in seiner endlichen sozialen Verfasstheit. Diesen Abgrund deutet Rorty an, wenn er von der potenziellen Grausamkeit des Selbst in seiner Eigenmächtigkeit spricht. Shusterman scheint es darum zu gehen, diese Abgründe in die philosophische Reflexion hineinzunehmen, indem das Leibkörperliche auch in seinem prekären Status reflektiert und nicht verdrängt wird. So müssen die Feindschaft anderer Menschen gegenüber, Rassismus und Hass auf das Fremde auch in ihrer Abstandslosigkeit, die wie eine leibkörperliche Reaktion erscheinen kann, in den Blick genommen werden.

> „Wenn die gewohnten Formen und die normalen Gefühle unserer Lebensform zugrunde liegen, welche wiederum den Grund unserer ethischen Begriffe und Einstellungen anderen gegenüber darstellt, dann können wir vielleicht einige unserer irrationalen politischen Feindschaften besser verstehen. Der fanatische Haß und die Angst, die manche Menschen angesichts fremder Rassen, Kulturen, Klassen und Nationen empfinden, könnte als tiefliegende Sorge um die Integrität und Reinheit des vertrauten Körpers in der jeweiligen Kultur angesehen werden."[453]

Somästhetik: Die Fülle des Selbst

Shustermans Thematisierung des Leibkörperlichen liegt die Annahme von einer „als schmerzvoll (wenn auch oft unbewußt) erfahrenen Fragmentierung des menschlichen Lebens"[454] zugrunde, dessen Körperpraktiken, also dessen Gewohnheiten, zum Teil der gegenwärtigen Situation des Selbst nicht mehr angemessen sind. Wenn Gewohnheiten nicht flexibilisiert werden, verhärten sie sich. Die früher vielleicht einmal

---

[452] Wittgenstein, *Denkbewegung: Tagebücher, 1930–1932, 1936–1937*, Frankfurt/M. 1999, 85.

[453] Shusterman, Wittgensteins Somästhetik: Körperliche Gefühle in der Philosophie des Geistes, der Kunst und der Politik, a.a.O., 86. Vgl. für eine Analyse der Differenz von relativer und absoluter Feindschaft: Taureck, Gewalt im Modus der Feindschaft. Eine Überlegung zu einer kritisch-genealogischen Geschichte der Feindschaft im antiken und nachantiken Europa, in: Burkhard Liebsch, Dagmar Mensink (Hg.) *Gewalt Verstehen*, Berlin 2005.

[454] Shusterman, *Vor der Interpretation*, a.a.O., 122

sinnvolle Gewohnheitsbildung erstarrt zur Routine, welche mit den veränderten Lebensbedingungen nicht Schritt gehalten hat. Deswegen sieht Shusterman Gewohnheiten als reflexionswürdig und reflexionsbedürftig an, was bedeutet, vorübergehend ein interpretatives Selbstverhältnis zu sich einzugehen. „Ist eine Gewohnheit durch konzentrierte Aufmerksamkeit [...] erst einmal erfolgreich rekonstruiert, kann sie durchaus wieder ihren unreflektierten Grundcharakter annehmen und dem Bewußtsein erlauben, sich auf andere Aufgaben zu konzentrieren.“[455] Doch der Begriff der Somästhetik geht über die leibkörperlichen Gewohnheiten im engeren Sinn hinaus, und damit setzt Shusterman das Projekt des Pragmatismus konsequent fort. Denn wie wir gesehen hatten, hängen Gewohnheiten und Überzeugungen einerseits, Gewohnheiten und partikular-ästhetische Eigenarten andererseits eng miteinander zusammen. Wenn der Prozess zwischen Zweifel und Überzeugung immer wieder in Gewohnheiten mündet, die auch leibkörperlich sind, so muss man umgekehrt annehmen, dass somästhetische Kultivierung auf den Prozess von Zweifel und Überzeugungen zurückwirkt. Eine unreflektierte feindlich-rassistische Haltung etwa wird sich allein durch Argumente nicht aushebeln lassen. Auf theoretischer Ebene bleibt sie abstrakt. Wie sich an vielen politischen Projekten gezeigt hat, wird sich eine feindliche Haltung erst durch die konkrete Begegnung mit ‚der oder dem Anderen‘ ändern, wenn Selbst und anderer in ihrer Partikularität zwanglos aufeinander treffen können. Das heißt, dass sich die eingefleischten Gewohnheiten ändern müssen, um hinter dem ‚Feindbild‘ den partikularen anderen Menschen sehen zu *können*. Es ist klar, dass dieses Argument sich auf Glatteis bewegt. Veränderungen im großen Maßstab müssen auch institutionell und gesellschaftlich vorangetrieben werden. Mit Shusterman, so verstehe ich seinen Ansatz, wird gleichwohl darauf verwiesen, dass die somatische gewohnheitsmäßige Verankerung bspw. von Feindbildern nicht vergessen werden darf, nicht mehr und nicht weniger.

Shusterman verdeutlicht den Wert von Somästhetik in einigen Unterpunkten, bei denen neben einer systematischen Aufwertung dieses somatischen Aspektes auch die philosophiehistorische Anbindung an zahlreiche Traditionen von der Antike bis zur Moderne gezeigt wird, durch die deutlich wird, dass somästhetische Überlegungen – wenn auch nicht unter diesem Begriff – immer wieder Teil philosophischer Reflexion waren: Es wird „die Erkenntnis weltlicher Tatsachen [...] nicht durch die Verleugnung unserer körperlichen Sinne verbessert, sondern durch ihre Vervollkommnung“.[456] Wenn darüber hinaus weiterhin Selbsterkenntnis als eines der Ziele von Philosophie betrachtet wird, so kann es nicht nur um die Repräsentation des Körpers gehen, sondern auch um die Frage der Handlungsfähigkeit: Doch die „richtige Handlung zu wollen oder zu begehren wird solange erfolglos bleiben, wie wir unsere Körper nicht dazu bewegen können, sie auszuführen. An unsere überraschende Unfähigkeit, die einfachsten körperlichen Aufgaben auszuführen, reicht nur noch unsere verblüffende Blindheit dieser Unfähigkeit gegenüber heran. Diese Fehler resultieren aus einer unzureichenden somästhetischen Achtsamkeit“ (230). In Hinblick auf Fragen der Moral und des guten Lebens ist diese Achtsamkeit unerlässlich, da durch sie die Sensibilität und der Erfah-

---

[455] Ebd., 120.
[456] Ders., *Philosophie als Lebenspraxis*, a.a.O., 229.

rungsreichtum des Selbst für sich und für andere vergrößert werden kann (231). Gegenwärtig wird in der Philosophie das Feld des Somatischen jedoch, so kritisiert Shusterman, überwiegend negativ behandelt. So beschäftigt sich die analytische Philosophie in Fragen des Körper-Geist-Problems v.a. mit dem Phänomen des Schmerzes. Positive somatische Erfahrungen werden kaum behandelt.[457] Doch ist die Reflexion auf das Somatische, wie gerade diskutiert wurde, nicht nur eine private Frage: Soziale Praktiken schreiben sich in den Körper ein, wie auch Foucault gezeigt hat. Shusterman schließt sich seinen Analysen in dieser Hinsicht an: „So stellen beispielsweise die Auffassungen darüber, dass ‚anständige' Frauen leise sprechen, schlank bleiben, [...] ihre Beine beim Sitzen eng zusammenhalten, die passive bzw. die untergeordnete Rolle in (heterosexuellem) Sex einnehmen, usw. verkörperte Normen dar, die die soziale Entmachtung der Frauen aufrechterhält, während man ihnen offiziell volle Freiheit zugesteht."[458] Eine Form, diese Mechanismen zu unterlaufen, kann darin bestehen, positive „alternative somatische Praktiken" zu entwickeln (232).[459] Eine von Shusterman beschriebene Möglichkeit besteht in der Querverbindung von Philosophie und Körpertechniken wie denen von Alexander und Feldenkrais (233). Wenn mit dem Pragmatismus Denken konsequent in Hinblick auf seine mögliche Praktibilität gefasst wird, so Shusterman, können Körpertheorien, welche die Handlungsfähigkeit verbessern, nicht vollständig außer Acht gelassen werden.

Auch und gerade, wenn man die Instrumentalisierung und Normierung des Körpers in der Gesellschaft kritisieren will, darf man seine positiven erfahrungsmäßigen Aspekte nicht vergessen. Das Ignorieren des Körpers reproduziert dann nur die Körperfeindlichkeit der Gesellschaft. Dabei wird vielfach, in den Worten von Shusterman, die Unterscheidung der *repräsentationalen* und der *erfahrungsmäßigen* Perspektive auf den Körper übersehen oder, wie nach der Diskussion des letzten Kapitels gesagt werden kann: Das Leib-Körper-Problem wird nicht reflektiert. Dieses Problem kann an einem Zitat von Horkheimer und Adorno verdeutlich werden. Sie schreiben:

> „Die [...] den Körper priesen, die Turner und Geländespieler, hatten seit je zum Töten die nächste Affinität. [...] Sie sehen den Körper als beweglichen Mechanismus, die Teile in ihren Gelenken, das Fleisch als Polsterung des Skeletts. Sie gehen mit dem Körper um, hantieren mit seinen Gliedern, als wären sie schon abgetrennt. [...] Sie messen den anderen, ohne es zu wissen, mit dem Blick des Sargmachers [und] nennen den Menschen lang, kurz, fett und schwer."[460]

Die subjektiv-leibliche Perspektive wird hier gänzlich unterschlagen, sie scheint angesichts einer gewaltsam-mechanistischen Aneignung des Körpers verloren zu gehen. Auch Horkheimer und Adorno „ignorieren die subjektive Rolle des Körpers als lebendigen Ortes schöner, persönlicher Erfahrungen" (238).

---

[457] Siehe auch ders.: Am Ende ästhetischer Erfahrung, in: *Deutsche Zeitschrift für Philosophie*, 45 (1997) 6.

[458] Shusterman, *Philosophie als Lebenspraxis*, a.a.O., 232.

[459] Vgl. dazu aus feministischer Perspektive: Judith Butler, Leibliche Einschreibungen, performative Subversionen, in: *Das Unbehagen der Geschlechter*, a.a.O., 190–209.

[460] Theodor W. Adorno, Max Horkheimer, *Dialektik der Aufklärung*, Frankfurt/M. 1969, 247f., zit. in: Shusterman 2001, 238.

Ästhetische Existenz und Selbstverhältnis: Interpretation versus Verstehen

In *Vor der Interpretation* spezifiziert Shusterman die Kritik an der *sprachzentrierten anästhetischen Tendenz* mit einer Formulierung von Stanley Fish, der behauptet hat, Interpretation sei „the only game in town".[461] Shusterman fasst diese dominante Strömung unter den Begriff des hermeneutischen Universalismus, der nach dem *linguistic turn* davon ausgeht, dass jede Denkaktivität Interpretation erfordert.

> „Die verschiedenen Lager der immer noch wachsenden Anti-Fundamentalisten-Front scheinen in
> dem Glauben vereint zu sein, dass Interpretation jede bedeutungsvolle Erfahrung und Realität in
> sich umfasse, daß es nichts vor der Interpretation gäbe, das als der Gegenstand von Interpretation
> diente, da alles, was ein solcher sein könnte, selbst ein Interpretationsprodukt sein soll."[462]

Es besteht für ihn kein Grund, der herrschenden Ideologie der Textualität, die als „heutiges Pendant zum Idealismus [des 19. Jahrhunderts]"[463] angesehen werden könnte, zu folgen, die zu einer Vernachlässigung, Bagatellisierung oder Übertextualisierung von Erfahrungen neige. Zur Klärung der Problematik wird an dieser Stelle die Differenzierung zwischen Interpretation und Verstehen stark gemacht. „It is easy to confuse the view that no understanding is foundational with the view that all understanding is interpretative."[464] Die Differenzierung in Interpretation und Verstehen soll – so betont Shusterman – Verstehen dennoch als korrigierbar, perspektivisch plural, vorurteilsbeladen und unter Gesichtspunkten mentaler Aktivität ansehen, also nach den bisherigen Ausführungen der Arbeit: innerhalb eines kritischen Common Sense situieren. Dann muss der Verstehensbegriff nicht in einen ‚Mythos der Präsenz' zurückfallen. Dem Argument, jede Form von Kommunikation oder Denken spiele sich im Diskurs ab, welcher interpretativ entschlüsselt werden muss, hält Shusterman entgegen, dass das Verstehen eine gewohnheitsmäßige Fähigkeit darstellt, sich in einem Sprachspiel richtig zu verhalten, welches man durch Training habitualisiert hat. Darin geht es über das explizit Diskursive hinaus.[465] Nicht einmal jedes sprachliche Verstehen erfordert Interpretation in einem expliziten Sinn. Die Klänge der eigenen Muttersprache, so ein Beispiel Shustermans, müssen nicht erst bewusst in Wörter mit Bedeutung uminterpretiert werden, sondern das Selbst folgt den Gewohnheitsregeln, die so selbstverständlich geworden sind, dass keine bewusste Reflexion notwendig ist. Umgekehrt erfordert die Fähigkeit, die Aussage von jemandem als puren Klang wahrzunehmen, Interpretation – Interpretation verstanden als reflexive Aktivität. Die Unterscheidung, die hier getroffen wird, ist m.E. die zwischen dem selbstverständlich-alltäglichen Denken und Handeln, welches abstandslos in seinen Gewohnheiten und dem jeweiligen Common Sense aufgeht einerseits und der reflexiven Distanzierung andererseits. Die interpretative Distanzierung des Selbst, so ist hier auch im Anschluss an Peirce festzuhalten, ist nicht permanent möglich, ebenso wenig wie das Selbst beständig zweifeln kann.

---

[461] Shusterman, *Vor der Interpretation*, 68
[462] Ebd., 69.
[463] Ebd., 127.
[464] Ders., *Pragmatist Aesthetics*, a.a.O., 120.
[465] Ders., *Vor der Interpretation*, a.a.O., 126.

Formal stützt Shusterman sein Argument darauf, dass Verstehen eine Kontrastfolie zur Interpretation liefert, die sonst ununterscheidbar alles bestimmt, da es eine Grundausrichtung geben muss, die uns sagt, *wie* wir interpretieren. Denn um Interpretation zu verstehen, müsste es wieder eine Interpretation der Interpretation geben. Dieser Prozess führt in einen infiniten Regress. Dem Mythos der Präsenz entkommt man hier nur, wenn Verstehen auch als sedimentierte Gewohnheit von Interpretation verstanden werden kann. Shusterman etabliert dabei gleichwohl keine absolute Dichotomie, sondern sieht stattdessen eine Kontinuität zwischen Interpretation und Verstehen – „an essential continuity and degree of interdependance between understanding and interpretation".[466] Die Notwendigkeit zur Interpretation ergibt sich erst aus dem Ungenügen eines vermeintlich selbstverständlichen Verstehens, in dem sich das Selbst normalerweise ‚zuhause fühlt'. (Hier wird wieder die Nähe des Pragmatismus zum frühen Heidegger und späten Wittgenstein erkennbar.) Verstehen wird von Shusterman also im Sinn selbstverständlichen Reagierens und gewohnheitsmäßigen Verhaltens ‚präreflexiv' gefasst. Interpretation dagegen bringt bewusste Denkaktivität mit sich.[467] Auf hermeneutischer Ebene findet sich hier das Wechselspiel von Zweifel und Überzeugung wieder. Solange das Selbst innerhalb seiner Gewohnheit und seines Common Sense unerschüttert bleibt, ist es diesen gegenüber abstandslos. Erst durch den Zweifel nimmt es eine andere Perspektive ein, von der aus das zuvor Selbstverständliche Kontur erhält und interpretierbar wird. Da es Shusterman dabei auch um somatische Gewohnheiten geht, könnte man hier von einer *naturalisierten Hermeneutik* sprechen.

Die Vorbehalte gegen die Annahme eines Verstehens, welches nicht im Diskursiven aufgeht, resultieren genau genommen aus einem Missverständnis: Es wird angenommen, dass damit eine metaphysische Prämisse (bspw. von *der* Natur des Verstehens) gesetzt wird. Die *Motive* Shustermans sind jedoch praktisch-ästhetischer Natur.[468] Es geht nicht darum, Verstehen als unausgewiesene Prämisse zur Legitimierung der eigenen Theorie zu setzen, „derartige legitimatorische Beschränkungen sind dem Pragmatismus besonders fremd",[469] sondern im Gegenteil darum, auf das Verstehen hinzuweisen, *welches als unmittelbare Erfahrung erscheint, weil das Selbst ihr gegenüber abstandslos ist*, um überhaupt eine Transformierbarkeit zu ermöglichen. Wie anhand der Verschiebbarkeit des Leib-Körper-Verhältnisses diskutiert wurde, kann das, was als unmittelbar (leiblich, innerlich, etc.) erscheint, aus einer späteren Perspektive in seiner Verfangenheit im Common Sense gesehen und dadurch modifiziert werden. Natürlich sind dieser Verschiebbarkeit Grenzen gesetzt und der menschliche Körper ist endlich. Doch selbst die Frage, was *das* heißen könnte, lässt sich nur vom jeweils partikularen Standpunkt aus beantworten. Um es nochmals zu betonen: Das Selbst hat aus Sicht des Pragmatismus nicht die Möglichkeit, sich willkürlich außerhalb seiner Überzeugungen, seiner Gewohnheiten und seines Common Sense aufzustellen, sondern kann nur graduell Modifikationen vornehmen. Die Annahme, alles sei eine Frage der Interpretation,

---

[466] Ebd., 131.
[467] Ebd., 124.
[468] Ebd., 124.
[469] Ebd., 125.

wäre aus Sicht des Pragmatismus ebenso fiktiv wie die Annahme, alles ließe sich willkürlich bezweifeln.

Und wie bereits gezeigt wurde, sind der Transformation durch Negation (durch den Zweifel, durch die Kollision der Gewohnheiten) Grenzen gesetzt. Handlungsspielräume werden nur erweitert, wenn auch positiv-ästhetisch vorgegangen wird. Analog zu Rortys Diktum, neue Vokabulare zu schaffen und damit Philosophie produktiv und ästhetisch zu wenden, schlägt Shusterman daher vor, Philosophie daraufhin zu erweitern, sich für *scheinbar unmittelbares* Verstehen und *scheinbar natürliche* leibkörperliche Erfahrungen – die auf dem Common Sense und den Gewohnheiten basieren – zu sensibilisieren, indem sie als reflexionswürdig sichtbar gemacht und aufgewertet werden. Man könnte sagen, dass Rortys Vorstellung davon, neue Vokabulare zu schaffen, bei Shusterman darauf übertragen wird, sich neue (oder latente) Erfahrungsdimensionen der Gewohnheiten und des Common Sense in Hinblick auf die Erweiterung von Handlungsspielräumen, anzueignen – also nicht darauf, ihre ‚Wahrheit' zu erkennen.

> „Unter Rekurs auf Rorty eigenes Beispiel lässt sich wie folgt argumentieren: Wenn die Philosophie nicht die Begründung von Erkenntnis, sondern die Erzeugung von besserer gelebter Erfahrung für ihr pragmatistisches Ziel hält, dann braucht sie sich weder auf den Bereich diskursiver Wahrheiten noch auf irgendwelche Sprachspiele für deren Rechtfertigung zu beschränken."[470]

Und es ließe sich hinzufügen: Sie braucht sich nicht darauf zu beschränken, aber sie muss darauf auch nicht verzichten.

Partikularer ästhetischer Common Sense?

Auch bei Shusterman steht wie bei Rorty das *Selbst in seiner Partikularität* im Vordergrund. „Das Geheimnis eines erfüllten Lebens ist nicht, unseren Kontingenzen auszuweichen, sondern sie zu einer anziehenden Form zusammenzusetzen, zu einer Geschichte, die wir als unsere eigene annehmen können."[471] Wie oben erläutert wurde, sieht Rorty eine Möglichkeit zur Erweiterung der partikularen Handlungsspielräume in einer Hinwendung zu den eigenen, zuvor diffusen, Idiosynkrasien. *Wie* sich aus der persönlichen Idiosynkrasie neue Vokabulare entwickeln, bleibt bei Rorty offen, ebenso wie die Frage nach dem Status der Idiosynkrasie. *Mit Shusterman kann nun von einem partikularen Selbst gesprochen werden, welches sich im Common Sense ästhetisch verankert, dadurch dass es sich ihm positiv aussetzt und ihn darin momenthaft bejaht. Dadurch lässt sich nun der Begriff der Partikularität des Selbst präziser fassen*, er geht über den reduzierten Begriff der Idiosynkrasie als individuellprivater Abgrenzung hinaus. Er greift weiter als das Modell einer Konkretisierung in Vokabularen und potenziell auf alle semiotisch verständlichen Erfahrungsbereiche des Selbst über. Auch den leibkörperlichen Eigenarten der Partikularität kann somästhetische Kontur verliehen werden. Wichtig ist, dass das affirmative Moment der Fülle als Ausgesetztheit, nicht als Setzung verstanden wird. Die ästhetische Affirmation des

---

[470] Shusterman, Dewey über Erfahrung: Fundamentalphilosophie oder Rekonstruktion?, in: Joas (Hg.), *Philosophie der Demokratie*, a.a.O., 108.

[471] Ders., *Philosophie als Lebenspraxis*, a.a.O., 277.

Selbst innerhalb eines Common Sense darf sich nicht zu einem faktisch-fiktiven Common Sense verfestigen.

Shusterman bietet mit seiner Unterscheidung von Verstehen und Interpretation eine Erklärung für diesen Prozess eines Selbstverhältnisses. Das Verstehen basiert auf sedimentierten Gewohnheiten, welche selbstverständliches Handeln ermöglichen. Im Interpretieren werden diese Gewohnheiten des Verstehens thematisiert. Was zuvor alltäglich-selbstverständlicher Hintergrund – sozusagen Kulisse – war, vor dem sich die eigentliche Handlung abspielte, wird nun selbst vordergründig. Das Vage des Common Sense und der Gewohnheit erhält dadurch Kontur, dass es in den Fokus der Aufmerksamkeit rückt. Oben wurde dies am Wechselspiel von Leib und Körper gezeigt. Dieser Prozess ist jedoch, und darin liegt m.E. die Pointe von Shusterman, selbst produktiv. Die Kontur, die das zuvor selbstverständliche und vage leibkörperliche Verstehen (der Gewohnheit, des Common Sense) erhält, wird von dem Selbst aus seiner Partikularität heraus *hergestellt*. Es handelt sich um einen ästhetisch-produktiven Prozess, andernfalls würde sich die Frage stellen, anhand welcher Kriterien das zuvor Vage entdeckt oder erkannt werden könnte. Der Gedanke verfiele dem ‚Mythos der Präsenz', dann nämlich, wenn davon ausgegangen würde, dass das Vage des leibkörperlichen Verstehens *etwas Nichtsprachliches sei*, zu dem das Selbst auf magische Weise Zugang gewinnt. Diesem Problem entgeht man, wenn der Prozess der Aneignung als Materialisierung des Partikularen gedacht wird. Shusterman betont immer wieder, dass Verstehen selber durch die Interpretation veränderbar sei. Ausrichtung der Interpretation ist in diesem Zusammenhang nicht, objektive Erkenntnisse zu erzielen, sondern partikulare Selbstbeschreibungen und Gewohnheitsbildungen zu ermöglichen. Damit wird ein Gedanke schärfer, der bei Dewey bereits angelegt war, nämlich das ästhetische Potenzial von Gewohnheit und Common Sense. Das Selbst schafft sich seinen eigenen partikularen Ort. Für die Erweiterung von Handlungsspielräumen ist dies zentral.

Daran knüpft eine weitere Überlegung an: Die Produktion von partikularen Vokabularen und Gewohnheiten als Materialisierung eines vagen Potenzials ist nicht auf ein einzelnen Individuum beschränkt. Eine wesentliche Funktion von Kunst, im weit gefassten Sinn Deweys, scheint darin zu bestehen, dass etwas in eine Form gebracht wird, in welcher sich mehr als ein Selbst wiederfinden kann, bzw. zu dem es eine partikulare Verbindung herstellen kann. Shusterman deutet diesen Gedanken anhand des Beispiels einer populären Kunstform, der HipHop-Kultur in den USA an, in der etwas Neues nicht von einem einzelnen Künstler geschaffen wurde, sondern als Gruppenprozess entstand. Man könnte wohl generell behaupten, dass neue Kunstformen, Lebensweisen, Vokabulare, kurz: jede Art innovativer kultureller Produkte aus einem spezifischen historischen Kontext – nämlich dem jeweils partikularen Common Sense – heraus entstehen und nie von nur einem einzelnen Künstlergenie kreiert werden. Die Genie-Vorstellung ist bekanntlich selbst nichts anderes als das Produkt eines kontingenten, nämlich romantischen, Kontextes. Gleichwohl wird dieser Gedanke durch Populärkultur schärfer artikulierbar. HipHop-Kultur ist in mehrerer Hinsicht ein gutes Beispiel: Nicht nur handelt es sich um ein ästhetisches Produkt, welches aus einem (sub-)kulturellen Kontext heraus entstanden und nicht auf einen Schöpfer zurückzuführen ist, sondern die Struktur der Rap-Musik greift auch formal einen musikalischen Common Sense auf, aus dem einzelne Sequenzen aufgegriffen und in Loops wiederholt werden. Das sogenannte Sampling ist eine Form ästhetischen Recylings, in dem *aus alten Stücken neue zusammengesetzt werden.* Darüber hinaus ist HipHop ein Beispiel für eine ästhetische Lebensform, die sich nicht nur in den Texten und der Musik, sondern auch in Tanzformen, Mode, etc. widerspiegelt und damit auch den leibkörperlichen Aspekt ästhetischer Gewohnheitsbildung umfasst. Selbsterschaffung ist hier nicht nur individualistisch und nicht nur sprachlich wie noch in Rortys Theoriemodell.

Meiner Ansicht nach beinhaltet Shustermans Theorie also eine mögliche Ausdehnung des rortyschen Idiosynkrasiekonzeptes auf den Common Sense.[472] Ausgangspunkt der Überlegung ist die Betonung des Vagen alltäglicher Verstehensformen, welche das ästhetische Potenzial zu einer partikularen Materialisierung enthalten. Wesentlich ist dafür, dass der Common Sense von Shusterman nicht als homogen, sondern als vielfältig und in sich widersprüchlich aufgefasst wird. Man könnte an dieser Stelle eine Analogie herstellen zwischen Rortys Konzept des Selbst und Shustermans Konzept des Common Sense (so wie ich ihn interpretiere), denn beide werden als mittelpunktloses Netz angesehen. Die Motivation des Selbst, sich auf seine Idiosynkrasie zu besinnen, resultiert bei Rorty vornehmlich aus der negativen Erfahrung einer Inkohärenz.[473] Das Selbst erfindet neue Vokabulare, um sich einen partikularen Ort zu verschaffen, von dem aus seine Brüche und Inkohärenzen vereinbar sind. Die Brüche innerhalb des Selbst entstehen jedoch auch und gerade, weil es sich innerhalb eines oder mehrerer Common Sense-Strukturen situieren können muss, anders gesagt: Brüche in der Selbstbeschreibung oder Selbstverortung sind auch eine gesellschaftliche Frage. Wie anhand des ,graduellen Selbst' bei Rorty diskutiert wurde, entstehen sie bspw. aus dem Konflikt zwischen inkompatiblen Bildern und Ausschlussmechanismen von bestimmten gesellschaftlichen Gruppen und ihren Handlungsspielräumen. An diesem Punkt wurde das politische Potenzial von Rortys Begriff der Selbsterschaffung erkennbar, und er überwindet dort seinen privaten Individualismus. Die HipHop-Kultur ist in dieser Hinsicht auf Rortys Theorie anwendbar, weil sie (jedenfalls anfänglich) eine Kultur männlicher Afroamerikaner der Unterschicht war. So könnte man HipHop als ein neues Vokabular verstehen, durch welches eine partikulare Gruppe von Personen sich einen Ort eigener ästhetischer Gewohnheiten und Zeichen geschaffen hat, von dem sie sagen können: ,So wollte ich es.'[474] So ließe sich sagen, dass Shusterman die Idee der Selbsterschaffung des Selbst von Rorty auf den Common Sense aufblendet. Dabei ist ein weiterer Punkt wichtig: An Rorty wurde oben kritisiert, dass er Kreativität zu negativ fasst. Der konflikthaften Kollision von Vokabularen oder von Gewohnheiten wurde als notwendiges Moment das positive Aus-

---

[472] Vgl. etwa Shusterman, Kunst in Bewegung, Kunst als Abweichung. Goodman, Rap und der Pragmatismus (ein neuer Realitäten-Remix), in: *Philosophie als Lebenspraxis,* a.a.O., 185–223.

[473] Rorty, *Kontingenz, Ironie und Solidarität,* a.a.O., 62f.

[474] Shusterman geht sogar noch einen Schritt weiter und interpretiert Rap-Texte als Philosophie. Über diesen Punkt lässt sich streiten, je nachdem, welche Kriterien für den Philosophiebegriff angelegt werden. Wenn man in Anknüpfung an das antike Denken Philosophie und Lebenspraxis zusammendenkt, wie es tendenziell auch der Pragmatismus tut, dann gibt es gute Argumente, die für Rap als Philosophie sprechen. Siehe Shusterman, ebd.

schwärmen in das naheliegende Unbekannte gegenübergestellt. Das Selbst entfaltet seine Partikularität nicht nur durch innere Brüche, sondern auch durch seine potenzielle Vielfältigkeit. Dass Widersprüchlichkeit und Inkohärenz auch das positive Potenzial der Vielfältigkeit enthält, benennt Shusterman am partikularen Common Sense. Dieser enthält beides: Wie der Zweifel bei Peirce sowohl eine Infragestellung wie eine Bekräftigung beinhaltet, so ist die Entwicklung eines partikularen ästhetischen Common Sense – wie in diesem Beispiel der HipHop-Kultur – Resultat gesellschaftlicher Spannungen (rassistischer und klassenspezifischer Art), gegen die sich ein ‚Gegen-Common-Sense' richtet, zugleich manifestiert sich darin eine Bekräftigung und Sichtbarmachung des eigenen partikularen Standpunktes.

Alltägliche Praktiken sind nicht nur widersprüchlich und konfliktiv, sondern auch vielfältig. Wie jedoch lässt sich das Potenzial der Vielfältigkeit denken? Ich möchte hier an Peirce erinnern: Das Vage eröffnet die Möglichkeit zwanglosen Sinnens. Die verschiedenen diffusen Hintergrundannahmen und quasi unsichtbar gewordenen Gewohnheiten eines Selbst wie eines Common Sense erhalten nicht nur als negative Ausgesetztheit Kontur. *Die positive Ausgesetztheit momenthafter Fülle im Sinnen enthält die Möglichkeit genießenden Aufmerkens in Hinblick auf zuvor unbeachtete Aspekte.* Eine Analogie: Wenn man ein Seminar abhält, wird man in der ersten Stunde vielleicht etwas nervös sein und sich v.a. auf die zu vermittelnden Inhalte konzentrieren. Man wird dann vermutlich am ehesten jene Studierenden beachten, die sich häufig zu Wort melden. Je gelassener der Lehrende ist und je mehr man sich an das Seminar gewöhnt, umso eher wird eine positive Kohärenzerfahrung möglich werden, die den Raum eröffnet, auch die anderen Studierenden wahrzunehmen, die zuvor quasi im Vagen unsichtbar blieben. Bezogen auf ästhetische Erfahrungen im engeren Sinn: Je stärker die Kohärenz des Selbst ist, umso sensibler kann das Selbst auf die Nuancen und zuvor unbeachteten Aspekte eines Musikstücks, einer philosophischen Abhandlung, aber auch einer gesellschaftlichen Situation achten. Zweifellos kommt man hier der Ästhetik Kants und seines Gedankens eines freien Spiels von Einbildungskraft und Verstand nahe. *Die pragmatistische Weiterentwicklung besteht aber darin, die ästhetische Erfahrung als Sinnen auch auf alltägliche und handlungsrelevante Situationen anwendbar zu machen. Gewohnheit und Common Sense werden in Hinblick auf die Erweiterung von Handlungsspielräumen, die dadurch aspektreicher werden, ästhetisiert. Das Selbst schwärmt in das naheliegende Unbekannte aus, welches zuvor vage war.*

Hier lässt sich eine Analogie herstellen: So wie die Gewohnheiten des Selbst sedimentierte Überzeugungen, leibkörperliche Praktiken, etc. darstellen, die immer wieder korrigiert und kultiviert werden müssen, damit sie nicht erstarren, so stellt der jeweilige Common Sense ein Sediment gesellschaftlicher Diskurse und Praktiken darüber dar, was normal und selbstverständlich ist, sozusagen kulturspezifische gesellschaftliche Groß-Gewohnheiten. Rorty nennt sie die alten, öffentlichen Vokabulare, in denen Selbste handeln. Die Populärkultur (im Unterschied zur Massenkultur), die sich mit Shusterman als partikularer Common Sense begreifen lässt (denn der Common Sense ist vielfältig), könnte verstanden werden als ein Beispiel für die offengelegte Idiosynkrasie einer partikularen gesellschaftlichen (Gegen-)Tendenz, denn Selbsterschaffung muss nicht individualistisch sein.

„Die Tatsache [...], dass das idiosynkratische Unbewusste eines jeden nach Ausdruck sucht, bedeutet nicht, dass das, was es sucht, auch der Ausdruck eben dieser Idiosynkrasie, die Selbstdarstellung als etwas unverkennbar Originales und Innovatives ist."[475]

Ich schlage vor, Shustermans Ästhetik als Aufblendung des Ästhetischen auf den Common Sense im Sinne eines Gemeinsinns (den man hier bereits als Sensus Communis bezeichnen könnte) zu verstehen. Darin knüpft er an Motive Deweys an: „Aber nur intellektuelle Faulheit verführt uns zu dem Schluss, dass, weil die Form des Denkens und Entscheidens individuell ist, auch ihr Inhalt, ihr Stoff, etwas ganz persönliches ist."[476] Die ästhetische Erfahrung als Genießen der Kohärenz des Selbst entgeht durch die Rückbindung an Gewohnheit und Common Sense in ihrer Partikularität den mystischen Aufladungen, die der Begriff bei Dewey zuweilen aufweist. Sich zum Fürsprecher eines positiv gefassten Common Sense und nichtdiskursiver leibkörperlicher Erfahrungen zu machen, scheint zwar die Gefahr zu bergen, affirmativ zu sein und Ideologie zu reproduzieren. Will man jedoch weder dem absoluten Verblendungszusammenhang das Wort reden, noch ein *anything goes* propagieren, stellt sich die Frage, wie berechtigte von verblendeten Erfahrungen, wie die richtigen von den falschen Gewohnheiten unterschieden werden können – oder auf den Common Sense angewandt: wie Massen- von Populärkultur, wie ein autoritärer faktisch-fiktiver Common Sense von einem kritischen Common Sense unterschieden werden kann. Da es darauf keine metaphysische Antwort zu geben scheint, hat das letzte Wort das partikulare Selbst in seiner Partikularität und d.h. auch, in seiner positiven Ausgesetztheit an andere und deren Kritik.

Der Gewinn ästhetischer Erfahrung in diesem heruntergebrochenen Sinn kann anhand eines Einwandes, den Danto formuliert, gezeigt werden. Er fragt in Rückgriff auf Platon, worin der Gewinn von Kunst und also einer ästhetischen Erfahrung liegt, die in das Alltagsleben eingebettet ist. Kritisiert man wie Shusterman die geistige Entrücktheit ästhetischer Erfahrung, bliebe – so scheint es – nur die Mimesis an das Leben. Shustermans Plädoyer für eine Verbindung von Kunst und Leben bietet auf den ersten Blick Anlass zu der Frage, worin das Plus von ästhetischer Erfahrung gegenüber der alltäglichen besteht.[477] Dieses Plus besteht in dem eben beschriebenen Punkt: Darin, dass durch ästhetische Erfahrung eine Kohärenz des Selbst möglich wird, in der das Vage der eigenen Gewohnheiten und des Common Sense positiv in den Mittelpunkt rücken und eine (scheinbar) kohärente Form erhalten. Durch die ästhetische Erfahrung eines Genießens der Kohärenz des Selbst, erfährt sich das Selbst vorübergehend als Einheit. Der formgebende Aspekt ästhetischen Genießens des Alltäglichen (von Gewohnheiten und Common Sense) liegt dabei auch in der *ästhetisch-partikularen Antizipation einer Kohärenz begründet, die das Selbst schaffen könnte*. Das Genießen ist dabei die zwanglose Basis, von der aus das Ausschwärmen in das naheliegende Unbekannte möglich wird. *Das Alltägliche, so ist gegen Danto festzuhalten, ist in seinen Potenzialen nicht transparent, sondern vage. In diesem Potenzial zuvor unbeachteter Aspekte, welche ,elitäre' Ästhetikkonzeptio-*

---

[475] Ders, *Kunst Leben*, a.a.O., 237.

[476] Dewey, *Die Öffentlichkeit und ihre Probleme*, a.a.O., 34.

[477] Shusterman, Am Ende ästhetischer Erfahrung, a.a.O.; Arthur C. Danto, *Die Verklärung des Gewöhnlichen*, Frankfurt/M. 1984, 52.

nen unterschlagen, besteht sein Plus. Sie werden durch die genießende Kohärenz des Selbst aktiviert.

Im Unterschied zu Rorty betont Shusterman diese affirmativen, einheitsstiftenden Momente ästhetischer Erfahrung. Wenn jedoch nicht *beide* Aspekte – Gewohnheitskollision *und* Ausschwärmen des Sinnens – in ein komplementäres Spannungsverhältnis gebracht werden, so verschwimmt die Demarkationslinie zwischen Populär- und Massenkultur bei Shusterman. Ähnlich wie bei Rorty wäre hier die Kritik anzubringen, dass mögliche gesellschaftliche katastrophische Zustände nicht deutlich genug mitgedacht werden, denn gerade in totalitären Gesellschaften wird vielfach an das vermeintlich unmittelbare, affektive Potenzial des Common Sense appelliert. Es wäre jedoch ungerecht, Shusterman Verharmlosung vorzuwerfen. Er schreibt selber:

> „Sind vergängliche Freuden erst einmal als relativ wertlos und als der Aufmerksamkeit unwürdig abgetan, wird kein ernsthaftes Denken mehr darauf verwandt, wie sie am besten zu erreichen, zu wiederholen und sicher ins Leben zu integrieren sind. Konsequenterweise werden diese Freuden und ihre manchmal explosiven Auswirkungen auf das Leben auf gefährliche Weise den Launen des Zufalls, der blinden Begierde und den doktrinären Zwängen der Werbung überlassen."[478]

---

[478] Ders., *Kunst Leben*, a.a.O., 127.

IV. Orte des Selbst zwischen Common Sense und Sensus Communis

Der Kritik an einer Entfernung der Philosophie vom partikularen Standpunkt und damit vom Alltäglichen des Common Sense und der Gewohnheiten wurde ein pragmatistischer Philosophiebegriff gegenübergestellt, der als kritischer Common Sense zwischen Zweifel und Überzeugung, zwischen Skeptizismus und Metaphysik pendelt. Mit der Betonung der Partikularität als Ausgesetztheit, die negativ als Zweifel, positiv als Sinnen und Genießen in ihren unterschiedlichen Aspekten beleuchtet wurde, konnte der Prozess genauer beschreibbar gemacht werden, in dem das Selbst seine Handlungsspielräume erweitert. Der Common Sense als partikularer, nicht nur diskursiver Kontext, innerhalb dessen das Selbst auch in seiner leibkörperlichen Gewohnheitsbildung situiert ist, wurde dabei als vager Rahmen artikuliert, den das Selbst nicht willkürlich verlassen kann. Mit Dewey wurde auf die Möglichkeit und den Bedarf einer Kultivierung des Common Sense verwiesen, in welcher bereits eine Überleitung zum Ästhetischen gezeigt werden und bei Rorty und Shusterman weiter ausgebaut werden konnte. Im Folgenden wird nun dem ästhetischen Potenzial des Common Sense in Auseinandersetzung mit Kants Theorie des Sensus Communis nachgegangen. Es soll damit das utopische Potenzial eines partikular-ästhetischen ‚Gemeinsinns‘ angedeutet werden, der sich von einem faktisch-fiktiven Common Sense absetzt. Die Begriffe des Common Sense und des Sensus Communis lassen sich dabei gleichwohl nicht *grundsätzlich* voneinander scheiden: So wie das Selbst zwischen Setzungen (Überzeugungen) und Ausgesetztheit pendelt (im Zweifel negativ, im Sinnen positiv) und aus diesem Spannungsverhältnis heraus handelt, so pendelt der Gemeinschaftsbegriff des Pragmatismus zwischen einem faktisch-fiktiven und kritischen Common Sense einerseits und einem ästhetischen Sensus Communis andererseits, der anderen zwanglos angesonnen wird. Dieses Spannungsverhältnis soll und darf nicht zugunsten einer der beiden Seiten aufgelöst werden. Deswegen wird eine kritische Verhältnisbestimmung von Sensus Communis und Common Sense vorgenommen. Abschließend wird ein Vorschlag unterbreitet, wie das Ansinnen, welches bei Kant als mögliche und erhoffte Verallgemeinerbarkeit des Subjektiven beschrieben wird, *partikularisiert* werden kann, indem sowohl das Selbst als auch die oder der Andere nicht abstrakt, sondern partikular gefasst werden: Ansinnen ließe sich, insbesondere mit Shusterman und Cavell, als *Sich-Zeigen* des Selbst in seiner leibkörperlichen Eigenart umdeuten. So können Selbst und andere füreinander exemplarisch werden.

Vom Common Sense zum Sensus Communis

Der Common Sense im Spannungsverhältnis zum Sensus Communis macht es möglich, das Feld der kontingenten Gesellschaft und Gemeinschaft zu lokalisieren, innerhalb derer die subjektiven Erfahrungen teilbar und mitteilbar sein sollten. Sein Status verlagert sich damit zunehmend auf die kontingenten Annahmen und Gewohnheiten eines in Gemeinschaft und Gesellschaft situierten Selbst, welches einen gewissen Gemeinsinn voraussetzt und verkörpert. Darin deutet sich ein pragmatistischer Begriff des Sensus Communis an, der überdies durch einen weiteren Aspekt unterstrichen wird: Der bei Kant noch auf die ästhetische Urteilskraft angesichts des Schönen beschränke Begriff der ästhetischen Erfahrung, wird von Dewey und in Folge von Shusterman auf das Alltägliche ausgedehnt. Die von Kant beschriebene nichtbegriffliche subjektive Allgemeinheit ästhetischer Erfahrungen (im Sensus Communis), ist mit dem Pragmatismus erweiterbar auf den Bereich der Alltagsgewohnheiten und Erfahrungen, die einer kontingenten Gesellschaft (ihrem Common Sense) erwachsen.

Die *prinzipielle* Unterscheidung von Common Sense und Sensus Communis als Unterscheidung der apriorischen und aposteriorischen Ebenen ist jedoch bereits bei Kant nicht klar aufrechtzuerhalten. Er oszilliert in seiner Zuschreibung zwischen konstitutiven und regulativen Deutungen, zwischen der Annahme einer Natürlichkeit oder Künstlichkeit des Sensus Communis.

> „Ob also Geschmack ein ursprüngliches und natürliches, oder nur die Idee von einem noch zu erwerbenden und künstlichen Vermögen sei",

das wolle und könne er hier noch nicht untersuchen.[479] Der Pragmatismus in der hier vorgeschlagenen Lesart enthält das Potenzial zu einer Vermittlung von Common Sense und Sensus Communis jenseits eines strikten Dualismus zwischen seinen konstitutiven und regulativen Aspekten. Die Bandbreite reicht von dem dauerhaften Vorbehalt des *kritischen Common Sense* über einen *ästhetischen Common Sense* bis zur Gefahr des *faktisch-fiktiven Common Sense*. Der kantsche Begriff des Sensus Communis enthält den Überschuss eines utopischen Potenzials. Darin kommt der Ort des partikularen Selbst im Plural zum Ausdruck. *Im Sensus Communis wird die gesuchte Alternative zum Begriff eines (post)strukturellen Kontextes von Diskursen am greifbarsten: Er eröffnet nämlich, im Unterschied zum dominanten Modell einer diskursiven Welt, sowohl die Perspektive auf einen partikularen Ort der Handlungsfähigkeit des Selbst als auch auf die nicht rein sprachliche Kontextualisierung dieses Ortes.* Die pragmatistische Wendung des Sensus Communis ist gegenüber Kants eine partikulare, da mit dem Pragmatismus nicht länger an einem transzendentalen Theoriemodell festgehalten wird. Doch changierte bereits Kant in dessen Zuordnung zwischen einer transzendentalen und einer empirischen Ebene – Kants Ästhetik ist möglicherweise pragmatistischer, als Dewey angenommen hatte.

---

[479] Immanuel Kant, *Kritik der Urteilskraft*, in: Ders., *Werke*, hg. von W. Weischedel, Darmstadt 1957, Bd. V, § 22, A 67, 323.

Die Unbestimmtheit des Sensus Communis bei Kant

Kant charakterisiert in der *Kritik der Urteilskraft* den Begriff des Sensus Communis zunächst in strikter Abgrenzung zum Common Sense.

> „*Der gemeine Menschenverstand*, den man, als bloß gesunden (noch nicht kultivierten) Verstand, für das geringste ansieht, dessen man nur immer sich von dem, *welcher* auf den Namen eines Menschen Anspruch macht, gewärtigen kann, hat daher auch die kränkende Ehre, mit dem Namen des Gemeinsinnes (sensus communis) belegt zu werden; und zwar so, dass man unter dem Worte gemein [...] so viel als das vulgare, was man allenthalben antrifft, versteht, welches zu besitzen schlechterdings kein Verdienst oder Vorzug ist."[480]

Es handelt sich also Kant zufolge um eine falsche – kränkende – Zuschreibung des Sensus Communis zu dem, was in dieser Arbeit als Common Sense und von Kant als bloß gesunder Menschenverstand gekennzeichnet wird. Dagegen hat Kant die angenommene und angesonnene Allgemeinheit subjektiver Geschmacksurteile vor Augen, die er zunächst mit den Sensus Communis transzendental-apriorisch denkt. Kant postuliert damit einen prinzipiellen und nicht nur einen graduellen Unterschied zwischen beiden Begriffen. Der Sensus Communis stellt im Unterschied zum gesunden Menschenverstand (dem Common Sense) ein Prinzip dar, welches weder objektiv ist – denn dann unterlägen Geschmacksurteile mit unbedingter Notwendigkeit ebensolchen Geltungsansprüchen wie Erkenntnisurteile – noch rein subjektiv-privat wie der Sinnesgeschmack. Vielmehr ist dieser nichtbegrifflich und dennoch subjektiv-allgemein, und darin unterscheidet er sich wesentlich vom Common Sense, „indem letzterer nicht nach Gefühl, sondern jederzeit nach Begriffen, wiewohl gemeiniglich nur als nach dunkel vorgestellten Prinzipien, urteilt" (A 64).

Während Kant den Common Sense als obskures Prinzip ablehnt, verteidigt er den Sensus Communis, der zugleich universeller und unbestimmter sei als ein subjektives Prinzip. Jedoch scheint eine klare Abgrenzung dieser beiden Begriffe nicht so einfach zu sein, da der Sensus Communis selbst unterschiedliche Facetten aufweist: Kant differenziert zwischen einem *sensus communis logicus* und einem *sensus communis aestheticus*, wobei er ersteren auch als gemeinen Menschenverstand bezeichnet. Der gemeine Menschenverstand wiederum unterscheidet sich von dem bloß gesunden Menschenverstand (unserem Common Sense) dadurch, dass er von Maximen geleitet wird, wohingegen der Common Sense „noch nicht kultiviert" ist und als im schlechten Sinn gemein, nämlich als vulgär charakterisiert wird. Der kultivierte gemeine Menschenverstand (*sensus communis logicus*) dagegen wird von folgenden Maximen getragen: „1. Selbstdenken; 2. An der Stelle jedes andern denken; 3. Jederzeit mit sich selbst einstimmig denken" (A 156, 157). Die dahinter stehende aufklärerische Maxime des ‚sapere aude' zielt darauf ab, in der „Reflexion auf die Vorstellungsart jedes andern in Gedanken (a priori) Rücksicht" zu nehmen, um so „der Illusion zu entgehen, die aus subjektiven Privatbedingungen, welche leicht für objektiv gehalten werden könnten" erwachsen und das Urteil trüben könnten (A 155). Gegen Vorurteile und Aberglaube, denen bei Kant der Common Sense erliegt, führt er also die Verallgemeinerung des

---

[480] Ders., Kritik der Urteilskraft, § 40, A 155.

eigenen Urteils durch potenzielle andere ins Feld, wodurch ein „*allgemeiner Standpunkt*" (A 158) eingenommen wird, von dem aus über das eigene Urteil reflektiert werden kann. Der *sensus communis logicus* stellt jedoch eine „Operation der Reflexion" dar, in der von den Empfindungen, von „Reiz und Rührung" (A 156, 157) abstrahiert wird. Dieser stellt eine (wenn auch vorurteilsfreie, erweiterte und konsequente) Form des Denkens – und also einen begrifflich-logischen Vorgang dar (und darin unterscheidet er sich vom *sensus communis aestheticus*), während er laut Kant mit dem Common Sense gemeinsam hat, begrifflich zu sein, obwohl letzterer der Abstraktion entbehrt. Der *sensus communis aestheticus* dagegen ist nichtbegrifflich und beruht auf dem Gefühl des Wohlgefallens angesichts des Schönen. Seine angestrebte Universalität ist eine ästhetische. Die nahezu paradoxe Vorstellung einer subjektiven Allgemeinheit oder einer allgemeinen Subjektivität wird dabei von folgenden Voraussetzungen getragen: Für Kant sind ästhetische Erfahrungen und Urteile des Geschmacks für die transzendentale Analyse (und damit für sein gesamtes System!) zentral, und das hängt mit der universellen Mitteilbarkeit des Gefühls des Wohlgefallens zusammen:

> „Erkenntnis und Urteile müssen sich, samt der Überzeugung, die sie begleitet, allgemein mitteilen lassen; denn sonst käme ihnen keine Übereinstimmung mit dem Objekt zu: sie wären insgesamt ein bloß subjektives Spiel der Vorstellungskräfte, gerade so, wie es der Skeptizismus verlangt. Sollen sich aber Erkenntnisse mitteilen lassen, so muss sich auch der Gemütszustand, d.i. die Stimmung der Erkenntniskräfte [...] allgemein mitteilen lassen: weil ohne diese, als subjektive Bedingung des Erkennens, das Erkenntnis, als Wirkung, nicht entspringen könnte" (§ 21, A 64, 65).

An dieser Stelle wird der *konstitutive* Charakter des Sensus Communis akzentuiert, indem dieser für die Mitteilbarkeit von Erkenntnis selbst Bedingung ist. Die Lust am Schönen ist eine Lust am Spiel der Erkenntniskräfte (von Einbildungskraft und Verstand) und an deren entwickelter „Proportion", die das Geschmacksurteil ermöglicht. Diese Proportionierung der Erkenntniskräfte muss vorausgesetzt werden, wenn allgemein mitteilbare Erkenntnisse voraussetzbar sein sollen. Selbst wenn die Proportion der Erkenntniskräfte nur einen subjektiven Zweck – die Lust – hat, so muss diese dennoch mitteilbar sein.

> „Eben darum darf auch der mit Geschmack Urteilende [...] die subjektive Zweckmäßigkeit, d.i. sein Wohlgefallen am Objekte jedem andern ansinnen, und sein Gefühl als allgemein mitteilbar, und zwar ohne Vermittlung der Begriffe, annehmen." (A 153, 154)

Das Geschmacksurteil kann anderen *angesonnen*, jedoch nicht argumentativ eingefordert werden, wie das bei einem moralischen Urteil der Fall wäre, weil es (im Unterschied zum moralischen) nichtbegrifflich ist. Doch geht das ästhetische Urteil über das bloße Gefühl des Angenehmen hinaus, welches rein sinnlich ist. Aber sowohl das Gute als auch das Angenehme sind von Interesse geleitet, wohingegen das ästhetische Urteil „ohne alles Interesse" ist (A 17, 18). Es haftet nicht dem Objekt an und erwächst auch nicht einem Mangel oder Begehren, sondern ist davon frei und rein subjektiv. Die kantsche ästhetische Erfahrung zielt auf die reine Form des Objekts und nicht auf seine reale Existenz. Sie richtet sich damit nicht auf den Zweck des Objekts, sondern rein auf den subjektiven Zweck des Wohlgefallens, deswegen handelt es sich um eine reine „Zweckmäßigkeit ohne Zweck". Damit ist das ästhetische Urteil laut Kant von den Privatbedingungen des Subjekts ablösbar und als Gemeinsinn oder Sensus Communis verallgemeinerbar. Wir fühlen uns berechtigt, anderen das gleiche Urteil anzusinnen, weil es nicht nur auf privaten Empfindungen des Angenehmen beruht. Durch diese subjektive Universalität des ästhetischen Urteils gehört es zugleich nicht mehr der Sphäre des Seins, sondern der des Sollens an. Die Universalität des Sensus Communis – als subjektiver Allgemeinheit des ästhetischen Urteils – kann indessen nicht empirisch demonstriert werden. Damit kommt dieser der Idee eines *regulativen* Prinzips nahe, wenn Kant selbst auch an dieser Stelle unentschieden bleibt.

> „Ob es in der Tat einen solchen Gemeinsinn, als konstitutives Prinzip der Möglichkeit der Erfahrung gebe, oder ein noch höheres Prinzip der Vernunft es uns nur zum regulativen Prinzip mache, allererst einen Gemeinsinn zu höhern Zwecken in uns hervorzubringen [...]: das wollen und können wir hier noch nicht untersuchen"(A 67).

Ansinnen: Zumutung oder Rücksicht?

Kant selbst nimmt also hinsichtlich der Zuordnung des Sensus Communis eine agnostische Position ein. Jedoch: „Diese unbestimmte Norm eines Gemeinsinns wird von uns wirklich vorausgesetzt: das beweiset unsere Anmaßung, Geschmacksurteile zu fällen" (A 67). Der Beweis dafür, dass ein Sensus Communis wirklich vorausgesetzt wird, wird hier durch eine Anmaßung erbracht. Eine Anmaßung jedoch heißt auch, etwas *unberechtigt* für sich in Anspruch zu nehmen. Sie ist unberechtigt, weil ein Unverhältnis besteht zwischen dem partikularen ästhetischen Urteil und seinem universellen Anspruch auf Allgemeinheit. Die Schwierigkeit liegt hier darin, dass ein nichtbegriffliches Gefühl verallgemeinert werden soll, weil das Selbst den Wunsch oder die Berechtigung zu seiner Verallgemeinerung verspürt: Die Norm wird vorausgesetzt, *weil* wir uns Geschmacksurteile anmaßen. Auf die Frage, *warum* wir uns Geschmacksurteile anmaßen, hat Kant keine eindeutige Antwort. Vielmehr liegt eine zirkuläre Begründung vor: Es muss eine allen gemeinsame Basis vorausgesetzt werden, eine allen Menschen ähnliche Empfindungsfähigkeit („diese unbestimmte Norm"), auf die gesetzt wird. Nur wenn diese vorhanden ist, stellt das Geschmacksurteil keine Anmaßung dar. Es handelt sich jedoch dann um eine Anmaßung, wenn das leitende Gefühl der Berechtigung zum Geschmacksurteil selbst nur subjektiv ist (so wie es laut Kant im Angenehmen der Fall ist).

Die Anmaßung ist aber nicht nur wegen des darin enthaltenen unverhältnismäßigen Anspruchs vermessen, sondern gerade auch, weil sie auf andere ausgeweitet wird. Kant spricht deswegen auch von einer *Zumutung*. Eine Zumutung, so belehrt uns das Wörterbuch, besagt, „ein Ansinnen an jemanden richten, Ungebührliches verlangen".[481] Es wird Ungebührliches verlangt, wenn anderen abverlangt wird, das eigene subjektive Gefühl zu teilen. Der bereits erwähnte unklare Status des Geschmacks – und damit des Sensus Communis – wird an dieser Stelle, an diesem fraglichen Ort, von dem aus der Geschmack zu einer universellen Verallgemeinerung berechtigt, von Kant in seiner Unklarheit benannt. Wäre sein Status klar, müsste Kant nicht von Anmaßung und Zumutung sprechen.

> „Ob also Geschmack ein ursprüngliches und natürliches, oder nur die Idee von einem noch zu erwerbenden und künstlichen Vermögen sei, so dass das Geschmacksurteil, mit seiner Zumutung einer allgemeinen Beistimmung, in der Tat nur eine Vernunftforderung sei" (A 67) –

---

[481] *Duden*, Bd. 7, *Das Herkunftswörterbuch*, Mannheim, Leipzig, Wien, Zürich, 1989, 476.

das wolle und könne er hier noch nicht untersuchen. Die *prinzipielle* Unterscheidung von Common Sense und Sensus Communis als Unterscheidung der apriorischen und aposteriorischen Ebenen kann also nicht aufrechtzuerhalten werden. Kant oszilliert in seiner Zuschreibung zwischen konstitutiven und regulativen Deutungen, zwischen der Annahme einer Natürlichkeit und einer Künstlichkeit des Sensus communis. Und es scheint diese Unbestimmtheit selbst zu sein, die den Verdacht einer Anmaßung des Geschmacksurteils aufkommen lässt.

Hier kehrt die Problematik wieder, welche die vorliegende Arbeit von Anbeginn durchzogen hat: Das Selbst muss sich die Partikularität seiner Setzungen vor Augen führen. Dann bleibt eine Differenz bestehen zwischen versuchsweisen Hypothesen, die einerseits auf der zwanglos-ästhetischen Basis des Sinnens als Abduktionen ausschwärmen, und verhärteten Setzungen andererseits, die einen autoritären faktisch-fiktiven Common Sense befördern und für andere eine Zumutung sind. In den zwanglosästhetischen Situationen wird das Selbst vorübergehend dem Spannungsverhältnis von Zweifel und Überzeugung enthoben, es ist positiv der partikularen Erfahrung der Fülle als Genießen ausgesetzt. Diese kann anderen zwanglos angesonnen werden. Sie kann gleichwohl, wie ich meine, nur momenthaft sein. Sobald das Selbst sie versucht, begrifflich und dauerhaft zu verallgemeinern, beginnt es, Setzungen aufzustellen. Problematisch werden Setzungen, sobald sich das Selbst anmaßt, über seine Partikularität hinaus im Namen eines faktisch-fiktiven gesetzesartigen Common Sense zu sprechen, den es zu repräsentieren vorgibt. Nicht alles ist Ästhetik, aber jeder Standpunkt, der bezogen wird – und es müssen Standpunkte bezogen werden (andernfalls Indifferenz oder Zynismus die Folge sind) – droht, sich in einem anderen angemaßten *Wir* zu verlieren. Der peirceschen Kritik an Kants apriorischen Annahmen war weiter oben in ihrer Rückführung auf den kritischen Common Sense zugestimmt worden. Der Sensus Communis wird dort fiktiv, so ließe sich nun hinzufügen, wo er den alltagsweltlichen Bezug zu den partikularen Erfahrungen und Erprobungen des Selbst mit anderen und im Handeln aus dem Blick verliert. Wenn man sich von der Idee eines transzendentalen Subjekts im starken Sinn verabschiedet, heißt das nicht, jede affirmative Erfahrung der Fülle zu negieren. Man zahlt jedoch den Preis, jede Setzung des Selbst unter Vorbehalt zu stellen und sollte daher lieber auch die positive *Ausgesetztheit* in den Vordergrund stellen. Die *moralischen Ferien* des Selbst, von denen James sprach, bleiben partikular und können nur in ihrer Partikularität angesonnen werden. Andernfalls kippt die positiv-ästhetische Zwanglosigkeit des Selbst in eine unberechtigte Affirmation des eigenen Standpunktes um. Damit wird der Möglichkeit von Setzungen nicht der Boden entzogen, jedoch wird der Boden zu einem weniger sicheren Terrain, da die Überzeugungen, die darauf fußen, nicht länger transzendental gedacht werden. Wie in der Einführung argumentiert wurde, scheint die Situation dilemmatisch zu sein: Das Selbst kann nicht anders, als Setzungen aufzustellen und es sollte dies auch tun, da es sich nicht anders verorten kann. Ohne Setzungen wäre keine Wissenschaft, wäre keine Moral denkbar. Ist das Selbst von einem Standpunkt überzeugt, hält es ihn für absolut wahr, da seine Überzeugung – darin liegt auch der Übergang zur Gewohnheit – Teil seines Selbst *ist*. Gleichzeitig befindet sich jedes Selbst in einem Netz an Überzeugungen und Gewohnheiten, dem Common Sense. Wo die Trennlinien zwischen dem Partikularen und dem Nichtpartikularen, zwischen richtigen und falschen Überzeugungen verlaufen, kann aus der jeweiligen Situation heraus nicht exakt und abschließend beantwortet werden, da dem Selbst kein Gottesstandpunkt zur Verfügung steht. Dennoch bleibt einem nichts anderes übrig, als an die eigenen Überzeugungen zu glauben, und wie James argumentiert hat, haben wir auch ein *Recht* dazu, allerdings als partikularer Glauben, dem sich das Selbst aussetzt.

Um auf die Frage der möglichen Anmaßung des Geschmacksurteils zurückzukommen: Sie kann also, auch vor dem Hintergrund der bisherigen Ergebnisse der Arbeit, nie prinzipiell entschieden werden, ebenso wenig wie die Frage danach, inwiefern Geschmack natürlich oder künstlich ist. Doch ficht eine vermeintliche Künstlichkeit von Geschmack aus Sicht des Pragmatismus dessen Erfahrungswert nicht an. Wie in dem Kapitel über das Leib-Körper-Problem gezeigt wurde, ist eine definitive Festlegung des Natürlichen gegenüber dem Künstlichen bzw. Konstruierten aus Sicht des hier vertretenen Pragmatismus nicht möglich, sie reproduziert nur einen fiktiven Dualismus. Darin kommt der Pragmatismus der philosophischen Anthropologie Plessners mit seiner Bestimmung des Menschen in seiner *natürlichen Künstlichkeit* nahe.[482] Soziologische Studien etwa über die gesellschaftliche Genese klassenspezifischen Geschmacks müssen nicht zwangsläufig zu einer Vorstellung von Partikularität im Widerspruch stehen.[483] Denn wenn auch ein partikularer Geschmack gesellschaftlich lokal und historisch kontingent geprägt sein mag – und man ihn deswegen als ‚künstlich' ansehen könnte – so wird dadurch noch nicht die ästhetische Erfahrung des Selbst annulliert. Im Gegenteil: Gerade die subjektive Erfahrung in ihrer Partikularität (inklusive der Gewohnheiten und des Common Sense, die darin ausgeleuchtet werden) ist an dieser Stelle zentral, weil durch sie einen Sensus Communis *hergestellt* werden kann, und nicht *vorausgesetzt* werden muss. Die scheinbar transzendentale subjektive Allgemeinheit oder allgemeine Subjektivität beruht auf den kontingenten Gewohnheiten des Selbst. Aus diesen setzt sich seine Partikularität zusammen, die in der ästhetischen Erfahrung als scheinbar universell erfahren werden. So wie die jeweilige Überzeugung dem Selbst *vorübergehend als absolut wahr erscheint*, auch wenn sie durch den Zweifel wieder relativiert werden kann und soll, so erfährt das Selbst im ästhetischen Genießen eine *vorübergehende scheinbar universelle Übereinstimmung mit einer subjektiven Allgemeinheit* – dem Sensus Communis, welcher rückblickend als kontingenter Common Sense relativiert werden kann und soll. Diese perspektivische Einschränkung umfasst auch den Status der hier entwickelten philosophischen Standpunkte. Aus meiner partikularen Perspektive scheint das Spannungsverhältnis zwischen Zweifel und Überzeugung, zwischen Setzungen und Ausgesetztheit, zwischen Sinnen und Ansinnen quasi-transzendental oder transzendentalanthropologisch: Natürlich muss ich von meinen gegenwärtigen philosophischen Überzeugungen überzeugt sein, darin liegt das Risiko, einen anfechtbaren Standpunkt zu beziehen und sich damit zu exponieren. Doch bin ich ebenso davon überzeugt, dass ich wieder an meinen Standpunkten zweifeln werde.

Zurück zu den Differenzen zwischen Sensus Communis und Common Sense: Insbesondere anhand von Dewey und Shusterman wurde deutlich, dass die ästhetische Erfahrung auch eine leibkörperliche bzw. eine somästhetische ist, welche sich auf Basis der sedimentierten alltäglichen Gewohnheiten eines kontingenten Common Sense bilden.

---

[482] Vgl. Plessner, *Die Stufen des Organischen und der Mensch*, a.a.O., 309–321.
[483] Vgl. Bourdieu: *Die feinen Unterschiede. Kritik der gesellschaftlichen Urteilskraft*, a.a.O.

Hier zeigt sich am deutlichsten die Differenz zwischen pragmatistischer und kantscher Ästhetik, doch liegt hier zugleich das vielversprechende Potenzial einer Verknüpfung beider Ansätze.

Das Potenzial der kantschen Ästhetik liegt darin, die mögliche *Anmaßung* der eigenen Setzung zu reflektieren. Sie kann aber auch umgewendet werden in eine *Rücksichtnahme* anderen gegenüber, wenn die Gefahr der Illusion eines universell gültigen Postulats in Augenschein rückt. Kant selbst beschreibt diese Gefahr in einer weiteren, anderen Akzentuierung des Sensus Communis als eines gemeinschaftlichen Sinnes.

> „Unter dem *sensus communis* aber muss man die Idee eines *gemeinschaftlichen* Sinnes, d.i. eines Beurteilungsvermögens verstehen, welches in seiner Reflexion auf die Vorstellungsart jedes andern in Gedanken (a priori) Rücksicht nimmt, um *gleichsam* an die gesamte Menschenvernunft sein Urteil zu halten, und dadurch der Illusion zu entgehen, die aus subjektiven Privatbedingungen, *welche* leicht für objektiv gehalten werden könnten, auf das Urteil nachteiligen Einfluss haben würde" (A 155).

Der Sensus Communis als *gemeinschaftlicher Sinn* legt in dieser Akzentsetzung sogar eine naturalistischere Lesart von Kant selbst nahe, ist doch mit der Gemeinschaft auch eine wirklich gegebene Gemeinschaft denkbar, auf die sich das Selbst beruft, auch wenn man einräumen muss, dass jede supponierte Gemeinschaft, bei der das Selbst von sich auf andere schließt, einen Aspekt des faktisch-*fiktiven* Common Sense enthält, und d.h. nie rein naturalistisch sein *kann*. (Daran ändern *prinzipiell* auch vermeintlich neutrale sozialwissenschaftliche Feldstudien oder Statistiken nicht etwas – das Problem der Perspektivität bleibt.) Wird mit dem Pragmatismus von einer formal-universalistischen Position Abstand genommen, gibt es keine andere Möglichkeit, als sich auf die je partikulare Gemeinschaft zu berufen, von der das Selbst ausgeht. Es kann dann nur noch von einem *partikularen Sensus Communis* gesprochen werden. Unter diesen Vorzeichen wird die Nähe zum kritischen Common Sense bei Peirce größer.

Zusammenfassend ist zu sagen, dass sich der Status des Sensus Communis bei Kant als uneindeutig erweist. Es ist darin die Möglichkeit angelegt, eine Liaison mit dem pragmatistischen *partikularen* Common Sense einzugehen. Dieser Gedanke findet Unterstützung in neueren Veröffentlichungen, die den Begriff des Sensus Communis kulturtheoretisch fruchtbar zu machen versuchen.

> „*Sensus communis* has been read either as regulative idea for a future orientation of human culture (inspiring the romantic notion of an ‚ästhetische Humanität‘ from Schiller and Schelling up to Nietzsche) or it was conceived as a constitutive element of human nature (related to notions as ‚Common Sense‘ or ‚moral sense‘ within anthropological or psychological studies, dominant in an Anglosaxon tradition). *Communis* was thus either some promised ideal of culture, or some natural habit of man."[484]

Die pragmatistische Lesart, die ich vorschlage, situiert sich zugleich zwischen diesen kontinentalen und angloamerikanischen Strömungen, womit ein weiteres Motiv der Arbeit wiederkehrt: den Pragmatismus als einen Mittelweg zwischen diesen beiden

---

[484] Tom Dommisse, Absence in Common. Towards a Post-modern Notion of Sensus Communis, in: Heinz Kimmerle, Henk Oosterling (eds.): *Sensus communis in Multi- and Intercultural Perspective. On the Possibility of Common Judgments in Arts and Politics*, Würzburg 2000, 141.

dominanten philosophischen Richtungen zu verorten und gerade in diesem Mittelweg seine philosophische Stärke zu sehen.[485] Dem kritischen Common Sense ist so ein ästhetisch gefasster Komplementärbegriff beigesellt. Mit Peirce wurde gezeigt, dass – auch die kantschen – transzendentalen und universellen Prinzipen als Ausdruck eines vagen Common Sense verstanden werden müssen, welcher selbst *nicht* begründet werden kann. Es gibt schon bei Peirce keine Möglichkeit, sich über die Perspektivität der eigenen Setzungen hinwegzusetzen, es sei denn in einer zukünftig erhofften (Forscher-)gemeinschaft. Darin berührt sich Peirce' kritischer Common Sense mit der Idee des regulativen Sensus Communis bei Kant. Das Universelle, auf das wir uns glauben berufen zu können, beruht (ungewollt) auf dem Common Sense.

Während also das kritische Potenzial des Common Sense auf die negative Partikularität verweist, die als Kollision der Gewohnheiten dem Vagen (der immer wieder neu zu befragenden Wirklichkeitsverankerung, selbstverständlich gewordener Paradigmen der Wissenschaft und normativer Maßstäbe) Kontur verleiht, ist im Sinnen bei Peirce, in dem ästhetisch gewendeten Common Sense und der ästhetischen Erfahrung bei Dewey und im existentiellen Recht zu glauben bei James die positive Partikularität des Selbst beschrieben, welche den Boden für die Bereitschaft bildet, neuen Impulsen, neuen Hypothesen, neuen Vokabularen Raum zu geben. In ihnen kommt die Offenheit hin auf das naheliegende Unbekannte zum Tragen, welches das Selbst nur auf der Basis eines angenommenen und angesonnenen Sensus Communis entfalten kann (welcher sich im Handeln selbst wieder als korrekturbedürftig erweisen wird). Das erneuernde Potenzial entspringt dem Selbst durch seine Ausgesetztheit in diesem positiven Sinn. Es kann anderen zwanglos angesonnen werden. Der Begriff des Ansinnens geht über das diskursive Argumentieren hinaus, darin dass das Selbst sich in der partikularen Ausgesetztheit seiner vorbehaltlichen Positionen zeigt. Der Sensus Communis bildet zugleich einen *focus imaginarius*, welcher als Regulativ stets zukünftig bleibt. Das ästhetische Moment ist in diesem unabschließbaren Prozess zentral, da es einen momenthaften Schwebezustand markiert. Dauerhaft droht dieser entweder, in einen verhärteten Common Sense umzuschlagen oder aber in einen Selbstverlust, dann nämlich, wenn das Selbst in der Ausgesetztheit aufgeht und wenn es den Bezug zu anderen verliert.

Zwischen Diagnose und Affirmation: Rortys Ethnozentrismus

Der kritische Common Sense von Peirce argumentiert, dass jede philosophische Position auf unbezweifelbaren Überzeugungen beruht, die nicht willkürlich in Frage gestellt werden können. Philosophische *Prämissen* können *letztlich nicht begründet* werden, es sei denn durch noch grundlegendere Prämissen, was zu einem unendlichen Regress führt. *Prämissen werden postuliert*, und die Wahl der Prämissen hängt von dem jeweiligen (und graduell zu kritisierenden) Common Sense ab, den man teilt. Zugleich postuliert Peirce die Notwendigkeit, die bestehenden unbezweifelbaren Überzeugungen, gewissermaßen die blinden Flecken in der eigenen Perspektive, einer kritischen Selbstreflexion zu unterziehen, womit er sich selbst zwischen der Common Sense Philosophie

---

[485] Für die unterschiedlichen Verflechtungen siehe z.B. Sandbothe (Hg.), *Die Renaissance des Pragmatismus*, a.a.O.

eines Thomas Reid und der kritischen Philosophie in Nachfolge Kants situiert. Wichtig ist indes festzuhalten, dass Peirce eine doppelt kritische Denkhaltung einfordert: Eine Haltung, die sowohl eine Skepsis gegenüber unbezweifelten Gewissheiten ('beliefs') eines Common Sense formuliert, als auch eine Skepsis gegenüber der angenommenen unbeschränkten Fähigkeit zu zweifeln wachhält.

Diese Doppelbewegung findet sich in modifizierter Form bei Rorty wieder, jedoch mit einem stärkeren Akzent auf der spezifischen gesellschaftspolitischen und kulturellen Situation. Über Peirce hinaus verweist Rorty auf den *Ethnozentrismus* von Hintergrund-annahmen, die gesellschaftlich kontingent sind und sich graduell verschieben. Der *ethnozentrische Begriff des Common Sense bei Rorty* ist gegenüber dem *kritischen Common Sense* von Peirce daher partikularer und beweglicher, wenn man die weiter oben formulierten Einschränkungen in Rortys Theorie mitdenkt. Er verändert sich schneller als die sehr basalen Annahmen des Common Sense, von denen Peirce im Anschluss an Reid spricht.[486] Beide Begriffe problematisieren gleichwohl das perspek-tivische Problem, seine eigenen Überzeugungen für absolut wahr zu halten, obwohl sie Spiegel eines kontingentes Kontextes sind, den das Selbst nicht überblickt. Deswegen betont Rorty, er sei *kein Relativist*, da „der Relativismus gar nichts Wahres enthält, während am Ethnozentrismus immerhin etwas wahr ist".[487] Es ist bezeichnend, dass hier ein Begriff mit eindeutig negativen Konnotation gewählt wird: Niemand gibt gerne zu, ethnozentrisch zu sein und damit seine kulturrelativen Überzeugungen als solche zu markieren. Die Beschränkungen und Ausschlüsse des eigenen Denkens werden norma-lerweise ausgeblendet. Die eigenen Überzeugungen und Positionierungen erscheinen dem Selbst, das ist das wiederholt beschriebene Dilemma, (wenigstens vorübergehend) als absolut wahr und richtig. Rorty bringt das Problem auf den Punkt:

> „We would rather die than be ethnocentric, but ethnocentrism is precisely the conviction that one would rather die than share certain beliefs."[488]

Man erkennt darin schnell die gleiche Denkbewegung wie in Peirce' kritischem Com-mon Sense. Gleichwohl ist der Blick von Rorty dynamischer und politischer: Aus seiner Sicht sind Common Sense-Überzeugungen viel spezifischer und betreffen Fragen der kontingenten Prägung des Selbst, der Gesellschaft, der Sprache. Die Durchlässigkeit von deskriptiven und normativen Aussagen, die bereits den Wahrheitsbegriff des klassi-schen Pragmatismus prägt, findet sich hier wieder, denn der Common Sense beinhaltet einen stillschweigend *angenommenen* Konsens darüber, wie der Mensch sein und wie er handeln *soll*. *Der Common Sense einer Gesellschaft benennt damit die vielfach unsicht-bare Grauzone zwischen Ideal und Durchschnitt; die Normativität der Normalität. Darin liegt seine Gefahr und seine Chance.* Ethnozentrismus entspricht in etwa dem faktisch-fiktiven Common Sense. Er enthält selbst normative Implikationen, die in ihrer Alltagsnormalität nicht als solche erkennbar sind. Reflexiver Ethnozentrismus, wie Rorty ihn vertritt, kommt dem kritischen Common Sense nahe.

---

[486] Peirce, Critical Common-sensism, in: Buchler (Hg.), a.a.O., 296.

[487] Rorty, *Solidarität oder Objektivität*, a.a.O., 37, Fn. 13.

[488] Ders., On Ethnocentrism: A reply to Clifford Geertz, in: Ders: *Objectivity, Relativism, and Truth*, a.a.O., 203.

Da Wahrheit auf gesellschaftlichen Einigungsprozessen beruht und deswegen die Modalitäten der Einigungsprozesse selbst, die politischer Natur sind, eine wesentliche Rolle spielen, nehmen moralphilosophische Überlegungen einen zentralen Platz in der Philosophie Rortys ein. So wie die erkenntnistheoretischen Prämissen laut Peirce auf unbezweifelbaren Überzeugungen aufbauen, die nicht weiter begründet werden können, so bauen auch die moralphilosophischen Prämissen laut Rorty auf dem Ethnozentrismus auf, der ihnen zugrunde liegt. Doch kann Rorty nicht mehr, wie noch Peirce, wissenschaftliche Forschung als Ausgang aus dieser Verfangenheit vorschlagen. Sein Vorschlag ist ein anderer: Wenn Philosophie nicht länger mit einem privilegierten Zugang zur Wahrheit versehen wird und Wahrheit immer auch von der jeweiligen Gesellschaft geformt ist, *muss philosophische Reflexion wesentlich Selbstreflexion und Selbstzweifel enthalten. Philosophie wird gewissermaßen personalisiert*: Sie muss sich ihre historisch kontingente Positionierung vor Augen führen, ihre Situiertheit in einem Common Sense, der nur vermittelt greifbar ist. Der Wahrheitsbegriff von Rorty als einer jamesschen ,Art des Guten', die sich aus dem jeweiligen Ethnozentrismus einer Gesellschaft heraus entwickelt, muss einerseits kritisch reflektiert werden, andererseits geht es auch darum, Alternativen, neue ,Vokabulare' zu entwickeln. Diese Neuschaffung von Perspektiven schöpft, wie bereits besprochen, einerseits aus der Partikularität und seinen Begrenzungen, die das Potenzial zu Reibungspunkten und daher zu Kollisionen enthalten. Andererseits jedoch ist mit der Neuschaffung von Perspektiven die Hoffnung verknüpft, dass andere die partikularen Eigenarten (die Rorty unglücklicherweise auf Sprache beschränkt) *teilen* werden. Die *Mitteilbarkeit* der Partikularität aber ist nichts anderes als ein angestrebter *Sensus Communis, der anderen angesonnen wird.* Wie im Kapitel zum graduellen Selbst diskutiert wurde, geht es darum, neue Möglichkeiten des Selbst, die zuvor als verrückt galten, in den Common Sense hineinzutragen und dadurch dessen Maßstäbe selbst zu verschieben.

Die Überzeugungen und Grundhaltungen eines Selbst sind – wie heterogen sie auch sein mögen – nie vollständig ablösbar von der Kultur und Gesellschaft, in der sie sich eingeprägt haben. In diesem Sinn repräsentiert Rortys Ethnozentrismus eine nüchterne Bestandsaufnahme und eine Anerkennung der jeweils perspektivischen Grenzen. Es gibt keinen neutralen Standpunkt, Philosophierende sind ebenso Teil der jeweiligen Gesellschaft, die sie geprägt hat und aus deren Teilnehmerperspektive heraus sie argumentieren. In Rortys Fall ist dies die US-amerikanische Gesellschaft. Sein Konzept von Demokratie und Liberalität (im Sinn der US-amerikanischen Konnotation von ,freiheitlich' und nicht im Sinn von ,neoliberal') schließt sich, wie schon erwähnt, der Definition Judith Shklars an, wonach Liberale die Menschen sind, „die meinen, dass Grausamkeit das Schlimmste ist, was wir tun".[489] Zugleich wird betont, dass diese Grundüberzeugung selbst nicht begründet werden kann. Sie ist Ausdruck des eigenen Ethnozentrismus.[490]

Die Schwierigkeit dieser Haltung liegt darin, dass Rorty Gefahr läuft, aus dem selbstkritischen Eingeständnis der eigenen Perspektivität in eine Affirmation des Bestehenden zu kippen, eine Gefahr, die zu Recht von zahlreichen Kritikern formuliert

---

[489] Ders., *Kontingenz, Ironie und Solidarität*, a.a.O., 14.
[490] Ebd., 319.

worden ist.[491] Er ist darin selbstwidersprüchlich, dass die eingestandene Perspektivität sich in ihrer Affirmation zu universalisieren droht. Diese Gefahr manifestiert sich zum Teil in einer *Reduktion des Ethnozentrismus auf scheinbar universell festgelegte Grundüberzeugungen*: So übertreibt Rorty in seinem Postulat der Grausamkeitsvermeidung, weil darin eine drastische und gewalttätige Haltung anderer Menschen gegenüber zum Ausdruck kommt, die viele Facetten und Zwischentöne ausspart, in denen sich Unrecht manifestieren kann. Subtile und deswegen nicht weniger ernst zu nehmende Formen von Ausschlüssen und Diskriminierungen verblassen angesichts eines so starken Begriffs wie dem der Grausamkeit. Auch und gerade die westlichen Demokratien, die Rorty für gut genug hält, um sich ihren Prinzipen anzuschließen, sind durchzogen von allerorts sichtbaren Ausschlüssen und Diskriminierungen, für die man gar nicht erst die weniger sichtbaren und latenten bemühen muss. Die Reduktion auf eine grobe Richtlinie der Grausamkeitsvermeidung lässt westliche Demokratien – und die US-amerikanische Demokratie insbesondere – in einem besseren Licht erscheinen, als sie es verdient hätten. Bezeichnend sind hier Rortys holzschnittartige Gegenüberstellungen der gegenwärtigen US-amerikanischen Demokratie mit diktatorischen Regimes, mit Krieg und Sklaverei, ohne auf die Verwicklungen und Mitverursachungen seitens der USA einzugehen. Durch diese rhetorischen Kontrastmittel wird jedoch die Selbstreflexion eher getrübt als geschärft.[492] Davon abgesehen unterschlägt Rorty die globalen Abhängigkeiten von reichen westlichen Staaten und der sogenannten Dritten Welt. Aus der Perspektive dieser ökonomischen Verschränkungen ist ein postulierter Ethnozentrismus, der westliche liberale Demokratien als bestes Handlungsmodell vorschlägt, schlichtweg falsch und anmaßend und tut nichts anderes, als einen faktisch-fiktiven Common Sense in seiner Methode der Autorität zu befestigen. Rortys Philosophie gerät nicht nur in ein Fahrwasser naiver Verharmlosung, sondern macht sich darüber hinaus einer gefährlichen paternalistischen Haltung verdächtig. Ethnozentrismus kann nur als negativ-selbstkritische Kategorie und als nüchterne Bestandsaufnahme sinnvoll eingeführt werden, nicht jedoch als affirmative Setzung. Gleichwohl, und darin scheint auch das Problem rortyscher Ambivalenz zu liegen, benötigt Handlungsfähigkeit immer eine *positive Partikularität*. Der einzige Weg, dies theoretisch nicht zu unterschlagen, ohne in affirmative Verfestigungen zu kippen, liegt, wie ich meine, in einer ästhetischen Eindämmung des jeweils partikularen Standpunktes, der – wie schon gesagt – immer wieder vorübergehend, also nur momenthaft, affirmiert werden können muss.

Zuzustimmen ist Rorty hingegen darin, auf die Begrenzungen der eigenen Perspektivität hinzuweisen und aus dieser Selbstreflexion heraus zu einer Selbstkritik zu gelangen. Der Pragmatismus von Rorty kann dann gelesen werden als eine *Philosophie der ‚Täterschaft'*, als eine Philosophie, die sich ihrer eigenen elitären gesellschaftlichen Machtposition bewusst ist. Von einer solchen Position aus ist es überzeugend zu sagen:

---

[491] Vgl. etwa Urs Marti, Die Fallen des Paternalismus in: Deutsche Zeitschrift für Philosophie 44 (1996) 2, und Bernstein, *The New Constellation. The Ethical-Political Horizons of Modernity/Postmodernity*, Cambridge 1991, 243f.

[492] Vgl. dazu auch Rortys umstrittenes Buch: *Stolz auf unser Land. Die amerikanische Linke und der Patriotismus*, Frankfurt/M. 1999., 27. „Andere Nationen sahen sich als Lobgesang zur Ehre Gottes. Wir definieren Gott um als unser künftiges Selbst."

„*Wir* müssen da anfangen, wo *wir* sind", ohne jedoch – wie man hinzufügen muss – dort stehen zu bleiben.[493] Doch der Begriff des Ethnozentrismus bleibt in diesem Zusammenhang missverständlich und führt auf die falsche Fährte. Er benennt ein *idiosynkratisches Wir*, welches eine artifizielle Grenze zwischen Wir und anderen zieht. Auf der Ebene des Wir multipliziert sich so das Problem des eigenmächtigen idiosynkratischen Selbst, welches bereits diskutiert worden ist. Es multipliziert sich in Rortys mutwilligen Gegenüberstellungen von ‚westlichen liberalen Demokratien' und den anderen, als ließe sich diese Trennung sauber aufrechterhalten und als gäbe es nicht schon innerhalb der – untereinander höchst divergenten – ‚liberalen Demokratien' Differenzierungsbedarf hinsichtlich der Frage, wie demokratisch es eigentlich zugeht. „Es gibt noch viel zu tun, aber der Westen ist grundsätzlich auf dem richtigen Weg. Ich glaube nicht, dass er von anderen Kulturen etwas zu lernen hat. Unser Ziel sollte es vielmehr sein, den Planeten zu verwestlichen."[494] Diese expansionistischen indiskutablen Tendenzen sind zu Recht von vielen kritisiert worden. Rortys Perspektivierung im Ethnozentrismus ist nur als *kritischer Ethnozentrismus* sinnvoll.

Die Ergebnisse gesellschaftlicher Einigungsprozesse fließen in die von Rorty so bezeichneten öffentlichen Vokabulare ein. Sie fließen, so meine ich, in den Common Sense ein, der selbstverständlich wird und an dem die Mitglieder einer Gesellschaft sich als einer Art fiktivem gemeinsamen Nenner orientieren. Die Annahmen, die sich im öffentlichen Vokabular ablagern, bilden den Hintergrund für gesellschaftliche Entscheidungen, sie manifestieren sich beispielsweise in der Rechtssprechung und im selbstverständlichen alltäglichen Umgang. Ob gut oder schlecht, jedes Selbst fußt zunächst auf dieser nicht zuletzt institutionellen ‚ethnozentrischen' Grundlage, die als relativ homogen und unerschütterlich beschrieben wird. Dieser Begriff von Öffentlichkeit ist jedoch zu eingeschränkt. Was fehlt, ist eine Berücksichtigung der *im* Common Sense bereits vorliegenden Dynamik und Heterogenität, der Möglichkeit, diesen weiterzuentwickeln.

Doch trifft Rorty in seiner Diagnose einen weiteren problematischen Punkt: Wenn auch in moralphilosophischer Hinsicht keine überzeitlichen Kriterien veranschlagt werden können, gleichzeitig jedoch ein möglichst vielen zugute kommender Umgang innerhalb der Gesellschaft gefunden werden muss, haben wir, so Rorty, keine andere Wahl, als von den bereits bekannten, uns am besten erscheinenden moralischen Grundüberzeugungen (und die Frage ist dann, wer zu diesem Wir gehört!) *auszugehen*, die zur Verfügung stehen. Konsequenterweise geht Rorty von den öffentlichen Vokabularen aus, die ihn geprägt haben: Den moralischen Prinzipien ‚westlicher Demokratien' des zwanzigsten Jahrhunderts. Die öffentlichen Vokabulare sind damit kontingenter Maßstab für gegenwärtige und künftige Einigungsprozesse darüber, was innerhalb einer Gesellschaft für wahr und für gut befunden wird. Es ist aber – contra Rorty – wichtig festzuhalten, dass dieser deskriptiv/normative Common Sense heterogen ist, weil er durch die Vielzahl partikularer Positionen zustande kommt, die sich darin versammeln. So gehen im Alltäglichen, im Politischen wie im Philosophischen die Überzeugungen darüber auseinander, wie dieser öffentliche Diskurs auszusehen hätte und auf welchen Grundlagen er *eigentlich* basiert. *Der Begriff des Ethnozentrismus ist genaugenommen vage*, Rorty dagegen homo-

---

[493] Rorty, *Kontingenz, Ironie und Solidarität*, a.a.O., 319.
[494] Ders., Interview in der *Süddeutschen Zeitung*, 20.1.01, 15.

genisiert diesen zu einer fiktiven kollektiven Scheinposition, welche sich gegen andere
kollektive Positionen abgrenzt. Der ‚Ethnos' „umfasst diejenigen, mit deren Meinungen
man genügend übereinstimmt, um ein fruchtbares Gespräch zu führen. In diesem Sinn
verhält sich jeder ethnozentrisch, sobald er sich auf eine wirkliche Auseinandersetzung
einlässt."[495] *Ethnozentrismus als eingeengter Blickwinkel darf nur als negativer Verweis
auf die eigene Perspektivität stark gemacht werden.* Dann kann er als nützliche Warnung
dienen, die eigene Perspektivität nicht unvorsichtig zu universalisieren und ist auch auf
die Philosophie kritisch anwendbar. Darin kommt Rorty Peirce nahe.

> „Es ist ja nicht so, als ob es den Philosophen gelungen wäre, neutralen Boden unter die Füße
> zu bekommen. Es würde ihnen besser anstehen zuzugeben, dass es die *eine* Möglichkeit, sol-
> che Schranken zu öffnen, die einzig passende Stelle, auf die man zurücktreten kann, nicht
> gibt."[496]

Da jede philosophische Perspektive situiert ist und die eigene Situiertheit nicht vollständig
eingeholt werden kann, muss Philosophie – das ist eine weitere Konsequenz Rortys – in
ihrem gesellschaftspolitischen *Wirkungsradius eingeschränkt*, dafür aber in ihrer *Selbstre-
flexivität ausgebaut* werden. Damit lässt sich indessen die postulierte Trennung des
öffentlichen und privaten Raumes schon nicht mehr aufrechterhalten, denn die Selbstreflexion von Philosophie, die Rorty dem privaten Raum als Selbsterschaffung zuordnen
möchte, rekurriert immer auf einen unausgewiesenen Common Sense, auf dem sie fußt.
Rorty nimmt an, dass die Wirkung von Philosophie oftmals überbewertet wird. Sie wird in
ihrer Wirkung überbewertet, wenn man glaubt, die abstrakten Prinzipien etwa einer
Moralphilosophie könnten tatsächlich in einer Gesellschaft auch nur annähernd ihre
Ansprüche verwirklichen. Sie werde dagegen – gewissermaßen in ihren Nebenwirkungen
– unterschätzt, wenn sie die Haltung einer *Suche nach Gewissheit* und damit die Setzbar-
keit abstrakter Prinzipen hochhält, die in ihrer Begrenztheit nicht überblickt und dennoch
auf eine Öffentlichkeit übertragen wird. Es sei ein Irrtum zu glauben,

> „demokratische Politik sei dem Urteil eines philosophischen Tribunals unterworfen – so als ob
> Philosophen Kenntnis von etwas hätten (oder sich wenigstens nach Kräften darum bemühen soll-
> ten), das von weniger zweifelhaftem Wert wäre als die demokratischen Freiheiten, und die relati-
> ve soziale Gleichheit, deren sich in letzter Zeit einige reiche glückliche Gesellschaften erfreu-
> en."[497]

Aus dieser Perspektive kann es also keine Möglichkeit eines universalistischen Standpunktes in Bezug auf eine Definition von Selbst oder Rationalität geben, die als Fundament für eine Moralphilosophie und die Förderung des öffentlichen Gemeinwesens
einsetzbar wäre. Rorty spricht eine Warnung aus gegenüber übertriebenen Hoffnungen
auf moralisches, politisches, gar revolutionäres Potenzial in der Philosophie. Diese Art
von *Selbstüberschätzung* ist es, die Philosophie als eine Form der Überschreitung des
partikularen Standpunkt des Selbst in seinen Augen anmaßend macht. Eine solche
Warnung ist jedoch nur berechtigt, sofern sie nicht selbst übertreibt und auf künstlichen
Separationen beruht.

---

[495] Ders., *Solidarität oder Objektivität*, a.a.O., 27.
[496] Ders., *Kontingenz, Ironie und Solidarität*, a.a.O., 95.
[497] Ebd., 318.

Doch betrachtet auch Rorty wie bereits James den Common Sense in historischer Aufblendung als Sediment von Metaphern, die sich einst aus den Idiosynkrasien von Einzelnen entwickelten, die

> „zufällig treffende Worte für ihre Fantasievorstellungen fanden, Metaphern, die zufällig den undeutlich empfundenen Bedürfnissen der übrigen Gesellschaft entsprachen".[498]

Was aber sind diese undeutlich empfundenen Bedürfnisse der übrigen Gesellschaft? Ergibt sich hier nicht eine Verwandtschaft mit der „unbestimmte[n] Norm eines Gemeinsinns" bei Kant (A 67)? Weiter oben war die Ambivalenz zwischen Anmaßung/Zumutung und Rücksichtnahme in Kants Positionierung des Sensus Communis zu Sprache gekommen. Diese Ambivalenz findet sich auch bei Rorty, der ebenso wie Kant die Gefahr der Illusion sieht, eine private Fantasie für allgemeingültig zu erklären. Da Rorty nicht mehr, wie noch Kant, auf ein universalistisches System rekurriert, zieht er, gewissermaßen als Gefahrenprophylaxe, die Konsequenz, Sphären voneinander abzugrenzen. Philosophie hat für Rorty im Privaten eine Berechtigung dazu, neue Begriffsanordnungen zu entwickeln und neue Vokabulare zu erfinden, sie sollte sich jedoch nicht anmaßen, diese der Öffentlichkeit zuzumuten. „In Rorty's opinion unrestricted freedom is only tolerable as a private fantasy."[499] Nun wurde bereits gezeigt, dass Rorty in seiner Aufteilung zuweilen übertreibt und diese Übertreibung durch eine stärkere Berücksichtigung des Common Sense aufgefangen werden kann. Doch scheint bei Rorty an dieser Stelle selbst der Begriff eines veränderbaren *partikularen Sensus Communis* auf. Vokabulare, „die zufällig den undeutlich empfundenen Bedürfnissen der übrigen Gesellschaft"[500] entsprechen, bilden nichts anderes als einen kontingenten partikularen Sensus Communis, der aus den privaten Fantasien in die öffentlichen Vokabulare eingeht und dort zum Bestandteil des Common Sense wird. Rorty beschreibt nicht näher, wie dieser Prozess zu denken sei, wichtig ist aber, dass das Neue *von* der Gemeinschaft *zwanglos* aufgenommen wird.

Auch bei Rorty wird so erkennbar, dass Selbstreflexion sich gar nicht auf den privaten Bereich beschränken kann, weil die Selbstdarstellung der Philosophie immer auch gesellschaftlich vermittelt ist, weil es in der Philosophie „nicht mehr auf die Definitionsweise von Wörtern wie ‚Wahrheit‘, ‚Rationalität‘, ‚Erkenntnis‘ oder ‚Philosophie‘ [ankommt], sondern [darauf], wie die Selbstdarstellung unserer Gesellschaft aussehen sollte".[501] Damit ist ein weiterer wichtiger Punkt angesprochen: Wenn die strikte Trennung in deskriptive und normative Aussagen verabschiedet werden soll, dann kann nicht länger an einem öffentlichen Vokabular festgehalten werden, welches schlichtweg konstatiert wird. Wenn es darum geht, wie unsere Selbstdarstellung aussehen *sollte*, muss der Ausgangspunkt kritischer Selbstreflexion die Sichtbarmachung der partikularen kontingenten Annahmen sein, die einen spezifischen Common Sense konstituieren. Rortys Philosophie ist am überzeugendsten, wenn er seine eigene begrenzte, kontingen-

---

[498] Ebd., 110.
[499] Sybrandt van Keulen, The Poetic Community: Kant after Rorty, in: Kimmerle, Oosterling (Hg.): *Sensus communis in Multi- and Intercultural Perspective*, a.a.O.
[500] Rorty, *Kontingenz, Ironie und Solidarität*, a.a.O., 110.
[501] Ebd., 24.

te Perspektive im Blick auf die Philosophie mitdenkt. Sie ist dort konsequent, wo die Begrenzung des jeweiligen partikularen Standpunktes benannt wird. Zugleich soll mit der *Privatisierung und Ästhetisierung* von Philosophie *ein Freiraum für das Selbst* erhalten bleiben. Zuzustimmen ist dem, wenn man Ästhetisierung als *vorübergehende Affirmation der eigenen Partikularität* versteht, durch die eine Bereitschaft für das naheliegende Unbekannte eröffnet wird.

Wenn Philosophie radikal kontingent gedacht wird, d.h. als Ausdruck und Reflexion der spezifischen historischen, gesellschaftlichen, politischen Situation der jeweils Philosophierenden, wird das Gewicht von Philosophie einerseits kleiner, andererseits größer. Es wird kleiner, wenn die spekulativen Höhenflüge als solche gekennzeichnet werden, nämlich als Spekulationen privater Einbildungskraft. Es wird größer, wenn Philosophie ihrer vermeintlichen Neutralität entkleidet als Teil der Gesellschaft und damit des jeweiligen Common Sense angesehen wird. Der Pragmatismus, den Rorty verficht, ist dann interpretierbar als Rechenschaftsbericht über seinen eigenen Ausgangspunkt, als „einsame[r] Provinzialismus, dieses Zugeständnis, dass wir nicht die Repräsentanten von etwas Ahistorischem sind, sondern dass wir selbst ebendieser historische Augenblick sind".[502]

Common Sense, Solidarität, Sensus Communis

Philosophie kann laut Rorty aus partikularer Sicht nicht länger auf Objektivität, sondern soll auf Solidarität gründen. Solidarität beschreibt Rorty als Begriff, der zwischen dem Deskriptiven und dem Normativen anzusiedeln ist. Deskriptiv baut sie auf dem Wir einer jeweiligen Gemeinschaft auf, aus der heraus sich tatsächliche moralische Motivationen speisen. Diese basieren *zwangsläufig* auf dem Common Sense (den Rorty auf den Ethnozentrismus reduziert) innerhalb einer Gesellschaft. Die Begrenztheit der eigenen moralischen Überzeugungen muss daher, so Rorty, durch eine zunehmende Sensibilisierung des Selbst auf andere ausgeweitet werden. Doch ist es kennzeichnend, dass Rorty von einer *Ausweitung* der bestehenden ‚Wir-Intentionen' spricht.[503] Denn das Selbst sensibilisiert sich nicht durch abstrakte moralphilosophische Prinzipien, sondern durch konkrete Situationen (Rorty bevorzugt die Lektüre von Literatur), die Selbstzweifel hervorrufen. Zum anderen kann es alternative Szenarien (in Rortys Worten: Vokabulare) entwickeln, die neue sensibilisierende Impulse in sich tragen. Diese Alternativen orientieren sich an *foci imaginarii* der Einbildungskraft. Doch warum muss Sensibilisierung zu einer *Ausweitung* der eigenen Perspektive führen? Denkbar ist doch auch, dass Perspektiven umgestoßen oder korrigiert werden und die Richtung ändern.

Die Zwietracht des Selbst, die ich an Rortys Ansatz kritisiert habe, kehrt hier auf der Ebene des Wir wieder: Die Zwietracht des Wir bei Rorty besteht, wie in seinem Begriff des Selbst, zwischen potenzieller Grausamkeit und Demütigung einerseits und Affirmation und Wunsch nach Expansion andererseits. Diesem Problem liegt seine Tendenz zur Homogenisierung von Begriffen zugrunde, welche zu starren Dualismen führt: zwischen Privatheit und Öffentlichkeit, zwischen Selbsterschaffung und Sensibilisierung, zwischen Demokratie und Philosophie, zwischen Solidarität und Objektivität. Als

---

[502] Ebd., 27.
[503] Ebd., 306.

funktionelle Unterscheidungen werden dadurch Problematiken sichtbar, als substantielle Oppositionen jedoch unterschlagen sie die bestehende Heterogenität und ihre fließenden Übergänge. Dabei kann die Opposition zwischen Selbsterschaffung und Verantwortung für andere schon bei Rorty selbst nicht aufrechterhalten werden, weil die Sensibilisierung durch *foci imaginarii* der Einbildungskraft ermöglicht werden. *Das, was bei Kant Einbildungskraft und bei Rorty Fantasie heißt, war in dieser Arbeit als Ausschwärmen in das naheliegende Unbekannte umschrieben worden, welches auf dem Sinnen fußt.* Es handelt sich also weder um eine transzendentale Kraft noch um einen naturalistisch reduzierbaren Impuls im Sinn eines Triebes, sondern wurde bei Dewey und Shusterman aus der somästhetischen Erfahrung einer Kohärenz des Selbst hergeleitet, welche auf einer momenthaften Affirmation der partikularen Gewohnheiten und des Common Sense basieren. Die Bestimmung dieses kreativen Moments bleibt selbst dem Spannungsverhältnis zwischen Common Sense und Sensus Communis verhaftet, indem es bei den alltäglichen Gewohnheiten des Selbst ansetzt und diese gleichwohl partikular überhöht. Was heißt das in Bezug auf den Begriff der Solidarität? Wenn Rorty sagt, Philosophie müsse auf Solidarität gründen, so beinhaltet diese nicht nur das Wir eines faktisch-fiktiven Common Sense, sondern auch ein zukünftiges, imaginiertes Wir, welches über die reine Faktizität hinausgeht und auf Basis der Partikularität des Selbst ersonnen wird. Darin zeigt sich der *Sensus Communis*, der anderen angesonnen wird. Das angesonnene Subjektiv-Allgemeine bindet das Selbst in seiner Partikularität an die oder den imaginierten Andere/n. Die Verbundenheit mit anderen besteht jedoch nicht durch eine allen gemeinsame Vernunft, sondern durch die Ausgesetztheit des Selbst. Mit der Ausgesetztheit gehe ich über Rortys Begriff der Fähigkeit, gedemütigt zu werden, hinaus, den ich oben als zu reduziert kritisiert hatte. Die Ausgesetztheit des Selbst zeigt allgemeiner seine Empfänglichkeit an, die sich in der positiven wie in der negativen Partikularität manifestiert. Sie enthält ein passives somatisches Moment, welches sich der vermeintlichen Eigenmächtigkeit des Selbst entzieht. *Solidarität hängt mit der positiven Ausgesetztheit des Selbst zusammen: Sie zeigt sich in einem vorübergehend affirmierten partikularen Common Sense, in dem das Selbst eine (imaginäre) Verbundenheit mit anderen erfährt. Hier geht der Common Sense in den Sensus Communis über.* Es ist wichtig, diesen Begriff auf das Ästhetisch-Partikulare zu begrenzen, andernfalls die Grenze zu Modellen eines völkisch-affektiven *Wir* nicht mehr aufrechtzuerhalten ist. Schließlich kehrt auch hier das Motiv von ‚doubt' und ‚belief' wieder: Solidarität bewegt sich zwischen den Selbstzweifeln und dem Glauben an ein partikulares Wir.

Eine radikal nachmetaphysische Philosophie, wie Rorty sie vertrat, kann keine universalistische Moralphilosophie begründen. Konsequent partikularistisch gedacht, fragt Rorty nicht nach den allgemeinen Maßstäben von Moralität, sondern nach den *vorfindlichen moralischen Motivationen* innerhalb einer Gesellschaft. Moralische Motivationen bilden sich aus den konkreten Erfahrungen des situierten Selbst mit anderen und bauen auf den erfahrenen moralischen Empfindungen auf, wohingegen universalistische Ethik auf den (vermeintlich) autonomen Prinzipien der Vernunft aufbaut. Der Geltungsanspruch universalistischer Ethik ist deswegen nicht falsch, sondern in Rortys Augen unrealistisch. Allgemeinbegriffe wie ‚der Mensch als Selbstzweck', ‚wir haben moralische Verpflichtungen gegenüber Menschen als solchen' gewinnen für Rorty ihren Sinn daraus, dass sie *foci imaginarii* sind. Von vorneherein die gesamte Menschheit in den Blick zu nehmen, sei indessen fiktiv.

> „Ich möchte einen Unterschied machen zwischen der Solidarität als Identifikation mit der ‚Menschheit als solcher' und der *Solidarität, die als Selbstzweifel während der letzten Jahrhunderte allmählich den Bewohnern demokratischer Staaten eingeimpft wurde* – als Zweifel an der eigenen Sensibilität für die Schmerzen und Demütigungen anderer, Zweifel daran, dass gegenwärtige institutionalisierte Arrangements angemessen mit diesen Schmerzen und Demütigungen umgehen können, auch als Neugier auf mögliche Alternativen."[504]

Aber trotzdem „müssen wir erkennen, dass ein *focus imaginarius* um nichts weniger gilt, wenn er nur eine Erfindung ist, nicht (wie Kant sich das vorstellte) eine natürliche Vorstellung des menschlichen Geistes ist".[505] Doch wenn Rorty auch transzendentale Prämissen verabschiedet, so ist seine Philosophie – wie der Pragmatismus insgesamt – der von Kant darin nicht unähnlich, dass es ein ethisches Primat gibt. Gleichwohl baut sie nicht auf einer überhistorischen Vernunft auf, sondern auf Solidarität. Diese gründet auf dem „Gefühl einer gemeinsamen Gefahr, nicht auf einen gemeinsamen Besitz oder einer Macht, an der alle teilhätten".[506] Diese Auffassung basiert auf seinem – kontingenten – Menschenbild, demzufolge allen Menschen nicht eine überhistorische Vernunft gemeinsam ist, sondern die Fähigkeit, gedemütigt zu werden. Die Definition von Grausamkeit scheint in diesem Kontext folgende zu sein: Grausamkeit heißt, der oder dem Anderen mutwillig seine Endlichkeit und die Grenzen seiner Macht schmerzhaft spüren zu lassen. Demütigung bedeutet dann die unfreiwillige Bestätigung dieser Machtlosigkeit gegenüber anderen, da die eigene Endlichkeit keine Spielräume mehr zulässt. Grausamkeit ist die Zuspitzung der anmaßender Setzungen gegenüber anderen, Demütigung ist die Zuspitzung negativer leibkörperlicher Ausgesetztheit. Die hier beschriebene Basis von Moralphilosophie ist also eine negative: Ausgangspunkt ist die Gefahr, zu demütigen und gedemütigt zu werden. Die Basis besteht damit im Risiko und nicht in einer Sicherheit. Um moralisch zu handeln, bedarf es der *Sensibilität, diese Gefahr rechtzeitig zu erkennen.* Schon Peirce hatte in seinen Analysen zur *Festlegung einer Überzeugung* auf die zentrale Funktion des Zweifels hingewiesen, der dem Selbst aus einer „sozialen Sensibilität" erwächst. So setzt sich diese pragmatistische Linie bis zu Rorty fort, bei dem der soziale Impuls als Basis des Selbstzweifels in dem Begriff der Solidarität weitergeführt wird.

Doch auch hier kehrt das beschriebene Problem wieder: Handlungsspielräume werden nicht durch negative Abgrenzungen vergrößert, Solidarität kann nicht nur auf einer negativen Bestimmung basieren, und das tut sie bei Rorty auch nicht. Das „Gefühl einer gemeinsamen Gefahr" wird gefährlich und tödlich, wenn es die Gemeinschaft auf Kosten einer nach außen projizierten Gefahr zusammenschmiedet. Die ‚positive Solidarität' wird dann menschenverachtend. Oder es muss eine positive Basis *innerhalb* des Common Sense geschaffen werden, Solidarität ist dann kein

---

[504] Ebd., 320, Hervorheb. von H. S.
[505] Ebd., 316.
[506] Ebd., 156.

Faktum, sondern ein anzustrebendes Ziel, welches nicht durch Untersuchung, sondern durch Einbildungskraft erreichbar ist. „Solidarität wird nicht entdeckt, sondern geschaffen."[507] *Die Verbindung zwischen den Mitgliedern einer Gemeinschaft kann dann nur partikular, und muss eingestandenermaßen partikular und offen sein.* Deswegen kann man „unser Gemeinschaftsgefühl als lediglich durch gemeinsame Hoffnungen und das durch solche Gemeinsamkeit hervorgerufene Vertrauen fundiert betrachten".[508] Solidarität stiftet also ein Gemeinschaftsgefühl durch gemeinsame Hoffnungen, nicht durch eine positiv bestimmte Identität von Nation, Ethie o.ä., die sich von anderen gewalttätig abgrenzt. Wie oben angedeutet wurde, kann man jedoch mit Dewey den öffentlichen Untersuchungsprozess in seinem Spannungsverhältnis mit dem Privaten und Gemeinschaftlichen weit differenzierter beschreiben, als dies bei Rorty getan wird. Der Verdienst Deweys besteht darin, die Logik der Forschung über die Wissenschaft hinaus auf das Soziale ausgedehnt zu haben, welches in seiner selbstverständlichen Verankerung im Common Sense kritisch reflektiert wird und sich so in einem Kreislauf zwischen problematisierter Öffentlichkeit und Privatheit durch ein Wechselspiel von Laien- und Expertenkultur beständig weiterentwickelt. Gleichwohl: Rortys Insistieren auf dem ästhetischen Moment, durch welches das Neue entstehen kann, sein Anmahnen der Gefahr eines eigenmächtigen Selbst bleibt zentral. Man darf nur nicht dabei stehen bleiben.

Partikularer Sensus Communis

Doch findet sich bei Rorty ein weiterer interessanter Vorschlag zur Sensibilisierung für die potenzielle Grausamkeit des Wir, welches z.B. die anderen als Gefahr projiziert. Die von Rorty angesonnene Sensibilisierung richtet sich hier auf die Anmaßungen, Zumutungen und Grausamkeiten der eigenen selbstverständlichen Positionierungen. Sensibilisierung heißt nicht nur, auf das Leiden anderer empfindlicher zu reagieren und zu handeln, sondern auch, die potenzielle Täterschaft des Selbst genauer in den Blick zu nehmen. Der faktisch-fiktive Common Sense eines idiosynkratischen Wir droht durch die Selbstverständlichkeit seiner ethnozentrischen Überzeugungen unempfindlich zu werden. Neue Vokabulare und Perspektiven können helfen, Grausamkeit nicht nur von außen, sondern auch *von innen* zu sehen. Am Beispiel von Nabokov sagt Rorty, dieser schreibe als

> „Eingeweihter über Grausamkeit und half uns sehen, auf welche Weise das private Streben nach ästhetischem Hochgefühl Grausamkeit hervorbringt. [...] Er hilft uns, Grausamkeit von innen zu sehen, und trägt dadurch dazu bei, den dunkel erahnten Zusammenhang von Kunst und Folter zu artikulieren."[509]

Die egoistische Perspektivverengung auf das idiosynkratische Streben nach Autonomie droht grausam zu werden, wenn die ästhetische Selbsterschaffung wichtiger wird als die Solidarität. Diese Gefahr lässt sich allerdings nicht nur der Philosophie oder der Kunst attestieren, sondern v.a. dem faktisch-fiktiven Common Sense – dem Ethnozentrismus –

---

[507] Ebd., 16.
[508] Ebd., 31f.
[509] Ebd., 237.

einer Gesellschaft, welche ihre privilegierte Stellung anderen Gesellschaften gegenüber vergisst. Die kritische Selbstreflexion auf den eigenen Ethnozentrismus kann aus seiner eigenmächtigen Idiosynkrasie in eine solidarische Partikularität transformiert werden, wenn die Begrenztheit der eigenen Setzungen sichtbar wird. Partikularität wendet sich von der Anmaßung zur Rücksichtnahme, wenn sie anerkennt, dass sie *partiell* ist. Das scheint auch das Ideal für Rortys eigenes Schreiben zu sein:

> „Orwell war bewußt provinziell und schrieb über eine bestimmte Art von Menschen, die er kannte und ihre moralische Situation; ich tue dasselbe mit diesem Buch."[510]

Indem der universelle Geltungsanspruch von Philosophie als Anmaßung anderen gegenüber sichtbar gemacht wird und Philosophie (wie Literatur) Zeugnis ablegt von einer partikularen Sicht der Welt, verändert sich ihr Argumentieren. Eher geht es darum, die Details und Besonderheiten der eigenen partikularen Perspektive sichtbar und verstehbar zu machen, als sich zu weit von dem eigenen Ausgangspunkt mit unberechtigten Verallgemeinerungen zu entfernen. Dennoch liegt dem Streben nach zunehmender Sensibilisierung eine potenzielle Universalisierung als *focus imaginarius* zugrunde, die beständig weiterentwickelt werden muss, der Ausgangspunkt bleibt aber partikular: der der Eingeweihten in die Begrenzungen und Gefahren des idiosynkratischen faktisch-fiktiven Common Sense. „Das Gefühl einer gemeinsamen Gefahr" wird dann konsequent in Selbstanwendung gebracht.

Während Sensibilisierung durch Einsicht in die eigene potenzielle Täterschaft eher einen negativ-kritischen Weg anzeigt, signalisiert Rorty auch einen positiven Weg über die sogenannten ‚Wir-Intentionen': Einerseits müssen wir unsere eigenmächtige Positionierung in den Blick rücken, andererseits haben wir keine andere Wahl, als von den moralischen Motivationen auszugehen, die wir besitzen, denn wenn sämtliche Grundannahmen in Frage gestellt werden, würden wir uns unserer eigenen Handlungsfähigkeit berauben. „This collapse of moral self-confidence [...] provokes a reaction in the direction of anti-anti-ethnocentrism."[511] Diese Haltung ist dauerhaft ebenso wenig aufrechtzuerhalten wie ein dauerhafter Zustand des Zweifels. Solidarität drückt sich daher in den jeweiligen moralischen ‚Wir-Intention' aus, die das Selbst ausgebildet hat.[512] Im Vordergrund steht dabei, Ähnlichkeiten mit konkreten anderen zu entdecken, sich einfühlsam mit anderen zu identifizieren. Rorty glaubt nicht, dass dabei ein universelles Wir dienlich ist, welches auf alle Menschen ausgedehnt wird – weil es schlichtweg die Vorstellungskraft des Einzelnen überstiege. Vielmehr geht das Selbst vermutlich von einem bestehenden partikularen Wir aus, welches dann zunehmend vergrößert werden kann. Entscheidend ist die Motivation für moralisches Handeln, nicht durch allgemeine Prinzipien, sondern durch die detailreiche Kenntnis von Situationen, die dem Individuum nahe gehen, weil sie ihm vertraut sind. Das gemeinschaftliche Gefühl, von dem Rorty hier spricht, befindet sich damit *zwischen* Common Sense und Sensus Communis. Es kann als *partikularer Sensus Communis* verstanden werden, weil es anderen *zwanglos angesonnen* werden kann. Wichtig ist, dass Rorty ein *moralisches*

---

[510] Ebd., 275.
[511] Ders., *On Ethnocentrism*, a.a.O., 203.
[512] Ders., *Kontingenz, Ironie und Solidarität*, a.a.O., 307f.

Gefühl beschreibt und nicht ein moralisch-diskursives Prinzip. Die ‚Wir-Intentionen‘ bewegen sich damit im nichtsprachlichen Bereich der Empfindung und darüber besteht eine Brücke zu der oben beschriebenen ästhetischen Sensibilisierung. Es kommt dem Sensus Communis nahe, weil ein partikular begrenztes und kein universelles Wir gemeint ist. Ich möchte an dieser Stelle nochmals betonen, dass das ästhetische Ansinnen nicht den Interaktionsprozess zwischen Selbsten erschöpfend beschreibt. Über das Ansinnen hinaus ist die diskursive Kommunikation unerlässlich, und in dieser Hinsicht ist an das Kommunikationsmodell von Dewey anzuknüpfen, wie es in seinem Werk *Die Öffentlichkeit und ihre Probleme* beschrieben wird.[513] Hier wird gleichwohl der ästhetische Aspekt des Problems ausgeleuchtet, nämlich die Frage nach der kreativen Erweiterung von Handlungsspielräumen.

Damit bildet Solidarität also eine Schnittstelle. Sie befindet sich zwischen Öffentlichkeit und Privatheit, zwischen traditionellen/konventionellen (ethnozentrischen) Moralregeln und selbstkritischer Sensibilisierung. Die Einbildungskraft im Zusammenhang mit der Solidarität zielt auf die erhoffte zukünftige Gemeinschaft. Damit stellt sie einen partikularen Sensus Communis dar. Doch liegt eine Schwierigkeit in dem unbestimmten Status der Solidarität, der sich zwischen *ist* und *soll* bewegt. Jedes Selbst bewegt sich innerhalb vieler Common Senses, denen es sich zumindest in Aspekten zugehörig fühlt, und das jeweilige Wir, die Identifikation, ist die Basis für Solidarität. Solidarität ist zugleich ein utopischer Terminus, wie er sich im Sensus Communis andeutet. Sie

> „ist nicht durch Untersuchung, sondern durch Einbildungskraft erreichbar, durch die Fähigkeit, fremde Menschen als Leidensgenossen zu sehen. [...] Sie wird dadurch geschaffen, dass wir unsere Sensibilität für die besonderen Einzelheiten des Schmerzes und der Demütigung anderer [...] Menschen steigern. Diese gesteigerte Sensibilität macht es schwieriger, Menschen, die von uns verschieden sind, an den Rand unseres Bewußtseins zu drängen.“[514]

Der Begriff der Solidarität vollführt einen gefährlichen Balanceakt: Eine eingeschränkte Affirmation des partikularen Common Sense ist unumgänglich, droht aber in uneingeschränkte oder unreflektierte Affirmation umzuschlagen. Solidarität ist eine Angelegenheit „einer von allen geteilten selbstsüchtigen Hoffnung, der Hoffnung, dass die eigene Welt [...] nicht zerstört werde“.[515] Andererseits soll sie zunehmend sensibilisieren und trägt in sich das Potenzial zur Veränderung. „Wir sollten Ausschau halten nach marginalisierten Gruppen, die wir instinktiv noch immer unter ‚sie‘ einordnen, nicht unter ‚wir‘. Wir sollten unsere Ähnlichkeiten mit ihnen zu sehen versuchen.“[516] Warum aber sollten nur *Ähnlichkeiten* das Kriterium für Sensibilisierungen sein? Rorty selbst versucht, konsequent partikular zu philosophieren, und das heißt: Es gibt keinen neutralen Boden, von dem aus Annahmen oder Behauptungen getroffen werden können. Wir stehen mit einem Bein im Common Sense, mit dem anderen Bein, dem Spielbein sozusagen, suchen wir Halt auf dem unsicheren Terrain unserer Idiosynkrasien. Wir können

---

[513] Dewey, *Die Öffentlichkeit und ihre Probleme*, a.a.O.,
[514] Rorty, *Kontingenz, Ironie und Solidarität*, a.a.O., 15f.
[515] Ebd., 158.
[516] Ebd., 316.

nicht vollständig hinter unsere Prägungen zurückblicken, und ob wir wollen oder nicht, unser Denken erwächst der partikularen geschichtlichen, gesellschaftlichen und kulturellen Perspektive (oder *den* Perspektiven), die wir kennen. Wie jedoch nach der Diskussion des graduellen Selbst bei Rorty gesagt werden kann, müsste sich der jeweilige Common Sense sensibilisieren für die Standpunkte, die (noch) nicht anerkannt werden, mit anderen Worten: nicht nur dasjenige Selbst, welches noch keinen Ort im Common Sense hat, muss versuchen, diesem Ort Kontur zu verleihen, sondern die anderen müssen auch danach streben, diese möglichen anderen Selbste, die zuvor noch nicht denkbar waren, in den Common Sense hineinzulassen, und diesen dadurch verändern. Die Suche nach Ähnlichkeiten ist dabei nicht der einzige Weg. Rorty selbst spricht, wie oben diskutiert, von den ‚Flirts mit der Sinnlosigkeit‘, für die sich das Selbst offen halten sollte. Damit wird die Suche nach Ähnlichkeiten aber überstiegen.

Im Unterschied zu Rorty verfolgt Shusterman einen Ansatz, aus dem sich die Möglichkeit der Entwicklung eines Common Sense herauslesen lässt, der weder auf das radikal Neue noch exklusiv auf sprachliche Praktiken beschränkt ist. Wie oben besprochen, zeigt er am Beispiel seiner Untersuchungen populärkultureller Phänomene (ein Beispiel ist die afro-amerikanische HipHop-Kultur), wie eine relativ neue Perspektive Common Sense-Annahmen über Musik verändern kann, ohne zu beanspruchen, radikal neu zu sein. [517] Dieser ästhetische partikulare Common Sense, der im Unterschied zum Begriff der Idiosynkrasie bei Rorty sein Augenmerk nicht nur auf den schmerzhaften Kampf um die gefahrvolle Positionierung des Selbst richtet, sondern auch auf die positiv-ästhetische Erfahrung einer Gemeinschaft, deutet eine weitere Möglichkeit des *partikularen Sensus Communis* an. Dass, was Rorty als ‚Flirts mit der Sinnlosigkeit‘ beschreibt, in denen das Selbst nach neuen Vokabularen sucht, um sich einen Ort zu verschaffen, kann auch in gemeinschaftlich-produktiver Praxis stattfinden. Shustermans Beschreibung eröffnet die Perspektive, sich eine Vielzahl an alternativen und partikularen Common Senses vorzustellen. Darin ist er sicherlich optimistischer als Rorty.

Shusterman betont nicht nur „die tiefe Ungenauigkeit unserer Praktiken, sondern auch deren sich kreuzende, überschneidende und oft widersprüchliche Vielfalt, die es der Theorie gestattet, ihre Objekt-Praxis mit den Mitteln von Auffassungen und Perspektiven, die gewonnen werden, indem diese Praktiken aufeinander bezogen werden, zu kritisieren". [518] Wenn wir einen genauen Blick auf unsere vielschichtigen, sich überlagernden und konfligierenden Praktiken werfen, und dabei nicht nur unsere Gewohnheiten, sondern auch den Common Sense der Gesellschaft berücksichtigen, können möglicherweise neue Handlungsspielräume entwickelt werden. Dadurch soll nicht der oft gewaltsame Einfluss der Gesellschaft auf das Selbst verharmlost werden. Die Frage ist vielmehr, wie ein Selbst innerhalb der Gesellschaft handlungsfähig sein kann. Denn seine Handlungsspielräume hängen eng mit seinen Motivationen zusammen, und Motivationen erwachsen aus den Alltagsimpulsen der Gewohnheiten, die wiederum Teil eines Common Sense sind. So scheint es, dass die Grenze zwischen dem partikularen Selbst und dem Common Sense sehr viel durchlässiger ist als angenommen. Handlungsfähigkeit beinhaltet deswegen nicht

---

[517] Vgl. z.B. das Kapitel: Kunst in Bewegung, Kunst als Abweichung: Goodman, Rap und der Pragmatismus, in: Shusterman: *Philosophie als Lebenspraxis*. Wege in den Pragmatismus, a.a.O., 185–223.

[518] Shusterman, *Kunst Leben*, a.a.O., 65.

nur, alten, quasi-automatischen Gewohnheiten zu folgen, sondern auch die Möglichkeit, gerade diese Gewohnheiten produktiv zu flexibilisieren. Partikularität heißt deswegen nicht notwendigerweise radikale Idiosynkrasie im Sinn radikalen Individualismus, da der Begriff des Individualismus bereits selbst eine Abstraktion darstellt, die sich von den lebendigen Erfahrungen des Selbst weit entfernt hat. Die Doktrin des Individualismus postuliert Unabhängigkeit und Innovation. Die Partikularität des Selbst beinhaltet stattdessen die Idee des Selbst als Teil eines partikularen Common Sense.

Sich-Zeigen: Ästhetische Ausgesetztheit und Exemplarität des Partikularen

Auch die *ästhetische Ausgesetztheit* des Selbst lässt sich über die potenzielle Demütigung bei Rorty hinaus positiv ausbauen, wenn man das Genießen in einem passivischen Sinn stärker berücksichtigt. Hier ist an das Sinnen bei Peirce zu denken. Es beschreibt das positiv-vage Aufgehen in einer Situation, aus welcher nicht nur die Sensibilisierung für neue Handlungsspielräume, sondern, wie ich meine, auch für andere hervorgehen kann. Die ästhetische Ausgesetztheit kann sich gleichwohl, so wurde gezeigt, als Selbsterschaffung zu einer idiosynkratischen Eigenmächtigkeit verfestigen, die den anderen keinen Ort mehr lässt, allerdings dann, wenn das passivische Moment unterschlagen wird. In diesem letzten Kapitel soll ausblickshaft die ästhetische Ausgesetztheit in Bezug auf die und den Anderen bedacht werden. Sie kann *über das ästhetische Ansinnen* zu einer zwanglosen und exemplarischen Begegnungsform von Selbst und anderen werden. Die ästhetische Ausgesetztheit als Genießen zeigt überdies eine vorübergehende Kohärenz des Selbst an, die auch durch *passive leibkörperliche Aspekte* bestimmt ist. Diese bilden im Pragmatismus nicht nur die Basis der Kreativität, sondern scheinen auch eine vorübergehende Befreiung des Selbst aus seinen immer auch etwas zwanghaften Überzeugungen zu bezeichnen. *Die positive Ausgesetztheit momenthafter Fülle im Sinnen enthält auch die Möglichkeit genießenden Aufmerkens in Hinblick auf zuvor unbeachtete Aspekte. Sie kann als das Ausschwärmen in das naheliegende Unbekannte auch die Aufmerksamkeit auf die und den Anderen vergrößern. Das Ansinnen geht dabei über das Diskursive hinaus. Denn das Selbst zeigt sich in seiner auch leibkörperlichen Partikularität, und so setzt sich das Selbst im Ansinnen anderen als Gesamterscheinung aus, die sich selbst nicht durchsichtig ist. Das Ansinnen enthält einen Überschuss, der das willentlich Gezeigte übersteigt.* Dieses Moment möchte ich in diesem Kapitel anhand von Cavell und Shusterman skizzieren.

Selbst und andere können sich aus der beschriebenen ästhetisch-zwanglosen Perspektive in ihrer Partikularität zeigen. Dabei ist der Andere eher der naheliegende Unbekannte, im Sich-Zeigen erfährt sich das Selbst jedoch ebenfalls als ,anders', eben in seiner Ausgesetztheit. Cavell vertritt, in Anknüpfung an Emerson (der bekanntlich und maßgeblich Nietzsche inspirierte) einen moralischen Perfektionismus des Selbst, *in dem die Anderen potenziell zukünftige andere Selbste werden.* Mit anderen Worten: Andere werden exemplarisch, ebenso wie das Selbst für andere exemplarisch werden kann (und werden sollte). Doch läuft der Perfektionismus von Cavell auf eine negative Begründung moralischer Motivation hinaus. Das Selbst, so wird postuliert, sollte sich von der Anderen in Frage stellen lassen. Für Cavell sind

die konkreten anderen für die Perfektionierung des Selbst unabdingbar, weil in ihnen
als exponierten Exemplaren potenzielle zukünftige andere Selbste aufscheinen. Die
Andere kann dem Selbst Alternativen zeigen, für die sich das Selbst offen halten
sollte.

> „Andere exponieren also jene Selbste, die wir selbst noch nicht (an)erkannt oder erlangt haben.
> Sie stellen unsere ‚Anderseitigkeit' (our beyond) dar."[519]

Cavell schlägt eine Orientierung an partikularen und zu exemplarischen Vorbildern
des Selbst idealisierten anderen vor. Das Verhältnis von Selbst und anderen wird dann
nicht wie bei Rorty in Hinblick auf die Gefahr gegenseitiger Bedrohung aufgefasst,
sondern als positive Möglichkeit, Handlungsspielräume zu vergrößern. Deswegen
liegt für Cavell eine Aufgabe darin, sich anderen zu exponieren, sich ihnen auszusetzen. Gleichwohl wird die oder der Andere gegenüber dem Selbst als vorrangig beschrieben, angesichts der anderen werden dem Selbst seine Limitationen deutlich, das
Selbst wird greifbar, angreifbar und dadurch veränderbar. Damit ist eine Möglichkeit
der Interaktion formuliert. Das Selbst setzt sich anderen aus, indem es seine Setzungen aussetzt und dadurch anderen ansinnt. Es ist gleichzeitig dem Ansinnen anderer
ausgesetzt. Das Selbst, welches in seinen Gewohnheiten situiert ist, bleibt solange
abstandslos in seiner partikularen Perspektive (und in seinem Common Sense) gefangen, wie es sich nicht als zukünftiges Selbst gegenüber anderen exponiert. Auch wenn
damit zunächst eine ästhetische ‚Nahbereichsethik' beschrieben wird, so ist dieser
Prozess für Cavell alles andere als privat. Er bildet ein wesentliches Korrektiv innerhalb der jeweiligen Demokratie, weil auf diese Weise selbstverständlich gewordene
Kriterien des Selbst im Common Sense durch andere auf die Probe gestellt werden.
Nagl schreibt:

> „Nur wenn wir lernen, so Cavell, das Erreichte zu überschreiten im Blick aufs Erreich*bare*,
> indem wir uns von den ‚exemplarischen' Lebensexperimenten anderer herausfordern lassen,
> [...] können wir jener volleren Demokratieform näherkommen, die heute noch überall aus-
> steht."[520]

Shusterman greift Cavells Theorie der Selbstperfektionierung auf, um an ihr eine *ästheti-*
sche Rechtfertigung der Demokratie zu entfalten. Das Hauptproblem, um welches es sich
dreht, ist die Frage, wie „das Projekt der Selbsterschaffung mit dem der Demokratie"
vereinbar ist, mit anderen Worten: *wie* der kreativ-ästhetische Ort des partikularen Selbst
innerhalb des jeweiligen Common Sense und seiner Gesellschaft formulierbar ist.[521]
Cavell strebe nach mehr als bloßer Aufteilung der Sphären, er strebe „die tiefe, grundlegende Integration von Demokratie und Selbstverwirklichung an" (140). Sein Perfektionismus sei deswegen für die Demokratie notwendig, „weil Institutionen nur so stark,
gerecht und effektiv sind, wie die Individuen, die sie beleben, anwenden und kritisieren" (141). Das Selbst darf sich nicht auf institutionalisierte formale Gerechtigkeitsprin-

---

[519] Cavell, *Conditions Handsome and Unhandsome*, a.a.O., 58, Shusterman, *Philosophie als Lebens-*
praxis, a.a.O., 146.
[520] Nagl, Einleitung zu: Stanley Cavell, *Nach der Philosophie. Essays*, a.a.O., 31.
[521] Shusterman, *Philosophie als Lebenspraxis*, a.a.O., 140.

zipien verlassen. Auch für die politische Theorie im engeren Sinn reicht eine Theorie des verallgemeinerten Anderen nicht hin, wie auch Seyla Benhabib überzeugend argumentiert hat:

> „Weder die Konkretheit noch die tatsächliche Andersheit des ‚konkreten Anderen' erschließen sich uns, solange die Stimme des Anderen nicht hörbar wird. Der Standpunkt des konkreten Anderen nimmt für uns nur im Gefolge einer Selbstbenennung Gestalt an."[522]

Solange das Selbst ausschließlich den jeweils herrschenden formalen Kriterien angenommener Gerechtigkeitsprinzipien vertraut, kann es mögliche zukünftige andere Standpunkte, die – wie Rorty argumentiert hat – zunächst verrückt oder sinnlos klingen mögen, nicht wahrnehmen.

> „Eine Definition des Selbst, die sich auf den Standpunkt eines verallgemeinerten Anderen beschränkt, ist inkohärent und wird der Individualität der verschiedenen Selbste nicht gerecht."[523]

Benhabib unterscheidet den Standpunkt des verallgemeinerten von dem des konkreten Anderen.[524] Während Ersterer durch Normen formaler Gleichheit bestimmt ist, veranlasst uns der Standpunkt des konkreten Anderen

> „jedes rationale Wesen als Individuum mit einer ganz bestimmten Geschichte, Identität und affektiv-emotionalen Konstitution zu betrachten. Wenn wir uns für diesen Standpunkt entscheiden, sehen wir von der Gemeinsamkeit zwischen uns ab und konzentrieren uns statt dessen auf das jeweils Individuelle, bemühen uns, die Bedürfnisse der anderen, ihre Beweggründe, Ziele oder Wünsche zu verstehen. [...] Die mit solchen Interaktionen verbundenen moralischen Kategorien sind jene der Verantwortlichkeit, der Bindung und des Teilens; die entsprechenden moralischen Gefühle heißen Liebe, Anteilnahme, Mitgefühl und Solidarität" (176).

Beide Standpunkte lassen sich jedoch nicht strikt trennen. Auch der Urzustand, den Rawls hinter dem von ihm so genannten ‚Schleier der Unwissenheit' postuliert (welcher eine ähnliche Funktion übernimmt wie die Vernunft bei Kant) bleibt fiktiv, so Benhabib, wenn die oder der konkrete Andere nicht beachtet wird. „Wenn also das Selbst, das epistemologisch und metaphysisch seinen individuierenden Merkmalen vorausliegt (wie Rawls postuliert), gar kein menschliches Selbst sein kann", dann ist daraus auch kein universalisierbarer Standpunkt ableitbar. „Hinter dem ‚Schleier des Nichtswissens'

---

[522] Seyla Benhabib, Der konkrete und der verallgemeinerte Andere, in: *Selbst im Kontext. Kommunikative Ethik im Spannungsfeld von Feminismus, Kommunitarismus und Postmoderne*, Frankfurt/M. 1995, 187.

[523] Ebd., 182.

[524] Vielleicht fühlt man sich an dieser Stelle an die Theorie des ‚generalisierten Anderen' von George Herbert Mead erinnert. Der Grund dafür, Meads Theorie nicht zu behandeln, obwohl er als *der Pragmatist* mit einem umfassenden Intersubjektivitätsmodell gilt (welches auch maßgeblich Dewey beeinflusste), ist dass er m.E. zu behavioristisch argumentiert. Das partikulare Selbst in seiner Einzigartigkeit ebenso wenig wie der konkrete partikulare Andere werden genügend berücksichtigt. Gleichwohl wäre ein Vergleich mit den in dieser Arbeit vorgenommenen Überlegungen reizvoll. Doch für die Frage nach dem ethisch-ästhetischen Ort des Selbst in seiner Partikularität wird man eher bei Dewey, Cavell, Rorty und Shusterman fündig. Für eine differenzierte Kritik an Meads Theorie siehe: Axel Honneth, *Kampf um Anerkennung. Zur moralischen Grammatik sozialer Konflikte*, Frankfurt/M. 1992, 137ff.

verschwindet der andere."[525] Wir können moralisch relevante Situationen nicht unabhängig von unserem partikularen Standpunkt beurteilen. Benhabib zitiert in diesem Zusammenhang Cavell: Situationen sind nicht „wie reife Äpfel, die wir nur noch nach Qualität sortieren müssen".[526] Doch muss nicht nur die oder der Andere, sondern auch das Selbst in seiner Partikularität beachtet werden. *Das Problem an dem verallgemeinerten Standpunkt besteht nicht nur darin, dass die/der Andere abstrakt, vage und dadurch fiktiv bleibt, sondern auch darin, dass das Selbst in seiner eigenen partikularen Positionierung abstandslos und vage bleibt, solange es sich nicht im Sinn Cavells exponiert.* Nur wenn sich das Selbst zeigt, kann seine Partikularität Kontur gewinnen, durch welche auch kritische Selbstzweifel ermöglicht werden. Zu den vorangegangenen Überlegungen der Arbeit muss also die Beachtung der/des Anderen hinzutreten. Der Kollision des Bekannten und das Ausschwärmen in naheliegendes Unbekannte können sich nur in der Begegnung mit anderen bewähren oder scheitern. *Umgekehrt erfordert das Verständnis des konkreten und partikularen Anderen Cavell zufolge auch eine Transformation des Selbst,* welches sich auf andere zubewegt. „Durchdrungen nicht nur von der gesellschaftlich geteilten Sprache, sondern auch von den verschiedenen Stimmen, die das Selbst gehört und verinnerlicht hat, kann es sich nicht ohne Bezug auf andere verwirklichen und verstehen."[527] Cavell betont damit auch das Hören der Stimme der/des Anderen, die vielfach unterschlagen wird.[528]

Die Perfektionierung des Selbst verläuft also zum einen darüber, dass das Selbst sich anderen in seiner prekären Partikularität zeigt und dadurch auf seine Begrenzungen stoßen kann, zum anderen aber auch darüber, dass das Selbst sich an exemplarischen anderen orientiert, „indem der Perfektionismus das unerreichte, nächste Selbst privilegiert, welches – noch – ein anderes ist".[529] Perfektionismus ist für Cavell:

> „Dem künftigen Selbst gegenüber aufgeschlossen zu sein, in sich selbst und in anderen, was bedeutet, in sich das Wissen um die Notwendigkeit für Veränderungen wachzuhalten. Was bedeutet, jemand zu sein, der mit einem Versprechen lebt, als ein Zeichen oder Exponent der Menschen."[530]

Doch bleiben zwei Probleme bei Cavell bestehen: Zum einen ist die Perfektionierung des Selbst von einem negativen Moment durchdrungen, in welchem das partikulare Selbst v.a. negativ konzipiert wird, in seiner Selbstkritik, im Ekel vor sich selbst.[531] Wie wir u.a. bei Peirce gesehen hatten, können sich Handlungsspielräume nicht auf rein negativ-kritischem Weg entfalten. Etwas am Selbst muss zwanglos affirmiert werden, damit es der oder dem Anderen gegenüber aufgeschlossen sein kann. Zum anderen besteht das Problem, dass der Perfektionismus bei Cavell zu sehr auf das Schreiben beschränkt wird. Auch wenn damit zweifellos eine wichtige Möglichkeit moralischen

---

[525] Benhabib, a.a.O., 180.

[526] Ebd., 181. Cavell, *The Claim of Reason,* a.a.O., 265.

[527] Shusterman, *Philosophie als Lebenspraxis,* a.a.O., 143.

[528] Vgl. dazu auch: Cavell, *Die andere Stimme. Philosophie und Autobiographie,* a.a.O.

[529] Shusterman, *Philosophie als Lebenspraxis,* a.a.O., 145.

[530] Cavell, *Conditions Handsome and Unhandsome,* a.a.O., 125, hier zit. nach: Shusterman, ebd., 145.

[531] Shusterman, ebd, 147f.

Perfektionismus beschrieben wird, so stellt sich doch die Frage, ob damit nicht andere, im engeren Sinn ästhetische und stärker verkörperte Formen des Perfektionismus denkbar sind. Die Exemplarität des Anderen muss nicht auf das Schreiben und sie muss nicht auf eine Verunsicherung des Selbst beschränkt werden. Die exemplarische Lebensweise überzeugt also nicht nur durch Argumente, die sich bereits innerhalb eines Common Sense etabliert haben, sondern dadurch, *dass das Selbst sich anderen zeigt und sich anderen zwanglos ansinnt.* Darin liegt ein ästhetisches Moment, auf welches Shusterman stärker abhebt. Während Cavell eher die Exemplarität der/des Anderen und die dadurch hervorgerufenen Konflikte des Selbst mit seinen Eigenarten beschreibt – also eher dem Modell der Kollision des Bekannten nahe kommt, findet sich bei Shusterman korrektiv eine ästhetische Aufwertung des Selbst in seiner autobiographischen Partikularität, von der aus in das naheliegende Unbekannte der/des nächsten Anderen ausgeschwärmt werden kann.

Denn die exemplarische Anziehungskraft von Selbst und anderen füreinander ist auch eine ästhetische, die, wie ich meine, auf einem Sensus Communis basiert, der als unbestimmte Norm die potenzielle Übereinstimm*barkeit* mit anderen voraussetzt. „Diese unbestimmte Norm eines Gemeinsinns wird von uns wirklich vorausgesetzt: das beweiset unsere Anmaßung, Geschmacksurteile zu fällen."[532] Das Paradox, welches Kant in Bezug auf die ästhetische Erfahrung beschreibt, ist, dass das subjektiv Schöne als allgemeingültig empfunden wird.

> „Das Geschmacksurteil sinnet jedermann Beistimmung an; und, wer etwas für schön erklärt, will, dass jedermann dem vorliegenden Gegenstand Beifall geben und ihn gleichfalls für schön erklären *solle.*"[533]

Und das, obwohl die „Allgemeinheit des Wohlgefallens [...] nur als subjektiv vorgestellt" werden soll.[534] Dennoch werden darin implizit die anderen in ihrer Subjektivität, also in ihrer jeweiligen Partikularität mitgedacht. Die ästhetische Erfahrung des ‚In-die-Welt-Passens' ist nur möglich, wenn das Selbst nicht allein in der Welt ist. Die Möglichkeit, anderen seine ästhetische Erfahrung *ansinnen* zu können, basiert auf einem angenommenen Sensus Communis. Die Begriffe der Gewohnheit und des Common Sense bleiben gleichwohl entscheidend. Durch sie wird ein momenthafter selbstverständlicher Einklang und eine Wirklichkeitsverankerung denkbar, der nicht in der diskursiven expliziten Artikulation aufgeht und dennoch die Alltäglichkeit dieses Prozesses markiert, der bei Kant transzendental überhöht wird. Ihr transformatives Potenzial liegt darin, dass das Selbst seine ästhetische Verankerung nicht nur alleine *er*sinnt, sondern anderen potenziell *an*sinnen können muss.

> „Eben darum darf auch der mit Geschmack Urteilende [...] die subjektive Zweckmäßigkeit, d.i. sein Wohlgefallen am Objekte jedem andern ansinnen, und sein Gefühl als allgemein mitteilbar, und zwar ohne Vermittlung der Begriffe, annehmen."[535]

---

[532] Kant, *Kritik der Urteilskraft*, in: Ders., *Werke*, a.a.O., Bd. V, A 67.
[533] Ebd., A 63.
[534] Ebd., § 8, A 21, 22.
[535] Ebd., A 153, 154.

Kant hatte den Begriff des Ansinnens im ästhetischen Urteil als vorbegriffliche Über-einstimmung einer subjektiven Allgemeinheit von den begrifflichen (z.B. moralischen) Urteilen unterschieden. Das Besondere und das Allgemeine werden im Urteil zusam-mengeschlossen, ohne dass das Besondere im Allgemeinen verloren geht. Das Besonde-re erhält seinen Wert dadurch, dass es exemplarisch ist. *Diese Exemplarität nun läßt sich mit Cavell und Shusterman auf die Exemplarität von partikularen Lebensweisen übertragen.* Sie kann zwischen Selbst und anderen durch das Ansinnen und das Sich-Zeigen vermittelt werden, auch dadurch kann das Selbst sich transformieren.[536] Interak-tionen zwischen Selbst und anderen finden also nicht nur über das Diskursive im enge-ren Sinn statt. „Wir wollen nicht nur wissen", schreibt Shusterman, „wie attraktiv ein philosophisches Leben in seiner verbalen Ausübung und Artikulation gewesen ist, sondern auch, wie attraktiv es in konkreten Taten verkörpert wurde, in seiner ethischen und politischen Praxis." Die ästhetische Exemplarität der/des Anderen enthält das Potenzial, einen konventionellen Common Sense zu übersteigen, sie verweist eher auf das utopische Potenzial des Sensus Communis. Die exemplarische Andere zeigt dem Selbst etwas Neues, doch muss es Anknüpfungspunkte geben: Nur wenn ich mir partiell ausmalen kann, wie die Andere zu werden, kann diese exemplarisch sein. Mit einer absolut Anderen wäre dies nicht möglich. So schreibt Shusterman:

> „Jede partikulare Lebensweise einer Perfektionierung des Selbst stellt nicht nur eine implizite Kritik an jeder universellen Behauptung anderer perfektionistischer Partikularitäten dar, son-dern liefert insbesondere eine Kritik an der Notwendigkeit und an dem Wert einer Anpassung an Konventionen."[537]

Jede partikulare Lebensweise stellt eine implizite Kritik am bestehenden Common Sense dar. Die Exemplarität von Selbst und anderen füreinander scheint v.a. deswegen demokra-tisch zu sein, weil sie nicht „durch die Anziehungskraft eines absoluten Endzweckes oder eines festgelegten Maßstabes bewirkt wird, durch den jeweils unsere Freiheit geleugnet würde, die Lebensweise zu wählen, die wir für vollkommener halten". Stattdessen leitet sie, so Shusterman, die kritische Kraft ihrer Exemplare von der „*ästhetischen Anziehungs-kraft* ab, von ihrer Attraktivität anderen Lebensentwürfen gegenüber" (ebd.). Die Partiku-larität erhält so nicht nur ein Gewicht für die individuellen Handlungsspielräume des Selbst, sondern auch für eine ständig zu verbessernde Demokratieform.

Ich halte diese Überlegungen für wesentlich, doch droht das Bild der Begegnung von Selbst und anderen an diesem Punkt vielleicht zu schön zu werden. Shustermans ästhe-tische Rechtfertigung überzeugt darin, dass sie auf das Positiv-Ästhetische und nicht nur Sprachliche im Interaktionsprozess erinnert. Die positive Ausgesetztheit an die oder den Anderen, das Sich-Zeigen auch in leibkörperlicher Hinsicht könnte dadurch geschärft werden. Wichtig ist auch, dass das kritische Potenzial der exemplarischen Partikularität benannt wird. Doch sind dem partikularen Selbst durch Gesellschaft und Common Sense schlichtweg Grenzen gesetzt. Ansinnen als Anerkennen wird durch gesellschaft-

---

[536] Vgl. dazu auch: Heidi Salaverría, Gedankenbildung zwischen Experiment und Gewohnheit – Ein pragmatistischer Entwurf, in: Ekkehard Martens, Christian Gefert, Volker Steenblock (Hg.), *Philo-sophie und Bildung*, Münster 2005, 173–185.

[537] Shusterman, *Philosophie als Lebenspraxis*, a.a.O., 146.

liche Gewalten eingeschränkt. In dieser Hinsicht ist an Rortys Diagnose des graduellen Selbst zu erinnern: Darin war davon ausgegangen worden, dass Formen des Selbst, für die lange Zeit kein Vokabular und damit kein Ort als ebenbürtiges Mitglied der Gesellschaft bereitstand und -steht, erst einen Ort bilden müssen, der zunächst innerhalb des Common Sense als unverständlich, verrückt oder sinnlos erscheinen mag. Cavell präzisiert dieses Problem und ist in dieser Hinsicht ergänzend zu Shusterman und Rorty zu lesen. Hammer und Sparti sprechen in ihrer Cavell-Interpretation das skeptische Unvermögen, die Ausdrucksformen anderer anzuerkennen,

> „als einen grundlegenden Beziehungsanalphabetismus oder als ein Misstrauen hinsichtlich unserer Fähigkeit [an], das im Verhalten anderer Ausgedrückte zu lesen. Missverständnis und Missachtung zwischen mir und dir verweisen nicht auf einen in mir liegenden Mangel an etwas (an hellseherischen Vermögen etwa) oder darauf, dass dir etwas fehlt (beispielsweise ein Geist), sie verweisen eher auf etwas *Anwesendes* zwischen uns: Verwirrung, Kälte, Beschämung, Gleichgültigkeit, Erschöpfung, Scham. [...] Die Alternative zum Anerkennen ist nicht so sehr meine Unkenntnis der anderen Person, sondern mein Ausweichen vor ihr, mein Leugnen, mein Nicht-kennen-Wollen.“[538]

Im Unterschied zu Rorty wird hier behauptet, dass die „Flirts mit der Sinnlosigkeit" im Versuch, einen partikularen Ort zu schaffen, nicht an *etwas Abwesendem* scheitern, nämlich schlichtweg einer Leerstelle innerhalb des herrschenden Common Sense, sondern an etwas *Anwesendem*. Wie ich meine, setzt jedoch diese Haltung – von *etwas Anwesendem* auszugehen und nicht von einem Mangel – einen Sensus Communis voraus, in dem das Selbst mit anderen nicht über epistemologische Kriterien verbunden ist (also in Rortys Fall über die Vokabulare, die die Grenzen des Verständlichen markieren), sondern über eine supponierte Gemeinsamkeit des partikularen Selbst und des Anderen. An diesem Punkt ist an die solidarischen Implikationen des Sensus Communis zu denken. *Wenn man das Sich-Zeigen als moralischen Appell versteht, dann geht es nicht in erster Linie darum, die oder den Anderen zu verstehen und in diesem Sinn zu erkennen, sondern darum, der oder dem Anderen zu antworten und diese darin anzuerkennen. Damit gewinnt die leibkörperliche Ausgesetztheit an Gewicht. Selbst und andere zeigen sich als partikulare Gestalten in ihrer Ausgesetztheit, welche gemeinsam implizit vorausgesetzt wird.*

Von einem graduellen Selbst im Sinn Rorty kann nur gesprochen werden, wenn das Selbst, welches sich versucht, einen Ort zu schaffen, die Hoffung hat, von den anderen anerkannt werden zu *können*. Es ist sozusagen das Grundvertrauen in einen solidarischen Sensus Communis nötig, damit sich das Selbst zeigen kann. So lässt sich Cavell verstehen:

> „Warum aber besteht das Selbstvertrauen darauf, sein anderes zu kennen, sogar zu erschaffen, ich meine die Selbstbegründung oder Selbsterschaffung des anderen zu schaffen? Weil sich herausstellt, dass [...] der Wunsch nach Sicherheit darüber, dass ich nicht alleine auf der Welt bin, wie sich zeigte, verlangt, daß ich mein Erkanntwerden zulasse, was ich als Sich-dem-Intelligiblen-Aussetzen, man kann auch sagen, dem Legiblen, bezeichnete.“[539]

---

[538] Espen Hammer, Davide Sparti, Einleitung, in: Dies. (Hg.) Stanley Cavell, *Die Unheimlichkeit des Gewöhnlichen und andere Essays*, a.a.O., 21f.

[539] Cavell, Danebenstehen, Gleichziehen. Bedrohungen der Individualität, in Nagl, *Nach der Philosophie*, a.a.O., 212.

Rortys Begriff des graduellen Selbst hingegen scheint zum Teil ein Skeptizismus zugrunde zu liegen, demzufolge das Selbst droht, solipsistisch zu werden, wenn es glaubt, die anderen zunächst – über die Suche nach Ähnlichkeiten – erkennen zu müssen, bevor es sie anerkennen kann. Cavell hingegen stellt das Anerkennen vor das Erkennen, und knüpft hier an Wittgenstein an.[540]

Diese Vorstellung lässt sich nicht weiter begründen. Wie ich meine, bewegt sie sich *zwischen Common Sense und Sensus Communis*: Zwischen den selbstverständlichen Überzeugungen und Gewohnheiten des Common Sense einerseits, in denen das Selbst abstandslos und selbstverständlich andere anerkennt – doch enthält der faktisch-fiktive Common Sense zugleich die Gefahr, andere aus dem Common Sense auszuschließen – und einem solidarisch-utopischen Sensus Communis, in dem eine zwanglose Verbindung mit anderen vorausgesetzt und angesonnen wird. „In diesem Sinn geht Anerkennung zwar nicht in der Ordnung des Erkennens über Wissen hinaus, wohl aber in der Forderung, mit Blick auf mein Wissen etwas offenzulegen."[541] Dieser Grund, auf dem die Überzeugungen des Selbst ruhen, ist der solidarisch-utopische Sensus Communis in seinem fließenden Übergang zum Common Sense. Erst mit den anderen kann dieser Grund Kontur erhalten.

> „Es liegt in meinem Interesse, so ließe sich sagen, herauszufinden, was meine Überzeugungen bedeuten und auf welchem Grund sie ruhen. [...] Und ich wüßte nicht, was mein Interesse an ihnen wäre oder wie ich ihnen Evidenz verleihen könnte, wenn ich sie nicht mit anderen teilte oder teilen könnte."[542]

Das partikulare Selbst ist in seiner Besonderheit exemplarisch, weil es singulär ist. Doch heißt das nicht, dass es mit anderen unverbunden ist, sondern dass es in seiner Singularität für andere beispielhaft sein kann. Die Verbindung zwischen Selbst und anderen ist solidarisch zu nennen, „weil sie nicht nur passive Toleranz gegenüber, sondern affektive Anteilnahme an dem individuell Besonderen der anderen Person wecken".[543] Man muss dann nicht von einem Widerspruch ausgehen, wie ihn Hannah Arendt in Bezug auf Kant beschreibt: „Unendlicher Fortschritt ist das Gesetz der Menschengattung; gleichzeitig verlangt die Würde des Menschen, daß der Mensch (jeder einzelne von uns) in seiner Besonderheit gesehen und als solcher – ohne Vergleichsmaßstab und zeitunabhängig – als die Menschheit im allgemeinen widerspiegelnd betrachtet werde."[544] Unendlicher Fortschritt auf Kosten des partikularen Selbst würde heißen, Partikularität nur negativ zu fassen. Partikularität als exemplarische Existenz gibt dieser ihre Würde. Der Widerspruch zwischen dem Fortschritt als allgemeiner Bewegung und der Würde des partikularen Selbst kann schon bei Kant durch die exemplarische Gültigkeit seiner ästhetischen Erfahrung ausgeräumt werden. Diese Exemplarität läßt sich auf das partikulare Selbst und die/den Anderen übertragen. Der vorausgesetzte Sensus Communis nimmt auch bei Arendt eine Wendung in das alltägliche, bei

---

[540] Hammer, Sparti, ebd., 20.

[541] Ebd., 38.

[542] Cavell, Wissen und Anerkennen, in: Ebd., 43.

[543] Honneth, *Kampf um Anerkennung*, a.a.O., 210.

[544] Arendt, *Das Urteilen*, a.a.O., 102.

ihr in das politische Handeln. Bernstein beschreibt Arendts Begriff des Sensus Communis so:

> „It is a mode of thinking which is capable of dealing with the particular in its particularity but which nevertheless makes the claim of communal validity. For this is precisely the mode of thinking that is essential to political life."[545]

Eine Fortsetzung dieses Gedankens besteht in der hier beschriebenen Exemplarität eines Selbst, welches sich in seiner Ausgesetztheit zeigt. Wie deutlich geworden sein sollte, sind dem Selbst seine Besonderheiten und Eigenarten nicht durchsichtig, da es zu ihnen ein abstandsloses Verhältnis hat. Indem diese, auch gerade auf die Gefahr hin, sich selbst nicht durchsichtig zu sein, anderen exponiert werden, gibt das partikulare Selbst mehr von sich preis, als es unter Kontrolle hat. Das Sich-Zeigen enthält einen Überschuss, indem sich das Selbst positiv anderen aussetzt. Partikulares Philosophieren, darin scheint mir eine Möglichkeit zu liegen, hieße dann konsequente Selbstanwendung dieses Gedankens. Darin liegt vielleicht eine Möglichkeit, der „Anmaßung der Stimme"[546] zu entkommen, die der Philosophie als *Suche nach Gewissheit* innezuwohnen scheint. Cavell und Shusterman scheinen partikulares Philosophieren auch dadurch zu kultivieren, dass autobiographische Momente in das Schreiben einfließen.[547] Dieser Gedanke ist nicht neu, aber gegenwärtig unkonventionell. Doch auch wenn autobiographische Momente nicht explizit genannt werden: Im Schreiben wie in jeder Form des Sich-Zeigens liegt ein Überschuss des unfreiwillig Mitgezeigten. Denn, indem sich Selbst und andere exponieren und spiegeln, erhält das zuvor Unbestimmte beiderseits Kontur. Dieser unbestimmte Raum bewegt sich zwischen der Gewöhnlichkeit eines supponierten Common Sense und der Gemeinsamkeit eines solidarisch-utopischen Sensus Communis. So lässt sich auch Cavell verstehen.

> „Die autobiographische Dimension der Philosophie ist in der Behauptung, daß die Philosophie für die Menschheit, für alle spricht, inbegriffen; das ist ihre notwendige Arroganz. Die philosophische Dimension der Autobiographie besteht darin, [...] daß jedes Leben für alle exemplarisch, eine Parabel eines jeden ist; darin liegt die Gemeinsamkeit *[commonness]* der Menschheit, die in ihrer ewigen Ablehnung des Gewöhnlichen *[commonness]* inbegriffen ist."[548]

Vielleicht wäre Kafkas Parabel ‚*Vor dem Gesetz*' anders ausgegangen, wenn der Mann vom Lande sich dem Türhüter *gezeigt* hätte. Vielleicht wäre das der erste Schritt zum Handeln gewesen. Doch dann wäre die Parabel keine Parabel mehr.

---

[545] Bernstein, *Philosophical Profiles. Essays in a Pragmatic Mode*, Philadelphia 1986, 229.

[546] Cavell, Die andere Stimme, a.a.O., 35.

[547] Vgl. Cavell, Philosophie und die Anmaßung der Stimme, in: *Die andere Stimme*, a.a.O., 23–91. Richard Shusterman, Nächstes Jahr in Jerusalem? Jüdische Identität und der Mythos der Rückkehr, in: *Philosophie als Lebenspraxis. Wege in den Pragmatismus*, a.a.O., 256–281. Vgl. auch: Ders., Multiculturalism and the Art of Living, in: *Performing Life. Aesthetic Alternatives For The End Of Arts*, New York 2000, 198ff.

[548] Cavell, ebd., 35.

Schluss

Diesseits metaphysischer Gesetze befinden sich die Handlungsspielräume des Selbst. Sie lassen sich, so wurde in dieser Arbeit behauptet, nur *vom partikularen Ort des Selbst aus* – zwischen Common Sense und Sensus Communis – artikulieren. Die Erweiterung der Handlungsspielräume von Selbst und anderen wurde als zentrales Telos der Philosophie des Pragmatismus herausgestellt. Handlung beschreibt dabei nicht einen Spezialbereich pragmatistischen Philosophierens, der unabhängig von erkenntnistheoretischen, ästhetischen und metaphysischen Erörterungen erfasst werden kann. Vielmehr wurde gezeigt, dass diese unterschiedlichen philosophischen Fragestellungen in Hinblick auf die melioristische Weiterentwicklung der Handlungsspielräume des Selbst zusammenlaufen. Denn die Abwendung des Pragmatismus von einer *Suche nach Gewissheit* zielt gerade auf die beständige melioristische Weiterentwicklung von Denken und Handeln. Erkennen ist vom Handeln nicht abzulösen, die Bedeutung von Begriffen hängt mit ihrer Praktikabilität in einem weit gefassten Sinn zusammen, das gilt für wissenschaftliche Erkenntnis ebenso wie für jede Art theoretischen und praktischen Wissens. Sogar das Recht zum Glauben, von dem James spricht, hat einen Bezug zum Handeln, da das Selbst sich durch seinen Glauben einen Ort gibt, der es ihm ermöglicht, Entscheidungen zu treffen und dadurch handlungsfähig zu bleiben. Auch die ästhetische Erfahrung der Kohärenz des Selbst und das leibkörperliche Genießen, welche mit Shusterman im Begriff der Somästhetik gebündelt wurden, haben eine Ausrichtung auf das Handeln. Gerade dadurch, dass sie vorübergehend selbstzweckhaft sind und das Selbst in seinem partikularen Standpunkt momenthaft affirmieren, bilden sie die zwanglose Grundlage dafür, neue Handlungsspielräume zu entwerfen. Das ästhetische Moment hatte sich im Pragmatismus in dieser Hinsicht als grundlegend erwiesen, um ein nicht-instrumentelles kreatives Handlungsmodell beschreibbar zu machen. Dieses Moment wurde in seiner Kontinuität vom frühen Pragmatismus bei Peirce als Sinnen über die qualitative Situation und die ästhetische Erfahrung bei Dewey bis zum Neopragmatismus bei Rorty, im Begriff der Idiosynkrasie, und bei Shusterman als Somästhetik nachgezeichnet.

Als weiterer Hauptbegriff der Arbeit neben der Partikularität des Selbst wurde der Common Sense entfaltet. Dieser beschreibt die Situiertheit des Selbst innerhalb seines veränderbaren je spezifischen gesellschaftlichen, historischen, politischen, kulturellen und alltäglichen Kontextes.

Die Handlungsfähigkeit des Selbst kann nicht unabhängig vom Common Sense gedacht werden, dennoch ist dieser weder als Verblendungszusammenhang noch als diskursive Struktur zu denken. Der Common Sense ist in sich heterogen und beweglich, deswegen sind Transformationsmöglichkeiten mit ihm artikulierbar. Um dieses kritisch-transformative Potenzial zu markieren, wurde im Anschluss an Peirce der Begriff des *kritischen Common Sense* rehabilitiert, der m.E. bislang zu wenig Beachtung erfahren hat. Auch eine differenzierte vergleichende Analyse der pragmatistischen Begriffe des Common Sense liegt meines Wissens noch nicht vor. Es sollte deutlich geworden sein, dass mit dem Common Sense keine harmonisierende Version eines Gesellschaftskonzeptes gemeint sein kann. Die Alltagsverwendung des Begriffs ist diesbezüglich missverständlich und bezeichnend zugleich: Mit dem Common Sense wird manchmal die hemdsärmelige Unverfrorenheit einer Position assoziiert, die ein bisschen selbstherrlich und unproblematisch davon ausgeht, das richtige Wissen um die Dinge zu kennen und überdies mit allen darin einig zu gehen. Aus der Sicht etwa einer Philosophie des Inkommensurablen, wie sie Jean-Francois Lyotard vertritt, klingt der Begriff des Common Sense vielleicht nach dem gewalttätigen Herbeireden eines Konsenses, den es nie gegeben hat. Eine Unterschlagung des Widerstreits wäre moralisch fatal.[549] Doch etwas von dieser hemdsärmeligen Unverfrorenheit haftet allen Überzeugungen an, und gerade in diesem Punkt scheint mir die Diagnose des Pragmatismus sehr hellsichtig zu sein.

Um mögliche Missverständnisse auszuräumen, wurde die Diskussion des *kritischen* Common Sense an den Anfang gestellt. Dabei wurde gezeigt, dass das *Spannungsverhältnis von Zweifel und Überzeugung* für das Verständnis des kritischen Common Sense und des Pragmatismus insgesamt zentral ist: Das fast schon dilemmatische Problem, welches Peirce entfaltet, ist, dass das Selbst nicht anders kann, als Überzeugungen einzunehmen, auch wenn sich zu einem späteren Zeitpunkt herausstellt, dass sie falsch waren. Selbst eine kritische Position, die etwa von der Inkommensurabilität der Diskurse ausgeht, wird doch *davon* überzeugt sein. Die einzige Möglichkeit, diesem Dilemma zu entkommen, ist zunächst und scheinbar der Skeptizismus. Doch wie gezeigt wurde, bleibt die skeptische Position fiktiv, da sie im Handeln nicht dauerhaft aufrechterhalten werden kann. Die einzige Option, Überzeugungen zu korrigieren, eröffnet sich für den Pragmatismus von Peirce im Zweifel. Die Stärke des pragmatistischen Zweifels liegt, wie ich meine, darin, den partikularen Ort des Selbst allererst sichtbar zu machen. Solange das Selbst nicht zweifelt, handelt es abstandslos innerhalb seiner Überzeugungen und innerhalb eines supponierten Common Sense. Als verkörperte (Denk-)Gewohnheit *ist* die Überzeugung Teil des Selbst. Das, wovon das Selbst zu einem gegebenen Zeitpunkt überzeugt ist, hält es für absolut wahr. Eine Stärke des Pragmatismus liegt auch darin, diesen Bezug von Alltäglichkeit und Metaphysik zu kennen und zu benennen.

Das, was für das Selbst selbstverständlich und fraglos ist, erhält ein metaphysisches Gewicht, weil die Möglichkeit der Fragwürdigkeit anfänglich gar nicht im Gesichtskreis liegt. Zugleich bleiben diese selbstverständlichen Überzeugungen, das ist eine weitere Pointe von Peirce, zunächst vage. Das Selbst ist zu ihnen abstandslos, weil sie Teil von ihm geworden sind. In dieser Vagheit ist auch der supponierte Common Sense zu verorten. Solange das Selbst nicht zweifelt oder durch andere eine zweifelnde Gegenposition erfährt, scheint der alltägliche Handlungsraum auch für den Common Sense der

---

[549] Jean-François Lyotard, *Der Widerstreit*, München 1987.

anderen selbst-*verständlich* zu sein. Aus Sicht des Pragmatismus besteht nicht die
Möglichkeit, vollständig aus diesem Raum herauszutreten, dies setzte einen ‚Gottesstandpunkt' voraus, der uns wohl nicht zur Verfügung steht. Doch sind die Überzeugungen und der Common Sense nur scheinbar unproblematisch, ihnen haftet etwas
faktisch-fiktives an. Im Denken und Handeln kommt es daher immer wieder zu Reibungen und Widerständen, die zum Zweifel führen – nicht, weil das Selbst kann, sondern
weil es nicht anders kann. Erst durch den Zweifel erhält das Selbst in seiner Partikularität Kontur. Dieser transformative Impuls wurde im Verlauf der Arbeit auf die Formel
einer *Kollision des Bekannten* gebracht. Die bekannten und vertrauten Überzeugungen
und Kriterien kollidieren angesichts der Erfahrung eines Fremden, welches innerhalb
des Bekannten nicht gelöst werden kann. Es werden gewissermaßen die Grenzen des
Bekannten erfahrbar.

Auf der einen Seite, so wurde argumentiert, wird damit dem Selbst seine Ausgesetztheit und Ausgeliefertheit an die eigene Perspektivität vor Augen geführt. Dies beinhaltet
die potenzielle Sinnlosigkeit des Zweifels, da im Moment des Zweifels die Berechtigung zum Zweifel selbst in Frage steht. Auf der anderen Seite wird das Selbst in seiner
Partikularität bekräftigt, dadurch dass sein eigener Ort an Gestalt gewinnt. Der Zweifel
enthält ein kritisches und widerständiges Moment, gerade weil die zuvor angenommenen Kriterien nicht mehr tragen. In ihm wird auch die potenzielle Fragwürdigkeit des
faktisch-fiktiven Common Sense erkennbar. Die Situation des Zweifels ist jedoch, so
wiederholt Peirce, nicht dauerhaft haltbar. Sie legt sich in neuen Überzeugungen fest, in
und mit denen das Selbst handelt, bis ein neuer Zweifel auftritt. Wie ich meine, sollte
deswegen der Zweifel konsequent als partikularer Zweifel aufgefasst werden. Darin
liegt zugleich sein moralphilosophischer Gehalt, denn er schützt vor der Methode der
Autorität, in welcher Überzeugungen und Common Sense als faktisch-fiktiv hingenommen oder, schlimmer noch, mit Gewalt durchgesetzt werden. Bei Peirce führt die
zunehmende Bestimmung des zuvor Unbestimmten in zuweilen hegelscher Weise zu
einer beständigen asymptotischen Annäherung an die Wahrheit einer Forschergemeinschaft. Der Gedanke ist attraktiv, da tatsächlich auf eine Verbesserung von Denken und
Handeln gehofft werden sollte. Doch handelt es sich dabei um eine Hoffnung und keine
Teleologie. An diesem Punkt trennt sich die Position dieser Arbeit von der peirceschen.
Wie gezeigt wurde, hängt damit ein weiteres Problem der Theorie von Peirce zusammen: Das Selbst wird teilweise zu negativ gefasst, der Zweifel droht im Selbstverlust zu
münden, wenn das Ideal der Selbstüberwindung zugunsten eines zukünftigen idealen
Common Sense zu stark gemacht wird. Die Formel von ‚Individualität als Falschheit'
lässt außer Acht, dass doch gerade die Partikularität des Zweifels dem Vagen Kontur
verleiht. Peirce selbst deutet gleichwohl ein Gegenmodell an, in welchem das positive
Potenzial einer Bekräftigung des Partikularen erkennbar wird: Im Sinnen als Grundlage
der Abduktion und der Hypothesenbildung liegt ein ästhetisches Moment. Das Vage
wird ästhetisch. Dies impliziert den Gedanken, dass Partikularität nicht nur als Defi-
zienz und Mangel beschreibbar ist, sondern auch als Fülle, welche neue Handlungsspielräume eröffnet. Dieser Gedanke bleibt bei Peirce jedoch unterbestimmt.

Er wurde bei James stärker in den Blick gerückt. Während bei Peirce ein Primat des
Zweifels zu erkennen ist, kann bei James von einem Primat des Glaubens (belief)

gesprochen werden. Während die Position von Peirce v.a. eine negative Partikularität beschreibt, wird bei James ein Konzept positiver Partikularität erkennbar, so wurde in dieser Arbeit behauptet. James betont implizit die Partikularität des Selbst aus einer gegenüber Peirce eher mikrologische Perspektive. Auch seine Analyse des Common Sense mündet in einen partikularen Common Sense, welcher von James als Pluralismus auf den Begriff gebracht wird. In diesem Zusammenhang wurde auf den jamesschen Wahrheitsbegriff eingegangen: An ihm wurde das konflikthafte Moment deutlich, welches zwischen dem Vorrat alter Überzeugungen und neuen Zweifeln und Impulsen entsteht. Hier wurde gleichwohl nicht beansprucht, eine Wahrheitstheorie entwickelt zu haben, es handelt sich vielmehr um eine Problemdiagnose, deren positivere Bestimmung angesichts des thematischen Fokus auf die Frage der Handlungsspielräume zurückgestellt wurde. In dem Übergangskapitel zu Wahrheit – Überzeugung – Rechtfertigung wurde gesondert und partiell auf diese Problematik eingegangen. Wichtig ist, dass sich bei James ein ästhetischer Begriff des partikularen Common Sense zeigt. Neuerungen müssen nicht nur auf der Basis von Zweifel und Konflikt zustandekommen. Doch lässt James offen, *wie* Innovationen zustandekommen. Wie ich meine, wird diese Frage erst bei Dewey beantwortet. Doch in einer wichtigen Hinsicht ist bei James ein Kreativitätsmodell angedeutet: Den Pragmatismus als „*a new name for some old ways of thinking*" zu verstehen, heißt, dem ‚Alten' neue ‚Namen' zu geben. Rortys Kreativitätsmodell durch Neuschaffung von Vokabularen kann als Fortführung dieses Gedankens gelesen werden. In dieser Hinsicht ist James alles andere als ein Dualist. Das Neue kann nur durch das Erneuern des Alten, und d.h. durch dessen genaue Reflexion entstehen. Kreativität als Kollision des Bekannten knüpft an diese Überlegung von James an.

Neben den ästhetischen Aspekten spitzt James darüber hinaus im Recht zu glauben die andere Seite des Spannungsverhältnisses vom *doubt-belief-Schema* zu: Weil das Selbst sich nicht abschließend sicher sein kann, ob seine Überzeugungen wahr oder falsch sind, und weil es dennoch Situationen gibt, in denen das Selbst einen handlungsrelevanten Standpunkt beziehen *muss*, ohne sich dabei auf Kriterien beziehen zu können – oder weil es ein Patt zwischen zwei möglichen Kriterien gibt – bleibt dem Selbst manchmal nichts anderes übrig, als sich *zu einem partikularen Glauben zu entscheiden*. Diese Not mag philosophisch unbefriedigend sein, doch in ihr wird ein wichtiger moralphilosophischer Punkt angesprochen: Weil dem Selbst keine abschließenden Kriterien zur Verfügung stehen, ist es für seine Überzeugungen und für seinen Glauben radikal verantwortlich. Der partikulare Glaube beschreibt so ein wichtiges Moment kritischen Denkens. James hat das nicht explizit gesagt, doch lässt er sich v.a. mit Putnam so verstehen.

Das jamessche Konzept des Selbst aus den *Principles of Psychology* wurde nicht in die Arbeit aufgenommen. Der Grund ist, dass James darin m.E. zu sehr einem Dualismus verhaftet bleibt, der sich mit der hier entwickelten holistischen Interpretation des Pragmatismus nicht vereinbaren lässt. Nach intensiver Auseinandersetzung schien mir das Körper-Geist-Problem darin eher größer als kleiner zu werden. Und vielleicht bleibt dieses Problem unlösbar. Es wäre vermessen, etwas anderes zu behaupten. In dem Kapitel zum Leib-Körper-Problem wurde deswegen die Frage verschoben. Anstatt beantworten zu wollen, was der Körper (im Verhältnis zum Geist) *ist*, wurde danach gefragt, was der Körper *tut*. Darüber hinaus bedarf die Bestimmung des Körpers immer auch wissenschaftstheoretischer Voraussetzungen, die als objektiv und unhintergehbar wahr gesetzt werden. Sie müssen jedoch aus der hier vertretenen Sichtweise heraus als fallibilistischer Teil des Common Sense gelten. Der kritische Common Sense geht zwar von den jeweils geltenden wissenschaftlichen Paradigmen einer Gesellschaft sowie seiner naturwissenschaftlichen Annahmen über Natur und Körper aus. Doch er stellt sie zugleich unter einen zukünftigen fallibilistischen Vorbehalt. Darin liegt eine weitere Stärke des kritischen Common Sense: Er schützt vor einem Skeptizismus und beschreibt eine korrigierbare Wirklichkeitsverankerung. In dieser Verankerung besteht auch die Kontinuitätslinie zum Common Sense-Realismus von Reid und Bain, die in der kontinentalen Rezeption des Pragmatismus bislang zu wenig berücksichtigt wurde. Gleichwohl wurde Wirklichkeitsverankerung hier v.a. als Alltagsverankerung stark gemacht. Aus ihr lässt sich ein kritischer Vorbehalt extrahieren: Das Denken sollte sich nicht so weit vom Alltagsraum entfernen, dass es den Bezug zum möglichen Handeln verliert. Gegenwärtige Überzeugungen und Paradigmen sollten kritisierbar bleiben, ohne dabei in einseitige Gegenpositionen abzurutschen. Das Kriterium bleibt die zukünftige melioristische Weiterentwicklung des Selbst im Singular und Plural, also auch in einer immer kritisch bleibenden gesellschaftlich-demokratischen Aufblendung.

Physikalismus wie Linguistizismus sowie der damit verbundene Sprachidealismus stellen aus Sicht des hier vertretenen Pragmatismus Vereinseitigungen dar. In Bezug auf das Körper-Geist-Problem lässt der Physikalismus die leiblich-alltägliche Verortung des Selbst in seinen Gewohnheiten außer Acht, und die gegenwärtigen naturwissenschaftlichen Erkenntnisse werden als eine Art Gesetz postuliert, welches die Frage nach der Handlungsfähigkeit des Selbst unbeantwortet lässt. Der Linguistizismus in seiner sprachanalytischen Ausrichtung verlagert die Gesetzmäßigkeit in die Strukturen der Sprache. In ihnen gibt die Philosophie eine Wahrheit vor, die den sich beständig verändernden alltäglichen Handlungsraum, von dem der Pragmatismus ausgeht, unterschlägt. Auch stärker politisch argumentierende und post-strukturalistische sprachdominierte Philosophien drohen zuweilen, aus der Kritik an dem ‚Mythos der Präsenz‘ und dem ‚Mythos des Gegebenen‘ heraus, selbst metaphysisch zu werden. Dann nämlich, wenn der partikulare Ort des Selbst, von dem das Denken ausgehen und zu welchem es irgendwann handelnd wieder zurückkehren können sollte, aus den Augen verloren wird. Doch sollte auch diese Kritik nicht vereinseitigt werden. Die dekonstruktive, analytische, philosophiehistorische etc. Auseinandersetzung der Philosophie behält ihr eigenes Recht, welches nicht angetastet werden soll. Die Kritik bezieht sich auf die mögliche Handlungsfähigkeit des Selbst an der Schnittstelle von Philosophie und Praxis im weitesten Sinn. Insbesondere in politischer und moralphilosophischer Hinsicht bedarf es immer wieder einer Bezugnahme des Denkens auf den Common Sense, nicht als Beschönigung, sondern für die handelnde Wirklichkeitsverankerung. Wenn die Handlungsspielräume des Selbst bspw. nur linguistisch gefasst werden, rückt der gesamte Bereich dessen aus dem Blick, was der Pragmatismus unter dem Begriff der Gewohnheit bündelt. Handlungsveränderndes Denken wird nur dann wirksam, wenn die Verkörperung von Überzeugungen und die leiblichen Erfahrungen des Selbst als ‚philosophiewürdig' gelten. Dem Begriff der Gewohnheit wurde deswegen das zweite Kapitel der Arbeit gewidmet.

Wie im Vorangegangenen gezeigt wurde, ist der Begriff der Gewohnheit für den Pragmatismus zentral. Im frühen Pragmatismus bildet er das Scharnier zwischen dem propositionalen Bereich der Überzeugungen und dem praktischen Handeln. Am ehesten entspricht der jamessche Gewohnheitsbegriff seinem Alltagsverständnis als eines dispositionalen, quasiautomatischen Verhaltens. Hier fand sich der angesprochene problematische Dualismus von James' psychologischen Reflexionen wieder, doch scheint an diesem Punkt zugleich dessen Überwindung im Handeln auf. Der Gedanke, dass Neues dem Alten Kontur verleiht, wird im Begriff des Gewohnheit von James auf seine Verkörperung angewandt. Der Übergang zum leibkörperlichen Handeln wird jedoch erst von Dewey wirklich entfaltet. Gewohnheit bezeichnet dort nicht nur dispositionale Verhaltensmuster und nicht nur das Verhältnis von Erkenntnis und Praxis: Bei Dewey wird ihr ästhetisch-transformatives Moment – in der qualitativen Situation, in der Mittel-Zweck-Verknüpfung und indirekt in der ästhetischen Erfahrung – deutlich. Die Ästhetik der Gewohnheit konnte überdies bis auf Peirce zurückgeführt werden, dessen Konzept der Gewohnheitsbildung kosmologische Ausmaße annimmt. Diesseits metaphysischer Implikationen ist darin – durch die Affinität zum Kosmos – jedoch ein wichtiger Gedanke angesprochen, der von Shusterman in Bezug auf Dewey ausformuliert wird, nämlich die momenthafte ästhetische Kohärenzerfahrung des Selbst, in welcher ein Einklang mit der Welt möglich wird. Sie basiert auf der vorübergehenden Affirmation von Gewohnheiten. In dieser Hinsicht wurde auch auf die Verbindung zu einem gesellschaftlich rückgebundenen Gewohnheitsbegriff als *Habitus* hingewiesen. In der ästhetischen Aufblendung von Gewohnheit und Common Sense wurde schließlich die Brücke zum Sensus Communis geschlagen, in welchem die partikulare Kohärenzerfahrung des Selbst utopischen Charakter gewinnt.

Ein weiterer fließender Übergang, der gezeigt wurde, besteht zwischen Gewohnheiten und partikularen Eigenarten. Bei Rorty wird das kreative Moment in den Idiosynkrasien des Selbst verortet, welche durch die Schaffung neuer Vokabulare erst ein Gesicht erhalten. Es wurde kritisiert, dass dieses Modell zu sehr einem Linguistizismus verhaftet bleibt, welcher die Entstehung des Neuen nicht erklären kann. Eine rein diskursive Artikulation lässt eine Leerstelle, die auf der anderen Seite in einen anonymen Physikalismus zu kippen droht. Idiosynkrasien, so wurde daher argumentiert, zeigen sich auch in den partikularen Gewohnheiten *als Eigenarten*. Diese Überlegungen Rortys wurden mit der Theorie von Shusterman weiterentwickelt. Handlungsspielräume werden erst dadurch vergrößert, dass die Vielfältigkeit und Heterogenität des Alltäglichen, der Gewohnheiten, des Common Sense in den Blick genommen werden. Kreativität kann dann sogar als gemeinschaftliche Entwicklung verstanden werden, wie anhand populärkultureller Phänomene argumentiert wurde. Sie kann nicht nur auf einem widerstreitenden zweifelnden Moment aufbauen, sie bildet sich nicht allein aus der *Kollision des Bekannten*, auch wenn dieser Gedanke im Begriff des graduellen Selbst von Rorty an den gesellschaftlichen Konflikten geschärft wurde, die dem Selbst seinen partikularen Ort verstellen können. Doch um Transformationspotenzial entfalten zu können, muss das Selbst seinen partikularen Kohärenzerfahrungen positiv Raum geben können.

Als zwangloses Genießen wurde dieses Moment am shustermanschen Begriff der Somästhetik diskutiert. Das zwanglose Moment, so wurde gesagt, ermöglicht ein *zwangloses
Ausschwärmen in das naheliegende Unbekannte*. Wie Dewey in seiner Auflösung der
Mittel-Zweck-Dichotomie überzeugend argumentiert hat, wird Handlungsfähigkeit
dadurch befördert, dass der nächste Schritt (und nicht der letzte) kreativer Aufmerksamkeit bedarf. Handlungsspielräume öffnen sich daher nur unter Berücksichtigung des
Naheliegenden und d.h. auch der Gewohnheiten. *Produktive Handlungsspielräume, so
wurde vorgeschlagen, entstehen im Wechselspiel zwischen den Kollisionen des Bekannten und dem Ausschwärmen in das Unbekannte.* Sie korrelieren dem Spannungsverhältnis von Zweifel-Überzeugung einerseits und dem somästhetischen Sinnen andererseits.
    Eine systematische Zusammenführung pragmatistischer Gewohnheitsbegriffe wurde
m.E. bislang nicht durchgeführt. Aus dem gewonnenen Gewohnheitskonzept wurde ein
partikularer Vorschlag für das handelnde Umgehen mit dem Leib-Körper-Problem
entwickelt: Diesseits physikalistischer und phänomenologischer Vorstellungen vom
Körper als Natur oder vom Leib als transzendentaler Innerlichkeit wurde dafür argumentiert, beide Begriffe in Hinblick auf Handlungsspielräume als *variabel* zu verstehen.
Vermeintlich körperliche Reaktionen können sich als sozial sedimentierte Gewohnheiten erweisen, die zuvor als authentisch leiblich erfahren wurden. *So findet sich auf
somatischer Ebene das pragmatistische Spannungsverhältnis von Zweifel und Überzeugung wieder*: Zwischen den vorübergehend selbstverständlichen Gewohnheiten und
ihrer Irritation als einer Art somatischen Zweifels. Auch wenn sich dieses Spannungsverhältnis nicht theoretisch auflösen lässt, so lässt es sich wohl handelnd verbessern.
    Im letzten Kapitel wurde die Offenheit des Selbst gegenüber anderen und die erhoffte
Verbindung mit anderen anhand der Verknüpfung des pragmatistischen Common Sense
und des kantschen Sensus Communis entfaltet. Die ästhetische Kohärenzerfahrung des
Selbst ist nicht individuell zu verstehen, sondern in ihr schwärmt das Selbst auch in das
naheliegende Unbekannte der oder des partikularen Anderen aus. Mit dem Sensus
Communis ist ein Begriff an die Hand gegeben, der *Interaktion als Ansinnen* über das
Diskursive hinaus verständlich macht. Übereinstimmung wird nicht nur durch zwingen-
de diskursive Argumente erzielt, sondern auch durch das zwanglose Ansinnen des
partikularen Standpunktes. Der Versuch, den pragmatistischen Begriff des Common
Sense mit dem ästhetischen Sensus Communis zu verknüpfen, ist meines Wissens
Neuland. Doch liegt er in der ästhetischen Wendung des Gewohnheitsbegriffes und des
partikularen Common Sense nahe. Während das Schöne bei Kant gleichwohl als inte-
resseloses Wohlgefallen in einem handlungsentlasteten Raum stattfindet, wurde hier die
Alltagsverankerung der ästhetischen Erfahrung stark gemacht. Das Besondere, welches
im ästhetischen Urteil gegenüber dem Allgemeinen zu seinem Recht kommt, wurde auf
das partikulare Selbst in seiner Singularität übertragen. Während der Sensus Communis
bei Kant zunächst transzendental verstanden zu werden scheint, hat die Diskussion
gezeigt, dass bereits bei Kant eine Ambivalenz zwischen konstitutiven und regulativen
Facetten vorliegt. Eine Verknüpfung mit dem Common Sense ist bei Kant selbst angelegt, der Sensus Communis erweist sich als partikular. Zugleich bleibt er ein utopischer
Begriff, der auf ein solidarisches Empfinden der Übereinstimmbarkeit mit anderen
hoffen lässt. Diese Hoffnung darf sich jedoch nicht zu einem ethnozentrischen Wir

verfestigen, wie an Rorty kritisiert wurde, sie muss sich für den Zweifel durch den partikularen Anderen offen halten.

So wie das Schöne bei Kant exemplarisch ist, so wurde vorgeschlagen, so können *Selbst und andere in ihrer Partikularität füreinander exemplarisch werden*. Handlungsspielräume werden nicht nur alleine ersonnen. Indem sich das Selbst anderen zeigt und indem andere für das Selbst exemplarisch werden, erhält der je partikulare Standpunkt eine Kontur, der sich andernfalls im solipsistischen Wahn aufzulösen oder zu verfestigen droht. Die Exemplarität von Selbst und anderen geht über das Diskursive hinaus. Sich-Zeigen umfasst auch das Exponieren der partikularen Lebensform, ihr Überschuss liegt in dem unfreiwillig Mitgezeigten, welches angesonnen wird. Daraus kann das Selbst neue Impulse schöpfen. Die Ausgesetztheit des Selbst an seine Partikularität – im positiven wie im negativen Sinn – hat sich so für die Erweiterung seiner Handlungsspielräume als zentral erwiesen.

Offene Fragen: Das Selbst wurde in dieser Arbeit in seiner Partikularität als Ausgangspunkt transformativen Handelns entfaltet. Unbeantwortet bleibt jedoch die Frage, wie der hier beschriebene Bereich eines nicht nur diskursiven Ansinnens und Sich-Zeigens mit diskursiven gesellschaftlich-politischen Reflexionsprozessen verknüpft werden kann, für den viel weiter ausgeholt werden müsste. Wichtig wäre eine Verhältnisbestimmung von Gemeinschaft und Gesellschaft auf einer allgemeineren staatlich-institutionellen Ebene, wie sie etwa in Deweys *'Die Öffentlichkeit und ihre Probleme'* angelegt ist. In dieser Arbeit sollte es zunächst darum gehen, den partikularen Standpunkt des Selbst in seinen unterschiedlichen Facetten auszuleuchten, und mehr wird hier nicht beansprucht. Es wäre lohnend, in einem zukünftigen Projekt der Frage nachzugehen, wie sich das hier entwickelte Modell partikularer Kreativität durch Deweys Versuch, die wissenschaftliche Forschungslogik auf die Transformationsprozesse der Gesellschaft zu übertragen, verbinden ließe. Die Frage lautet: Wie sehr können gesellschaftliche Veränderungsprozesse durch wissenschaftlich-kritische Denkprozesse oder aber durch partikular-widerständige Momente herbeigeführt werden? Im diesem Zusammenhang wäre es auch weiterführend, dem Intersubjektivitätsverhältnis genauer nachzugehen. Neben dem zwanglosen Ansinnen, welches hier in pragmatistischer Lesart rehabilitiert werden sollte, ist Intersubjektivität auch eine Frage der Anerkennung, wie am Ende der Arbeit angedeutet wurde. Die Anerkennungsproblematik und ihre konfliktiven Momente stellen ein hochkomplexes Themenfeld dar, welches weiter ausgebaut werden könnte. Nicht zufällig klingen in diesem Zusammenhang des Pragmatismus immer wieder hegelsche Motive an. Doch lässt sich Anerkennung vielleicht über Hegel hinaus nicht nur als *Kampf um Anerkennung* verstehen.[550] Auch der Bezug zur

---

[550] Neuere Ansätze zu einem weiter gefassten Anerkennungsbegriff finden sich u.a. bei Judith Butler: *Gefährdetes Leben. Politische Essays*, Frankfurt/M. 2005, sowie dies., *Kritik der ethischen Gewalt.* Frankfurt/M. 2003. Auch Honneth hat seinen Anerkennungsbegriff weiter ausgebaut, unter anderem im Rückgriff auf Cavell: Axel Honneth, *Verdinglichung. Eine anerkennungstheoretische Studie.* Frankfurt/M. 2005, sowie: *Unsichtbarkeit. Stationen einer Theorie der Intersubjektivität.* Frankfurt/M. 2003. Interessanterweise werden neuerdings unterschiedliche Theorietraditionen in Verbindung zur Anerkennungsproblematik gebracht, bspw. spielt das Denken von Emmanuel Lévinas sowohl bei Butler, als auch bei einem weiteren Autoren eine wichtige Rolle: Paul Ricœur, *Wege der Anerken-*

Intersubjektivitätstheorie von Mead birgt in dieser Hinsicht noch viele Potenziale, auch wenn kritisiert wurde, dass sein Modell zu sehr auf den generalisierten Anderen abhebt. Nicht zuletzt wird in der postanalytischen Theorie von Brandom das Anerkennungsverhältnis als inferentialistisches Diskursmodell in einer interessanten Verknüpfung hegelscher und sprachanalytischer Momente innovativ ausgeleuchtet. Hier stehen weitere Verhältnisbestimmungen von sprachanalytischer und pragmatistischer Perspektive aus. Neben diesen diskursiv verfahrenden Ansätzen scheint mir jedoch noch eine weitere Querverbindung aussichtsreich: In den letzten Jahren ist die *Sozialität des Körpers* in stärker interdisziplinär verfahrenden Theorien – in Verknüpfung von feministischen, sportwissenschaftlichen, semiotischen, phänomenologischen, anthropologischen und post-strukturalistischen Ansätzen – in den Fokus der Aufmerksamkeit gerückt. Anerkennung wird darin nicht primär diskursiv konzipiert, sondern auf Basis der Körpersprache, der Gestik, etc. Hier ist noch relativ unbetretenes Neuland angedeutet, welches sich mit dem Pragmatismus fruchtbar entwickeln ließe. Daneben ist der pragmatistische Begriff des Common Sense an neuere Debatten eines Alltagsrealismus anschlussfähig, in welchem das offenere Verhältnis postanalytischer Theorien zu ontologischen Fragen zum Ausdruck kommt. Auch eine Verbindung des hier entwickelten Modells zu John McDowells Konzept einer Rezeptivität gegenüber der Welt als zweiter Natur wäre lohnend. Ein wesentlicher Anknüpfungspunkt der hier vorgelegten Überlegungen scheint jedoch nicht zuletzt in jenem Bereich zu liegen, der sich theoretisch nicht erschöpfen lässt: dem Bereich des Handelns.

---

nung. *Erkennen, Wiedererkennen, Anerkanntsein*, Frankfurt/M. 2006. Ansätze zu einer Verhältnisbestimmung von Anerkennung und Ästhetik habe ich unternommen in: Salaverría, Tanz um Anerkennung. Ästhetik und Alterität – von *Breaking* bis *Krumping*, in: Eva Kimminich, *Express Yourself*, Bielefeld 2007, sowie: Salaverría, Antje Eske, Kurd Alsleben, *Die Kunst der Anerkennung. Eine Swiki-Konversation*, Hamburg 2007.

Bibliographie

Adorno, Theodor W., Max Horkheimer (1969): *Dialektik der Aufklärung*, Frankfurt/M.

Adorno, Theodor W. (1975): *Negative Dialektik*, Frankfurt/M.

Alexander, Frederick M. (2001): *Der Gebrauch des Selbst*. Mit einer Einführung von Prof. John Dewey, Freiburg.

Apel, Karl-Otto (1970):*Der Denkweg des Charles S. Peirce. Eine Einführung in den amerikanischen Pragmatismus*, Frankfurt/M.

Apel, Karl-Otto (1973): *Transformation der Philosophie*, Bd. II, Frankfurt/M.

Arendt, Hannah (1998): *Das Urteilen. Texte zu Kants politischer Philosophie*, hg. und mit einem Essay von Ronald Beiner, München.

Bain, Alexander (1977): *The Emotions And the Will*, hg. und mit einem Vorwort versehen von Daniel N. Robinson, Washington D.C.

Benhabib, Seyla (1995): *Selbst im Kontext. Kommunikative Ethik im Spannungsfeld von Feminismus, Kommunitarismus und Postmoderne*, Frankfurt/M.

Bernstein, Richard (1971): *Praxis and Action*, Philadelphia.

Bernstein, Richard (1986): *Philosophical Profiles. Essays in a Pragmatic Mode*, Philadelphia.

Bernstein, Richard (1991): *The New Constellation. The Ethical-Political Horizons of Modernity/Postmodernity*, Cambridge.

Boros, Janós (1999): Repräsentationalismus und Antirepräsentationalismus, in: *Deutsche Zeitschrift für Philosophie*, Jg. 47, H. 4.

Bourdieu, Pierre (1982): *Die feinen Unterschiede. Kritik der gesellschaftlichen Urteilskraft*, Frankfurt/M.

Brandom, Robert B. (Hg.) (2000): *Rorty and His Critics*, Malden.

Brandom, Robert B. (2001): *Begründen und Begreifen. Einführung in den Inferentialismus*, Frankfurt/M.

Bubner, Rüdiger (1981): Zur Analyse ästhetischer Erfahrung, in: Willi Oelmüller (Hg.), *Ästhetische Erfahrung*, Paderborn.

Buchler, Justus (Hg.) (1955): *Philosophical Writings of Peirce*, New York.

Butler, Judith (1991): *Das Unbehagen der Geschlechter*, Frankfurt/M.

Cavell, Stanley (1979): *The Claim of Reason: Wittgenstein, Skepticism, Morality, and Tragedy*, New York/Oxford.

Cavell, Stanley (1990): *Conditions Handsome and Unhandsome. The Constitution of Emersonian Perfectionism*, Chicago/London.

Cavell, Stanley (2001): *Nach der Philosophie. Essays*, hg. von Ludwig Nagl, Kurt R. Fischer, Berlin.

Cavell, Stanley (2002): *Die Unheimlichkeit des Gewöhnlichen und andere philosophische Essays*, hg., mit einer Einleitung und Einführungen von Davide Sparti und Espen Hammer, mit einem Nachwort von Hilary Putnam, Frankfurt/M.

Cavell, Stanley (2002): *Die andere Stimme. Philosophie und Autobiographie*, Berlin.

Coates, John (1996): *The Claims of Common Sense*, Cambridge.

Colapietro, Vincent M. (1989): *Peirce's Approach to the Self. A Semiotic Perspective on Human Subjectivity*, New York.

Conant, James (1990): Einleitung zu: Hilary Putnam, *Realism With a Human Face*, Harvard.

Danto, Arthur C. (1984): *Die Verklärung des Gewöhnlichen*, Frankfurt/M.

Davidson, Donald (1986): *Wahrheit und Interpretation*, Frankfurt/M.

Deleuze, Gille/Guattari, Félix (1974): *Anti-Ödipus. Kapitalismus und Schizophrenie I*, Frankfurt/M.

Derrida, Jacques (1986): *Positionen*, Wien.

Derrida, Jacques (1990): Die différance, in: Engelmann, a.a.O.

Derrida, Jacques (1990): Die Struktur, das Zeichen und das Spiel, in: Engelmann, a.a.O.

Derrida, Jacques (1991): *Gesetzeskraft. Der ,mystische Grund der Autorität'*, Frankfurt/M.

Derrida, Jacques (1992): *Préjujés. Vor dem Gesetz*, Wien.

Descartes, René (1986): *Meditationen über die erste Philosophie*, übersetzt und hg. von Gerhart Schmidt, Stuttgart.

Dewey, John (1935): Peirce's Theoriy of Quality, in: *Journal of Philosophy* 32.

Dewey, John (1958): *Experience and Nature*, Dover/New York.

Dewey, John (1972): Jo Ann Boydston (Hg.), *The Early Works of John Dewey*, 5, Carbondale.

Dewey, John (1978): *Middle Works*, Bd. 6, hg. von Jo Ann Boydston, Carbondale and Edwardsville.

Dewey, John (1980): *Kunst als Erfahrung*, Frankfurt/M.

Dewey, John (1982): *Middle Works*, Bd. 12, hg. von Jo Ann Boydston, Carbondale and Edwardsville.

Dewey, John (1983): *Middle Works*, Bd. 13, hg. von Jo Ann Boydston, Carbondale and Edwardsville.

Dewey, John (1985): *Later Works*, Bd. 6, hg. von Jo Ann Boydston, Carbondale and Edwardsville.

Dewey, John (1988): *Middle Works*, Bd. 14, hg. von Jo Ann Boydson, Carbondale/Edwardsville.

Dewey, John (1988): *Later Works*, Bd. 5, hg. von Jo Ann Boydston, Carbondale/Ill.

Dewey, John (1989): *Die Erneuerung der Philosophie*, Hamburg.

Dewey, John (1994): *Vom Absolutismus zum Experimentalismus*, in: Martin Suhr, *John Dewey zur Einführung*, Hamburg 1994.

Dewey, John (1995):*Erfahrung und Natur*, Frankfurt/M.

Dewey, John (1998): *Die Suche nach Gewissheit*, Frankfurt/M.

Dewey, John (2000): *Deutsche Philosophie und deutsche Politik*, hg. und mit einer Einführung versehen von Axel Honneth, Berlin/Wien.

Dewey, John (2001): *Die Öffentlichkeit und ihre Probleme*, hg. und mit einem Nachwort versehen von Hans-Peter Krüger, Berlin/Wien.

Dewey, John (2002): *Logik. Die Theorie der Forschung*, Frankfurt/M.

Dewey, John (2003): *Philosophie und Zivilisation*, Frankfurt/M.

Dickstein, Morris (Hg.) (1998): *The Revival of Pragmatism. New Essays on Social Thought, Law, and Culture.* Durham/London.

Engelmann, Peter (Hg.) (1990): *Postmoderne und Dekonstruktion*, Stuttgart.

Esfeld, Michael (2002): *Holismus in der Philosophie des Geistes und in der Philosophie der Physik*, Frankfurt/M.

Feldenkrais, Moshé (1977): *Abenteuer im Dschungel des Gehirns. Der Fall Doris.* Frankfurt/M.

Feldenkrais, Moshé (1989): *Das starke Selbst.* Frankfurt/M.

Frye, Marlyn (1983): *The Politics of Reality*, Trumansburg/New York.

Gale, Richard (1999): *The Divided Self of William James*, Cambridge 1999.

Geras, Norman (1998): *The Contract of Mutual Indifference. Political Philosophy after the Holocaust*, London/New York.

Haack, Susan (1998): *Manifesto of a passionate Moderate*, Chicago.

Hampe, Michael, Lindén, Jan-Ivar (1993): *Im Netz der Gewohnheit. Ein philosophisches Lesebuch*, Hamburg.

Hampe, Michael (2001): Naturgesetz, Gewohnheit und Geschichte. Zur Prozesstheorie von Charles Sanders Peirce, in: *Deutsche Zeitschrift für Philosophie*, Jg. 49, H. 6.

Hartmann, Marcus (2003): *Die Kreativität der Gewohnheit. Gründzüge einer pragmatistischen Demokratietheorie*, Frankfurt/M.

Hartshorne, Charles, Paul Weiss (Hg.) (1931–35): *Collected Papers of Charles Sanders Peirce*, Bde. 1–6, Harvard.

Hingst, Kai-Michael (1998): *Perspektivismus und Pragmatismus. Ein Vergleich auf der Grundlage der Wahrheitsbegriffe und der Religionsphilosophien von Nietzsche und James*, Würzburg.

Hollinger, Robert, Depew, David (Hg.) (1995): *Pragmatism. From Progressivism to Postmodernism*, Westport/London.

Honneth, Axel (1992): *Kampf um Anerkennung. Zur moralischen Grammatik sozialer Konflikte*, Frankfurt/M.

Honneth, Axel (2000): *Logik des Fanatismus*, in: Dewey, *Deutsche Philosophie und deutsche Politik*, a.a.O.

Honneth, Axel (2003): *Unsichtbarkeit. Stationen einer Theorie der Intersubjektivität*, Frankfurt/M.

Honneth, Axel (2005): *Verdinglichung. Eine anerkennungstheoretische Studie*. Frankfurt/M.

Horkheimer, Max (1967): *Zur Kritik der instrumentellen Vernunft*, hg. von Alfred Schmidt, Frankfurt/M.

James, Henri (1920): *The Letters of William James*, 2 Bde., Boston.

James, William (1909): *Psychologie* (Übersetzung der gekürzten Version [briefer course]), Leipzig.

James, William (1977): *Der Pragmatismus. Ein neuer Name für alte Denkmethoden*, Hamburg (1906).

James, William (1981): *The Principles of Psychology*, Cambridge/Mass.

James, William (1981): *The Works of William James*, hg. von F. Burckhardt et.al., Cambridge/London 1975–1988.

James, William (1981): *Pragmatism. A New Name For Some Old Ways Of Thinking*, hg. von Bruce Kuklick, Indianapolis/Cambridge.

James, William (1983): *The Works of William James*, hg. von Frederick H. Bruckhardt, Fredson Bowers, and Ignas K. Skrupskelis, Cambridge.

Joas, Hans (1992): *Pragmatismus und Gesellschaftstheorie*, Frankfurt/M.

Joas, Hans (1992): *Die Kreativität des Handelns*, Frankfurt/M.

Joas, Hans (1999): *Die Entstehung der Werte*, Frankfurt/M.

Joas, Hans (Hg.), (2000): *Philosophie der Demokratie. Beiträge zum Werk von John Dewey*, Frankfurt/M.

Kafka, Franz (1970): *Sämtliche Erzählungen*, Frankfurt/M.

Kant, Immanuel (1968): *Werke in zehn Bänden*, hg. von Wilhelm Weischedel, Darmstadt.

Kant, Immanuel (1968): *Werke in sechs Bänden*, hg. von Wilhelm Weischedel, Darmstadt.

Kimmerle, Heinz, Oosterling, Henk (Hg.) (2000): *Sensus communis in Multi- and Intercultural Perspective. On the Possibility of Common Judgments in Arts and Politics*, Würzburg.

Kimminich, Eva (Hg.) (2005): *Welt – Körper – Sprache. Perspektiven kultureller Wahrnehmungs- und Darstellungsformen*, Band 5, *GastroLogie*, Frankfurt/M./Berlin u.a.

Kimminich, Eva (Hg.) (2007): *Express Yourself*, Bielefeld.

Kripke, Saul (1987): *Wittgenstein über Regeln und Privatsprache*, Frankfurt/M.

Krüger, Hans-Peter (1999): *Zwischen Lachen und Weinen*, Bd. I: *Das Spektrum menschlicher Phänomene*, Berlin.

Krüger, Hans-Peter (2001): *Zwischen Lachen und Weinen*, Bd. II: *Der dritte Weg philosophischer Anthropologie und die Geschlechterfrage*, Berlin.

Kuhlmann, Andreas (Hg.) (1994): *Philosophische Ansichten der Moderne*, Frankfurt/M.

Kuhn, Thomas S. (1976): *Die Struktur wissenschaftlicher Revolutionen*, Frankfurt/M.

Küpper Joachim, Menke, Christoph (Hg.) (2003): *Dimensionen ästhetischer Erfahrung*, Frankfurt/M.

Landweer, Hilge (1999): *Scham und Macht. Phänomenologische Untersuchungen zur Sozialität eines Gefühls*, Tübingen.

Laqueur, Thomas (1992): *Auf den Leib geschrieben. Die Inszenierung der Geschlechter von der Antike bis Freud*, Frankfurt/M.

Lehnhardt, Matthias (1994): *Gesänge über dem Lerchenfeld. Beiträge zur Datenkunst*, Hamburg.

Lindemann, Gesa (1993): *Das paradoxe Geschlecht. Transsexualität im Spannungsfeld von Körper, Leib und Gefühl.* Frankfurt/M.

Lindemann, Gesa/Wobbe, T. (Hg.) (1994): *Denkachsen*, Frankfurt/M.

Lobkowicz, Erich (1986): *Common Sense und Skeptizismus*, Weinheim.

Maisel, Edward (Hg.) (1985): *Die Grundlagen der F. M. Alexander-Technik*, Anhang I: *Drei Vorworte von John Dewey zu Büchern von Alexander*, Heidelberg.

Margolis, Joseph, Catudal, Jacques (2001): *The Quarrel between Invariance and Flux. A Guide for Philosophers and other Players*, Philadelphia.

Martens, Ekkehard (Hg.) (1975): *Pragmatismus.*

Martens, Ekkehard/Gefert, Christian/Steenblock, Volker (Hg.) (2005): *Philosophie und Bildung*, Münster.

Marti, Urs (1996): Die Fallen des Paternalismus, in: *Deutsche Zeitschrift für Philosophie* Jg. 44, H. 2.

Mead, George H. (1973): *Geist, Identität und Gesellschaft aus der Sicht des Sozialbehaviorismus*, mit einer Einleitung hg. von Charles W. Morris. Frankfurt/M.

Merleau-Ponty, Maurice, (1966): *Phänomenologie der Wahrnehmung*, Berlin.

MacKinnon, Catherine (1987): *Feminism Unmodified: Disourses on Life and Law*, Cambridge/Mass.

Mouffe, Chantal (Hg.) (1992): *Dimensions of Radical Democracy. Pluralism, Citizenship, Community*, London/New York.

Mouffe, Chantal (Hg.) (1996): *Deconstruction and Pragmatism*, London/New York.

Mouffe, Chantal (2000): *The Democratic Paradox*, London/New York.

Muoio, Patricia (1984): Peirce on the Person, *Transaction of the Charles S. Peirce Society* 20, no. 2: 169–81.

Murphy, John P. (1990): *Pragmatism. From Peirce to Davidson*, San Francisco/Oxford.

Nagl, Ludwig (1998): *Pragmatismus*, Frankfurt/M.

Nagl, Ludwig, Kurt R. Fischer (Hg.) (2001): *Stanley Cavell, Nach der Philosophie*, Berlin.

Nagl, Ludwig (1999): Renaissance des Pragmatismus?, in: *Deutsche Zeitschrift für Philosophie*, 47, H. 6.

Nickl, Peter (2001): *Ordnung der Gefühle: Studien zum Begriff des Habitus*, Hamburg.

Oehler, Klaus (1993): *Charles Sanders Peirce*, München.

Oehler, Klaus (Hg.) (2000): *William James. Pragmatismus. Ein neuer Name für einige alte Wege des Denkens*, Berlin.

Oehler, Klaus (1995): *Sachen und Zeichen*, Frankfurt/M.

Oelmüller, Willi (Hg.) (1981): *Ästhetische Erfahrung*, Paderborn.

Paetzold, Heinz (1994): *The Discourse of the Postmodern and the Discourse of the Avantgarde*, Maastricht.

Pape, Helmut, Christian Kloesel (Hg.) (1986): *Peirce. Semiotische Schriften*, Bd. 1, Frankfurt/M.

Pape, Helmut (Hg.) (1991): *Naturordnung und Zeichenprozess. Schriften über Semiotik und Naturphilosophie*, Frankfurt/M.

Pape, Helmut (2003): *Der dramatische Reichtum der konkreten Welt. Der Ursprung des Pragmatismus im Denken von Charles C. Peirce und William James*, Weilerswist.

Peirce, Charles S. (1931–35): in: Charles Hartshorne/Paul Weiss (Hg.), *Collected Papers of Charles Sanders Peirce*, Bde. 1–6, Harvard 1931–35.

Peirce, Charles S. (1955): *Philosophical Writings of Peirce*, hg. von Justus Buchler, New York.

Peirce, Charles S. (1968): *Über die Klarheit unserer Gedanken*. Einleitung, Übersetzung, Kommentar von Klaus Oehler, Frankfurt/M.

Peirce, Charles S. (1976): *Schriften zum Pragmatismus und Pragmatizismus*, hg. von Karl-Otto Apel, Frankfurt/M.

Peirce, Charles S. (1976): *Schriften zum Pragmatismus und Pragmatizismus*, hg. von Karl-Otto Apel, Frankfurt/M.

Peirce, Charles S. (1986): *Semiotische Schriften*, hg. von Christian Kloesel und Helmut Pape, Bd. 1, Frankfurt/M.

Peirce, Charles S. (1990): *Semiotische Schriften*, hg. von Christian Kloesel und Helmut Pape, Bd. 2, Frankfurt/M.

Peirce, Charles S. (1991): *Naturordnung und Zeichenprozess. Schriften über Semiotik und Naturphilosophie*, hg. und eingeleitet von Helmut Pape, Frankfurt/M.

Peirce, Charles S. (1995): *Religionsphilosophische Schriften*, hg. von Hermann Deuser, Hamburg.

Plessner, Helmuth (1975): *Die Stufen des Organischen und der Mensch*, Berlin/New York.

Plessner, Helmuth (1982): *Lachen und Weinen. Eine Untersuchung der Grenzen menschlichen Verhaltens*, in: *Ges. Schriften* VII, hg. von Günter Dux, Odo Marquadt, Elisabeth Ströker. Frankfurt/M.

Posner, Roland (1993): Semiotik diesseits und jenseits des Strukturalismus: Zum Verhältnis von Moderne und Postmoderne, Strukturalismus und Poststrukturalismus, in: Semiotik nach dem Strukturalismus, in: *Zeitschrift für Semiotik* Bd. 13, Heft 3/4.

Putnam, Hilary (1987): *The Many Faces of Realism*, LaSalle.

Putnam, Hilary (1990): *Realism With a Human Face*, hg. und mit einer Einleitung versehen von James Conant, Harvard.

Putnam, Hilary (1994): *Words and Life*, Cambridge/Mass./London.

Putnam, Hilary (1995): Pragmatismus und Verifikationismus, in: *Deutsche Zeitschrift für Philosophie*, Jg. 43, H. 2.

Putnam, Hilary (1995): *Pragmatismus. Eine offene Frage*, Frankfurt/New York.

Putnam, Hilary (1997): *Für eine Erneuerung der Philosophie*, Stuttgart.

Putnam, Hilary (1999): *The Threefold Cord. Mind, Body, and the World*, New York.

Putnam, Hilary (2002): *Pragmatism and Realism*, hg. von James Conant, Urszula M. Zeglén, London/New York.

Putnam, Ruth A. (Hg.) (1997): *The Cambridge Companion to William James*, Cambridge.

Raters, Marie-Luise (1994): *Intensität und Widerstand. Metaphysik, Gesellschaftstheorie und Ästhetik in John Deweys ‚Art as Experience'*, Bonn.

Rawls, John (1971): *A Theory of Justice*. Cambridge/Mass.

Reid, Thomas (1967): *Inquiry Into the Human Mind*, in: Philosophical Works, hg. von Sir William Hamilton, Bd. 1, Hildesheim.

Reid, Thomas (1967): *Essays On the Intellectual Powers of Man*, in: Philosophical Works, hg. von Sir William Hamilton, Bd. 1, Hildesheim.

Reid, Thomas (1967): *Essays on the Active powers of the human mind*, in: Philosophical Works, hg. von Sir William Hamilton, Bd. 2, Hildesheim.

Rescher, Nicholas (2000): *Realistic Pragmatism. An Introduction to Pragmatic Philosophy*, New York.

Rorty, Amélie O. (Hg.) (1986): *Essays on Descartes' Meditations*, Berkeley.

Rorty, Richard (1981): *Der Spiegel der Natur*, Frankfurt/M.

Rorty, Richard (1988): *Solidarität oder Objektivität?*, Stuttgart.

Rorty, Richard (1989): *Kontingenz, Ironie und Solidarität*, Frankfurt/M.

Rorty, Richard (1991): *Objectivity, Relativism, and Truth*, Cambridge.

Rorty, Richard (1993): *Eine Kultur ohne Zentrum*, Stuttgart.

Rorty, Richard (1993): *Dekonstruieren und Ausweichen*, Stuttgart.

Rorty, Richard (1994): *Hoffnung statt Erkenntnis. Eine Einführung in den Pragmatismus*, Wien.

Rorty, Richard (1999): *Stolz auf unser Land. Die amerikanische Linke und der Patriotismus*, Frankfurt/M.

Rorty, Richard (2001): *Süddeutsche Zeitung*, 20.1.01.

Rorty, Richard (2003): *Wahrheit und Fortschritt*, Frankfurt/M.

Salaverría, Heidi (2002): Who is Exaggerating? The Mystery of Common Sense, in: *Essays in Philosophie*, Nr. 2 Bd. 3, http://www.humboldt.edu/~essays/archives.html.

Salaverría, Heidi (2004): Das Leib-Körper-Verhältnis und der Pragmatismus. Ein Forschungsbericht, in: *Zeitschrift für Semiotik*, Band 26, Heft 1–2.

Salaverría, Heidi (2004): Dritte Generation? Das Dilemma des Wir, in: *Das Unbehagen in der ‚dritten Generation'. Reflexionen des Holocaust, Antisemitismus und Nationalsozialismus*, hg. vom Villigster Forschungsforum zu Nationalsozialismus, Rassismus und Antisemitismus (Hg.), Münster.

Salaverría, Heidi (2005): Fast-Food und Leib Christi. Pragmatistische Reflexionen auf das Verhältnis von Christentum und Esskultur, in: Eva Kimminich (Hg.), *Welt – Körper – Sprache. Perspektiven kultureller Wahrnehmungs- und Darstellungsformen*, Band 5, GastroLogie, Frankfurt/M./Berlin.

Salaverría, Heidi (2006): Der pragmatistische Ort des Handelns. Das partikulare Selbst zwischen *kritischem Common Sense* und *Multitude*, in: Dominika Szope, Pius Freiburghaus (Hg.): *Pragmatismus als Katalysator kulturellen Wandels. Erweiterung der Handlungsmöglichkeiten durch liberale Utopien*, Wien/Zürich/Berlin.

Salaverría, Heidi (2005): Gedankenbildung zwischen Experiment und Gewohnheit – Ein pragmatistischer Entwurf, in: Martens, Gefert, Steenblock (Hg.), *Philosophie und Bildung*, Münster.

Salaverría, Heidi (2006): *Gewalt des Glaubens. Überprüfung eines problematischen Konzeptes*. Radiovortrag unter: http://www.swr.de/swr2/sendungen/wissen/aula/archiv/2006/08/20/index.html.

Salaverría, Heidi (2007): Tanz um Anerkennung. Ästhetik und Alterität – von *Breaking* bis *Krumping*, in: Eva Kimminich, *Express yourself*, Bielefeld.

Salaverría, Heidi, Kurd Alsleben, Antje Eske (2007): *Die Kunst der Anerkennung. Eine Skwiki-Konversation*, Hamburg.

Sandbothe, Mike (Hg.) (2001): *Die Renaissance des Pragmatismus. Aktuelle Verflechtungen zwischen analytischer und kontinentaler Philosophie*, Weilerswist.

Schürmann, Volker (2001): *Menschliche Körper in Bewegung. Philosophische Modelle und Konzepte der Sportwissenschaft*. Frankfurt/M.

Schürmann, Volker (2003): Die Bedeutung der Körper. Literatur zur Körper-Debatte – eine Auswahl in systematischer Absicht, in: *Allgemeine Zeitschrift für Philosophie* 28.1.

Shusterman, Richard (1993): Of the Scandal of Taste: Social Privilege as Nature in the Aesthetic Theories of Hume and Kant, in: Paul Mathels (Hg.) *Eighteenth Century Aesthetics and the Reconstruction of Art*, Cambridge.

Shusterman, Richard (1994): *Kunst Leben. Die Ästhetik des Pragmatismus*, Frankfurt/M.

Shusterman, Richard (1996): *Vor der Interpretation. Sprache und Erfahrung in Hermeneutik, Dekonstruktion und Pragmatismus*, Wien.

Shusterman, Richard (1997): Am Ende ästhetischer Erfahrung, in: *Deutsche Zeitschrift für Philosophie*, Jg. 45, H. 6.

Shusterman, Richard (Hg.) (1999): *Bourdieu. A Critical Reader*, Malden/Oxford.

Shusterman, Richard (1999): Provokation und Erinnerung. Zu Freude, Sinn und Wert in ästhetischer Erfahrung, in: *Deutsche Zeitschrift für Philosophie* Jg. 47, H. 1.

Shusterman, Richard (2000): *Performing Life. Aesthetic Alternatives For The End Of Arts*, New York.

Shusterman, Richard (2001): *Philosophie als Lebensform. Wege in den Pragmatismus*, Berlin.

Shusterman, Richard (2003): Der schweigende, hinkende Körper der Philosophie, in: *Deutsche Zeitschrift für Philosophie*, Jg. 51, H. 5.

Sleeper, Ralph William (1986): *The Necessity of Pragmatism. John Dewey's Conception of Philosophy*, New Haven/London.

Smith, William (1992): *America's Philosophical Vision*, Chicago.

Sparti, Davide, Espen Hammer (Hg.) (2002): *Stanley Cavell, Die Unheimlichkeit des Gewöhnlichen*, Frankfurt/M.

Stuhr, John J. (Hg.) (2000): *Pragmatism and Classical American Philosophy. Essential Readings and Interpretive Essays*, New York.

Suhr, Martin (1994): *John Dewey zur Einführung*, Hamburg 1994.

Sullivan, Shannon (2001): *Living Across and Through Skins. Transactional Bodies, Pragmatism, and Feminism*, Bloomington, Indianapolis.

Szope, Elisabeth, Pius Freiburghaus (Hg.) (2006): *Pragmatismus als Katalysator kulturellen Wandels. Erweiterung der Handlungsmöglichkeiten durch liberale Utopien*, Berlin/Wien.

Taureck, Bernhard H. F. (1988): *Französische Philosophie im 20. Jahrhundert. Analysen, Texte, Kommentare*, Hamburg 1988.

Taureck, Bernhard H. F. (Hg.) (1992): *Psychoanalyse und Philosophie. Lacan in der Diskussion*, Frankfurt/M.

Taureck, Bernhard H. F. (2002): Für eine weiterführende Pragmatismus-Philosophie der Zukunft, in: *Prima Philosophia*, Bd. 15/H. 3, 2002.

Thiele, Rüdiger (Hg.) (2000): *Mathesis. Festschrift für Matthias Schramm*, Berlin.

Villigster Forschungsforum zu Nationalsozialismus, Rassismus und Antisemitismus (Hg.) (2004): *Das Unbehagen in der ‚dritten Generation'. Reflexionen des Holocaust, Antisemitismus und Nationalsozialismus*, Münster.

Waldenfels, Bernhard (2000): *Das leibliche Selbst. Vorlesungen zur Phänomenologie des Leibes*, Frankfurt/M.

Wallner, Gerhard (2000): *Wahrnehmen und Lernen. Die Feldenkrais-Methode und der Pragmatismus Deweys*, Paderborn.

Wiggershaus, Rolf (1986): *Die Frankfurter Schule*, München/Wien.

Willaschek, Marcus (2003): *Der mentale Zugang zur Welt. Realismus, Skeptizismus und Intentionalität*. Frankfurt/M.

Wirth, Uwe (Hg.) (2000): *Die Welt als Zeichen und Hypothese. Perspektiven des semiotischen Pragmatismus von Charles S. Peirce*, Frankfurt/M.

Wittgenstein, Ludwig (1990): *Philosophische Untersuchungen*, Leipzig.

Wittgenstein, Ludwig (1999): *Denkbewegung: Tagebücher, 1930–1932, 1936–1937*, Frankfurt/M.

Personenverzeichnis